普通高等教育应用型规划教材

SHUZHI FENXI

数值分析

主　编　王晓峰　石东伟
副主编　朱维钧　王慧敏

河南大学出版社
HENAN UNIVERSITY PRESS
·郑州·

图书在版编目(CIP)数据

数值分析/王晓峰,石东伟主编. —郑州:河南大学出版社, 2018. 11(2024. 7 重印)
ISBN 978-7-5649-3588-7

Ⅰ. ①数…　Ⅱ. ①王…②石…　Ⅲ. ①数值分析-教材　Ⅳ. ①O241

中国版本图书馆 CIP 数据核字(2018)第 281411 号

责任编辑　付会娟
责任校对　阮林要
装帧设计　郭　灿

出版发行　河南大学出版社
地址:郑州市郑东新区商务外环中华大厦 2401 号　　邮编:450046
电话:0371-86059701(营销部)　　网址:hupress. henu. edu. cn
排　　版　河南金河印务有限公司
印　　刷　广东虎彩云印刷有限公司
版　　次　2019 年 4 月第 1 版
印　　次　2024 年 7 月第 2 次印刷
开　　本　787mm×1092mm　1/16
印　　张　17
字　　数　403 千字
定　　价　48. 00 元

前　　言

近年来,计算机科学与技术和数值分析的有机结合和相互促进,形成了一种新的科学方法——科学计算. 现在,科学计算已与科学理论和科学实验鼎立为现代科学研究的三大基本手段,极大地推进了科学技术的进步和发展,而数值分析是科学计算的核心,已成为国内外大学普遍开设的一门数学课程.

数值分析也称数值计算方法,是寻求数学问题近似解的方法、过程及其理论的一个数学分支. 它以数学理论为基础,但却不完全像纯数学理论那样只研究数学理论本身,而是着重研究数学问题求解的数值计算方法以及与此有关的理论,包括方法的收敛性、稳定性及误差分析,还要根据计算机的特点研究计算时间最省或计算费用最低的计算方法. 因此,数值分析既有纯数学的高度抽象性与严密科学性的特点,又有应用数学的广泛性与实际试验的高度技术性的特点,是一门与计算机紧密结合的实用性很强的数学课程.

数值分析的内容包括数值分析与 Matlab 算法初步、插值方法、数据拟合和函数逼近、数值积分和数值微分、线性方程组的直接解法和迭代解法、非线性方程的求根方法、矩阵特征值和特征向量的计算、常微分方程初值问题的数值解法. 学习本课程应注意以下问题.

首先,要带着实际应用的目的学习本课程. 本课程所介绍的一些数值计算方法,是关于高等数学和线性代数课程中的基本数学问题数值化处理的方法,每一类问题都有广泛的应用背景,既有算法又有具体实现过程,因此应带着分析问题、解决问题的目的来学习本课程.

其次,要注重对算法设计思想的领悟. 本课程在将某一类数学问题转化为数值算法的过程中,综合使用了多种基础知识,具体算法看起来较繁杂,要注意掌握算法的基本原理和思想,要注意算法处理的技巧及其误差分析、收敛性和稳定性的基本理论. 只有注重算法思想的学习,才能真正地掌握算法和相应的计算公式,进而培养学生关于分析问题和解决问题的能力.

最后,要注重实践性环节的训练. 每种算法都有相应的程序,要认真领会这些程序的实质,对每个算法编程上机实现,观察并分析其结果,了解具体的计算过程,以加深对各种算法优缺点和最佳适应范围的理解. 此外,为了掌握本课程的内容,还应做一定数量的理论分析与计算练习题.

本书各章节的主要算法都给出了 Matlab 程序及相应的计算实例供参考,这对于培养学生处理数值计算问题的能力大有裨益. 数值分析课程常安排在本科生第四或第五学期学习,全书共分 9 章,讲授时间为一个学期,每周 4 学时,约 64 学时,其中理论讲授 48 学时,上机实践 16 学时,教师可根据学生实际选择适当内容安排教学.

本书是在作者多年讲授数值分析课程讲义的基础上整理而成,其中第1章、第2章和第3章由闽南师范大学数学与统计学院王晓峰教授编写,第4章和第6章由平顶山学院朱维钧老师编写,第5章、第7章和第8章由河南科技学院石东伟老师编写,第9章和本书涉及的Matlab程序由河南工程学院王慧敏老师编写,本书最后由王晓峰教授统一定稿.

本书的编写得到国家自然科学基金(U1304106)的资助,本书的出版得到河南大学出版社的大力支持,在此深表感谢.

由于编者水平有限,本书不妥之处在所难免,希望读者和同行们批评指正.

编　者

2019年3月

目　　录

第 1 章　数值分析与 Matlab 算法初步

教学提示：本章主要介绍数值分析的研究对象、误差的来源与分类、绝对误差和相对误差的概念、有效数字与误差的关系、数值运算中误差的传播以及避免误差危害的若干原则．在教学中，希望能够理论联系实际，结合 Matlab 软件加强学生的编程能力．

教学目标：学生通过本章的学习，了解数值分析的研究对象、数值计算中误差的来源与分类以及误差与有效数字的关系，掌握绝对误差、相对误差、有效数字之间的关系，并会求解有关问题，掌握函数值的误差估计及在数值计算中应注意的几个原则，掌握 Matlab 软件编程的常用方法．

§1.1　数值分析概述

1.1.1　数值分析的研究对象和内容

数值分析，也称为数值计算方法，是数学学科中关于数值计算的一门学科，是对各种数学问题通过数值运算得到数值解答的理论和方法，因为研究的是数学问题，所用的方法是数学方法，因此也称为**数值数学**．数值分析是总称，对一个数学问题通过数值运算得到数值解答的方法，称为**数值方法**，如果数值方法可以在计算机上实现，就称为**数值算法**．

虽然数值分析也是以数学问题为研究对象，但它不像纯数学那样只研究数学本身的理论，而是把理论与计算紧密结合，着重研究数学问题的数值方法及其理论．数值分析不是各种数值方法的简单罗列和堆积，而是一门内容丰富、研究方法深刻且有自身理论体系的课程．数值分析既有纯数学的高度抽象性与严密科学性的特点，又有应用数学的广泛性与实际试验高度技术性的特点，是一门与计算机使用密切结合的应用性很强的数学课程．它研究如何借助于计算工具求得数学问题的数值解答，这里的数学问题仅限于数值问题，即给出一组数值型的数据，通常是一些实数，称为**初始数据**，用这些初始数据去求另一组数值型数据，问题的本身反映了这两组数据之间的某种确定关系，如函数的计算、方程的求根都是数值问题的典型例子．

数值分析的历史源远流长，自有数学以来就有关于数值计算方面的研究．古代巴比伦人在公元前 2000 年左右就有了关于二次方程求解的研究，我国古代数学家刘徽利用割圆术求得圆周率 π 的近似值，而后祖冲之求得圆周率 π 的高精度值，这都是数值计算方面的杰出成就. 数值分析的理论与方法是在解决数值问题的长期实践过程中逐步形成和发展起来的,在电子计算机出现以前,它的理论与方法发展十分缓慢,甚至长期停滞不前,由于受到计算工具的限制,无法进行大量的复杂的计算.

科学技术的发展与进步提出了越来越多的复杂的数值计算问题,这些问题的解决已远非人工手算所能胜任,必须依靠电子计算机快速准确的数据处理能力来解决. 今天,数值分析的应用范围非常广泛,如天气预报、工程设计、流体计算等;经济规划和预测以及国防尖端的一些科研项目,如核武器的研制、导弹和火箭的发射等.

由于计算机对数值分析这门学科的推动和影响,数值计算的重点转移到使用计算机编程求解的方向上. 现代的数值分析的理论与方法主要是面向计算机的,研究与寻求适合在计算机上求解各种数值问题的算法是数值分析这门学科的主要内容.

从学科的角度来说,数值分析包含如下基本内容:

(1) 数值逼近,主要研究函数插值法、函数逼近与曲线拟合、数值积分、数值微分等问题;

(2) 数值代数,主要研究线性代数问题、方程组问题、特征值问题以及非线性方程及方程组数值解法;

(3) 微分方程数值解,主要研究常(偏)微分方程的数值求解问题.

1.1.2 数值问题与算法

数值算法就是求解数值问题的计算步骤,由一些基本运算及运算顺序的规定构成一个数值问题完整的求解方案.

实际模型的求解思路如下:

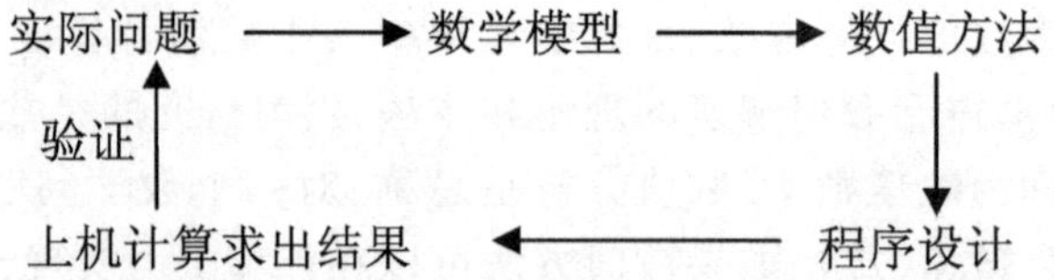

例 1 利用 Cramer 法则求解一个 n 阶方程组,要计算 $n+1$ 个 n 阶行列式,总共需要做 $A_n=n!\ (n-1)(n+1)$ 次乘法. 当 $n=20$ 时,$A_{20}\approx 10^{21}$. 假定用每秒运算十亿次(10^9)的计算机去做,每年只能完成大约 $365\times 24\times 3\ 600\times 10^9\approx 3.15\times 10^{16}$ 次,故所用计算时间为 $10^{21}\div(3.15\times 10^{16})\approx 3.2\times 10^4$ 年,即大约 3.2 万年左右完成,这是无法实现的. 而用数值分析中介绍的 Gauss 消去法求解,其乘除法运算次数只需 3 060 次. 这说明了选择算法的重要性,能否正确地制定算法是科学计算成败的关键.

那么,数值分析具有哪些特点呢?

(1) 面向计算机. 能根据计算机的特点提供切实可行的有效算法,即算法只能由计算机可执行的加减乘除四则运算和各种逻辑运算组成.

(2) 可靠的理论分析. 数值分析中的算法理论主要是连续系统的离散化及离散型方程数值求解. 相关基本概念包括误差、稳定性、收敛性、计算量及存储量等,这些概念用来刻画计算方法的可靠性、准确性、效率以及使用的方便性.

（3）良好的计算复杂性. 时间复杂性好是指节省时间，空间复杂性好是指节省存储量，这也是建立算法要研究的问题，复杂性好坏关系到算法能否在计算机上实现.

（4）数值实验. 通过数值实验验证算法的有效性.

1.1.3　数值近似方法

在数值分析中，常用的数值近似方法有两种，即截断和四舍五入.

定义 1.1　将超过规定位数的部分无条件去掉，这种方法叫作**截断**.

例如 π 取 4 位小数为 3.141 5，再如若利用公式

$$\ln(1+x)=x-\frac{x^2}{2}+\frac{x^3}{3}-\cdots+(-1)^{n-1}\frac{x^n}{n}+\cdots,$$

取 $x=1$，可得

$$\ln 2=1-\frac{1}{2}+\frac{1}{3}-\cdots+(-1)^{n-1}\frac{1}{n}+\cdots,$$

若取前五项，则有

$$\ln 2\approx 1-\frac{1}{2}+\frac{1}{3}-\frac{1}{4}+\frac{1}{5}=0.783\ 333\ 333\ 333\ 33.$$

若利用公式

$$\ln\frac{1+x}{1-x}=2\left(x+\frac{x^3}{3}+\frac{x^5}{5}+\cdots\right),$$

取 $x=\frac{1}{3}$，可得

$$\ln 2=2\left(\frac{1}{3}+\frac{1}{3}\cdot\frac{1}{3^3}+\frac{1}{5}\cdot\frac{1}{3^5}+\cdots\right),$$

若也取前五项，则有

$$\ln 2\approx 2\left(\frac{1}{3}+\frac{1}{3}\cdot\frac{1}{3^3}+\frac{1}{5}\cdot\frac{1}{3^5}++\frac{1}{7}\cdot\frac{1}{3^7}+\frac{1}{9}\cdot\frac{1}{3^9}\right)=0.693\ 146\ 047\ 390\ 83,$$

而 ln 2 的真实值为 $\ln 2=0.693\ 147\ 180\ 559\ 95\cdots$.

定义 1.2　用有限数位表示近似数时，一般遵循**四舍五入**的原则. 假设用 k 表示一个近似数保留下来的小数点后的数位，则

（1）当小数点后第 $k+1$ 位的数字小于或等于 4 时，舍去小数点后第 $k+1$ 位以后（包括第 $k+1$ 位）的数字；

（2）当小数点后第 $k+1$ 位的数字大于 5 时，首先让小数点后第 k 位数字加 1，再舍去第 $k+1$ 位以后（包括第 $k+1$ 位）的数字；

（3）当小数点后第 $k+1$ 位的数字等于 5 时，若小数点后第 k 位的数字为奇数，则按（2）的情形处理，若小数点后第 k 位的数字为偶数，则按（1）的情形处理.

也就是说，当小数点后第 $k+1$ 位数字为 5 时，保留下来的第 k 位小数的数字总是偶数.

例 2 设精确数 $\pi=3.141\ 592\ 65\cdots$,把它分别表示为具有 3 位、5 位和 7 位小数的近似数.

解 表示为具有 3 位、5 位和 7 位小数的近似数分别为 3. 142,3. 141 59 和 3. 141 592 6.

例 3 考虑$\sqrt{2}\pi$的数值运算,取 5 位数字进行运算.按四舍五入规则$\sqrt{2}$取 5 位数字为$\sqrt{2}\approx1.414\ 2$;π取 5 位数字为$\pi\approx3.141\ 6$,则$\sqrt{2}\pi\approx1.414\ 2\times3.141\ 6=4.442\ 850\ 72$是 9 位数字.如果要求结果也限制为 5 位数字,按四舍五入的规则,则要处理为 4. 442 8,它就是$\sqrt{2}\pi$数值计算的结果. 这样做计算结果会失真,但是却也与真实值非常接近. 实际上,$\sqrt{2}\pi=4.442\ 882\ 938\cdots$与 4. 442 8 是非常接近的,这就是数值分析的特点,既失真,又接近,而我们要追求的目标是少失真、多接近.

由例 2 和例 3 可以看出,通常的数值问题是在实数范围内提出的,而计算机所能表示的数仅仅是有限位小数,误差不可避免,这些误差对计算结果的影响是需要考虑的. 如果给出一种算法,在计算机上运行时,误差在成千上万次的运算过程中得不到控制,初始数据的误差,由中间结果的舍入产生的误差,这些误差在计算过程中的累积越来越大,以致淹没了真值,那么这样的计算结果将变得毫无意义. 相应地,我们称这种算法是不可靠的,或者是数值不稳定的.

现在的计算机无论在运算速度上还是在存储能力上都是传统计算工具所无法比拟的. 但即使这样,我们在设计算法时,也必须对算法的运算次数和存储量大小给予足够的重视. 实际中存在大量的这样的问题,由于所提供的解决这些问题的算法的运算量大得惊人,即使利用最尖端的计算机也无法在有效时间内求得问题的答案.

那么,一个好的算法一般应该具备什么样的特征呢?

(1) 必须结构简单,计算机易于实现;

(2) 理论上必须保证方法的收敛性和数值的稳定性;

(3) 计算效率必须要高,即计算速度快且节省存储量;

(4) 必须经过数值实验检验,证明行之有效.

§1.2 数值计算的误差

1.2.1 误差的来源与分类

利用数学方法解决实际问题通常包括:分析实际问题、建立数学模型、建立数值计算方法、进行数值计算以及验证结果的正确性等主要环节,如图 1-1 所示. 由此可知,在实际计算中误差的来源有如下四类,即模型误差、观测误差、截断误差和舍入误差.

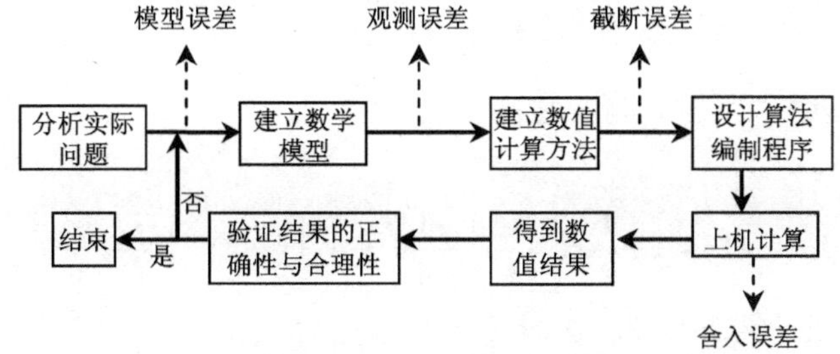

图 1-1　数值计算过程及误差的产生

1. **模型误差**

用数值计算方法解决实际问题时，首先必须建立数学模型. 由于实际问题的复杂性，通常为了抓住主要因素而忽略一些次要因素，对实际问题进行抽象与简化. 这样就会使得建立起来的数学模型只是复杂客观现象的一种近似描述，它与实际问题之间总会存在一定的误差，这类误差称为**模型误差**.

模型误差是由实际问题抽象、简化为数学问题或数学模型时所引起的误差. 例如，计算地球的表面积可以用近似公式 $S=4\pi r^2$，把地球表面近似地看成一个球，这就是地球的简单模型，它与地球的实际情况有很大的差别. 由于这类误差难于做定量分析，所以在数值计算方法中，我们总是假定所研究的数学模型是合理的，对模型误差不做深入讨论.

例 4　设一根铝棒在温度 t 时刻的实际长度为 $L(t)$，在 $t=0$ 时的实际长度为 $L(0)$. 若用 $L^*(t)$ 来表示铝棒在温度为 t 时刻的长度计算值，并建立数学模型

$$L^*(t)=L(0)(1+at),$$

其中 a 是由实验观测到的常数，则 $L(t)-L^*(t)$ 即为模型误差.

2. **观测误差**

根据实际问题建立的数学模型中包含一些物理参数，如温度、时间、距离、电流、电压等，这些参数往往是通过观测和实验得到的. 由于测量工具精度和测量手段的限制，测得的数据与实际量之间必然会产生一定的误差，这类误差称为**观测误差**. 通常根据测量工具或仪器本身的精度，可以知道这类误差的上限值，所以不用在计算方法中做过多研究.

3. **截断误差**

由实际问题建立起来的数学模型，在很多情况下要得到准确解是困难的，通常要用数值方法求出它的近似解. 例如，常用有限过程逼近无限过程，用能计算的问题代替不能计算的问题，这种数学模型的精确解与由数值方法求出的近似解之间的误差称为**截断误差**. 由于截断误差是数值计算方法固有的，故又称为**方法误差**.

例如，在用函数 $f(x)$ 的 Taylor 展开式的部分和 $S_n(x)$ 去近似代替 $f(x)$ 时，其余项 R_n 就是准确值 $f(x)$ 的截断误差. 如

$$e^x=1+x+\frac{1}{2!}x^2+\cdots+\frac{1}{n!}x^n+\cdots,$$

当 $|x|$ 很小时，可以取前两项来近似代替 e^x，即 $e^x\approx 1+x$. 由 Taylor 中值定理可知，在数值计算中被抛弃了

$$e^x-E(x)=\frac{e^{\xi x}}{2}x^2,$$

产生了截断误差,其中 ξ 介于 0 与 x 之间.

再如,在

$$\ln(x+1)=x-\frac{1}{2}x^2+\frac{1}{3}x^3-\frac{1}{4}x^4+\cdots+(-1)^{n-1}\frac{1}{n}x^n+\cdots$$

中取其前五项来近似计算 ln 2 为

$$\ln 2\approx 1-\frac{1}{2}+\frac{1}{3}-\frac{1}{4}+\frac{1}{5},$$

其误差为第六项开始后面的部分. 误差大小直接影响数值计算的精度,所以它是数值计算中必须十分重视的一类误差.

4. 舍入误差

无论用计算机、计算器计算还是笔算,都只能用有限位小数来代替无穷小数或用位数较少的小数来代替位数较多的有限小数. 对超过规定位数的数字通常用四舍五入的方法取近似值,由此产生的误差称为**舍入误差**. 例如,用 2. 718 28 作为无理数 e 的近似值产生的误差就是舍入误差. 需要注意的是,虽然少量的舍入误差是微不足道的,但在计算机上进行百万次运算之后,舍入误差的累积却可能是非常惊人的. 所以,做数值计算时对舍入误差应予以足够的重视.

综上所述,模型误差、观测误差、截断误差和舍入误差在数值计算中都是难以回避的,并且都会影响数值计算结果的准确性. 通过对这四种误差来源的分析可知,前两种误差是客观存在的,是计算工作者不能独立解决的,是需要与各有关学科的科学工作者共同研究的问题;后两种误差是由计算方法所引起的,是数值计算方法的主要研究对象. 因此,在本学科中,主要研究截断误差和舍入误差对计算结果的影响,讨论它们在计算过程中的传播和对计算结果的影响.

例 5 当函数 $f(x)$ 可导时,有 $\lim\limits_{h\to 0}[f(x+h)-f(x)]/h=f'(x)$,也即当 h 取充分小的正数时,函数 $[f(x+h)-f(x)]/h$ 很接近于 $f'(x)$. 令 $f(x)=e^x$,取 $x=1$ 时,则有下列式子成立

$$f'(1)=\lim_{h\to 0}[f(1+h)-f(1)]/h=e=2.71828\cdots,$$

取函数 $g(h)=[f(1+h)-f(1)]/h$,则 $g(h)$ 是 h 的单调递增函数,也即 h 越小,$g(h)$ 越接近 e. 取 $h=1,10^{-1},10^{-2},\cdots,10^{-15}\to 0$,试求出各自对应的 $g(h)$,并观察其规律.

解 取 16 位数字在计算机上计算,结果显示当 $h=10^{-8}$ 时较好,当 h 更小时,越来越差. 其算法设计如下:

```
for k=0:-1:-15
  h=10^k;
  g=(exp(1+h)-exp(1))/h;
  error=exp(1)-g
end
```

例 6 下面三个式子

$$A=\frac{1-\cos x}{x^2},B=\frac{(\sin x/x)^2}{1+\cos x},C=2\left[\frac{\sin(x/2)}{x}\right]^2,$$

数学上容易验证它们是恒等的,即对不同的 x,尽管 A,B,C 的值大小相同,但是在数值运算下却不尽相同. 试分别取 $x=0.2,0.02,0.002,0.000\ 2,0.000\ 02$,观察 A,B,C 各自的数值.

解 虽然理论分析上有 $A=B=C$,但是在 Matlab 中的运算结果表明,数值结果不尽相同. 比如,当 $x=0.000\ 02$ 时,有

$$A=0.500\ 000\ 041\ 370\ 19,B=C=0.499\ 999\ 999\ 983\ 33.$$

例 7 给定 $g(x)=10^7(1-\cos x)$,试用 4 位数字计算 $g(2^\circ)$ 的近似值.

解 (1)由于 $\cos 2^\circ=0.999\ 4$,故

$$g(2^\circ)=10^7(1-\cos 2^\circ)=10^7(1-0.999\ 4)=6\ 000.$$

(2)由于 $g(x)=10^7(1-\cos x)=2\times10^7\sin^2\left(\frac{x}{2}\right)$,$\sin 1^\circ=0.017\ 5$,故有

$$g(2^\circ)=2\times10^7\sin^2 1^\circ\approx2\times10^7\times0.017\ 5^2=6\ 125.$$

1.2.2 绝对误差

定义 1.3 假设某一量的准确值为 x,近似值为 x^*,则 x 与 x^* 之差叫作近似值 x^* 的**绝对误差**,简称**误差**,记为 $\varepsilon(x^*)$,即

$$\varepsilon(x^*)=x-x^*. \tag{1.1}$$

应当注意的是,绝对误差 $\varepsilon(x^*)$ 不是误差的绝对值,它是可正可负的,而 $|\varepsilon(x^*)|$ 的大小在一定程度上标志着 x^* 的精确度. 一般地,在同一量的不同近似值中,$|\varepsilon(x^*)|$ 越小,x^* 的精确度越高.

通常情况下,由于准确值 x 一般不能得到,于是误差 $\varepsilon(x^*)$ 的准确值也无法求得. 但在实际测量计算时,可以根据具体情况估计出 $|\varepsilon(x^*)|$ 的某个上界,也就是指定一个适当小的正数 δ,使

$$|\varepsilon(x^*)|=|x-x^*|\leqslant\delta, \tag{1.2}$$

称 δ 为近似值 x^* 的**绝对误差限**,简称**误差限**或**精度**. 在工程应用上,常常采用

$$x=x^*\pm\delta, \tag{1.3}$$

表示近似值的精度或准确值的所在范围.

例 8 设 $x=\frac{2}{3}=0.666\ 6\cdots$, 取 $x^*=0.667$,则

$$|\varepsilon(x^*)|=|x-x^*|=0.000\ 333\cdots<0.000\ 5,$$

可以估计 x^* 的绝对误差限为 0.000 5.

在实际问题中,绝对误差一般是有量纲的. 例如,测得某一物体的长度为 100 mm,其误差限为 0.5 mm,通常将准确长度 s 记为 $s=100\pm0.5$,即准确值在 100 mm 左右,但不超过 0.5 mm 的误差限.

再如,$\pi=3.141\ 592\ 653\ 589\ 7\cdots$,按四舍五入取 2 位小数和 4 位小数时,分别为 $\pi\approx$

3.14 和 $\pi\approx 3.1416$,则各自的绝对误差分别为

$$|\pi-3.14|=0.0015926\cdots\leqslant\frac{1}{2}\times 10^{-2},\ |\pi-3.1416|\leqslant\frac{1}{2}\times 10^{-4}.$$

定理 1.1 如果 A 的近似值 A^* 是 A 按四舍五入得到的,则 A^* 的绝对误差不超过 A^* 末位数的半个单位,即

$$|A-A^*|\leqslant\frac{1}{2}\alpha,\ \alpha \text{ 为 } A^* \text{ 末位单位.}$$

例 9 求 $x=\sqrt{3}$ 的近似值,使其绝对误差限精确到 $\frac{1}{2}\times 10^{-1}$,$\frac{1}{2}\times 10^{-2}$ 和 $\frac{1}{2}\times 10^{-3}$.

解 由定理 1.1 知道,$x=\sqrt{3}$ 的近似值是按照四舍五入得到,即要求分别取 1 位、2 位和 3 位小数,故而 $x_1^*=1.7$,$x_2^*=1.73$ 和 $x_3^*=1.732$.

用绝对误差来刻画一个近似值的精确程度是有局限性的,对不同大小的量,仅凭近似数的绝对误差的大小还不能确定近似数的精确程度. 例如,测量一段路程,其长度为 1 000 km,误差为 20 m;另外,测量一条 400 m 的跑道,也有 20 m 的误差,虽然两次测量误差相同,但显然后者的精确度差多了. 要决定一个近似值的精确程度,除了绝对误差以外,还必须考虑此数本身的大小,这就需要引入相对误差的概念.

1.2.3 相对误差

定义 1.4 设 x 是准确值,x^* 是近似值,绝对误差与准确值之比

$$\varepsilon_r(x^*)=\frac{\varepsilon(x^*)}{x}=\frac{x-x^*}{x}, \tag{1.4}$$

称为 x^* 的**相对误差**,其中 $x\neq 0$.

由于准确值 x 往往是不知道的,因此在实际问题中,当 $|\varepsilon_r(x^*)|$ 较小时,常取

$$\varepsilon_r(x^*)=\frac{\varepsilon(x^*)}{x^*}.$$

一般地,在同一量或不同量的几个近似值中,$|\varepsilon_r(x^*)|$ 越小,x 的精确度越高,相对误差是一个无量纲量.

在实际计算中,由于 $\varepsilon(x^*)$ 与 x 都不能准确地求得,因此相对误差 $\varepsilon_r(x^*)$ 也不可能准确地得到,只能估计它的大小范围. 类似于绝对误差的情况,即指定一个适当小的正数 δ_r,使

$$|\varepsilon_r(x^*)|=\frac{|\varepsilon(x^*)|}{|x^*|}\leqslant\delta_r, \tag{1.5}$$

称 δ_r 为近似值 x^* 的**相对误差限**. 当 $|\varepsilon_r(x^*)|$ 较小时,可以用下式来计算 δ_r,即

$$\delta_r=\frac{\delta}{|x^*|}. \tag{1.6}$$

例 10 月球到地球的平均距离 $D=D^*\pm\delta_D=(384\,401\pm 0.5)$ km,某一公共汽车站到下一站的距离 $d=d^*\pm\delta_d=(1.5\pm 0.03)$ km,则 D^* 的绝对误差限是 0.5 km,d^* 的绝对误差限

是 0.03 km. 根据绝对误差限的概念,第一个数据 D^* 的精确度比第二个数据 d^* 的精确度差. 但由于

$$\varepsilon_r(D^*) \leqslant \left|\frac{0.5}{384\ 401}\right| \leqslant \frac{1}{100\ 000}, \varepsilon_r(d^*) \leqslant \left|\frac{0.03}{1.5}\right| \leqslant \frac{1}{50}.$$

根据相对误差限的概念,第一个数据 D^* 的精确度比第二个数据 d^* 的精确度高,这个结果比较合理,与人们的常识一致. 所以,在误差分析时相对误差更能刻画误差的特性.

例 11　测量一段路程,其长度为 1 000 km,误差为 20 m,即 $|A-A^*| \leqslant 20$ m,相对误差为

$$|\varepsilon_r(A^*)| \leqslant \frac{20}{1\ 000 \times 10^3} = 2 \times 10^{-5}.$$

测量一条 400 m 的跑道,也有 20 m 的误差,相对误差为

$$|\varepsilon_r(A^*)| \leqslant \frac{20}{400} = 5 \times 10^{-2}.$$

可见前者比后者精确.

例 12　设 $x_1 = 1.234$ 和 $x_2 = 0.002$ 的近似值分别为 $x_1^* = 1.233$ 和 $x_2^* = 0.001$,估计近似数 x_1^* 和 x_2^* 的绝对误差及相对误差.

解　显然 $|\varepsilon(x_1^*)| = |x_1^* - x_1| = 10^{-3}$, $|\varepsilon(x_2^*)| = |x_2^* - x_2| = 10^{-3}$,这两个近似数绝对误差都是 10^{-3}. 虽然 x_1^* 是 x_1 一个较好的近似值,但 x_2 本身就很小,x_2^* 的绝对误差较小不能说明 x_2^* 是 x_2 的一个较好的近似值. 两数的相对误差分别为

$$|\varepsilon_r(x_1^*)| = \frac{10^{-3}}{1.234} \approx 8.1 \times 10^{-4} = 0.081\%, |\varepsilon_r(x_2^*)| = \frac{10^{-3}}{0.002} = 0.5 = 50\%.$$

近似数的相对误差是近似数精确度的基本度量,一个近似数的相对误差越小,说明近似数越精确. 相对误差是个无名数,它没有量纲,相对误差限 δ_r 是未知的,但可以确定,同样要求越小越好.

§1.3　有效数字

1.3.1　有效数字的提出

当准确值 x 有很多位数时,常按四舍五入的原则取其前几位数字作为其近似值. 例如 $\pi = 3.141\ 592\ 6\cdots$,若取 $\pi^* = 3.14$,或取 $\pi^* = 3.141\ 6$,则它们具有的误差分别为

$$|\pi - \pi^*| = 0.001\ 592\ 6\cdots < 0.005, |\pi - \pi^*| = 0.000\ 007\ 4\cdots < 0.000\ 05,$$

误差限分别为 $\frac{1}{2} \times 10^{-2}$ 及 $\frac{1}{2} \times 10^{-4}$. 由此我们给出以下定义:

定义 1.5　设 A^* 为 A 的近似值,如果 A^* 的绝对误差限是它的某一数位的半个单位,并且从 A^* 左边第一个**非零数字**到该数位共有 n 位,则称这 n 个数字为 A^* 的有效数字,也

称 A^* 近似 A 时具有 n 位**有效数字**.

例 13 已知下列近似数 $a=24.1357$, $b=-0.250$ 和 $c=0.00016$ 的绝对误差限都是 0.000 5,问它们有几位有效数字.

解 由于 $0.0005=0.5\times10^{-3}$ 是小数点后第三数位的半个单位,故 a 有 5 位有效数字,b 有 3 位有效数字,c 没有有效数字.

一般地,任何一个实数 A 经过四舍五入得到的近似值 A^* 都可以写成如下形式:

$$A^*=\pm0.a_1a_2\cdots a_n\times10^m,$$

其中 m 为整数,$a_1,a_2,\cdots,a_n$ 是 0 到 9 之间的自然数且 $a_1\neq0$,当其绝对误差限满足 $|A-A^*|\leqslant\frac{1}{2}\times10^{m-l}$ 时,则称近似值 A^* 具有 l 位**有效数字**,其中 $1\leqslant l\leqslant n$.

例如,用 $x^*=1.41421$ 作为 $\sqrt{2}$ 的近似值,可以把近似值 x^* 写成 $x^*=0.141421\times10^1$,且

$$|x-x^*|=|\sqrt{2}-1.41421|=0.0000036\leqslant0.000005=\frac{1}{2}\times10^{1-6}=\frac{1}{2}\times10^{-5},$$

因此 $x^*=1.41421$ 作为 $\sqrt{2}$ 的近似值有 6 位有效数字. 同理,π 的近似值 3.141 6 具有 5 位有效数字,因为

$$3.1416=0.31416\times10^1,m=1,l=5,|\pi-3.1416|=0.0000073465<\frac{1}{2}\times10^{1-5}.$$

例 14 设 $x=3.200169$,确定其近似值 $x_1^*=3.2001$, $x_2^*=3.2002$, $x_3^*=3.200$, $x_4^*=3.2$ 分别具有几位有效数字.

解 因为 $x_1^*=0.32001\times10^1$, $m=1$,则

$$|x-x_1^*|=0.069\times10^{-3}<0.5\times10^{-3},$$

即 x_1^* 的误差限 0.000 069 不超过 $x_1^*=3.2001$ 的小数点后第 3 位的半个单位 0.5×10^{-3},所以 $m-l=-3$,得 $l=4$. 故 $x_1^*=3.2001$ 具有 4 位有效数字,即从 $x_1^*=3.2001$ 的小数点后第 3 位数 0 起直到左边第一个非零数字 3 为止的 4 个数字都是有效数字,而最后一位数字 1 不是有效数字.

因为 $x_2^*=0.32002\times10^1$, $m=1$,则

$$|x-x_2^*|=0.31\times10^{-4}<0.5\times10^{-4},$$

即 x_2^* 的误差限 0.000 031 不超过 $x_2^*=3.2002$ 的小数点后第 4 位的半个单位 0.5×10^{-4},所以 $m-l=-4$,得 $l=5$. 故 $x_2^*=3.2002$ 具有 5 位有效数字,即从 $x_2^*=3.2002$ 的小数点后第 4 位数 2 起直到左边第一个非零数字 3 为止的 5 个数字都是有效数字.

因为 $x_3^*=0.3200\times10^1$, $m=1$,则

$$|x-x_3^*|=0.169\times10^{-3}<0.5\times10^{-3},$$

即 x_3^* 的误差限 0.000 169 不超过 $x_3^*=3.200$ 的小数点后第 3 位的半个单位 0.5×10^{-3},所以 $m-l=-3$,得 $l=4$. 故 $x_3^*=3.200$ 具有 4 位有效数字,即从 $x_3^*=3.200$ 的小数点后第 3 位数 0 起直到左边第一个非零数字 3 为止的 4 个数字都是有效数字.

因为 $x_4^*=0.32\times10^1$, $m=1$,则

$$|x-x_4^*|=0.00169\times10^{-1}<0.5\times10^{-1},$$

即 x_4^* 的误差限 0.000 169 不超过 $x_4^*=3.2$ 最后一位数字 2 的半个单位 0.5×10^{-1}，所以 $m-l=-1$，得 $l=2$. 故 $x_4^*=3.2$ 具有 2 位有效数字，即 $x_4^*=3.2$ 的所有数字都是有效数字.

特别需要指出的是，$x_3^*=3.200$ 有 4 位有效数字，精确到 10^{-3}；而 $x_4^*=3.2$ 只有 2 位有效数字，精确到 10^{-1}. 由此可见，有效数字尾部的零不能随意省去，以免损失精度.

从上面的讨论可以看出，有效数字位数越多，绝对误差限就越小. 同样，有效数字位数越多，相对误差限也就越小. 下面给出有效数字与绝对误差、相对误差的关系.

1.3.2　有效数字与绝对误差、相对误差的关系

定理 1.2　设 x^* 是 x 的近似值，且 $x^*=\pm0.a_1a_2\cdots a_n\times10^m$，其中，$a_1,a_2,\cdots,a_n$ 是 0 到 9 之间的自然数且 $a_1\neq0$，m 为整数.

(1) 如果 x^* 具有 $l(1\leqslant l\leqslant n)$ 位有效数字，那么 x^* 的相对误差限为 $\frac{1}{2a_1}\times10^{-l+1}$；

(2) 如果 x^* 的相对误差限为 $\frac{1}{2(a_1+1)}\times10^{-l+1}$，那么 x^* 至少具有 l 位有效数字.

证明　(1) 因为 x^* 具有 l 位有效数字，则

$$|x-x^*|\leqslant\frac{1}{2}\times10^{m-l}.$$

又因为 $|x^*|\geqslant a_1\times10^{m-1}$，所以

$$\frac{|x-x^*|}{|x^*|}\leqslant\frac{\frac{1}{2}\times10^{m-l}}{a_1\times10^{m-1}}=\frac{1}{2a_1}\times10^{-l+1}.$$

(2) 因为 $|x^*|\leqslant(a_1+1)\times10^{m-1}$，所以

$$\begin{aligned}|x-x^*|&=\frac{|x-x^*|}{|x^*|}\cdot|x^*|\leqslant\frac{1}{2(a_1+1)}\times10^{-l+1}\times(a_1+1)\times10^{m-1}\\&=\frac{1}{2}\times10^{m-l}.\end{aligned}$$

故知 x^* 至少具有 l 位有效数字.

例 15　已知 $\pi=3.141\,592\,653\,589\,79\cdots$，分别取 $\pi_1^*=3$，$\pi_2^*=3.14$，$\pi_3^*=3.141\,6$ 作为 π 的近似值，试求它们各有多少位有效数字.

解　由于 $\pi_1^*=3=0.3\times10^1$，绝对误差限为

$$|\varepsilon(\pi_1^*)|=0.141\,5\cdots\leqslant0.5\times10^{-1+1},$$

则 π_1^* 精确到个位，从这一位到左面第一位非零数字 3 只有 1 位数字，π_1^* 有 1 位有效数字.

由于 $\pi_2^*=3.14=0.314\times10^1$，绝对误差限为

$$|\varepsilon(\pi_2^*)|=0.001\,59\cdots\leqslant0.5\times10^{-3+1},$$

则 π_2^* 精确到 10^{-2}，从这一位到左面第一位非零数字 3 一共有 3 位数字，因此 π_2^* 有 3 位

有效数字.

由于 $\pi_3^*=3.1416=0.31416\times10^1$，绝对误差限是

$$|\varepsilon(\pi_3^*)|=0.0000074\cdots\leqslant0.5\times10^{-5+1},$$

π_3^* 精确到 10^{-4}，从这一位到左面第一位非零数字 3 一共有 5 位数字，所以 π_3^* 有 5 位有效数字.

例 16 设 $\sqrt{5}$ 的近似值 x^* 的相对误差不超过 0.1%，则 x^* 至少具有几位有效数字.

解 设 x^* 至少具有 l 位有效数字. 因为 $\sqrt{5}$ 的第一个非零数字是 2，即 x^* 的第一位有效数字 $a_1=2$，根据题意及定理 1.2 知

$$\frac{|\sqrt{5}-x^*|}{|x^*|}\leqslant\frac{1}{2(a_1+1)}\times10^{-l+1}=\frac{1}{2\times3}\times10^{-l+1}\leqslant10^{-3},$$

得 $l\geqslant3.2218$，故取 $l=4$. 即 x^* 至少具有 4 位有效数字，$x=2.236$，其相对误差不超过 0.1%.

例 17 已知 $x=\sqrt{50}$ 的近似值 x^* 的相对误差限为 0.5%，试问 x^* 至少有几位有效数字.

解 由于 $\sqrt{50}$ 的第一位数字是 7，所以 x^* 的第一位数字是 $a_1=7$. 根据定理 1.2 可知，当 x^* 的相对误差限满足 $|\varepsilon_r(x^*)|\leqslant\dfrac{5}{a_1+1}\times10^{-n}$ 时，x^* 至少有 n 位有效数字. 因为

$$\frac{5}{7+1}\times10^{-n}\leqslant0.5\%,\ n\geqslant3-\lg8=2.0969,$$

所以 x^* 至少有 2 位有效数字时，其相对误差限为 0.5%.

例 18 已知近似数 A^* 的相对误差限为 0.0002，问 A^* 至少有几位有效数字.

解 虽然 A^* 的首位数未知，但必有 $1\leqslant a_1\leqslant9$. 因

$$|\varepsilon_r(A^*)|\leqslant\frac{5}{a_1+1}\times10^{-n}=0.0002,10^{n-1}=\frac{1}{4(a_1+1)}\times10^4,$$

从而 $n=5-\lg4-\lg(a_1+1)$，进一步有 $4-\lg4\leqslant n\leqslant5-\lg8$，即 $3.3979\leqslant n\leqslant4.0969$，故取 $n=4$ 即可满足.

对同一个量的不同近似值，有效数字位数越多，则绝对误差限越小，并且有效数字位数可刻画近似数的精确度，相对误差限与有效数字的位数有关，有效数字位数越多，相对误差限也越小；有效数字位数越少，则绝对误差限越大，并且有效数字位数可刻画近似数的精确度，相对误差限与有效数字的位数有关，有效数字位数越少，相对误差限也越大.

1.3.3 数值运算的误差估计

数值运算中误差产生与传播的情况非常复杂，参与运算的数据往往都是些近似数，它们都带有误差，而这些数据的误差在多次运算中又会进行传播，使计算结果产生一定的误差，这就是误差的传播问题. 下面介绍利用函数的 Taylor 公式来估计误差的传播，这也是误差估计常用的一种方法.

1. 函数计算的误差估计

设一元函数 $y=f(x)$，x^* 为自变量 x 的近似值，$\varepsilon(x^*)$ 为 x^* 的绝对误差，$y^*=f(x^*)$ 为函数的近似值，$\varepsilon(y^*)$ 为 $y^*=f(x^*)$ 的绝对误差. 利用 Taylor 展开式可得

$$f(x)-f(x^*)=f'(x^*)\cdot(x-x^*)+\frac{f''(\xi)}{2!}(x-x^*)^2, \tag{1.7}$$

其中 ξ 介于 x 与 x^* 之间，取绝对值得

$$\begin{aligned}|f(x)-f(x^*)| &\leqslant |f'(x^*)||x-x^*|+\frac{|f''(\xi)|}{2}(x-x^*)^2\\ &\leqslant |f'(x^*)|\varepsilon(x^*)+\frac{|f''(\xi)|}{2}[\varepsilon(x^*)]^2.\end{aligned} \tag{1.8}$$

假定 $f'(x^*)\neq 0$，$|f''(\xi)|$ 与 $|f'(x^*)|$ 相差不太大，可忽略 $\varepsilon(x^*)$ 的二阶项，即得 y^* 的绝对误差和相对误差分别为

$$\varepsilon(y^*)\approx f'(x^*)\varepsilon(x^*), \tag{1.9}$$

$$\varepsilon_r(y^*)\approx\frac{x^*f'(x^*)}{y^*}\varepsilon_r^*(x). \tag{1.10}$$

以上两式中 $f'(x^*)$ 和 $\frac{x^*f'(x^*)}{y^*}$ 分别为 x^* 对 y^* 的绝对误差和相对误差的**增长因子**，分别表示绝对误差限 $\varepsilon(x^*)$ 和相对误差限 $\varepsilon_r(x^*)$ 经过传播后增大或缩小的倍数.

若 $f'(x^*)=0$ 或 $|f'(x^*)|$ 很小，则需要考虑 Taylor 展开式中后面的项. 特别地，若

$$f'(x^*)=f''(x^*)=\cdots=f^{(k-1)}(x^*)=0, f^{(k)}(x^*)\neq 0,$$

且 $|f^{(k+1)}(\xi)|$ 不太大时，从 k 次 Taylor 展开式可得 $f(x^*)$ 的绝对误差和相对误差分别为

$$\varepsilon(y^*)\approx\frac{f^{(k)}(x^*)}{k!}[\varepsilon(x^*)]^k,$$

$$\varepsilon_r(y^*)\approx\frac{f^{(k)}(x^*)}{y^*\cdot k!}[\varepsilon_r(x^*)]^k.$$

对多元函数 $z=f(x_1,x_2,\cdots,x_n)$，设自变量 $x_1,x_2,\cdots,x_n$ 相互独立，$x_1^*,x_2^*,\cdots,x_n^*$ 为 $x_1,x_2,\cdots,x_n$ 的近似值，则 z 的近似值 $z^*=f(x_1^*,x_2^*,\cdots,x_n^*)$. 利用多元函数 Taylor 公式，可得绝对误差和相对误差分别为

$$\begin{aligned}\varepsilon(z^*)&=f(x_1,x_2,\cdots,x_n)-f(x_1^*,x_2^*,\cdots,x_n^*)\\ &\approx\sum_{k=1}^{n}\frac{\partial f(x_1^*,x_2^*,\cdots,x_n^*)}{\partial x_k}\varepsilon(x_k^*),\end{aligned}$$

$$\begin{aligned}\varepsilon_r(z^*)=\frac{\varepsilon(z^*)}{z^*}&\approx\sum_{k=1}^{n}\frac{\partial f(x_1^*,x_2^*,\cdots,x_n^*)}{\partial x_k}\cdot\frac{x_k^*}{z^*}\cdot\frac{\varepsilon(x_k^*)}{x_k^*}\\ &\approx\sum_{k=1}^{n}\frac{\partial f(x_1^*,x_2^*,\cdots,x_n^*)}{\partial x_k}\cdot\frac{x_k^*}{z^*}\cdot\varepsilon_r(x_k^*).\end{aligned}$$

同样，以上两式中

$$\sum_{k=1}^{n}\frac{\partial f(x_1^*,x_2^*,\cdots,x_n^*)}{\partial x_k},\sum_{k=1}^{n}\frac{\partial f(x_1^*,x_2^*,\cdots,x_n^*)}{\partial x_k}\cdot\frac{x_k^*}{z^*},k=1,2,\cdots,n,$$

分别为 $x_k^*(k=1,2,\cdots,n)$ 对 y^* 的绝对误差和相对误差的**增长因子**，它们分别表示绝对误

差 $\varepsilon(x_k^*)$ 和相对误差 $\varepsilon_r(x_k^*)$ 经过传播后增大或缩小的倍数.

定义 1.6 如果问题的数据 $x_i(i=1,\cdots,n)$ 有微小误差,引起结果 $A=f(x_1,x_2,\cdots,x_n)$ 有很大误差,称这种问题为**病态问题**或**坏条件问题**.

例 19 求解线性方程组 $\begin{cases} x+ay=1, \\ ax+y=0. \end{cases}$

解 当 $a=1$ 时,系数行列式为零,方程组无解. 但当 $a\neq 1$ 时解为

$$x=\frac{1}{1-a^2}, y=-\frac{a}{1-a^2}.$$

当 $a\approx 1$ 时,若输入数据 a 有微小误差,则解的误差很大. 例如,取 $a=0.99$,则解 $x\approx 50.25$;如果 a 有误差 0.001,取 $a^*=0.991$,则解 $x^*\approx 55.81$,误差 $|x^*-x|\approx 5.56$ 很大,表明此时方程组是病态的. 实际上,由 $x=\dfrac{1}{1-a^2}$ 是 a 的函数,则条件数 C_p 为

$$C_p=\left|\frac{ax'(a)}{x(a)}\right|=\left|\frac{2a^2}{1-a^2}\right|,$$

当 $a=0.99$ 时 $C_p\approx 100$,表明条件数很大,故问题是病态的.

2. 算术运算的误差估计

设 x_1^*, x_2^* 分别为 x_1, x_2 的近似值,其绝对误差和相对误差分别为 $\varepsilon(x_1^*), \varepsilon(x_2^*)$ 和 $\varepsilon_r(x_1^*), \varepsilon_r(x_2^*)$,利用(1.9)可得到两个近似数进行加、减、乘、除运算得到的绝对误差分别为

$$\varepsilon(x_1^*\pm x_2^*)\approx\varepsilon(x_1^*)\pm\varepsilon(x_2^*), \tag{1.11}$$

$$\varepsilon(x_1^*x_2^*)\approx \mathrm{d}(x_1^*x_2^*)\approx x_2\varepsilon(x_1^*)+x_1\varepsilon(x_2^*), \tag{1.12}$$

$$\varepsilon\left(\frac{x_1^*}{x_2^*}\right)\approx \mathrm{d}\left(\frac{x_1^*}{x_2^*}\right)\approx\frac{x_2\varepsilon(x_1^*)-x_1\varepsilon(x_2^*)}{(x_2)^2}, x_2\neq 0. \tag{1.13}$$

由于 $|\varepsilon(x_1^*+x_2^*)|\approx|\varepsilon(x_1^*)+\varepsilon(x_2^*)|\leqslant|\varepsilon(x_1^*)|+|\varepsilon(x_2^*)|$,即任何两个数和的绝对误差限为这两个数的绝对误差限之和,且可推广到有限多个数相加的情形. 所以,做大量加、减运算后的绝对误差是不可忽视的.

两个近似数进行加、减、乘、除运算得到的相对误差分别为

$$\varepsilon_r(x_1^*\pm x_2^*)=\frac{\varepsilon(x_1^*\pm x_2^*)}{x_1\pm x_2}\approx\frac{x_1}{x_1\pm x_2}\varepsilon_r(x_1^*)+\frac{x_2}{x_1\pm x_2}\varepsilon_r(x_2^*), \tag{1.14}$$

$$\varepsilon_r(x_1^*x_2^*)=\frac{\varepsilon(x_1^*x_2^*)}{x_1x_2}\approx\varepsilon_r(x_1^*)+\varepsilon_r(x_2^*), \tag{1.15}$$

$$\varepsilon_r\left(\frac{x_1^*}{x_2^*}\right)=\varepsilon\left(\frac{x_1^*}{x_2^*}\right)\cdot\frac{x_2}{x_1}\approx\varepsilon_r(x_1^*)-\varepsilon_r(x_2^*), x_2\neq 0. \tag{1.16}$$

由(1.14)可知,当 x_1 和 x_2 相当接近时,$x_1-x_2\approx 0$,$\left|\dfrac{x_1}{x_1-x_2}\right|$ 和 $\left|\dfrac{x_2}{x_1-x_2}\right|$ 都将很大,所以相近两数之差的相对误差将很大,即原始数据的误差会对计算结果产生很大的影响. 由(1.15)和(1.16)可得,两数积的相对误差可看作是各乘数的相对误差之和,两数商的相对误差可看作是被除数与除数的相对误差之差.

以上所述的误差积累规律,对多个近似数的运算也是成立的. 一般地,任意多次连乘或连除所得的结果的相对误差限,可看作是各乘数或除数的相对误差限之和或差.

例 20　用四位有效数字计算 $y=\sqrt{1\ 001}-\sqrt{1\ 000}$ 的值.

解　如果直接计算,则

$$y=\sqrt{1\ 001}-\sqrt{1\ 000}=31.64-31.62=0.02.$$

而 y 的准确值是 0.015 807 437 4…,可见直接计算所得的近似值仅有一位有效数字,其相对误差大于 26%.

但是如果做适当恒等变形后再进行计算,可得

$$y=\sqrt{1\ 001}-\sqrt{1\ 000}=\frac{1}{\sqrt{1\ 001}+\sqrt{1\ 000}}=\frac{1}{63.26}\approx 0.015\ 81,$$

所得结果与准确值比较可知具有四位有效数字,其相对误差不超过 0.02%.

前后两次计算效果相差如此大的原因为,前者两个相近数相减导致了误差的放大,而后者通过适当恒等变形再计算,避免了相近两数相减,从而也避免了误差的放大. 所以在数值计算时,必须避免相近两数相减,以免损失有效数字的位数.

例 21　已测得某矩形场地长 x 的值为 $x^*=110$ m,宽 y 的值为 $y^*=80$ m,已知误差分别满足 $|x-x^*|\leqslant 0.2$ m 和 $|y-y^*|\leqslant 0.1$ m. 试求面积 $S=xy$ 的绝对误差限和相对误差限.

解　因面积 $S=xy$,且有 $\frac{\partial S}{\partial x}=y$ 和 $\frac{\partial S}{\partial y}=x$,所以面积 S 的绝对误差限为

$$\varepsilon(S^*)\approx y^*\varepsilon(x^*)+x^*\varepsilon(y^*)=80\times 0.2+110\times 0.1=27(\mathrm{m}^2),$$

相对误差限为 $\varepsilon_r(S^*)=\frac{\varepsilon(S^*)}{|S^*|}\approx\frac{27}{8\ 800}=0.31\%$.

最后指出,在利用误差估计式得出绝对误差限和相对误差限的估计时,由于取了绝对值并用三角不等式放大,是按最坏的情形得出的,所以由此得出的结果是保守的. 事实上,出现最坏情形的可能性是很小的. 一般来说,为了保证运算结果的精确度,只要根据运算量的大小,比结果中所要求的有效数字的位数多取 1 位或 2 位进行计算就可以了.

§1.4　数值算法设计的若干原则

1.4.1　算法的数值稳定性概念

在进行数值计算时,必须首先设计算法. 所谓**算法**,是指对一些数据按某种规定的顺序进行运算的一个运算方法. 在实际计算中,对于同一问题我们选用不同的算法,所得的结果的精度往往大不相同,这是因为初始数据的误差或计算中的舍入误差在计算过程中的传播,因算法不同而异,于是就产生了算法的数值稳定性问题. 一个算法,如果计算结

果受误差的影响小,就称这个算法具有较好的**数值稳定性**. 否则,就称这个算法的数值稳定性不好. 算法的好坏,将会直接影响到计算的效率和数值计算结果的精确度和真实性. 为了选用到计算量小、精确度高的有效算法,选用算法时一般应遵循以下原则:算法是否稳定,算法的逻辑结构是否简单,算法的运算次数和算法的存储量是否尽量少等. 同时,为了计算机能更好解决实际问题,我们除了要建立正确的数学模型外,还应针对具体问题选择与改造算法,熟悉算法的设计原理与计算过程,精心设计与编写计算程序,才能获得满意的计算效果.

1.4.2 数值算法设计的若干原则

如果模型中需做大量的复杂运算,从理论上对误差的传播做出定性分析一般具有相当难度. 通常做法是,对模型中的参数取充分多的样本点,每一类样本点取值于按一定规则控制的扰动范围内,再按照模型给出的求解方法得到一系列解,并与模型的真解比较,以判断模型的数值稳定性. 以上进行的误差敏感性分析都是建立在模型求解本身的精度相当高的前提之下的,但是在实际问题中,计算过程本身往往会产生新的误差. 误差的大小取决于数值计算的方法,下面借助误差估计对误差传播情况的分析,给出数值计算中算法设计的一些基本原则,并给出算法改善的例子,这些原则有助于鉴别算法的可靠性并防止误差危害的现象产生.

1. 要避免相近两数相减

设两个数 $x_1\approx x_2$, x_1^* 与 x_2^* 分别为其近似值,其绝对误差和相对误差分别为 $\varepsilon(x_1^*)$, $\varepsilon(x_2^*)$ 和 $\varepsilon_r(x_1^*)$, $\varepsilon_r(x_2^*)$. 设 $y=x_1-x_2$,由(1.11)可得 y^* 的绝对误差

$$|\varepsilon(y^*)|=|\varepsilon(x_1^*\pm x_2^*)|\leqslant|\varepsilon(x_1^*)|+|\varepsilon(x_2^*)|$$

和相对误差

$$\varepsilon_r(y^*)\leqslant\frac{|x_1|}{|y|}\varepsilon_r(x_1^*)+\frac{|x_2|}{|y|}\varepsilon_r(x_2^*).$$

当 $x_1\approx x_2$ 时有 $y\approx 0$,会使得计算结果的相对误差限可能很大,导致数值计算结果的有效数字位数减少.

例 22 在开方只取四位有效数字的情况下,求一元二次方程 $x^2-16x+1=0$ 较小的正根.

解 由一元二次方程求根公式可知,方程 $x^2-16x+1=0$ 较小的正根为 $x_1=8-\sqrt{63}$,开方 $\sqrt{63}$ 取四位有效数字为 $\sqrt{63}\approx 7.937$,则 $x_1^*=8-7.937=0.063$. 此时有

$$\varepsilon(x_1^*)\approx\varepsilon(8)+\varepsilon(7.937)=0+0.0005,$$

显然 x_1 仅有两位有效数字,计算时损失了两位有效数字. 但是,若改用算法

$$x_1=8-\sqrt{63}=\frac{1}{8+\sqrt{63}},$$

进行计算,可得

$$x_1^*\approx\frac{1}{8+7.937}\approx 0.062\,747\,066\,574\,64,$$

$$\varepsilon(x_1^*)\approx\frac{\varepsilon(15.937)+15.937\varepsilon(1)}{(15.937)^2}<\frac{0.000\ 5}{225}<0.000\ 005.$$

可知 $x_1\approx 0.062\ 747\ 066\ 574\ 64$ 有四位有效数字，该结果是非常好的，这说明后一种算法有较好的数值稳定性.

为了避免相近两数直接相减，通常利用代数恒等变形将其转化为其他形式的运算，可根据不同情况对公式进行处理，如通过因式分解、分子分母有理化、三角函数恒等式、Taylor 展开式等方式来实现.

例如，当 x 的绝对值很小时，可利用如下公式进行恒等变形：

$$1-\cos x=2\sin^2\frac{x}{2};$$

$$\sin(\alpha+x)-\sin\alpha=2\cos\left(\alpha+\frac{x}{2}\right)\sin\frac{x}{2};$$

$$\arctan(x+1)-\arctan x=\arctan\frac{1}{1+x(x+1)};$$

$$e^x-1\approx x+\frac{1}{2}x^2+\frac{1}{6}x^3+\cdots+\frac{1}{n!}x^n.$$

当 x 充分大时，可考虑分子有理化进行如下变换：

$$\sqrt{x+1}-\sqrt{x}=\frac{1}{\sqrt{x+1}+\sqrt{x}};$$

当 $x_1\approx x_2$ 时，利用对数性质进行如下变换：

$$\lg x_1-\lg x_2=\lg\frac{x_1}{x_2}.$$

例 23　当 $x=5\ 000$ 时，计算 $\sqrt{x+1}-\sqrt{x}$ 的值. 若取四位有效数字计算，得

$$\sqrt{x+1}-\sqrt{x}=\sqrt{5\ 001}-\sqrt{5\ 000}=71.72-71.71=0.01,$$

结果只有一位有效数字而损失了三位有效数字. 若进行分子有理化，得

$$\sqrt{x+1}-\sqrt{x}=\frac{1}{\sqrt{x+1}+\sqrt{x}}=\frac{1}{\sqrt{5\ 001}+\sqrt{5\ 000}}\approx 0.006\ 972,$$

这样仍然有四位有效数字.

2. 要避免绝对值小的数作除数

设两个数 x_1,x_2 满足 $|x_1|>>|x_2|$，且 $x_2\neq 0$，x_1^*，x_2^* 为其近似值，其绝对误差和相对误差分别为 $\varepsilon(x_1^*)$，$\varepsilon(x_2^*)$ 和 $\varepsilon_r(x_1^*)$，$\varepsilon_r(x_2^*)$. 设 $y=\frac{x_1}{x_2}$，则其绝对误差为

$$|\varepsilon(y^*)|\leqslant\frac{|\varepsilon(x_1^*)|}{|x_2|}+\frac{|x_1|}{|x_2|^2}|\varepsilon(x_2^*)|,$$

从而相对误差满足

$$\varepsilon_r(y^*)\leqslant|\varepsilon_r(x_1^*)|+|\varepsilon_r(x_2^*)|.$$

由于 $|x_2|<<|x_1|$，当用 x_1 除以 x_2 所得结果的绝对误差限可能很大. 例如，$\frac{3.141\ 6}{0.001}=$

3 141.6，当分母变为 0.001 1，即分母只有 0.000 1 的变化时，则有$\frac{3.1416}{0.0011}=2856$，商却引起了巨大变化. 因此，在计算过程中，不仅要避免两个相近的数相减，还应特别注意避免用它们的差作除数，可通过分母有理化、三角函数恒等式以及其他恒等式将算式变形或改变计算顺序等方法来处理.

例如，当 x 接近于 0 时，$\frac{1-\cos x}{\sin x}$的分子、分母都接近 0，为避免绝对值小的数作除数，可将原式化为

$$\frac{1-\cos x}{\sin x}=\frac{\sin x}{1+\cos x}.$$

再如，当 x 很大时，利用分母有理化可转化

$$\frac{x}{\sqrt{x+1}-\sqrt{x}}=x(\sqrt{x+1}+\sqrt{x}).$$

3. **要防止大数“吃掉”小数**

在数值运算中，当一个绝对值很大的数和一个绝对值很小的数直接相加时，如不注意运算次序，很可能发生所谓“大数吃小数”的现象，从而影响计算结果的可靠性. 这主要是计算机表示的数位数有限造成的.

例 24 方程 $x^2-(10^9+1)x+10^9=0$ 的两个根分别为 $x_1=10^9$ 和 $x_2=1$，如果用 8 位数字计算机采用求根公式 $x_{1,2}=\frac{-b\pm\sqrt{b^2-4ac}}{2a}$计算，则有

$$\begin{aligned}-b=10^9+1&=0.100\,000\,00\times10^{10}+0.100\,000\,00\times10^1\\&=0.100\,000\,00\times10^{10}+0.000\,000\,00\times10^{10}\\&\triangleq0.100\,000\,00\times10^{10}=10^9.\end{aligned}$$

所以

$$\sqrt{b^2-4ac}=\sqrt{(10^9+1)^2-4\times1\times10^9}=\sqrt{(10^9-1)^2}\triangleq10^9,$$

故而

$$x_1=\frac{-b+\sqrt{b^2-4ac}}{2a}=\frac{10^9+10^9}{2}=10^9,x_2=0.$$

这与 $x_2=1$ 误差太大，因此为减少误差，在计算 x_2 时应这样计算，即

$$x_2=\frac{c}{ax_1}=\frac{10^9}{1\times10^9}=1.$$

注：$\triangleq$表示在计算机中运行的结果.

例 25 在五位十进制计算机上，计算 $y=54\,321+0.3+0.4+0.6+0.7$ 的值.

解 在计算机系统中相加的原则是先对阶后相加，在对阶时

$$\begin{aligned}y&=0.543\,21\times10^5+0.000\,00\times10^5+0.000\,00\times10^5+0.000\,00\times10^5+0.000\,00\times10^5\\&=0.543\,21\times10^5=54\,321.\end{aligned}$$

在计算机内计算时要先对阶，后四个数都在对阶过程中被当作零，计算结果显然不可

靠,这是由于运算中出现了大数 54 321“吃掉”小数 0.3,0.4,0.6,0.7 造成的. 要避免这种大数“吃掉”小数的现象,可以调整计算顺序,采用先小数后大数的计算次序,即先将 0.3,0.4,0.6,0.7 相加得 $0.200\ 00\times10^1$,再与 54 321 相加,得

$$y=0.000\ 02\times10^5+0.543\ 21\times10^5=0.543\ 23\times10^5=54\ 323.$$

一般地,当绝对值悬殊的一系列数 $|x_1|>>|x_2|>|x_3|>\cdots>|x_n|$ 相加时,采用绝对值较小者先加的算法,计算结果的相对误差限较小. 例如,要计算 $53\ 480+\sum\limits_{i=1}^{10\ 000}a_i,a_i=0.001$,就需要先计算 a_i 之和,然后再加上 53 480.

4. 尽量简化计算步骤,减少运算次数,避免误差积累

由于计算机在进行数值计算时,计算工作量的大小主要依赖于计算过程中所用乘除法次数的多少. 因此,在数值计算时应注意简化计算步骤,减少运算次数,这样不仅可以提高计算速度,而且能减少误差的积累,这是数值计算必须遵循的原则.

例 26　计算多项式

$$p_4(x)=0.062\ 5x^4+0.425x^3+1.215x^2+1.912x+2.129\ 6$$

的值.

如果先计算各项然后相加,需做 10 次乘法和 4 次加法,但如改用下式计算

$$\{[(0.062\ 5x+0.425)x+1.215]x+1.912\}x+2.129\ 6,$$

则只需做 4 次乘法和 4 次加法.

一般地,计算多项式 $p_n(x)=a_nx^n+a_{n-1}x^{n-1}+\cdots+a_1x+a_0$ 的值,若逐项计算然后再相加,计算 a_kx^k 需要 k 次乘法,那么整个计算过程一共需做 $\frac{1}{2}n(n+1)$ 次乘法和 n 次加法. 若采用递推形式的“**秦九韶算法**”,即

$$p_n(x)=(\cdots((a_nx+a_{n-1})x+a_{n-2})x+\cdots+a_1)x+a_0,$$

于是迭代格式为

$$\begin{cases}u_k=u_{k-1}x+a_{n-k},k=1,2,\cdots,n,\\u_0=a_n,\end{cases}$$

则只需 n 次乘法和 n 次加法就可算出 $p_n(x)$ 的值. “秦九韶算法”的优点是不仅运算量小,而且数值稳定. 例如,在计算四次多项式时,可采用如下算法:

$$a_0+a_1x+a_2x^2+a_3x^3+a_4x^4=a_0+x\{a_1+x[a_2+x(a_3+xa_4)]\},$$

$$s_4=a_4,s_n=a_n+xs_{n+1},n=3,2,1,0.$$

下面再举一个矩阵向量运算的例子.

例 27　已知 $\boldsymbol{u},\boldsymbol{v}$ 和 $\boldsymbol{x}$ 都是 n 维向量,$\boldsymbol{I}$ 是 n 阶单位矩阵,试求

$$\boldsymbol{y}=(\boldsymbol{I}-2\boldsymbol{u}\boldsymbol{u}^{\mathrm{T}})(\boldsymbol{I}-2\boldsymbol{v}\boldsymbol{v}^{\mathrm{T}})\boldsymbol{x}.$$

解　上式右端括号中的表达式都是 n 阶矩阵,如果先求出它们,则求 $\boldsymbol{y}$ 需要做矩阵和向量的乘法. 如果陆续求

$$\boldsymbol{y}_1=(\boldsymbol{I}-2\boldsymbol{v}\boldsymbol{v}^{\mathrm{T}})\boldsymbol{x}=\boldsymbol{x}-2(\boldsymbol{v}^{\mathrm{T}}\boldsymbol{x})\boldsymbol{v},$$

$$\boldsymbol{y}_2=(\boldsymbol{I}-2\boldsymbol{u}\boldsymbol{u}^{\mathrm{T}})\boldsymbol{y}_1=\boldsymbol{y}_1-2(\boldsymbol{u}^{\mathrm{T}}\boldsymbol{y}_1)\boldsymbol{u}.$$

不仅运算过程有规律,而且只需进行向量的内积运算和向量的加法运算,所需的运算次数显然较少. 例如,设

$$u=(1\quad 2)^{\mathrm{T}},v=(3\quad 4)^{\mathrm{T}},x=(5\quad 6)^{\mathrm{T}},$$

直接计算

$$y=\left(\begin{bmatrix}1&0\\0&1\end{bmatrix}-2\begin{bmatrix}1\\2\end{bmatrix}[1\quad 2]\right)\left(\begin{bmatrix}1&0\\0&1\end{bmatrix}-2\begin{bmatrix}3\\4\end{bmatrix}[3\quad 4]\right)\begin{bmatrix}5\\6\end{bmatrix},$$

需做 20 次乘法. 但用上例算法先求

$$y_1=\begin{bmatrix}5\\6\end{bmatrix}-2\left([3\quad 4]\begin{bmatrix}5\\6\end{bmatrix}\right)\begin{bmatrix}3\\4\end{bmatrix}=\begin{bmatrix}-229\\-306\end{bmatrix},$$

再求

$$y_2=\begin{bmatrix}-229\\-306\end{bmatrix}-2\left([1\quad 2]\begin{bmatrix}-229\\-306\end{bmatrix}\right)\begin{bmatrix}1\\2\end{bmatrix}=\begin{bmatrix}1\ 453\\3\ 058\end{bmatrix},$$

则只需做 8 次乘法.

5. 选用数值稳定性好的算法,控制好误差的传播与积累

许多算法常常具有递推性,如计算多项式值的秦九韶算法,以及方程根的 Newton 迭代法等. 利用递推关系进行计算时,运算过程比较规律,相当方便,但多次递推,必须注意误差的积累. 如果递推过程中误差增大,多次递推会得到错误的结果;如果递推过程中误差减小,则得出的结果比较准确.

例 28 计算积分

$$E_n=\int_0^1 x^n e^{x-1}dx,n=1,2,\cdots,9.$$

利用分部积分法,可得

$$E_n=x^n e^{x-1}\Big|_0^1-n\int_0^1 x^{n-1}e^{x-1}dx=1-nE_{n-1},$$

从而有递推公式

$$E_1=e^{-1},E_n=1-nE_{n-1},n=2,3,\cdots,9. \tag{1.17}$$

如果直接应用递推公式(1.17)在 6 位十进制计算机上从 E_1 出发计算九个积分值,由于

$$\begin{aligned}E_n-E_n^* &=-n(E_{n-1}-E_{n-1}^*)=-n[-(n-1)(E_{n-2}-E_{n-2}^*)]\\&=(-1)^2n(n-1)(E_{n-2}-E_{n-2}^*)=\cdots\\&=(-1)^{n-1}n!\ (E_1-E_1^*),\end{aligned}$$

因而误差传递规律为

$$\varepsilon(E_n^*)=-n\varepsilon(E_{n-1}^*)=\cdots=(-1)^{n-1}n!\ \varepsilon(E_1^*).$$

这说明由初始值 E_1 的舍入而产生的误差在计算过程中绝对值会迅速扩大. 例如,如果 $|\varepsilon(E_1^*)|=10^{-5}$,则 $|\varepsilon(E_9^*)|=9!\times10^{-5}>3$,注意到 $0<E_n<1$,从而 $|\varepsilon_r(E_9^*)|>300\%$,这样求得的结果是完全不可靠的,因此这个算法是不稳定的. 但若将公式改为

$$E_{n-1}=\frac{1-E_n}{n}, \tag{1.18}$$

则误差按规律 $|\varepsilon(E_{n-1}^*)|=\frac{1}{n}|E_n^*|$ 逐渐缩小,从而 $|\varepsilon(E_1^*)|=\frac{1}{n!}|\varepsilon(E_n^*)|$,所以只要适当选择初值 E_9 依次用(1.18)计算 $E_8,E_7,\cdots,E_1$,便可得到比较精确的结果,故这个算法是稳定的.

例 29　计算 $I_n=\int_0^1\frac{x^n}{x+7}dx, n=0,1,2,\cdots,10.$

解　由于

$$I_n=\int_0^1\frac{x^n}{x+7}dx=\int_0^1\frac{(x+7)x^{n-1}}{x+7}dx-7\int_0^1\frac{x^{n-1}}{x+7}dx,$$

故而

$$I_n+7I_{n-1}=\int_0^1 x^{n-1}dx=\frac{1}{n}, n=1,2,\cdots,10.$$

当 $n=0$ 时，$I_0=\int_0^1\frac{1}{x+7}dx=\ln 8-\ln 7\approx 0.133\ 531$，利用迭代格式 $I_n=\frac{1}{n}-7I_{n-1}$ 即可求出 $n=1,2,\cdots,10$ 的值. 但是计算结果表明这种计算格式不稳定，出现错误的原因是初始误差被逐渐放大.

考虑另一个思路，采用 $I_{n-1}=\frac{1}{7n}-\frac{I_n}{7}, n=11,10,\cdots,2.$ 由于

$$\frac{1}{8(n+1)}=\frac{1}{8}\int_0^1 x^n dx\leqslant I_n=\int_0^1\frac{x^n}{x+7}dx\leqslant\frac{1}{7}\int_0^1 x^n dx=\frac{1}{7(n+1)},$$

所以有

$$\frac{1}{96}=\frac{1}{8\times(11+1)}\leqslant I_{11}\leqslant\frac{1}{7\times(11+1)}=\frac{1}{84},$$

取 $I_{11}\approx\frac{1}{2}\left(\frac{1}{96}+\frac{1}{84}\right)\approx 0.011\ 16$，采用迭代 $I_{n-1}=\frac{1}{7n}-\frac{I_n}{7}$ 求解，这里 $n=11,10,\cdots.$

§1.5　Matlab 算法初步

1.5.1　Matlab 简介

Matlab 这个名字是由 Matrix 和 Laboratory 两个词的前三个字母组合而成的，它是 MathWorks 公司于 1982 年推出的一套高性能的数值计算和可视化数学软件，由于使用编程运算与人进行科学计算的思路和表达方式完全一致，所以不像学习其他高级语言如 Basic、Fortran 和 C 等那样难以掌握. 用 Matlab 编写程序犹如在演算纸上排列出公式与求解问题，所以又被称为演算纸式科学算法语言. 在这个环境下，对所要求解的问题，用户只需简单地列出数学表达式，其结果便以数值或图形方式显示出来.

Matlab 的启动与其他 Windows 程序一样，点击“开始”→“程序”，选择 Matlab 启动程序，屏幕上显示的 Matlab 默认界面，可以看到，屏幕被划分成三个部分，分别是当前目录（Current Directory），历史命令窗口（Command History），命令窗口（Command Window）.

1.5.2 向量和矩阵基本操作

Matlab 能处理数、向量和矩阵. 一个数事实上是一个 1×1 的矩阵, 1 个 n 维向量也不过是一个 $1\times n$ 或 $n\times 1$ 的矩阵. 从这个角度上来讲, Matlab 处理的所有的数据都是矩阵, Matlab 的矩阵处理能力是非常灵活、强大的. 以下将从向量及矩阵的产生、基本运算、矩阵函数等几个方面来说明.

1. 向量的产生

除了直接列出向量元素(即所谓的**穷举法**)外, 最常用的用来产生相同增量的向量的方法是利用":"算符(即所谓的**描述法**). 在 Matlab 中, 它是一个很重要的字符. 例如:

```
>>z=1:5
z =
     1     2     3     4     5
```

即产生一个 1~5 的步长是 1 的行向量, 此为默认情况.

用":"也可以产生步长不等于 1 的行向量, 语法是把增量放在起始量和结尾量的中间, 例如:

```
>>x=0:pi/4:pi
```

即产生一个由 0~pi 的行向量, 单位增量是 pi/4=3.1416/4=0.7854.

```
x =
     0  0.7854  1.5708  2.3562  3.1416
```

也可以产生步长为负数的行向量, 例如:

```
>>y=6:-1:1
y =
     6     5     4     3     2     1
```

2. 矩阵输入

矩阵是两维数字数组, 要在 Matlab 中创建矩阵, 输入的行各元素之间用空格或逗号分隔, 行末使用分号标记. 例如:

$$\boldsymbol{A}=\begin{bmatrix}-1 & 6\\ 7 & 11\end{bmatrix}$$

这个矩阵在 Matlab 中使用下面的语法输入:

```
>> A = [-1, 6; 7, 11]
```

Matlab 提供了一批产生矩阵的函数, 具体如表 1-1 所示.

表 1-1 Matlab 提供的产生矩阵的函数

zeros	产生一个零矩阵	diag	产生一个对角矩阵
ones	生成全 1 矩阵	tril	取一个矩阵的下三角
eye	生成单位矩阵	triu	取一个矩阵的上三角
magic	生成魔术方阵	pascal	生成 PASCAL 矩阵

例如：

```
>>ones(3)
ans =
    1  1  1
    1  1  1
    1  1  1
>>eye(3)
ans =
    1  0  0
    0  1  0
    0  0  1
```

除了以上产生标准矩阵的函数外，Matlab 还提供了产生随机(向量)矩阵的函数 rand 和 randn，及产生均匀级数的函数 linspace、产生对数级数的函数 logspace 和产生网格的函数 meshgrid 等.

3. 矩阵数量相乘

例如：

```
>> A = [-2 2; 4 1];
>> C = 2 * A
C =
        -4     4
         8     2
```

如果两个矩阵行数和列数都相等，那么它们可以进行相加减.

4. 矩阵的转置

转置操作交换矩阵的行和列，在 Matlab 中，用单引号(′)代表转置操作，使用与转置向量相同的操作符转置矩阵. 例如：

```
>> A = [-1 2 0; 6 4 1]
A =
    -1     2     0
     6     4     1
>> B = A′
B =
    -1     6
     2     4
     0     1
```

5. 矩阵数组乘法

矩阵可以进行数组乘法，注意这**不是矩阵乘法**，使用符号(. *)，称为**点乘**. 例如：

```
>> A = [12 3; -1 6]; B = [4 2; 9 1];
>> C = A . * B
```

```
C =
    48     6
    -9     6
```

6. **矩阵相乘**

考虑两个矩阵 $\boldsymbol{A}$ 和 $\boldsymbol{B}$,如果 $\boldsymbol{A}$ 是一个 $m\times p$ 矩阵,而 $\boldsymbol{B}$ 是 $p\times n$ 矩阵,它们可以相乘产生 $m\times n$ 矩阵.要在 Matlab 中这样做,只需把点号去掉简单地写成 A * B 即可.例如:

```
>> A = [2 1; 1 2]; B = [3 4; 5 6];
>> A .* B
ans =
     6     4
     5    12
```

现在把“.”去掉,进行结果不同的矩阵相乘,注意两者的区别:

```
>> A * B
ans =
    11    14
    13    16
```

7. **特殊类型矩阵**

单元矩阵是一个对角线为非零元素而其他元素为零的方形矩阵,要创建 $n\times n$ 的单元矩阵,输入命令 eye(n)即可.例如,创建 4×4 单元矩阵:

```
>> eye(4)
ans =
     1     0     0     0
     0     1     0     0
     0     0     1     0
     0     0     0     1
```

要创建 $n\times n$ 的零矩阵,输入 zeros(n). 还可以输入 zeros(m,n),创建 $m\times n$ 的矩阵.当然也完全可以创建整个元素都为 1 的矩阵,只需输入 ones(n)或 ones(m,n)即可分别创建 $n\times n$ 和 $m\times n$ 的矩阵.

8. **引用矩阵元素**

在 Matlab 中,矩阵的单个元素或整列都能够被引用.考虑下面的矩阵:

```
>> A = [1 2 3;  4 5 6;  7 8 9]
A =
     1     2     3
     4     5     6
     7     8     9
```

可以用 A(m, n)选出第 m 行 n 列的元素,例如:

```
>> A(2, 3)
ans =
     6
```

要引用第 i 列的所有元素,输入 A(:, i). 例如,要选出第 2 列的所有元素:

```
>> A( :, 2)
ans =
     2
     5
     8
```

要选出从第 i 列到第 j 列之间的所有元素,输入 A(:, i:j),下面的例子返回第 2 和第 3 列的元素:

```
>> A( :, 2:3)
ans =
     2     3
     5     6
     8     9
```

也可以选出小块或子矩阵,仍然用刚才的矩阵,选出第 2 到第 3 行同时处于第 1 和第 2 列的元素,写成:

```
>> A(2:3, 1:2)
ans =
     4     5
     7     8
```

也可以使用这些引用改变矩阵的值,把第 1 行第 1 列元素的值改为-8:

```
>> A(1,1) = -8
A =
    -8     2     3
     4     5     6
     7     8     9
```

要在 Matlab 中创建空数组,只需在方括号[ ]里留空即可,它可以用来删除矩阵的行或列. 删除 $\boldsymbol{A}$ 的第 2 行:

```
>> A(2, :)=[ ]
A =
    -8     2     3
     7     8     9
```

本操作把前面 3×3 矩阵变成 2×3 矩阵,当然也可以通过引用矩阵中的行或列来创建新的矩阵. 在本例中,复制 $\boldsymbol{A}$ 矩阵的第 1 行 4 次来创建一个新矩阵:

```
>> E = A([1,1,1,1], :)
E =
    -8     2     3
    -8     2     3
    -8     2     3
```

```
    -8     2     3
```

下面这个例子引用两次 $\boldsymbol{A}$ 的第 1 行创建新矩阵：

```
>> F = A([1,2,1], :)
F =
    -8     2     3
     7     8     9
    -8     2     3
```

9. **方矩阵的行列式计算**

要在 Matlab 中计算矩阵 $\boldsymbol{A}$ 的行列式，简单地写成 det(A)即可. 下面是 2×2 矩阵的行列式：

```
>> A = [1 3; 4 5];
>> det(A)
ans =
   -7
```

10. **线性系统求解**

考虑下面的方程组 $\begin{cases}5x+2y-9z=-18,\\-9x-2y+2z=-7,\\6x+7y+3z=29.\end{cases}$ 首先，计算系数矩阵 $\boldsymbol{A}$ 的行列式. 在本例中系数矩阵为 $\boldsymbol{A}=\begin{bmatrix}5&2&-9\\-9&-2&2\\6&7&3\end{bmatrix}$，用 det(A)求其行列式.

```
>> A = [5 2 -9; -9 -2 2; 6 7 3]
A =
     5     2    -9
    -9    -2     2
     6     7     3
>> det(A)
ans =
        437
```

如果行列式不为零，那么解存在，解是列向量 $\boldsymbol{X}=\begin{bmatrix}x\\y\\z\end{bmatrix}$，Matlab 允许使用左除，可容易地得到解. 首先，创建由系统(方程)右边组成的向量，得到：

```
>> b = [-18; -7; 29];
>> A \ b
ans =
        1.0000
        2.0000
```

```
        3.0000
```

11. 求矩阵的秩

矩阵的秩是矩阵行或列的数值线性独立的度量,用下面的方式计算秩:

```
>> A = [0 1 0 2; 0 2 0 4];
>> rank(A)
ans =
     1
```

考虑方程组 $\begin{cases} x-2y+z=12, \\ 3x+4y+5z=20, \\ -2x+y+7z=11. \end{cases}$ 系数矩阵的增广矩阵是 $(\boldsymbol{A}\quad \boldsymbol{b})=\begin{bmatrix} 1 & -2 & 1 & 12 \\ 3 & 4 & 5 & 20 \\ -2 & 1 & 7 & 11 \end{bmatrix}$,第一步是在 Matlab 中输入这些矩阵:

```
>> A = [1 -2 1; 3 4 5; -2 1 7]; b = [12; 20; 11];
>> C = [A  b]
C =
    1    -2     1    12
    3     4     5    20
   -2     1     7    11
```

$\boldsymbol{C}$ 为增广矩阵. 现在求一下 $\boldsymbol{A}$ 的秩:

```
>> rank(A)
ans =
     3
```

增广矩阵的秩为:

```
>> rank(C)
ans =
     3
```

由于 $\boldsymbol{A}$ 的秩和 $\boldsymbol{C}$ 的秩相同,因此解存在. 这里有三个未知量,注意到秩 r 满足 $r=n$,这意味着解唯一,用左除求得解:

```
>> x = A \ b
x =
    4.3958
   -2.2292
    3.1458
```

12. 求逆矩阵

在 Matlab 中输入下面的命令即可计算矩阵 $\boldsymbol{A}$ 的逆矩阵: inv(A). 逆矩阵并不总是存在,事实上可以用矩阵的行列式确定逆矩阵是否存在. 如果 det(A) = 0,那么逆矩阵不存在,此矩阵是一个奇异矩阵. 以一个 2×2 矩阵为例,

```
>> A = [2  3; 4  5];
A =
```

```
    2    3
    4    5
>> det(A)
ans =
    -2
>> inv(A)
ans =
  -2.5000    1.5000
   2.0000   -1.0000
```

1.5.3 Matlab 流程控制

计算机编程语言和可编程计算器提供许多功能,它允许你根据决策结构控制命令执行流程.控制流极其重要,因为它使过去的计算影响将来的运算.Matlab 提供三种决策或控制流结构,它们是 for 循环,while 循环和 if-else-end 结构.由于这些结构经常包含大量的 Matlab 命令,故经常出现在 M 文件中,而不是直接在 Matlab 提示符下.

1. for 循环

for 循环允许一组命令以固定的和预定的次数重复.for 循环的一般形式是:

```
>>for x = array
   {commands}
end
```

在 for 和 end 语句之间的{commands}按数组中的每一列执行一次,在每一次迭代中,x 被指定为数组的下一列,即在第 n 次循环中,x=array(:, n).例如:

```
>>for n=1:10
   x(n)=sin(n*pi/10);
end
>>x
x =
        Columns 1 through 7
        0.3090    0.5878    0.8090    0.9511    1.0000    0.9511    0.8090
        Columns 8 through 10
        0.5878    0.3090    0.0000
```

换句话,第一语句是说,n 等于 1 到 10,求所有语句的值,直至下一个 end 语句.第一次通过 for 循环 $n=1$,第二次 $n=2$,如此继续,直至 $n=10$.在 $n=10$ 以后,for 循环结束,然后求 end 语句后面的任何命令值,在这种情况下显示所计算的 $\boldsymbol{x}$ 的元素.

2. while 循环

与 for 循环以固定次数求一组命令的值相反,while 循环以不定的次数求一组语句的值.while 循环的一般形式是:

```
>>while expression
   {commands}
end
```

只要在表达式里的所有元素为真，就执行 while 和 end 语句之间的{commands}. 通常，表达式的求值给出一个标量值，但数组值也同样有效. 在数组情况下，所得到数组的所有元素必须都为真. 考虑下列例子：

```
>>num=0;EPS=1;
>>while (1+EPS)>1
     EPS=EPS/2;
     num=num+1;
end
>>num
num =
        53
EPS=2 * EPS
EPS =
     2.2204e-016
```

这个例子表明了计算特殊 Matlab 值 EPS 的一种方法，它是一个可加到 1，而使结果以有限精度大于 1 的最小数值. 这里用大写 EPS，因此 Matlab 的 EPS 的值不会被覆盖掉. 在这个例子里，EPS 以 1 开始，只要 1+EPS>1 为真（非零），就一直求 while 循环内的命令值，由于 EPS 不断地被 2 除，EPS 逐渐变小以致 EPS+1 不大于 1.

3. if-else-end 结构

很多情况下，命令的序列必须根据关系的检验有条件地执行，在编程语言里，这种逻辑由某种 if-else-end 结构来提供. 最简单的 if-else-end 结构是：

```
>>if expression
     {commands}
end
```

如果在表达式中的所有元素为真（非零），那么就执行 if 和 end 语言之间的{commands}，在表达式包含有几个逻辑子表达式时，即使前一个子表达式决定了表达式的最后逻辑状态，仍要计算所有的子表达式. 例如：

```
>>apples=10;                    % number of apples
>>cost=apples * 25              % cost of apples
>>cost =
      250
>>if apples>5                   % give 20% discount for larger purchases
    cost=(1-20/100) * cost;
end
>>cost
```

```
cost =
     200
```

假如有两个选择,if-else-end 结构是:

```
>>if expression
  commands evaluated if True
else
  commands evaluated if False
end
```

在这里,如果表达式为真,则执行第一组命令;如果表达式是假,则执行第二组命令.当有三个或更多的选择时,if-else-end 结构采用形式:

```
>> if expression1
    commands evaluated if expression1 is True
elseif expression2
    commands evaluated if expression2 is True
elseif expression3
    commands evaluated if expression3 is True
elseif expression4
    commands evaluated if expression4 is True
elseif  ……
  ……
else
    commands evaluated if no other expression is True
end
```

最后的这种形式,只和所碰到的与第一个真值表达式相关的命令被执行,接下来的关系表达式不检验,跳过其余的 if-else-end 结构,而且,最后的 else 命令可有可无. 现在知道了如何用 if-else-end 结构来决策,就有可能提出一种合理的方法来跳出或中断 for 循环和 while 循环.

```
>> EPS=1;
for num=1:1000
     EPS=EPS/2;
     if (1+EPS)<=1
        EPS=EPS * 2
        break
        end
end
EPS =
   2.2204e-016
num
```

```
num =
        53
```

这个例子演示了估算 EPS 的另一种方法. 在这种情况下, for 循环构造要执行足够多的次数, if-else-end 结构检验要看 EPS 是否变得足够小, 如果是 EPS 乘 2, break 命令强迫 for 循环提早结束, num = 53.

在这个例子里, 当执行 break 语句时, Matlab 跳到循环外下一个语句, 在现在情况下, 它返回到 Matlab 的提示符并显示 EPS. 如果一个 break 语句出现在一个嵌套的 for 循环或 while 循环结构里, 那么 Matlab 只跳出 break 所在的那个循环, 不跳出整个嵌套结构.

1.5.4　向量和矩阵的范数

1. 向量的范数

格式 n = norm(X)　　　% $\boldsymbol{X}$ 为向量, 求欧几里得范数.

n = norm(X, inf)　　　% 求∞-范数.

n = norm(X, 1)　　　% 求 1-范数.

n = norm(X, -inf)　　　%求向量 $\boldsymbol{X}$ 的元素的绝对值的最小值.

n = norm(X, p)　　　%求 p-范数.

2. 矩阵的范数

格式　n = norm(A)　　　% $\boldsymbol{A}$ 为矩阵, 求欧几里得范数, 等于 $\boldsymbol{A}$ 的最大奇异值.

n = norm(A, 1)　　　% 求 $\boldsymbol{A}$ 的列范数, 等于 $\boldsymbol{A}$ 的列向量的 1-范数的最大值.

n = norm(A, 2)　　　% 求 $\boldsymbol{A}$ 的欧几里得范数, 和 norm(A) 相同.

n = norm(A, inf)　　　% 求行范数, 等于 $\boldsymbol{A}$ 的行向量的 1-范数的最大值.

n = norm(A, 'fro')　　　% 求矩阵 $\boldsymbol{A}$ 的 Frobenius 范数.

3. 条件数

格式　c = cond(X)　　　%求 $\boldsymbol{X}$ 的 2-范数的条件数, 即 $\boldsymbol{X}$ 的最大奇异值和最小奇异值的商.

c = cond(X, p)　　　% 求 p-范数的条件数, p 的值可以是 1、2、inf 或者'fro'.

线性方程组 $\boldsymbol{AX}=\boldsymbol{b}$ 的条件数是一个大于或者等于 1 的实数, 用来衡量数据中的扰动, 也就是 $\boldsymbol{A}$ 或 $\boldsymbol{b}$ 对解 $\boldsymbol{X}$ 的灵敏度, 一个差条件的方程组的条件数很大.

1.5.5　矩阵分解

1. cholesky 分解

格式 R = chol(X)　　　% 若 $\boldsymbol{X}$ 为 n 阶对称正定矩阵, 则存在一个实的非奇异上三角阵 $\boldsymbol{R}$, 满足 $\boldsymbol{R}' * \boldsymbol{R} = \boldsymbol{X}$; 若 $\boldsymbol{X}$ 非正定, 则产生错误信息.

[R, p] = chol(X)　　　% 不产生任何错误信息, 若 $\boldsymbol{X}$ 为正定阵, 则 $p=0$, $\boldsymbol{R}$ 与上相同; 若 $\boldsymbol{X}$ 非正定, 则 p 为正整数, $\boldsymbol{R}$ 是有序的上三角阵. 例如:

```
>> X=pascal(4)          % 产生 4 阶 pascal 矩阵
```

```
X =
     1     1     1     1
     1     2     3     4
     1     3     6    10
     1     4    10    20
>> [R, p]=chol(X)
R=
     1     1     1     1
     0     1     2     3
     0     0     1     3
     0     0     0     1
p=
    0
```

2. **LU 分解**

矩阵的三角分解又称 LU 分解,它的目的是将一个矩阵 $\boldsymbol{A}$ 分解成一个下三角矩阵 $\boldsymbol{L}$ 和一个上三角矩阵 $\boldsymbol{U}$ 的乘积,即 $\boldsymbol{A}=\boldsymbol{LU}$.

格式 [L,U] = lu(X)　　　% $\boldsymbol{U}$ 为上三角阵,$\boldsymbol{L}$ 为下三角阵或其变换形式,满足 $\boldsymbol{LU}=\boldsymbol{X}$.

[L,U,P]=lu(X)　　　% $\boldsymbol{U}$ 为上三角阵,$\boldsymbol{L}$ 为下三角阵,$\boldsymbol{P}$ 为单位矩阵的行变换矩阵,满足 $\boldsymbol{LU}=\boldsymbol{PX}$. 例如:

```
>>A=[1 2 3;4 5 6;7 8 9];
>>[L,U]=lu(A)
L=
   0.1429    1.0000         0
   0.5714    0.5000    1.0000
   1.0000         0         0
U =
   7.0000    8.0000    9.0000
        0    0.8571    1.7143
        0         0    0.0000
>>[L,U,P]=lu(A)
L =
   1.0000         0         0
   0.1429    1.0000         0
   0.5714    0.5000    1.0000
U =
   7.0000    8.0000    9.0000
        0    0.8571    1.7143
```

```
        0           0      0.0000
P =
     0     0     1
     1     0     0
     0     1     0
```

3. QR 分解

将矩阵 ***A*** 分解成一个正交矩阵与一个上三角矩阵的乘积.

格式　[Q,R] = qr(A)　　% 求得正交矩阵 ***Q*** 和上三角阵 ***R***, ***Q*** 和 ***R*** 满足 ***A***=***QR***.

例如:

```
>>A =[ 1   2   3;4   5   6; 7   8   9; 10   11   12];
>>[Q, R] = qr(A)
Q =
   -0.0776    -0.8331     0.5444     0.0605
   -0.3105    -0.4512    -0.7709     0.3251
   -0.5433    -0.0694    -0.0913    -0.8317
   -0.7762     0.3124     0.3178     0.4461
R =
   -12.8841    -14.5916    -16.2992
          0     -1.0413     -2.0826
          0           0      0.0000
          0           0           0
```

1.5.6 Matlab 绘图

绘图是数学应用程序在计算机上最有用的一种应用,Matlab 当然也不例外. 本节将介绍在 Matlab 中完成这些任务的命令和技术.

1. 二维绘图

在 Matlab 中绘图包含下面三个步骤:定义函数,指定要绘制的函数图形的值范围,调用 Matlab 的 plot(x,y) 函数.

当指定函数的值范围时,必须告诉 Matlab 函数使用的变量的增量,使用较少的增量可以使得图形显示更加平滑,如果增量较小,Matlab 会计算更多的函数值,不过通常不需要取得那么小.

例如,要绘制 $0 \leqslant x \leqslant 10$ 的 $y=\cos x$ 的图形,在绘制之前,要定义这个区间并告诉 Matlab 所使用的增量. 区间使用方括号[ ]以下面的形式定义:[start:interval:end]. 例如,如果要告诉 Matlab 在 $0 \leqslant x \leqslant 10$ 上以 0.1 的步长递增,输入[0:0.1:10]. 用赋值运算符给这个范围内的变量一个名称,也用这种办法告知 Matlab 相关变量和要绘制的函数.

因此,要绘制 y=cos *x*,输入下面的命令:

```
>>x=[0:0.1:10];
```

```
>>y = cos(x);
>>plot(x,y)
```

输入绘图命令后敲回车键 Enter,Matlab 会新开启一个标题为"Figure 1"的新窗口,窗口中含有所绘制的图形.本例中得到图 1-2.

2. **为图像添加坐标轴**

绘制一个坐标轴有标签的图像,可以通过 xlabel 和 ylabel 函数做到.这些函数可以带一个用单引号括起来的参数,该参数就是坐标轴的标签,把 xlabel 和 ylabel 函数用逗号分开与 plot 命令放在同一行. 例如,下面的命令产生的图像如图 1-3 所示:

```
>>x = [0:0.01:10];
>>y = cos(x);
>>plot(x,y), xlabel('x'), ylabel('cos(x)')
```

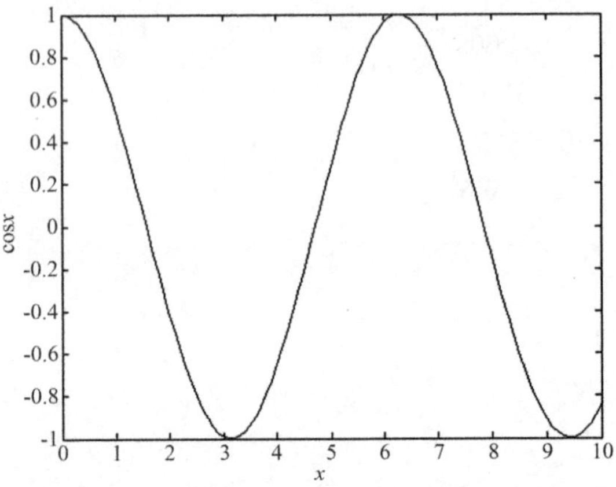

图 1-2 $y=\cos x$ 在 $0\leqslant x\leqslant 10$ 之间的图像

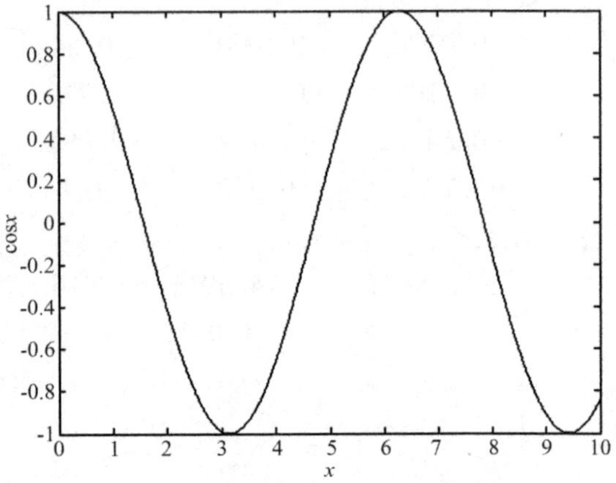

图 1-3 为坐标轴添加标签后的图像

若要画出多条曲线,只需将坐标对依次放入 plot 函数即可:

```
>>plot(x, sin(x),x,cos(x));
```

若要改变颜色,在坐标对后面加上相关字串即可:

```
>>plot(x,sin(x), 'c',x,cos(x), 'g');
```

若要同时改变颜色及图线型态,也是在坐标对后面加上相关字串即可:

```
>>plot(x, sin(x), 'co', x, cos(x), 'g*');
```

另外,Matlab 在图像中可以使用四种基本线条风格,放在 plot 中用来表示线条风格字符串后面,具体为:实线'-',虚线'--',虚点线'-.',点线':'.

3. **在同一图像中显示多个函数**

在很多情况下需要在同一个图中绘制多条曲线,在 Matlab 中要这样做也是相当容易的. 例如,把 $0\leqslant t\leqslant 5$ 范围内两个函数 $f(t)=\mathrm{e}^{-t}$ 和 $g(t)=\mathrm{e}^{-2t}$ 绘制在同一个图中,把 $g(t)$ 函数用虚线绘出以区别这两条曲线. 首先定义间隙:

```
>> t = [0:0.01:5];
>> f = exp(-t);
```

```
>> g =exp(-2 * t) ;
```

要绘制多个函数,只需调用 plot(x,y)函数,后面跟着用单引号引起来,用来表示所要绘制的第二条曲线风格的字符串.在这个例子中有:

```
>> plot(t,f,t,g,'--')
```

要绘制 $f(t)$ 和 $g(t)$ 函数,并且第二个函数曲线使用虚线,结果如图 1-4 所示.

4. 子图

子图即是在一个图上显示多于一个图像,绘制子图使用命令 subplot(m,n,p),这里 m 和 n 告诉 Matlab 产生的子图有 m 行和 n 列,p 用来告诉 Matlab 所要贴上去的某个已经绘制的图形窗口.其调用格式如下:

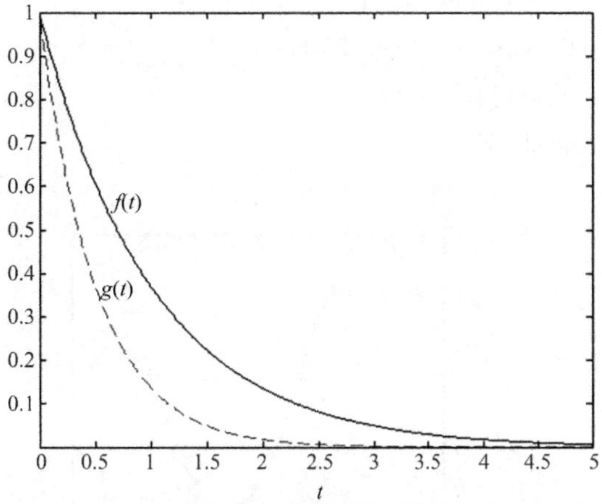

图 1-4　在同一图形中绘制两条曲线

```
>>subplot(m,n,p)
```

subplot(m,n,p)函数把一个图形窗口分割成 $m\times n$ 个子区域,用户可以通过参数 p 调用各个子绘图区域进行操作,子绘图区域的编号为按行从左至右编号.例如,如下程序:

```
>> x=0:0.1 * pi:2 * pi;
subplot(2,2,1)
plot(x,sin(x),'- * ');
title('sin(x)');
subplot(2,2,2)
plot(x,cos(x),'--o');
title('cos(x)');
subplot(2,2,3)
plot(x,sin(2 * x),'-. * ');
title('sin(2x)');
subplot(2,2,4);
plot(x,cos(3 * x),':d')
title('cos(3x)')
```

运行结果得到图形如图 1-5 所示.

5. 三维图像

(1) mesh(Z)语句.

mesh(Z)语句可以给出矩阵 **Z** 元素的三维消隐图.网络表面由 **Z** 坐标点定义,与前面叙述的 $x-y$ 平面的线格相同.图形由邻近的点连接而成,它可用来显示用其他方式难以输出的包含大量数据的大型矩阵,也可用来绘制 **Z** 变量函数.

要显示两变量的函数 $Z=f(x,y)$,第一步需产生特定的行和列的 $x-y$ 矩阵,然后计算

函数在各网格点上的值,最后用 mesh 函数输出.例如,下面绘制 sin r/r 函数的图形,建立图形用以下方法:

```
>>x=-8:0.5:8;
y=x';
x=ones(size(y)) * x;
y=y * ones(size(y))';
R=sqrt(x.^2+y.^2)+eps;
z=sin(R)./R;
mesh(Z)
```

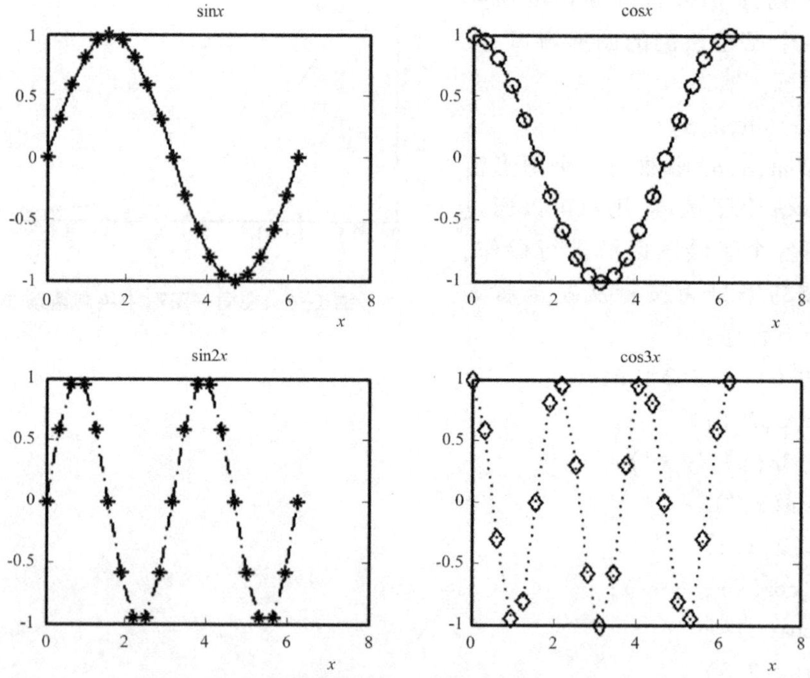

图 1-5　子图

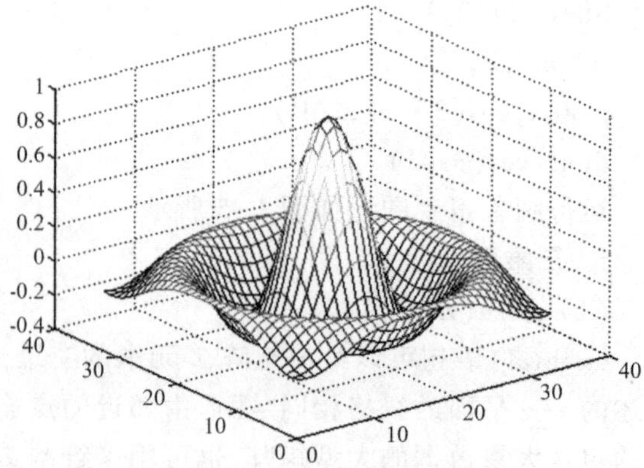

图 1-6　三维消隐图

各语句的意义是,首先建立行向量 $\boldsymbol{x}$,列向量 $\boldsymbol{y}$,然后按向量的长度建立 1-矩阵.用向量乘以产生的 1-矩阵,生成网格矩阵,它们的值对应于 $x-y$ 坐标平面.接下来计算各网格点的半径,最后计算函数值矩阵 $\boldsymbol{Z}$.用 mesh 函数即可以得到图形,如图 1-6 所示.

第一条语句 $\boldsymbol{x}$ 的赋值为定义域,在其上估计函数,第三条语句建立一个重复行的 $\boldsymbol{x}$ 矩阵,第四条语句产生 $\boldsymbol{y}$ 的相应矩阵,第五条语句产生矩阵 $\boldsymbol{R}$(其元素为各网格点到原点的距离). 用 mesh 方法结果如上.

另外,上述命令系列中的前 4 行可用以下一条命令替代:

$$[x,y]=\text{meshgrid}(-8:0.5:8)$$

(2) surf 函数.

surf(x,y,z,c)输入参数的设置与 mesh 相同,不同的是 mesh 函数绘制的是一网格图,而 surf 绘制的是着色的三维表面. Matlab 语言对表面进行着色的方法是,在得到相应网格后,对每一网格依据该网格所代表的节点的色值(由变量 c 控制),来定义这一网格的颜色. 若不输入 c,则默认为 $c=z$.

看下面的例子,绘制地球表面的气温分布示意图. 其程序如下:

```
[a,b,c]=sphere(40);
t=abs(c);      % 求绝对值
surf(a,b,c,t);
axis equal
colormap('hot')
```

可以得到如图 1-7 所示的等温线示意图.

6. 图形的控制与修饰

坐标轴的控制函数 axis. 调用格式如下:

axis([xmin,xmax,ymin,ymax,zmin,zmax])

用此命令可以控制坐标轴的范围. 与 axis 相关的几条常用命令还有:

axis auto　%自动模式,使得图形的坐标范围满足图中一切图元素

axis equal　%严格控制各坐标的分度使其相等

axis square　%使绘图区为正方形

axis on　%恢复对坐标轴的一切设置

axis off　%取消对坐标轴的一切设置

axis manual　%以当前的坐标限制图形的绘制

grid on　%在图形中绘制坐标网格

grid off　%取消坐标网格

xlabel,ylabel,zlabel　%分别为 x 轴,y 轴,z 轴添加标注

title　%为图形添加标题.

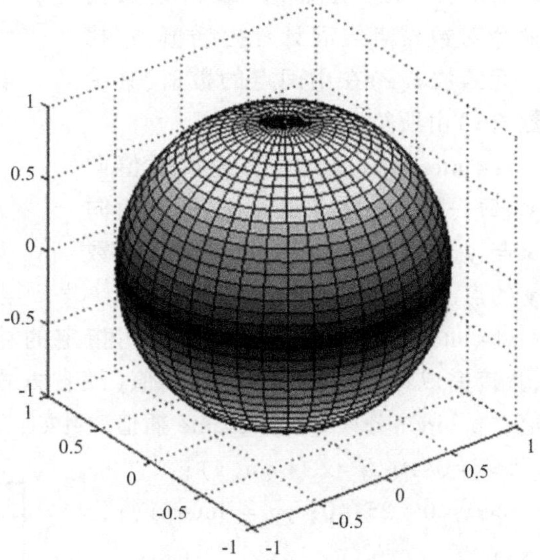

图 1-7　等温线示意图

以上函数的调用格式大同小异,以 xlabel 为例进行介绍:

xlabel('标注文本','属性 1','属性值 1','属性 2','属性值 2',…),这里的属性是标注

文本的属性，包括字体大小、字体名、字体粗细等. 例如：

```
>>[x,y]=meshgrid(-4:0.2:4);
R=sqrt(x.^2+y.^2);
z=-cos(R);
mesh(x,y,z)
xlabel('x\in[-4,4]', 'fontweight', 'bold');
ylabel('y\in[-4,4]', 'fontweight', 'bold');
zlabel('z=-cos[sqrt(x^2+y^2)]', 'fontweight', 'bold');
title('旋转曲面', 'fontsize', 15, 'fontweight', 'bold', 'fontname', '隶书');
```

运行结果如图 1-8 所示.

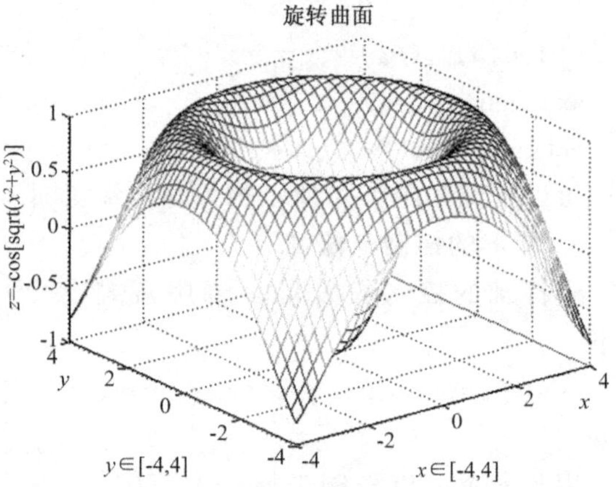

图 1-8 添加标注

1.5.7 插值计算与数值积分

1. 插值命令

命令 1：interp1

功能：一维数据插值(表格查找)，该命令对数据点之间计算内插值，它找出一元函数 $f(x)$ 在中间点的数值，其中函数 $f(x)$ 由所给数据决定.

yi=interp1(x,y,xi) %返回插值向量 $\boldsymbol{y}_i$，每一元素对应于参量 $\boldsymbol{x}_i$，同时由向量 $\boldsymbol{x}$ 与 $\boldsymbol{y}$ 的内插值决定，参量 $\boldsymbol{x}$ 指定数据 $\boldsymbol{y}$ 的点.

yi=interp1(x,y,xi,method) %用指定的算法计算插值，其中，'nearest'最近邻点插值，直接完成计算；'linear'线性插值(缺省方式)，直接完成计算；'spline'三次样条函数插值；'pchip'：分段三次 Hermite 插值. 例如：

```
>>x=0:10; y=x.*sin(x);
>>xx=0:.25:10; yy = interp1(x,y,xx);
>>plot(x,y,'kd',xx,yy)
```

插值图形如图 1-9 所示.

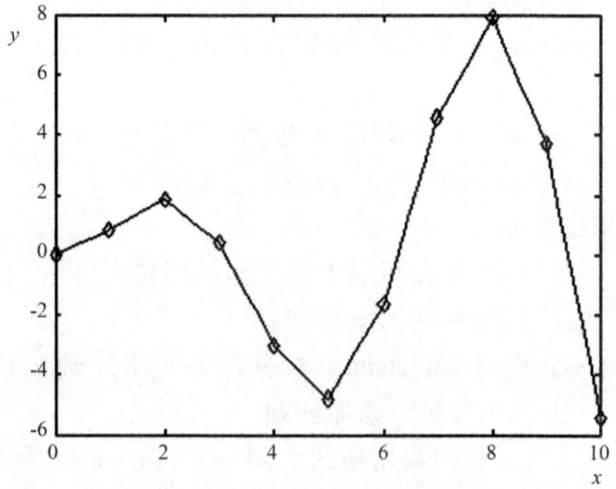

图 1-9 一元函数插值图形

再如，对离散地分布在 y=exp(x)sin(x) 函数曲线上的数据点进行样条插值计算：

```
>>x = [0 2 4 5 8 12 12.8 17.2 19.9 20]; y = exp(x).*sin(x);
>>xx = 0:.25:20;
>>yy = spline(x,y,xx);
```

```
>>plot(x,y,'o',xx,yy)
```

插值图形结果如图 1-10 所示.

2. 数值积分

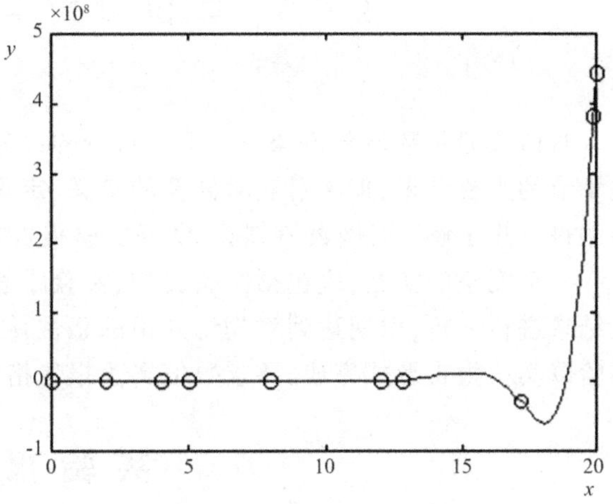

图 1-10 三次样条插值

函数 1 quad

功能:数值定积分,具体用法如下:

q = quad(fun,a,b) %近似地从 a 到 b 计算函数 fun 的数值积分,误差为 10^{-6},若给 fun 输入向量 $\boldsymbol{x}$,应返回向量 $\boldsymbol{y}$,即 fun 是一单值函数.

q = quad(fun,a,b,tol) %用指定的绝对误差 tol 代替缺省误差,tol 越大,函数计算的次数越少,速度越快,但结果精度变小. 例如

```
>>fun = inline(''3 * x.^2./(x.^3-2 * x.^2+3)');
>>Q1 = quad(fun,0,2)
>>Q2 = quad(fun,0,2)
```

计算结果为:

```
Q1 =
    3.7224
Q2 =
    3.7224
```

函数 2 trapz

功能:梯形法数值积分,具体用法如下:

T = trapz(Y) %用等距梯形法近似计算 $\boldsymbol{Y}$ 的积分,若 $\boldsymbol{Y}$ 是一向量,则 trapz(Y)为 $\boldsymbol{Y}$ 的积分;若 $\boldsymbol{Y}$ 是一矩阵,则 trapz(Y)为 $\boldsymbol{Y}$ 的每一列的积分;若 $\boldsymbol{Y}$ 是一多维阵列,则 trapz(Y)沿着 $\boldsymbol{Y}$ 的第一个非单元集的方向进行计算.

T = trapz(X,Y) %用梯形法计算 $\boldsymbol{Y}$ 在 $\boldsymbol{X}$ 点上的积分,若 $\boldsymbol{X}$ 为一列向量,$\boldsymbol{Y}$ 为矩阵,且 size(Y,1) = length(X),则 trapz(X,Y)通过 $\boldsymbol{Y}$ 的第一个非单元集方向进行计算.

例如:

```
>>X = -1:.1:1;
>>Y = 1./(1+25 * X.^2);
>>T = trapz(X,Y)
```

计算结果为:

```
T=
  0.5492
```

§1.6 数值分析实验报告的格式

数值实验是数值分析课程中不可缺少的部分，通过典型的数值实验，能有效地回顾有关章节的主要结果，加深对实验涉及的定义、定理的理解，对相关算法的优缺点及适用范围的进一步了解．而做数值试验，做好实验报告是必要的．

一个完整的实验，应包括实验目的、实验原理与基础理论、实验内容及结果，最终对实验结果进行分析，以期达到对理论知识的感性认识，进一步加深对相关算法的理解．数值实验以实验报告形式完成，要求数值实验报告格式如下．

实 验 报 告

专业________年级________班级________学号________姓名________

1．实验目的

首先要求每一个做实验者明确为什么要做某个实验，实验目的是什么，做完该实验应达到什么结果，在实验过程中的注意事项，实验方法对结果的影响．

2．实验题目

实验者可根据报告形式需要适当改写或重述实验内容形成报先题目．

3．实验原理与基础理论

数值实验本身就是为了加深对基础理论及方法的理解而设置的，所以要求将实验涉及的基础理论、算法原理详尽列出．

4．实验内容

实验内容主要包括实验的实施方案、步骤、实验数据准备、实验的算法流程图以及可能用到的仪器设备．

5．实验结果

实验结果应包括实验的原始数据、中间结果及实验的最终结果，复杂的结果可以用表格形式实现，较为简单的结果可以与实验结果分析合并出现．

6．实验结果分析

实验结果分析是数值实验的重要环节，只有对实验结果认真分析，才能对实验目的、实验方法进一步理解，对实验的重要性充分认识，明确数值计算方法的适用范围及其优缺点．

每个实验都应在计算机上实现或演示，由实验者独立编程实现，语言种类不限．编程语言的种类、运行环境及程序清单以附录形式给出．

§1.7　Matlab 数值实验

实验目的：熟练掌握 Matlab 软件常用命令.

实验内容：函数求积分、求极限、求导，向量与矩阵的运算，二维和三维函数画图等，具体内容如下：

(1) 设 $A=\begin{bmatrix}1&2&3\\4&5&6\\1&0&1\end{bmatrix}$，$B=\begin{bmatrix}-1&2&0\\1&1&3\\2&1&1\end{bmatrix}$，计算 $A+B$，AB，$|A|$和 A^{-1} 的值.

(2) 求下列方程组的解.

① $\begin{bmatrix}1&2&1\\4&2&-6\\-1&0&2\end{bmatrix}X=\begin{bmatrix}2\\3\\4\end{bmatrix}$；　　② $X\begin{bmatrix}1&2&1\\4&2&-6\\-1&0&2\end{bmatrix}=\begin{bmatrix}1&2&3\\1&1&1\end{bmatrix}$.

(3) 计算下列积分.

① $\int\frac{xy}{1+x^2}\mathrm{d}x$；　　② $\int_0^1\mathrm{d}x\int_0^{\sqrt{x}}\frac{xy}{1+x^2}\mathrm{d}y$.

(4) 计算下列极限.

① $\lim\limits_{x\to0}\frac{\sin x-x\cos x}{x^2\sin x}$；　　② $\lim\limits_{x\to\infty}\frac{2017x-\sin 2017x}{x^3}$.

(5) 输入一个正整数 n，计算所有被 3 整除且小于 n 的正整数个数.

(6) Fibonacci 数列 $\{x_n\}$ 的定义是 $x_1=1,x_2=1,x_k=x_{k-1}+x_{k-2},k=3,4,\cdots$，用循环语句编程给出该数列的前 10 项.

(7) 求 $\sum\limits_{n=1}^{\infty}\frac{1}{4n^2+8n+3}$ 的值.

(8) 已知函数 $f(x)=\begin{cases}\cos x,x<0,\\\sin x,0\leqslant x<1,\\\ln x,x\geqslant1,\end{cases}$ 编程计算 $f(-2.5)$，$f(0.8)$ 和 $f(2.8)$ 的值.

(9) 绘制函数 $f(x,y)=\frac{\sin(\sqrt{x^2+y^2})}{\sqrt{x^2+y^2}}$ 在区域 $[-18,18]\times[-18,18]$ 上的三维图形.

(10) 绘制由参变量函数表示的空间曲线 $\begin{cases}x=\mathrm{e}^{-0.2t}\cos\frac{\pi}{2}t,\\y=\mathrm{e}^{-0.2t}\sin\frac{\pi}{2}t,\\z=\sqrt{t}\end{cases}$ 的 $0\leqslant t\leqslant20$ 图形.

练习题 1

1. 用以下分数作为圆周率 π 的近似值时的误差和误差限分别为多少,有几位有效数字?

(1) $\frac{22}{7}$;　　　　(2) $\frac{355}{113}$.

2. 设近似数 $x_1^*=0.001, x_2^*=-3.105$ 均为有效数字,试计算

(1) $x_1^*+x_2^*$;　　　　(2) $x_1^*x_2^*$;　　　　(3) $\frac{x_1^*}{x_2^*}$

的绝对误差限和相对误差限.

3. 使 $\sqrt{30}$ 的近似值 x 的相对误差限不超过 0.1%,问 x 应取几位有效数字.

4. 计算球的体积要使相对误差限为 1%,问度量半径为 R 时允许相对误差限为多少.

5. 测量某房间时,要求精确到 1 cm,测得长 $a=5.43$ m,宽 $b=3.82$ m. 若已确定该房间面积 $S^*=20.7426\ \mathrm{m}^2$,试估计该房间面积的绝对误差限和相对误差限.

6. 设 $f(x)=\ln(x-\sqrt{x^2-1})$,求 $f(30)$ 的值. 若开方用六位函数表,求对数时的误差是多少. 如果利用另一等价形式

$$f(x)=\ln(x-\sqrt{x^2-1})=-\ln(x+\sqrt{x^2-1})$$

求对数,误差又是多少?

7. 设有递推算法

$$y_n=y_{n-1}-\frac{1}{100}\sqrt{783}, n=1,2,\cdots,$$

若取 $\sqrt{783}\approx 27.982$(5 位有效数字),试求 y_n^* 的绝对误差,并判断此算法是否稳定.

8. 序列 $\{y_n\}$ 满足递推关系 $y_n=10y_{n-1}-1, n=1,2,\cdots$,若 $y_0=\sqrt{2}\approx 1.41$(3 位有效数字), 则计算到 y_{10} 时误差有多大? 这个计算过程稳定吗?

9. 取 $\sqrt{99}$ 的 6 位有效数字 9.94987,则以下两种算法计算 $10-\sqrt{99}$ 各有几位有效数字?

(1) $10-\sqrt{99}\approx 10-9.94987=0.05013$;

(2) $\frac{1}{10+\sqrt{99}}\approx\frac{1}{10+9.94987}=0.0501256399\cdots$.

第 2 章　插值方法

教学提示：插值法是数值分析的重要基础内容之一，在后续如数值积分、数值微分公式的构造以及非线性问题迭代算法的构造等内容的学习中都有重要应用，插值多项式余项的误差估计技巧较强，掌握其误差估计技巧对后续内容的学习有重要意义.

教学目标：学生通过本章的学习，熟练掌握 Lagrange 插值与 Newton 插值这两种插值函数的构造及余项估计，了解 Hermite 插值的概念及余项估计，掌握分段低次插值、三次 Spline 插值的概念及余项估计，了解这几种插值法的联系及区别并能熟练地进行运算.

在实际问题中经常会遇到这样的情况，只知道某一函数 $y=f(x)$ 在一些点处对应的函数或导数值，而没有明显的解析表达式；有时尽管可以写出其表达式，但是较为复杂，不便于直接使用，这时往往需要寻求某个较为简单的函数 $\varphi(x)$ 来逼近 $f(x)$，即用 $\varphi(x)$ 作为 $f(x)$ 的近似表达式. 插值法是解决上述问题的有效方法之一，它是用简单函数特别是多项式或分段多项式为各种离散数组建立连续模型，也是数据处理、函数近似表示和计算机几何造型等常用的工具，可以为各种非有理函数提供好的逼近方法，是导出其他许多数值方法的依据.

本章介绍解决这类问题的几种插值方法，主要有 Lagrange 插值、Newton 插值、Hermite 插值及三次样条(Spline)插值.

§2.1　多项式插值

2.1.1　插值问题的提出

插值法是广泛应用于理论研究和工程实际的重要数值方法. 众所周知，反映自然规律的数量关系的函数有三种表示法：解析法、图像法和表格法. 在实际问题中，某些变量之间确实存在一种函数关系，而且这种函数关系往往是从实验观测得到的，而大量实际问题中的函数关系是用表格法给出的. 从提供的部分离散的函数值去进行理论分析和设计都是极不方便甚至是不可能的，因此需要设法寻找与已知函数值相符而形式简单的插值函数. 另外一种情况是，函数表达式虽已给定，但计算复杂，因此也需要根据一些函数值找出既反映原函数特征，又便于计算的简单函数去近似原函数，求这个简单函数的方法即称为插值法.

定义 2.1 在某个函数类$\{\Phi(x)\}$中求一简单的连续函数$\varphi(x)$,使$\varphi(x_i)=y_i=f(x_i)$,$i=0,1,2,\cdots,n$,则$\varphi(x^*)$看成$y^*=f(x^*)$的近似值,其中$x_0,x_1,x_2,\cdots,x_n$为**插值节点**,$\varphi(x)$为**插值函数**,$f(x)$为**被插值函数**. 若x^*落在$x_i(i=0,1,2,\cdots,n)$之间,称为**内插法**,若x^*落在$x_i(i=0,1,2,\cdots,n)$之外,则称为**外插法**.

显然,插值函数类$\{\Phi(x)\}$可以有各种选择,比如,可以选用代数多项式、三角函数、有理函数等,其函数性态可以是光滑的,亦可以是分段光滑的,其中代数多项式类的插值函数占有重要地位.

多项式插值问题的具体提法是:根据函数$y=f(x)$在区间$[a,b]$上$n+1$个互异节点$x_0,x_1,\cdots,x_n$处的函数值$y_0,y_1,\cdots,y_n$,构造一个次数不超过n的多项式

$$p_n(x)=a_0+a_1x+a_2x^2+\cdots+a_nx^n,$$

使$p_n(x_i)=y_i$,称$p_n(x)$为函数$f(x)$在节点$x_i(i=0,1,\cdots,n)$上的n次**插值多项式**,这样的插值函数称之为**多项式插值**.

求函数$f(x)$的n次插值多项式$p_n(x)$的几何意义就是通过曲线$y=f(x)$上的$n+1$个点(x_i,y_i),作一条n次代数曲线$y=p_n(x)$近似代替曲线$y=f(x)$,其中$i=0,1,\cdots,n$.

2.1.2 多项式插值解的唯一性

若$\varphi(x)=p_n(x)=a_0+a_1x+a_2x^2+\cdots+a_nx^n$为一个$n$次多项式,由于$p(x_i)=y_i$,$i=0,1,2,\cdots,n$,则得

$$\begin{cases}a_0+a_1x_0+a_2x_0^2+\cdots+a_nx_0^n=y_0,\\ a_0+a_1x_1+a_2x_1^2+\cdots+a_nx_1^n=y_1,\\ \cdots\cdots\\ a_0+a_1x_n+a_2x_n^2+\cdots+a_nx_n^n=y_n,\end{cases}\tag{2.1}$$

其中$a_0,a_1,\cdots,a_n$为$n+1$个未知量,其系数矩阵为

$$\boldsymbol{A}=\begin{bmatrix}1 & x_0 & x_0^2 & \cdots & x_0^n\\ 1 & x_1 & x_1^2 & \cdots & x_1^n\\ \vdots & \vdots & \vdots & & \vdots\\ 1 & x_n & x_n^2 & \cdots & x_n^n\end{bmatrix}_{(n+1)\times(n+1)},\tag{2.2}$$

而(2.2)中$\boldsymbol{A}$的行列式$|\boldsymbol{A}|$为范德蒙德(Vandermonde)行列式,由于$x_i(i=0,1,2,\cdots,n)$互不相同,故而$|\boldsymbol{A}|=\prod\limits_{0\leqslant i<j\leqslant n}(x_j-x_i)\neq 0$,从而方程组有唯一解. 由 Cramer 法则得$a_k=\dfrac{d_k}{|\boldsymbol{A}|}$,$k=0,1,2,\cdots,n$,从而得到下述插值多项式存在唯一性定理.

定理 2.1 设已知$y=f(x)$的函数表$(x_i,f(x_i))$,$i=0,1,\cdots,n$,且x_i互异,则存在唯一多项式$p_n(x)=\sum\limits_{i=0}^{n}a_ix^i$使得$p_n(x_i)=f(x_i)$,$i=0,1,\cdots,n$.

2.1.3　多项式插值的误差

函数 $y=f(x)$ 被 n 次插值多项式 $p_n(x)$ 近似代替时的截断误差为

$$R_n(x)=f(x)-p_n(x), \tag{2.3}$$

通常称 $R_n(x)$ 为 n 次插值多项式 $p_n(x)$ 的余项. 当 $f(x)$ 足够光滑时,有如下结论:

定理 2.2　若函数 $f(x)$ 在区间 $[a,b]$ 上具有直到 $n+1$ 阶导数,$p_n(x)$ 为 $f(x)$ 在 $n+1$ 个互异节点 $x_i\in[a,b]\,(i=0,1,\cdots,n)$ 上的 n 次插值多项式,则对任一点 $x\in[a,b]$,存在 $\xi\in(a,b)$(依赖于 x),使得

$$R_n(x)=\frac{f^{(n+1)}(\xi)}{(n+1)!}\omega_{n+1}(x), \tag{2.4}$$

其中 $\omega_{n+1}(x)=(x-x_0)(x-x_1)\cdots(x-x_n)$.

证明　对任意的 $x\in[a,b]$,且 $x\neq x_i\,(i=0,1,2,\cdots,n)$,构造如下辅助函数

$$F(t)=f(t)-p_n(t)-\frac{R_n(x)}{\omega_{n+1}(x)}\omega_{n+1}(t),\ t\in[a,b],$$

由于 $f(t)$ 有 $n+1$ 阶导数,因此 $F(t)$ 也有 $n+1$ 阶导数且容易看出

$$F(x)=0, F(x_i)=0, i=0,1,\cdots,n,$$

所以 $F(t)$ 在区间 $[a,b]$ 上至少有 $n+2$ 个互异的零点 $x,x_0,x_1,\cdots,x_n$. 根据 Rolle 定理可知 $F'(t)$ 在 (a,b) 内至少有 $n+1$ 个互异的零点,再由 Rolle 定理可知 $F''(t)$ 在 (a,b) 内至少有 n 个互异零点. 依此类推,可知 $F^{(n+1)}(t)$ 在 (a,b) 内至少有一个零点,记为 ξ,则有

$$F^{(n+1)}(\xi)=f^{(n+1)}(\xi)-\frac{R_n(x)}{\omega_{n+1}(x)}(n+1)!\ =0,$$

所以

$$R_n(x)=\frac{f^{(n+1)}(\xi)}{(n+1)!}\omega_{n+1}(x),$$

从而(2.4)式成立.

注: 由(2.3)知 $f(x)=p_n(x)+R_n(x)$,当 $f(x)$ 是次数不超过 n 的多项式时,$f^{(n+1)}(x)\equiv 0$, 从而由(2.4)知 $R_n(x)\equiv 0$,所以 $p_n(x)\equiv f(x)$,即其 n 次插值多项式就是 $f(x)$ 本身.

§2.2　Lagrange 插值

2.2.1　线性插值

定理 2.1 的证明过程为我们提供了一个求 $p_n(x)$ 的方法,这就是求解方程组(2.1),但当 n 较大时,求解方程组(2.1)是很困难的. 为了得到便于使用的简单的插值多项式

$p_n(x)$,我们先从特殊情况开始,即 $n=1$ 的情况,常称为**线性插值**.

设已知区间$[x_0,x_1]$的端点处的函数值 $y_0=f(x_0)$ 及 $y_1=f(x_1)$,今求一个一次插值多项式(线性函数)$L_1(x)$,使其满足:

$$L_1(x_0)=f(x_0)=y_0, L_1(x_1)=f(x_1)=y_1.$$

$y=L_1(x)$的几何意义就是过两点(x_0,y_0)和(x_1,y_1)的一条直线. 由直线方程的两点式或点斜式得到 $y=L_1(x)$的表达式为

$$L_1(x)=\frac{x-x_1}{x_0-x_1}y_0+\frac{x-x_0}{x_1-x_0}y_1. \tag{2.5}$$

由(2.5)知,$L_1(x)$是如下两个线性函数

$$l_0(x)=\frac{x-x_1}{x_0-x_1},\ l_1(x)=\frac{x-x_0}{x_1-x_0},$$

的线性组合,其系数分别为 y_0 和 y_1,即有

$$L_1(x)=l_0(x)y_0+l_1(x)y_1. \tag{2.6}$$

显然 $l_0(x)$与 $l_1(x)$都是一次多项式,且满足

$$l_i(x_j)=\begin{cases}1, & i=j,\\ 0, & i\neq j,\end{cases} \tag{2.7}$$

其中 $i,j=0,1$,我们称 $l_0(x)$和 $l_1(x)$为**一次插值基函数**,从而(2.6)就是满足插值条件的**一次 Lagrange 插值多项式**.

由定理 2.2 可得,当 $n=1$ 时线性插值 $L_1(x)$的余项公式为

$$R_1(x)=f(x)-L_1(x)=\frac{f^{(2)}(\xi)}{2!}(x-x_0)(x-x_1),$$

其中 $\xi\in(a,b)$,其几何意义是用通过两点(x_0,y_0)和(x_1,y_1)的直线 $y=L_1(x)$近似代替曲线 $y=f(x)$.

2.2.2 抛物线插值

考虑 $n=2$ 时的情况,此时称为**抛物线插值**,或称为**二次插值**. 设有三个互异插值节点为 x_0,x_1 和 x_2,且已知函数在节点上的函数值为 y_0,y_1 和 y_2,求一个二次插值多项式 $L_2(x)$,使其满足 $L_2(x_j)=y_j,j=0,1,2$.

我们仍采用插值基函数的方法,为此设

$$L_2(x)=l_0(x)y_0+l_1(x)y_1+l_2(x)y_2, \tag{2.8}$$

这里的基函数 $l_0(x)$,$l_1(x)$和 $l_2(x)$为二次函数,它们满足:

$$l_i(x_j)=\begin{cases}1, & i=j,\\ 0, & i\neq j,\end{cases} \tag{2.9}$$

其中 $i,j=0,1,2$,显然求出 $l_0(x)$,$l_1(x)$和 $l_2(x)$后,二次插值多项式 $L_2(x)$即可求出. 下面我们来求这三个插值基函数,考虑其中一个,比如 $l_1(x)$,由(2.9)知,$l_1(x)$满足 $l_1(x_0)=0,l_1(x_2)=0,l_1(x_1)=1$,即 x_0 和 x_2 为其两个零点,又知 $l_1(x)$为二次函数,可设

$$l_1(x)=A(x-x_0)(x-x_2),$$

再由 $l_1(x_1)=1$ 知，$1=A(x_1-x_0)(x_1-x_2)$，所以可以求得 $A=1/[(x_1-x_0)(x_1-x_2)]$，从而得

$$l_1(x)=\frac{(x-x_0)(x-x_2)}{(x_1-x_0)(x_1-x_2)}. \tag{2.10}$$

同理有

$$l_0(x)=\frac{(x-x_1)(x-x_2)}{(x_0-x_1)(x_0-x_2)},l_2(x)=\frac{(x-x_0)(x-x_1)}{(x_2-x_0)(x_2-x_1)}, \tag{2.11}$$

故二次插值多项式为

$$L_2(x)=y_0l_0(x)+y_1l_1(x)+y_2l_2(x)=\sum_{i=0}^{2}l_i(x)y_i, \tag{2.12}$$

其中 $l_i(x)$ 由(2.10)和(2.11)所确定.

由定理2.2可得，当 $n=2$ 时抛物线插值 $L_2(x)$ 的余项公式

$$R_2(x)=f(x)-L_2(x)=\frac{f^{(3)}(\xi)}{3!}(x-x_0)(x-x_1)(x-x_2),$$

其中 $\xi\in(a,b)$. 抛物线插值的几何意义是用经过三点 (x_0,y_0)，(x_1,y_1)，(x_2,y_2) 的抛物线 $y=L_2(x)$ 近似代替曲线 $y=f(x)$. 显然，当三点共线时，$y=L_2(x)$ 就是一条直线，这时 $L_2(x)$ 是一次或零次式.

2.2.3 Lagrange 插值多项式

前面我们就 $n=1$ 和 $n=2$ 的插值问题进行了讨论，得到了一次及二次插值多项式 $L_1(x)$ 和 $L_2(x)$，现将这种用插值基函数表示插值多项式的方法推广到具有 $n+1$ 个节点的情况中去. 假设给定 $n+1$ 个插值节点 $x_0<x_1<\cdots<x_n$，同时给出节点上的函数值 $y_0,y_1,\cdots,y_n$，求一个 n 次多项式 $L_n(x)$ 满足插值条件 $L_n(x_j)=y_j,j=0,1,2,\cdots,n$. 为了构造 $L_n(x)$，我们首先给出 n 次插值基函数的定义.

定义 2.2 若 n 次多项式 $l_i(x)$，在 $n+1$ 个节点 $x_0<x_1<\cdots<x_n$ 上满足

$$l_i(x_j)=\begin{cases}1, & i=j,\\ 0, & i\neq j,\end{cases} \tag{2.13}$$

其中 $i,j=0,1,2,\cdots,n$，则称这 $n+1$ 个 n 次多项式 $l_0(x),l_1(x),\cdots,l_n(x)$ 为节点 $x_0,x_1,\cdots,x_n$ 上的 ***n* 次插值基函数**.

由于 $l_i(x)\in P_n,i=0,1,2,\cdots,n$，由定义2.2知 $x_0,\cdots,x_n$ 中除 x_i 外均为 $l_i(x)$ 的零点. 因此设

$$l_i(x)=B(x-x_0)\cdots(x-x_{i-1})(x-x_{i+1})\cdots(x-x_n),$$

由 $l_i(x_i)=1$ 可得

$$B=1/[(x_i-x_0)\cdots(x_i-x_{i-1})(x_i-x_{i+1})\cdots(x_i-x_n)].$$

所以有

$$l_i(x)=\frac{(x-x_0)\cdots(x-x_{i-1})(x-x_{i+1})\cdots(x-x_n)}{(x_i-x_0)\cdots(x_i-x_{i-1})(x_i-x_{i+1})\cdots(x_i-x_n)}. \tag{2.14}$$

若记

$$\omega_{n+1}(x)=(x-x_0)(x-x_1)\cdots(x-x_n), \tag{2.15}$$

显然有

$$\omega'_{n+1}(x_i)=(x_i-x_0)(x_i-x_1)\cdots(x_i-x_{i-1})(x_i-x_{i+1})\cdots(x_i-x_n), \tag{2.16}$$

则 $l_i(x)=\dfrac{\omega_{n+1}(x)}{(x-x_i)\omega'_{n+1}(x_i)}$,从而得

$$L_n(x)=\sum_{i=0}^{n} l_i(x)y_i=\sum_{i=0}^{n}\frac{\omega_{n+1}(x)}{(x-x_i)\omega'_{n+1}(x_i)}y_i, \tag{2.17}$$

公式(2.17)为 **n 次 Lagrange 插值多项式**.

例 1 设 $f(-1)=2, f(1)=1, f(2)=1$,求 $f(x)$ 的 Lagrange 插值多项式.

解 由 $x_0=-1, x_1=1, x_2=2$ 以及 $y_0=2, y_1=1, y_2=1$,则三个插值基函数分别为

$$l_0(x)=\frac{1}{6}(x^2-3x+2), l_1(x)=-\frac{1}{2}(x^2-x-2), l_2(x)=\frac{1}{3}(x^2-1),$$

从而 Lagrange 插值多项式为

$$L_2(x)=l_0y_0+l_1y_1+l_2y_2=\frac{1}{6}(x^2-3x+8).$$

例 2 已知函数 $y=f(x)$ 的观测数据如下表,试求 Lagrange 插值多项式.

x	0	1	2
y	1	2	3

解 过三点(0,1),(1,2)和(2,3)的 Lagrange 插值多项式为

$$L_2(x)=1\times\frac{(x-1)(x-2)}{(0-1)(0-2)}+2\times\frac{(x-0)(x-2)}{(1-0)(1-2)}+3\times\frac{(x-0)(x-1)}{(2-0)(2-1)}=x+1.$$

思考一下,为什么三个点的插值多项式却是一个一次多项式?

例 3 已知函数 $y=f(x)$ 的几组数据如下:

$$f(0)=2, f(1)=-1, f(2)=4, f(3)=3,$$

试求其 3 次 Lagrange 插值多项式.

解 由 $x_0=0, x_1=1, x_2=2, x_3=3$ 和 $y_0=2, y_1=-1, y_2=4, y_3=3$,则三次 Lagrange 插值多项式为

$$\begin{aligned}p_3(x)&=2\times l_0(x)+(-1)\times l_1(x)+4\times l_2(x)+3\times l_3(x)\\&=-\frac{1}{3}(x-1)(x-2)(x-3)-\frac{1}{2}x(x-2)(x-3)-\\&\quad 2x(x-1)(x-3)+\frac{1}{2}x(x-1)(x-2)\\&=-\frac{7}{3}x^3+11x^2-\frac{35}{3}x+2,\end{aligned}$$

其 Matlab 程序如下:

```
function Lagrange
clc;
```

```
x=[0 1 2 3]; y=[2 -1 4 3];
syms t;
n=length(x);
f=0;
for i=1:n
    s=y(i);
    for j=1:i-1
        s=s*(t-x(j))/(x(i)-x(j));
    end
    for j=i+1:n
        s=s*(t-x(j))/(x(i)-x(j));
    end
    f=f+s;
    simplify(f);
    f=collect(f);
    f=vpa(f,6);
end
f
```

例 4　设函数 $y=f(x)$ 在闭区间 $[a,b]$ 上连续，在 (a,b) 内具有二阶导数，若当 $x\in(a,b)$ 时，有 $|f''(x)|\leqslant M$，试证明

$$|R_1(x)|\leqslant\frac{M}{8}(b-a)^2.$$

证明　构造线性插值函数

$$p_1(x)=\frac{b-x}{b-a}f(a)+\frac{x-a}{b-a}f(b),$$

由 Lagrange 插值余项公式，有

$$R_1(x)=f(x)-p_1(x)=\frac{f''(\xi)}{2!}(x-a)(x-b),\xi\in(a,b).$$

令 $h(x)=|(x-a)(x-b)|$，显然有

$$\max_{a\leqslant x\leqslant b}h(x)=h\left(\frac{a+b}{2}\right)=\frac{(b-a)^2}{4},$$

所以有

$$|R_1(x)|\leqslant\frac{M}{8}(b-a)^2.$$

特别地，如果函数满足条件 $f(a)=f(b)=0$，则有结论 $|f(x)|\leqslant\dfrac{M}{8}(b-a)^2$.

§2.3 Newton 插值多项式

2.3.1 差商及其性质

由 Lagrange 插值多项式 $L_n(x)=\sum_{i=0}^{n} l_i(x)y_i$ 知道,当 $n=1$ 时为线性插值,即通过两点 $A(x_0,y_0)$ 和 $B(x_1,y_1)$ 的一次插值多项式为

$$L_1(x)=\frac{x-x_1}{x_0-x_1}y_0+\frac{x-x_0}{x_1-x_0}y_1.$$

当 $n=2$ 时为抛物线插值,即通过三点 $A(x_0,y_0)$,$B(x_1,y_1)$ 以及 $C(x_2,y_2)$ 的二次插值多项式为

$$L_2(x)=\frac{(x-x_1)(x-x_2)}{(x_0-x_1)(x_0-x_2)}y_0+\frac{(x-x_0)(x-x_2)}{(x_1-x_0)(x_1-x_2)}y_1+\frac{(x-x_0)(x-x_1)}{(x_2-x_0)(x_2-x_1)}y_2.$$

从两点的线性插值到三点的抛物线插值,可以看到,当插值节点个数增加时,Lagrange 因子 $l_i(x)$ 随之发生变化.

本节进一步讨论给定 $n+1$ 个插值节点 $a=x_0<x_1<\cdots<x_n=b$ 及节点上的函数值 $f(x_j)$,$j=0,1,\cdots,n$,求一个 n 次插值多项式 $p_n(x)$,这里将 $L_n(x)$ 记为 $p_n(x)$,以后还将记为 $N_n(x)$,满足插值条件 $p_n(x_j)=f(x_j)$,$j=0,1,2,\cdots,n$. 设

$$p_n(x)=a_0+a_1(x-x_0)+a_2(x-x_0)(x-x_1)+\cdots+a_n(x-x_0)(x-x_1)\cdots(x-x_{n-1}),\quad(2.18)$$

其中系数 $a_0,a_1,\cdots,a_n$ 为待定参数,可由插值条件 $p_n(x_j)=f(x_j)$ 来确定. 例如

当 $x=x_0$ 时,$p_n(x_0)=a_0=f_0$,得 $a_0=f_0$;

当 $x=x_1$ 时,$p_n(x_1)=a_0+a_1(x_1-x_0)=f_1$,得 $a_1=\frac{f_1-f_0}{x_1-x_0}$;

当 $x=x_2$ 时,$p_n(x_2)=a_0+a_1(x_2-x_0)+a_2(x_2-x_0)(x_2-x_1)=f_2$,得

$$a_2=\frac{\dfrac{f_2-f_0}{x_2-x_0}-\dfrac{f_1-f_0}{x_1-x_0}}{x_2-x_1}.$$

依此类推,可求得系数 $a_3,a_4,\cdots,a_n$. 为了写出系数 a_k 的一般表达式,我们引进差商的定义.

定义 2.3 设已知不同的自变量 $x_0,x_1,\cdots,x_n$ 上的函数值 $f(x_i)$,$i=0,1,\cdots,n$,则**一阶差商**定义为

$$f[x_i,x_j]=\frac{f(x_j)-f(x_i)}{x_j-x_i},i\neq j,$$

二阶差商定义为

$$f[x_i,x_j,x_k]=\frac{f[x_j,x_k]-f[x_i,x_j]}{x_k-x_i},$$

***n* 阶差商**定义为

$$f[x_0,x_1,\cdots,x_n]=\frac{f[x_1,x_2,\cdots,x_n]-f[x_0,x_1,\cdots,x_{n-1}]}{x_n-x_0}.$$

根据以上定义知 $a_k=f[x_0,x_1,\cdots,x_k],k=1,2,\cdots,n$.

例 5 已知 $f(0)=1,f(-1)=5$ 和 $f(2)=-1$,分别求 $f[0,-1,2]$ 和 $f[-1,2,0]$.

解 由 $f[0,-1]=-4$ 和 $f[0,2]=-1$,得 $f[0,-1,2]=1$;由 $f[-1,2]=-2$ 和 $f[-1,0]=-4$,得 $f[-1,2,0]=1$.

差商具有以下性质.

(1)线性性质:

$$F(x)=cf(x)\Rightarrow F[a,b]=cf[a,b],$$

$$F(x)=f(x)+g(x)\Rightarrow F[a,b]=f[a,b]+g[a,b].$$

(2)对称性(与节点的次序无关):

$$f[x_0,x_1,\cdots,x_n]=f[x_1,x_0,x_2,\cdots,x_n]=\cdots=f[x_1,x_2,\cdots,x_n,x_0].$$

(3)若 $f(x)$ 在 $[a,b]$ 上存在 n 阶导数,且节点 $x_0,x_1,\cdots,x_n\in[a,b]$,则 n 阶差商与导数的关系有如下定理:

定理 2.3 若 $f^{(n)}(x)$ 在区间 $[a,b]$ 上连续,则

$$f[x_0,x_1,\cdots,x_n]=\frac{f^{(n)}(\xi)}{n!},$$

其中 $\xi\in(a,b)$.

例 6 已知 $f(x)=x^4-5x-1$,求差商 $f[2^0,2^1,2^2,2^3,2^4]$ 和 $f[2^0,2^1,2^2,2^3,2^4,2^5]$ 的值.

解 由定理 2.3 得

$$f[2^0,2^1,2^2,2^3,2^4]=\frac{f^{(4)}(\xi)}{4!}=1,f[2^0,2^1,2^2,2^3,2^4,2^5]=\frac{f^{(5)}(\xi)}{5!}=0.$$

2.3.2 Newton 插值多项式

注意到在插值法中往往需要计算编号连续的 $k+1$ 个插值节点处的 k 阶差商,我们可以按差商表 2-1 的格式有规律地进行计算.

差商表的计算规律为任一个 $k(\geqslant 1)$ 阶差商的数值等于一个分式的值,其分子为所求差商左侧的数减去左上侧的数,分母为所求差商同一行最左边的插值节点值减去由它往上数第 k 个插值节点值.

例 7 已知 $f(1)=1,f(2)=3,f(4)=13$ 及 $f(5)=15$,试构造差商表求差商 $f[2,4,5]$ 及 $f[1,2,4,5]$ 的值.

解 由已知数据知 $n=3$,故可计算到三阶差商. 按照差商表的计算规律直接计算可得

表 2-1 差商表

x_k	$f(x_k)$	一阶差商	二阶差商	三阶差商	四阶差商
x_0	$f(x_0)$				
x_1	$f(x_1)$	$f[x_0,x_1]$			
x_2	$f(x_2)$	$f[x_1,x_2]$	$f[x_0,x_1,x_2]$		
x_3	$f(x_3)$	$f[x_2,x_3]$	$f[x_1,x_2,x_3]$	$f[x_0,x_1,x_2,x_3]$	
x_4	$f(x_4)$	$f[x_3,x_4]$	$f[x_2,x_3,x_4]$	$f[x_1,x_2,x_3,x_4]$	$f[x_0,x_1,x_2,x_3,x_4]$
$\vdots$	$\vdots$	$\vdots$	$\vdots$	$\vdots$	$\vdots$

一阶差商为 $f[1,2]=\dfrac{3-1}{2-1}=2, f[2,4]=\dfrac{13-3}{4-2}=5, f[4,5]=\dfrac{15-13}{5-4}=2,$

二阶差商为 $f[1,2,4]=\dfrac{5-2}{4-1}=1, f[2,4,5]=\dfrac{2-5}{5-2}=-1,$

三阶差商为 $f[1,2,4,5]=\dfrac{-1-1}{5-1}=-0.5.$

构造差商表如下,参见表 2-2.

表 2-2 例 7 的差商表

x_i	$f(x_i)$	一阶	二阶	三阶
1	<u>1</u>			
2	3	<u>2</u>		
4	13	5	<u>1</u>	
5	15	2	-1	<u>-0.5</u>

由差商表可知

$$f[2,4,5]=-1, f[1,2,4,5]=-0.5.$$

根据差商的定义,显然以上多项式的系数 a_k 的一般表达式为

$$a_0=y_0=f(x_0)=f[x_0],$$

$$a_1=\frac{y_1-y_0}{x_1-x_0}=f[x_0,x_1],$$

$$a_2=\frac{\dfrac{y_2-y_1}{x_2-x_1}-\dfrac{y_1-y_0}{x_1-x_0}}{x_2-x_0}=\frac{f[x_1,x_2]-f[x_0,x_1]}{x_2-x_0}=f[x_0,x_1,x_2],$$

依此类推,可得 $a_k=f[x_0,x_1,\cdots,x_k]$, $k=3,4,\cdots,n$. 将上述系数代入(2.18)中并记为 $N_n(x)$,得到如下插值多项式

$$N_n(x)=f(x_0)+f[x_0,x_1](x-x_0)+f[x_0,x_1,x_2](x-x_0)(x-x_1)+\cdots+ f[x_0,x_1,\cdots,x_n](x-x_0)(x-x_1)\cdots(x-x_{n-1}), \tag{2.19}$$

公式(2.19)称为 Newton 插值多项式.

例 8　已知 $f(1)=8, f(2)=1$ 和 $f(4)=5$，求 Newton 插值多项式.

解　由 $x_0=1, x_1=2, x_2=4$ 以及 $y_0=8, y_1=1, y_2=5$，可得

$$a_0=8, a_1=\frac{1-8}{2-1}=-7, a_2=\frac{\frac{5-1}{4-2}-\frac{1-8}{2-1}}{4-1}=3,$$

从而 Newton 插值多项式为

$$N_2(x)=8-7(x-1)+3(x-1)(x-2)=3x^2-16x+21.$$

例 9　已知列表函数如下，求 Newton 插值多项式.

x	2	3	5	6
y	5	2	3	4

解　通过构造差商表，则 Newton 插值多项式为

$$N_3(x)=5-3(x-2)+\frac{7}{6}(x-2)(x-3)-\frac{1}{4}(x-2)(x-3)(x-5)$$

$$=-\frac{1}{4}x^3+\frac{11}{3}x^2-\frac{199}{12}x+\frac{51}{2}.$$

例 10　已知函数 $y=f(x)$ 的几组数据

$$f(0)=2, f(1)=-1, f(2)=4, f(3)=3,$$

试求其 Newton 插值多项式.

解　由已知数据知 $n=3$，故可计算到三阶差商，构造差商表如表 2-3 所示.

表 2-3　例 10 差商表

x_j	$f(x_j)$	一阶	二阶	三阶
0	$\underline{2}$			
1	-1	$\underline{-3}$		
2	4	5	$\underline{4}$	
3	3	-1	-3	$\underline{-7/3}$

所求三次 Newton 插值多项式为

$$N_3(x)=2+(-3)(x-0)+4(x-0)(x-1)+\left(-\frac{7}{3}\right)(x-0)(x-1)(x-2)$$

$$=-\frac{7}{3}x^3+11x^2-\frac{35}{3}x+2.$$

这个结论和例 3 结果完全相同，其 Matlab 程序如下：

```
function Newton
clc;
x=[0 1 2 3];y=[2 -1 4 3];
syms t;
n=length(x);
c(1:n)=0;
f=y(1);
```

```
y1=0;
s=1;
for i=1:n-1
    for j=i+1:n
        y1(j)=(y(j)-y(i))/(x(j)-x(i));
    end
    c(i)=y1(i+1);s=s*(t-x(i));
    f=f+c(i)*s;
simplify(f);
    y=y1;
    f=collect(f);
    f=vpa(f,6);
end
f
```

例 11 设 x_j 为互异节点($j=0,1,\cdots,n$),求证:

(1) $\sum_{j=0}^{n} x_j^k l_j(x) \equiv x^k(k=0,1,\cdots,n)$,特别地,$\sum_{j=0}^{n} l_j(x) \equiv 1$.

(2) $\sum_{j=0}^{n} (x_j - x)^2 l_j(x) = 0$.

证明 (1)令 $f(x)=x^k$,若插值节点为 $x_j(j=0,1,\cdots,n)$,则 $f(x)$ 的 n 次插值多项式为 $L_n(x)=\sum_{j=0}^{n} x_j^k l_j(x)$,插值余项为 $R_n(x)=f(x)-L_n(x)=\dfrac{f^{(n+1)}(\xi)}{(n+1)!}\omega(x)$. 因为 $k\leqslant n$,所以 $f^{(n+1)}(\xi)=0, R_n(x)=0$,所以 $\sum_{j=0}^{n} x_j^k l_j(x) \equiv x^k(k=0,1,\cdots,n)$.

(2)由(1)中结果得

$$\sum_{j=0}^{n} x_j^2 l_j(x) - 2x\sum_{j=0}^{n} x_j l_j(x) + x^2\sum_{j=0}^{n} l_j(x) = x^2 - 2x^2 + x^2 = 0.$$

2.3.3 反插值

设函数 $f(x)$ 的离散数据为 (x_i,y_i), $y_i=f(x_i)$, $i=0,1,2,\cdots,n$,插值的目的是在 x_i 之间给定了自变量 x 的值后,去求函数 $f(x)$ 的近似值,其途径是构造插值多项式,不同的构造方法,就是不同的插值法. 与此相反,反插值的目的是在 y_i 之间给定函数 $f(x)$ 的值后,去求自变量 x 的近似值,其途径仍是利用插值法,我们称之为**反插值**.

例 12 用下表中的数据求方程 $x-\mathrm{e}^{-x}=0$ 的近似解.

x	0.3	0.4	0.5	0.6
e^{-x}	0.740 818	0.670 320	0.606 531	0.548 812

解 记函数 $y=x-e^{-x}$,由于 $y'=1+e^{-x}>0$,即函数 $y=x-e^{-x}$ 单调递增,则有

$y=x-e^{-x}$	-0.440 818	-0.270 320	-0.106 531	0.051 188
x	0.3	0.4	0.5	0.6

建立反插值差商表,参见表 2-4.

表 2-4 反插值差商表

$y=x-e^{-x}$	x	一阶差商	二阶差商	三阶差商
-0.440 818	0.3			
-0.270 320	0.4	0.586 517		
-0.106 531	0.5	0.610 542	0.071 869	
0.051 188	0.6	0.634 039	0.073 084	0.002 469

从而

$$N_3(y)=0.3+0.586\,517(y+0.440\,818)+0.071\,869(y+0.440\,818)(y+0.270\,320)+0.002\,469(y+0.440\,818)(y+0.270\,320)(y+0.106\,531).$$

故方程 $x-e^{-x}=0$ 的近似解为 $x\approx N_3(0)=0.567\,143$.

§2.4 有限差分计算

2.4.1 向前差分

设函数 $y=f(x)$ 在节点 $x_j=x_0+jh(j=0,1,2,\cdots,n)$ 上的函数值 $f(x_j)$ 已知,其中 h 为常数,称为步长,我们引入有限差分的概念.

定义 2.4 称函数 $f(x)$ 在 $[x_j,x_{j+1}]$ 上的变化 $f(x_{j+1})-f(x_j)$ 为 $f(x)$ 在 x_j 上以 h 为步长的**一阶向前差分**,记作

$$\Delta f(x_j)=f(x_{j+1})-f(x_j) \text{ 或 } \Delta f(x_0+jh)=f[x_0+(j+1)h]-f(x_0+jh),$$

二阶向前差分定义为

$$\Delta^2 f(x_j)=\Delta f(x_{j+1})-\Delta f(x_j)=f(x_{j+2})-2f(x_{j+1})+f(x_j),$$

***n* 阶向前差分**定义为

$$\Delta^n f(x_j)=\Delta^{n-1}f(x_{j+1})-\Delta^{n-1}f(x_j).$$

例如,由定义 2.4 得

$$\Delta f(x_0)=f(x_1)-f(x_0),$$
$$\Delta^2 f(x_0)=f(x_2)-2f(x_1)+f(x_0),$$

$$\Delta^3 f(x_0)=f(x_3)-3f(x_2)+3f(x_1)-f(x_0).$$

一般地,由 $f(x)$ 的 $m-1$ 阶差分可定义 $f(x)$ 的 m 阶向前差分,即

$$\Delta^m f(x)=\Delta^{m-1}(\Delta f(x))=\Delta^{m-1}(f(x+h)-f(x))=\Delta^{m-1}f(x+h)-\Delta^{m-1}f(x),$$

称为 $f(x)$ 的 **m 阶向前差分**,其中 m 为正整数.

向前差分具有以下性质:

(1)常数的差分等于零,即若 $f(x)\equiv c$,则 $\Delta f(x)=f(x+h)-f(x)=0$.

(2)常数因子可提到差分号外,即 $\Delta kf(x)=kf(x+h)-kf(x)=k\Delta f(x)$.

(3)若 $f(x)=\sum_{i=1}^{k}c_i\varphi_i(x)$,则 $\Delta^n f(x)=\sum_{i=1}^{k}c_i\Delta^n\varphi_i(x)$.

(4)若 $f(x)=\varphi(x)\phi(x)$,则 $\Delta^n f(x_0)=\sum_{i=0}^{n}c_n^i\Delta^i\varphi(x_0)\Delta^{n-i}\phi(x_0+ih)$.

(5)$\Delta^p\Delta^q f(x_0)=\Delta^{p+q}f(x_0)$.

另外,还有**不变算子**(或称**单位算子**)和**位移算子**,不变算子定义为

$$If(x_j)=f(x_j),$$

位移算子定义为

$$Ef(x_j)=f(x_{j+1}),$$

由向前差分、不变算子和位移算子的定义得

$$\Delta f(x_j)=f(x_{j+1})-f(x_j)=Ef(x_j)-If(x_j)=(E-I)f(x_j),$$

从而 $\Delta=E-I$.

2.4.2 差商、差分和导数的关系

定理 2.4 在等距节点的情况下,有

$$f[x_0,x_1,\cdots,x_n]=\frac{\Delta^n f(x_0)}{h^n n!}. \tag{2.20}$$

证明 当 $n=1$ 时,$f[x_0,x_1]=\frac{f(x_1)-f(x_0)}{x_1-x_0}=\frac{1}{h}\Delta f(x_0)$,定理成立. 假设 $n=m-1$ 时成立,考虑 $n=m$ 时的情况,即

$$f[x_0,x_1,\cdots,x_{m-1},x_m]=\frac{f[x_1,x_2,\cdots,x_m]-f[x_0,x_1,\cdots,x_{m-1}]}{x_m-x_0}.$$

但 $x_m-x_0=mh$,按归纳法假设有

$$f[x_1,x_2,\cdots,x_m]=\frac{\Delta^{m-1}f(x_1)}{h^{m-1}(m-1)!},f[x_0,x_1,\cdots,x_{m-1}]=\frac{\Delta^{m-1}f(x_0)}{h^{m-1}(m-1)!}.$$

代入上式得

$$f[x_0,x_1,\cdots,x_{m-1},x_m]=\frac{\Delta^{m-1}f(x_1)-\Delta^{m-1}f(x_0)}{mhh^{m-1}(m-1)!}=\frac{\Delta^m f(x_0)}{m!\ h^m},$$

即 $n=m$ 时成立,从而定理得证.

推论 2.1 由于 $f[x_0,x_1,\cdots,x_n]=\frac{f^{(n)}(\xi)}{n!}$,故而有 $\frac{\Delta^n f(x_0)}{h^n}=f^{(n)}(\xi)$.

推论 2.2　当插值节点等距时，n 次 Newton 插值多项式 $N_n(x)$ 可以写成

$$N_n(x)=f_0+\frac{\Delta f_0}{h}(x-x_0)+\frac{\Delta^2 f_0}{2h^2}(x-x_0)(x-x_1)+\cdots+$$
$$\frac{\Delta^n f_0}{h^n n!}(x-x_0)(x-x_1)\cdots(x-x_{n-1}).$$

同样地，可以构造如下差分表，如表 2-5 所示.

表 2-5　差分表

x	y	Δy	$\Delta^2 y$	$\Delta^3 y$	$\Delta^4 y$	$\cdots$
x_0	y_0					
x_1	y_1	Δy_0				
x_2	y_2	Δy_1	$\Delta^2 y_0$			
x_3	y_3	Δy_2	$\Delta^2 y_1$	$\Delta^3 y_0$		
x_4	y_4	Δy_3	$\Delta^2 y_2$	$\Delta^3 y_1$	$\Delta^4 y_0$	
$\vdots$	$\vdots$	$\vdots$	$\vdots$	$\vdots$	$\vdots$	$\vdots$

例 13　有如下函数表，求 $f(0.54)$ 的近似值.

x	0.5	0.6	0.7	0.8
y	0.479 4	0.564 6	0.644 2	0.717 4

解　构造差分表如表 2-6 所示.

表 2-6　例 13 的差分表

x	y	Δy	$\Delta^2 y$	$\Delta^3 y$
0.5	0.479 4			
0.6	0.564 6	0.085 2		
0.7	0.644 2	0.079 6	−0.005 6	
0.8	0.717 4	0.073 2	−0.006 4	−0.000 8

取 $h=0.1$，从而有

$$\begin{aligned}f(0.54)&=0.4794+\frac{0.0852}{0.1}(0.54-0.5)-\frac{0.0056}{2\times0.1^2}(0.54-0.5)(0.54-0.6)-\\&\quad\frac{0.0008}{3!\times0.1^3}(0.54-0.5)(0.54-0.6)(0.54-0.7)\\&=0.5142.\end{aligned}$$

2.4.3　向后差分与中心差分

本节引入如下算子，∇ 称为**向后差分算子**，δ 称为**中心差分算子**，E 称为**位移算子**，I 称为**单位算子**或**不变算子**.

1. **向后差分**

$\nabla f(x_j)=f(x_j)-f(x_{j-1})$，其中 $x_{j-1}=x_j-h$；

$\nabla^2 f(x_j)=\nabla f(x_j)-\nabla f(x_{j-1})=f(x_j)-2f(x_{j-1})+f(x_{j-2})$；

$\nabla^n f(x_j)=\nabla(\nabla^{n-1}f(x_j))=\nabla^{n-1}f(x_j)-\nabla^{n-1}f(x_{j-1})$.

由向后差分定义得：

$\nabla f(x_j)=f(x_j)-f(x_{j-1})=hf[x_j,x_{j-1}]$，

$\nabla^2 f(x_j)=\nabla f(x_j)-\nabla f(x_{j-1})=hf[x_j,x_{j-1}]-hf[x_{j-1},x_{j-2}]=2h^2 f[x_j,x_{j-1},x_{j-2}]$，

$\nabla^n f(x_j)=n!\,h^n f[x_j,x_{j-1},\cdots,x_{j-n}]$，从而有

$$f[x_j,x_{j-1},\cdots,x_{j-n}]=\frac{\nabla^n f(x_j)}{n!\,h^n}. \tag{2.21}$$

2. **中心差分**

$$\delta f(x_j)=f(x_{j+0.5})-f(x_{j-0.5})\text{，其中 } x_{j\pm 0.5}=x_j\pm 0.5h；$$

$$\delta^2 f(x_j)=\delta f(x_{j+0.5})-\delta f(x_{j-0.5})=f(x_{j+1})-2f(x_j)+f(x_{j-1}).$$

3. **单位算子和位移算子**

单位算子 $If(x_j)=f(x_j)$，位移算子 $Ef(x_j)=f(x_{j+1})$，向前差分算子与单位算子和位移算子的关系是 $\Delta f(x_j)=f(x_{j+1})-f(x_j)=Ef(x_j)-If(x_j)$，故而有 $\Delta=E-I$ 或 $E=\Delta+I$. 如果 $AB=BA=I$，则称 B 为 A 的逆算子，记为 $B=A^{-1}$，显然有 $\Delta=E-I$ 和 $\nabla=I-E^{-1}$.

由 $\nabla f(x_j)=f(x_j)-f(x_{j-1})=If(x_j)-E^{-1}f(x_j)$，得向后差分算子与单位算子和位移算子的关系是 $\nabla=I-E^{-1}$ 或 $E=(I-\nabla)^{-1}$. 对于中心差分算子和位移算子之间的关系，我们有

$$\delta f(x_j)=f(x_{j+0.5})-f(x_{j-0.5})=E^{\frac{1}{2}}f(x_j)-E^{-\frac{1}{2}}f(x_j),$$

故而 $\delta=E^{\frac{1}{2}}-E^{-\frac{1}{2}}$.

4. **常用的公式**

(1) 一般对于足够光滑的 $f(x)$，有

$$\begin{aligned}Ef(x)=f(x+h)&=f(x)+hf'(x)+\frac{h^2}{2!}f''(x)+\cdots+\frac{h^n}{n!}f^{(n)}(x)+\cdots\\&=\left[1+h\left(\frac{\mathrm{d}}{\mathrm{d}x}\right)+\frac{1}{2!}\left(h\frac{\mathrm{d}}{\mathrm{d}x}\right)^2+\cdots+\frac{1}{n!}\left(h\frac{\mathrm{d}}{\mathrm{d}x}\right)^n+\cdots\right]f(x)\\&=\mathrm{e}^{h\frac{\mathrm{d}}{\mathrm{d}x}}f(x),\end{aligned}$$

故而 $E=\mathrm{e}^{h\frac{\mathrm{d}}{\mathrm{d}x}}$. 进一步有

$$h\frac{\mathrm{d}}{\mathrm{d}x}=\ln E=\ln(I+\Delta)=\Delta-\frac{\Delta^2}{2}+\frac{\Delta^3}{3}-\cdots.$$

(2) $f(x_{k+n})=E^n f(x_k)=(I+\Delta)^n f(x_k)=\sum\limits_{j=0}^{n}C_n^j\Delta^j f(x_k)$.

(3) $\Delta^n f(x_k)=(E-I)^n f(x_k)=\sum\limits_{j=0}^{n}(-1)^j C_n^j f(x_{n+k-j})$.

(4) $\nabla^n f(x_k)=(I-E^{-1})^n f(x_k)=\sum\limits_{j=0}^{n}(-1)^{n-j}C_n^j f(x_{k+j-n})$.

§2.5　等距节点上的插值公式

2.5.1　Newton 向前插值多项式

考虑 Newton 插值公式(2.19),由于节点 $x_k=x_0+kh(k=0,1,\cdots,n)$ 为等距节点,假设要计算 x_0 点附近某点的值,令 $x=x_0+th$,显然有 $0\leqslant t\leqslant 1$,则得

$$\omega(x)=(x-x_0)(x-x_1)\cdots(x-x_k)=t(t-1)\cdots(t-k)h^{k+1},$$

由定理 2.4 均差与差分的关系,可得所求等距节点插值公式为

$$N_n(x_0+th)=f_0+t\Delta f_0+\frac{t(t-1)}{2!}\Delta^2 f_0+\cdots+\frac{t(t-1)\cdots(t-n+1)}{n!}\Delta^n f_0, \tag{2.22}$$

(2.22)称为 **Newton 前插公式**,其余项为

$$R_n(x)=\frac{t(t-1)\cdots(t-n)}{(n+1)!}h^{n+1}f^{(n+1)}(\xi),\xi\in(x_0,x_n).$$

2.5.2　Newton 向后插值多项式

若要求 x_n 点附近某点的值,先将 Newton 插值多项式(2.19)按 $x_n,x_{n-1},\cdots,x_1,x_0$ 的次序改写为如下形式:

$$N_n(x)=f(x_n)+f[x_n,x_{n-1}](x-x_n)+f[x_n,x_{n-1},x_{n-2}](x-x_n)(x-x_{n-1})+\cdots+$$
$$f[x_n,x_{n-1},\cdots,x_0](x-x_n)(x-x_{n-1})\cdots(x-x_1).$$

令 $x=x_n+th$,显然有 $-1\leqslant t\leqslant 0$,由均差与差分的关系(2.21),得

$$N_n(x_n+th)=f_n+t\nabla f_n+\frac{t(t+1)}{2!}\nabla^2 f_n+\cdots+\frac{t(t+1)\cdots(t+n-1)}{n!}\nabla^n f_0, \tag{2.23}$$

(2.23)称为 **Newton 后插公式**,其余项为

$$R_n(x)=\frac{f^{(n+1)}(\xi)}{(n+1)!}t(t+1)\cdots(t+n)h^{n+1},\xi\in(x_0,x_n).$$

向前插值公式(2.22)和向后插值公式(2.23)只是形式上的不同,对于同一点 x,计算结果是一样的.

例 14　已知函数 $y=f(x)$ 的数值表如下,试分别求出 $f(x)$ 的三次 Newton 向前和向后插值公式,并分别计算 $x=0.5$ 和 $x=2.5$ 时的近似值.

x	0	1	2	3
$f(x)$	1	2	17	64

解　构造向前和向后差分表如表 2-7 所示.

表 2-7 向前向后差分表

x	f	$\Delta f(\nabla f)$	$\Delta^2 f(\nabla^2 f)$	$\Delta^3 f(\nabla^3 f)$
$x_0=0$	$f_0=1$			
		$\Delta f_0(\nabla f_1)=1$		
$x_1=1$	$f_1=2$		$\Delta^2 f_0(\nabla^2 f_2)=14$	
		$\Delta f_1(\nabla f_2)=15$		$\Delta^3 f_0(\nabla^3 f_3)=18$
$x_2=2$	$f_2=17$		$\Delta^2 f_1(\nabla^2 f_3)=32$	
		$\Delta f_2(\nabla f_3)=47$		
$x_3=3$	$f_3=64$			

三次 Newton 向前插值公式为

$$\begin{aligned}N_3(t)&=y_0+\frac{t}{1!}\Delta y_0+\frac{t(t-1)}{2!}\Delta^2 y_0+\frac{t(t-1)(t-2)}{3!}\Delta^3 y_0\\&=1+t+\frac{t(t-1)}{2!}\times 14+\frac{t(t-1)(t-2)}{3!}\times 18\\&=3t^3-2t^2+1,\end{aligned}$$

由 $x=0.5=x_0+th, h=1, t=0.5$，得 $f(0.5)\approx N_3(0.5)=0.875$.

三次 Newton 向后插值公式为

$$\begin{aligned}N_3(t)&=y_3+\frac{t}{1!}\nabla y_3+\frac{t(t+1)}{2!}\nabla^2 y_3+\frac{t(t+1)(t+2)}{3!}\nabla^3 y_3\\&=64+47t+\frac{t(t+1)}{2!}\times 32+\frac{t(t+1)(t+2)}{3!}\times 18\\&=3t^3+25t^2+69t+64,\end{aligned}$$

由 $x=2.5=x_3+th, h=1$，则 $t=-0.5$，从而 $f(2.5)\approx N_3(-0.5)=35.375$.

§2.6 Hermite 插值多项式

2.6.1 重节点差商

在某些实际问题中，希望近似多项式能更好地近似原来的函数 $f(x)$，即不但要求插值多项式 $p(x)$ 在节点上与 $f(x)$ 函数值相等，而且还要求 $p(x)$ 与 $f(x)$ 在节点上导数值相等，甚至要求高阶导数也相等，即提出**埃尔米特(Hermite)插值问题**.

Hermite 插值问题的具体提法是，给定 $y=f(x)$ 函数表及各阶导数如表 2-8 所示：

其中 $x_i(i=0,1,\cdots,n)$ 互异，m_i 为正整数，记 $\sum\limits_{i=0}^{n} m_i \equiv m+1$，且

$$p^{(k)}(x_i)=f^{(k)}(x_i), i=0,1,\cdots,n; k=0,1,\cdots,m_i-1. \tag{2.24}$$

可以证明满足上述条件(2.24)的插值多项式 $p(x)$ 存在且唯一.

表 2-8　函数及各阶导数表

x	x_0	x_1	$\cdots$	x_n
$f(x)$	f_0	f_1	$\cdots$	f_n
$f^{(1)}(x)$	$f_0^{(1)}$	$f_1^{(1)}$	$\cdots$	$f_n^{(1)}$
$\vdots$	$\vdots$	$\vdots$		$\vdots$
$f^{(m_i-1)}(x)$	$f_0^{(m_0-1)}$	$f_1^{(m_1-1)}$	$\cdots$	$f_n^{(m_n-1)}$

定义 2.5　若$[a,b]$上的节点互异,根据差商定义,若$f\in C'[a,b]$,则有

$$\lim_{x\to x_0} f[x_0,x]=\lim_{x\to x_0}\frac{f(x)-f(x_0)}{x-x_0}=f'(x_0),$$

定义**重节点差商**为

$$f[x_0,x_0]=\lim_{x\to x_0} f[x_0,x]=f'(x_0),$$

由于

$$f[x_0,x_1,\cdots,x_n]=\frac{f^{(n)}(\xi)}{n!},\min(x_0,x_1,\cdots,x_n)\leqslant\xi\leqslant\max(x_0,x_1,\cdots,x_n),$$

所以当 $x_i\to x_0(i=1,2,\cdots,n)$时,有 $\xi\to x_0$,从而有

$$f[x_0,x_0,\cdots,x_0]=\frac{f^{(n)}(x_0)}{n!}.$$

在 Newton 插值多项式(2.19)中,若令 $x_i\to x_0(i=1,2,\cdots,n)$,则得

$$p_n(x)=f(x_0)+f'(x_0)(x-x_0)+\cdots+\frac{f^{(n)}(x_0)}{n!}(x-x_0)^n,$$

即为 Taylor 多项式,余项为 $R_n=\dfrac{f^{(n+1)}(\xi)}{(n+1)!}(x-x_0)^{n+1}$,故 Taylor 多项式是 Newton 插值多项式(2.19)的极限形式.

重节点差商具有如下性质:

设$f\in C^n[a,b]$,且$[a,b]$上的节点为 $x_0\leqslant x_1\leqslant\cdots\leqslant x_n$,则有

$$f[x_0,x_1,\cdots,x_n]=\begin{cases}\dfrac{f[x_1,x_2,\cdots,x_n]-f[x_0,x_1,\cdots,x_{n-1}]}{x_n-x_0}, & x_n\neq x_0,\\ \dfrac{1}{n!}\cdot f^{(n)}(x_0), & x_n=x_0.\end{cases}$$

定理 2.5　设$f\in C^{n+2}[a,b]$,若 $x_0,x_1,\cdots,x_n,x\in[a,b]$,则有

$$\frac{\mathrm{d}}{\mathrm{d}x}f[x_0,x_1,\cdots,x_n,x]=f[x_0,x_1,\cdots,x_n,x,x].$$

证明　(1)先证明$f\in C^2[a,b]$时,有$\dfrac{\mathrm{d}}{\mathrm{d}x}f[x_0,x]=f[x_0,x,x]$. 证明过程如下:

$$\begin{aligned}\frac{\mathrm{d}}{\mathrm{d}x}f[x_0,x]&=\lim_{h\to 0}\frac{f[x_0,x+h]-f[x_0,x]}{h}\\&=\lim_{h\to 0}\frac{f[x_0,x+h]-f[x,x_0]}{x+h-x}\end{aligned}$$

$$=\lim_{h\to 0}f[x,x_0,x+h]$$
$$=f[x,x_0,x]$$
$$=f[x_0,x,x].$$

(2)仿照(1)中的证明,有

$$\frac{\mathrm{d}}{\mathrm{d}x}f[x_0,x_1,\cdots,x_n,x]$$
$$=\lim_{h\to 0}\frac{f[x_0,x_1,\cdots,x_n,x+h]-f[x_0,x_1,\cdots,x_n,x]}{h}$$
$$=\lim_{h\to 0}\frac{f[x_0,x_1,\cdots,x_n,x+h]-f[x,x_0,x_1,\cdots,x_n]}{x+h-x}$$
$$=\lim_{h\to 0}f[x,x_0,x_1,\cdots,x_n,x+h]$$
$$=f[x_0,x_1,\cdots,x_n,x,x].$$

2.6.2 三次 Hermite 插值

设 $a\leqslant x_0<x_1\leqslant b$,$f(x)\in C^1[a,b]$,并且有

$$f(x_0)=y_0,f(x_1)=y_1,f'(x_0)=m_0,f'(x_1)=m_1,$$

求不超过三次的多项式 $p_3(x)$,使其满足插值条件

$$p_3(x_i)=y_i,p_3'(x_i)=m_i,i=0,1, \tag{2.25}$$

并估计 $f(x)-p_3(x)$ 的误差.

与 Lagrange 插值公式类似,将这个三次多项式 $p_3(x)$ 表示为

$$p_3(x)=f(x_0)h_0(x)+f(x_1)h_1(x)+f'(x_0)H_0(x)+f'(x_1)H_1(x),$$

其中 $h_0(x)$,$h_1(x)$,$H_0(x)$,$H_1(x)$ 都是三次多项式,称为**插值基函数**,它们满足条件:

$$\begin{cases}h_0(x_0)=1,\ h_1(x_0)=0,\ H_0(x_0)=0,\ H_1(x_0)=0,\\ h_0'(x_0)=0,\ h_1'(x_0)=0,\ H_0'(x_0)=1,\ H_1'(x_0)=0,\\ h_0(x_1)=0,\ h_1(x_1)=1,\ H_0(x_1)=0,\ H_1(x_1)=0,\\ h_0'(x_1)=0,\ h_1'(x_1)=0,\ H_0'(x_1)=0,\ H_1'(x_1)=1.\end{cases} \tag{2.26}$$

因为 $h_0(x_1)=0,h_0'(x_1)=0$,故 x_1 是 $h_0(x)$ 的二重零点,所以 $h_0(x)$ 可以设为

$$h_0(x)=(ax+b)(x-x_1)^2, \tag{2.27}$$

其中 a,b 是待定常数.

再根据条件 $h_0(x_0)=1,h_0'(x_0)=0$ 可得

$$(ax_0+b)(x_0-x_1)^2=1,$$
$$a(x_0-x_1)^2+2(ax_0+b)(x_0-x_1)=0,$$

解得

$$a=\frac{-2}{(x_0-x_1)^3},\ b=\frac{1}{(x_0-x_1)^2}+\frac{2x_0}{(x_0-x_1)^3},$$

代入 $h_0(x)$ 中进行整理得

$$h_0(x)=\left(1+2\frac{x-x_0}{x_1-x_0}\right)\left(\frac{x-x_1}{x_0-x_1}\right)^2.$$

进一步求 $H_0(x)$ 的表达式,由于 x_1 是 $H_0(x)$ 的二重零点,x_0 是 $H_0(x)$ 的一重零点,所以三次多项式 $H_0(x)$ 可以表示成

$$H_0(x)=A(x-x_0)(x-x_1)^2,$$

其中 A 是待定常数,再由条件 $H_0'(x_0)=1$ 可以求出 $A=\frac{1}{(x_0-x_1)^2}$,所以

$$H_0(x)=(x-x_0)\frac{(x-x_1)^2}{(x_0-x_1)^2}.$$

类似可求得函数

$$h_1(x)=\left(1+2\frac{x-x_1}{x_0-x_1}\right)\left(\frac{x-x_0}{x_1-x_0}\right)^2, H_1(x)=(x-x_1)\frac{(x-x_0)^2}{(x_1-x_0)^2},$$

故满足插值条件(2.26)的三次 Hermite 多项式表达式为

$$p_3(x)=f(x_0)\left(1+2\frac{x-x_0}{x_1-x_0}\right)\left(\frac{x-x_1}{x_0-x_1}\right)^2+f(x_1)\left(1+2\frac{x-x_1}{x_0-x_1}\right)\left(\frac{x-x_0}{x_1-x_0}\right)^2+$$
$$f'(x_0)\frac{(x-x_0)(x-x_1)^2}{(x_0-x_1)^2}+f'(x_1)\frac{(x-x_1)(x-x_0)^2}{(x_1-x_0)^2}.$$

下面分析其误差. 注意到

$$R(x)=f(x)-p_3(x) \tag{2.28}$$

中 x_0,x_1 分别是二重零点,所以存在函数 $A(x)$,使得

$$R(x)=A(x)(x-x_0)^2(x-x_1)^2.$$

在区间$[a,b]$上任取一异于 x_0,x_1 的点 x,设 $t\in[a,b]$,构造辅助函数

$$F(t)=f(t)-p_3(t)-A(x)(t-x_0)^2(t-x_1)^2,$$

显然 x 是 $F(t)$ 的一重零点,即 $F(t)$ 的零点的个数为 5,即

$$F(x_0)=F(x_1)=F(x)=0, F'(x_0)=F'(x_1)=0,$$

分别在$[x_0,x]$, $[x,x_1]$上对 $F(t)$ 运用 Rolle 定理,则 $\exists\xi_1\in(x_0,x)$, $\xi_2\in(x,x_1)$ 使得 $F'(\xi_1)=F'(\xi_2)=0$;再分别在$[x_0,\xi_1]$,$[\xi_1,\xi_2]$,$[\xi_2,x_1]$上对 $F'(t)$ 运用 Rolle 定理得 $\exists\xi_1'\in(x_0,\xi_1)$,$\xi_2'\in(\xi_1,\xi_2)$,$\xi_3'\in(\xi_2,x_1)$,使得 $F''(\xi_1')=F''(\xi_2')=F''(\xi_3')=0$;再分别在$[\xi_1',\xi_2']$,$[\xi_2',\xi_3']$上对 $F''(t)$ 运用 Rolle 定理,则 $\exists\xi_1''\in(\xi_1',\xi_2')$,$\xi_2''\in(\xi_2',\xi')$ 使得 $F'''(\xi_1'')=F'''(\xi_2'')=0$;再在$[\xi_1'',\xi_2'']$上对 $F'''(t)$ 运用 Rolle 定理则 $\exists\xi\in(\xi_1'',\xi_2'')$,使得 $F^{(4)}(\xi)=0$. 即 $f^{(4)}(\xi)-4!\ A(x)=0$,解得

$$A(x)=\frac{f^{(4)}(\xi)}{4!}.$$

所求三次 Hermite 插值多项式的误差为

$$R(x)=\frac{f^{(4)}(\xi)}{4!}(x-x_0)^2(x-x_1)^2,$$

其中 $\xi\in(a,b)$且与 x 有关.

例 15 已知 $f(0)=0$,$f(1)=1$,$f'(0)=0$,$f'(1)=1$,试构造三次 Hermite 插值多项式,

并写出其插值余项.

解 显然由题意知节点 $x_0=0, x_1=1$，则

$$h_0(x)=(1+2x)(x-1)^2, h_1(x)=x^2(3-2x),$$
$$H_0(x)=x(x-1)^2, H_1(x)=x^2(x-1).$$

所以所求三次 Hermite 插值多项式为

$$p_3(x)=x^2(3-2x)+x^2(x-1)=2x^2-x^3,$$

其插值余项为

$$R(x)=\frac{f^{(4)}(\xi)}{4!}(x-0)^2(x-1)^2,$$

其中 $\xi\in(0,1)$ 且与 x 有关.

例 16 求满足 $P(x_j)=f(x_j)(j=0,1,2)$ 及 $P'(x_1)=f'(x_1)$ 的插值多项式及其余项.

解 由已知条件知，可以确定一个 3 次多项式，设

$$P(x)=f(x_0)+f[x_0,x_1](x-x_0)+f[x_0,x_1,x_2](x-x_0)(x-x_1)+$$
$$A(x-x_0)(x-x_1)(x-x_2),$$

其中 A 为待定参数，由 $P'(x_1)=f'(x_1)$，得

$$A=\frac{f'(x_1)-f[x_0,x_1]-(x_1-x_0)f[x_0,x_1,x_2]}{(x_1-x_0)(x_1-x_2)}.$$

以下求余项 $R(x)=f(x)-P(x)$. 由于 x_0,x_1,x_2 都是 $R(x)$ 的零点，并且 x_1 是它的一个二重零点，所以设

$$R(x)=k(x)(x-x_0)(x-x_1)^2(x-x_2),$$

其中 $k(x)$ 为待定函数. 同证明 Lagrange 的插值余项一样，将 x 看成固定的点，引入辅助函数

$$\varphi(t)=f(t)-p(t)-k(x)(t-x_0)(t-x_1)^2(t-x_2).$$

由于 x,x_0,x_1,x_2 都是 $\varphi(t)$ 的零点，并且 x_1 是它的一个二重零点，所以 $\varphi(t)$ 共有 5 个零点. 由 Rolle 定理知，$\varphi'(t)$ 有 4 个零点，反复用 Rolle 定理知 $\varphi^{(4)}(t)$ 在 (x_0,x_2) 内至少有一个零点，记为 ξ，故有 $\varphi^{(4)}(\xi)=f^{(4)}(\xi)-k(x)\times 4!=0$，得 $k(x)=\dfrac{f^{(4)}(\xi)}{4!}$，所以得余项为

$$R(x)=\frac{f^{(4)}(\xi)}{4!}(x-x_0)(x-x_1)^2(x-x_2).$$

2.6.3 Newton 形式的 Hermite 插值多项式

考虑 $f(x)$ 在相异节点 $z_0,z_1,\cdots,z_{2n+1}\in[a,b]$ 上的 Newton 插值多项式：

$$N_{2n+1}(x)=f(z_0)+f[z_0,z_1](x-z_0)+f[z_0,z_1,z_2](x-z_0)(x-z_1)+\cdots+$$
$$f[z_0,z_1,\cdots,z_{2n+1}](x-z_0)(x-z_1)\cdots(x-z_{2n}),$$

令 $z_{2i},z_{2i+1}\to x_i, i=0,1,\cdots,n$，则

$$N_{2n+1}(x)=f(x_0)+f[x_0,x_0](x-x_0)+f[x_0,x_0,x_1](x-x_0)^2+$$
$$f[x_0,x_0,x_1,x_2](x-x_0)^2(x-x_1)+\cdots.$$

例 17　求给定函数 $f(x)=x^{\frac{3}{2}}$，选取三个点 $x_0=\frac{1}{4}, x_1=1, x_2=\frac{9}{4}$，试求 $f(x)$ 在区间 $\left[\frac{1}{4},\frac{9}{4}\right]$ 上的三次 Hermite 插值多项式，使它满足

$$p(x_i)=f(x_i),\ p'(x_1)=f'(x_1),\ i=0,1,2.$$

解　由 $f_0=f\left(\frac{1}{4}\right)=\frac{1}{8}, f_1=f(1)=1, f_2=f\left(\frac{9}{4}\right)=\frac{27}{8}, f'(x)=\frac{3}{2}x^{\frac{1}{2}}, f'(x_1)=f'(1)=\frac{3}{2}$，建立 Newton 差商表 2-9 如下：

表 2-9　例 17 Newton 差商表

x	$f(x)$	一阶	二阶
$\frac{1}{4}$	$\frac{1}{8}$		
1	1	$\frac{7}{6}$	
$\frac{9}{4}$	$\frac{27}{8}$	$\frac{19}{10}$	$\frac{11}{30}$

故可令

$$p(x)=\frac{1}{8}+\frac{7}{6}\left(x-\frac{1}{4}\right)+\frac{11}{30}\left(x-\frac{1}{4}\right)(x-1)+A\left(x-\frac{1}{4}\right)(x-1)\left(x-\frac{9}{4}\right).$$

再由条件 $p'(1)=f'(1)=\frac{3}{2}$，可得 $A=-\frac{14}{225}$. 于是所求的三次 Hermite 插值多项式为

$$p(x)=-\frac{14}{225}x^3+\frac{263}{450}x^2+\frac{233}{450}x-\frac{1}{25}.$$

例 18　求一个次数不高于三次的多项式 $p(x)$，满足条件

$$p(1)=2, p(2)=4, p(3)=12, p'(2)=3.$$

解　满足条件 $p(1)=2, p(2)=4$ 和 $p(3)=12$ 的二次 Lagrange 多项式为 $3x^2-7x+6$，令

$$p(x)=3x^2-7x+6+A(x-1)(x-2)(x-3),$$

由 $p'(2)=3$，得 $A=2$，故满足条件的三次多项式为 $p(x)=2x^3-9x^2+15x-6$.

另解：利用重节点差商，构造差商表 2-10 如下：

表 2-10　重节点差商表

x	$f(x)$	一阶	二阶	三阶
1	2			
2	4	2		
2	4	3	1	
3	12	8	5	2

从而满足已知条件的三次多项式为

$$p(x)=2+2(x-1)+(x-1)(x-2)+2(x-1)(x-2)^2$$
$$=2x^3-9x^2+15x-6.$$

2.6.4 两个典型的 Hermite 插值

考虑如下两个典型的 Hermite 插值问题：

(1) $p(x_0)=f(x_0),p(x_1)=f(x_1),p'(x_0)=f'(x_0),p'(x_1)=f'(x_1)$.

构造差商表 2-11 如下：

表 2-11 Hermite 插值重节点差商表

x	$f(x)$	一阶	二阶	三阶
x_0	$f(x_0)$			
x_0	$f(x_0)$	$f'(x_0)$		
x_1	$f(x_1)$	$f[x_0,x_1]$	$\dfrac{f[x_0,x_1]-f'(x_0)}{x_1-x_0}$	
x_1	$f(x_1)$	$f'(x_1)$	$\dfrac{f'(x_1)-f[x_0,x_1]}{x_1-x_0}$	$\dfrac{f'(x_1)-2f[x_0,x_1]+f'(x_0)}{(x_1-x_0)^2}$

于是

$$p(x)=f(x_0)+f'(x_0)(x-x_0)+\frac{f[x_0,x_1]-f'(x_0)}{x_1-x_0}(x-x_0)^2+$$
$$\frac{f'(x_1)-2f[x_0,x_1]+f'(x_0)}{(x_1-x_0)^2}(x-x_0)^2(x-x_1).$$

例 19 对于 $p(1)=1,p(2)=1.1486984,p'(1)=0.2,p'(2)=0.1148698$，求插值多项式.

解 构造差商表 2-12 如下：

表 2-12 例 19 差商表

x	$f(x)$	一阶	二阶	三阶
1	1			
1	1	0.2		
2	1.148 698 4	0.148 698 4	-0.051 301 6	
2	1.148 698 4	0.114 869 8	-0.033 828 6	0.017 473 0

于是

$$p(x)=1+0.2(x-1)-0.0513016(x-1)^2+0.0174730(x-1)^2(x-2).$$

(2) $p(x_0)=f(x_0),p(x_1)=f(x_1),p'(x_0)=f'(x_0),p''(x_0)=f''(x_0)$.

构造差商表 2-13 如下：

表 2-13 Hermite 插值重节点差商表

x	$f(x)$	一阶	二阶	三阶
x_0	$f(x_0)$			
x_0	$f(x_0)$	$f'(x_0)$		
x_0	$f(x_0)$	$f'(x_0)$	$\frac{f''(x_0)}{2!}$	
x_1	$f(x_1)$	$f[x_0,x_1]$	$\frac{f[x_0,x_1]-f'(x_0)}{x_1-x_0}$	$\frac{\frac{f[x_0,x_1]-f'(x_0)}{x_1-x_0}-\frac{f''(x_0)}{2!}}{x_1-x_0}$

于是

$$p(x)=f(x_0)+f'(x_0)(x-x_0)+\frac{f''(x_0)}{2!}(x-x_0)^2+\frac{\frac{f[x_0,x_1]-f'(x_0)}{x_1-x_0}-\frac{f''(x_0)}{2!}}{x_1-x_0}(x-x_0)^3.$$

例 20 对于 $p(1)=1, p(2)=1.148\,698\,4, p'(1)=0.2, p''(1)=-\frac{4}{25}$,求插值多项式.

解 构造差商表 2-14 如下:

表 2-14 例 20 差商表

x	$f(x)$	一阶	二阶	三阶
1	1			
1	1	0. 2		
1	1	0. 2	$-\frac{2}{25}$	
2	1. 148 698 4	0. 148 694	-0. 051 301 6	0. 028 698 4

故而插值多项式为

$$p(x)=1+0.2(x-1)-\frac{2}{25}(x-1)^2+0.028\,698\,4(x-1)^3.$$

2. 6. 5 一般 Hermite 插值

若给定的函数 $y=f(x)$ 在 $n+1$ 个互不相同的点 $x_0,x_1,\cdots,x_n$ 处的函数值和导数值分别为 $y_0,y_1,\cdots,y_n$ 和 $m_0,m_1,\cdots,m_n$,可以构造 $2n+1$ 次 Hermite 插值多项式 $P_{2n+1}(x)$,使其满足如下条件:

$$P_{2n+1}(x_i)=y_i, P'_{2n+1}(x_i)=m_i, i=0,1,\cdots,n. \tag{2.29}$$

可由前面所使用的构造三次 Hermite 插值的方法,构造 $2n+2$ 个插值基函数

$$h_i(x)=[1-\frac{\omega''_{n+1}(x_i)}{\omega'_{n+1}(x_i)}(x-x_i)]l_i^2(x),H_i(x)=l_i^2(x)(x-x_i),\tag{2.30}$$

其中 $i=0,1,\cdots,n$，函数 $\omega_{n+1}(x)$ 和 $l_i(x)$ 的定义同前面(2.14)和(2.15)，所求 Hermite 插值多项式为

$$P_{2n+1}(x)=\sum_{i=0}^{n}[y_ih_i(x)+m_iH_i(x)].\tag{2.31}$$

不难证明，满足(2.29)的 Hermite 插值多项式是存在且唯一的. 关于它的余项有如下结论：

定理 2.6 设 $P_{2n+1}(x)$ 是过区间 $[a,b]$ 上 $n+1$ 个互异插值节点 $x_0,x_1,x_2,\cdots,x_n$ 的 $2n+1$ 次 Hermite 插值多项式，且 $f(x)\in C^{2n+2}[a,b]$，则对任意给定的 $x\in[a,b]$，总存在 $\xi\in(a,b)$，使得

$$R_{2n+1}(x)=f(x)-P_{2n+1}(x)=\frac{f^{(2n+2)}(\xi)}{(2n+2)!}\omega_{n+1}^2(x).$$

§2.7 三次 Spline 插值

2.7.1 多项式插值的 Runge 现象

对于一个函数 $f(x)$ 来说，用一个 n 次多项式 $p_n(x)$ 来近似，是否 $p_n(x)$ 次数越高，逼近误差就越小？答案是否定的. 在实践中，并不是插值多项式 $p_n(x)$ 的次数 n 越大，逼近 $f(x)$ 的效果就越好，这是因为对任意的插值节点，当 $n\to+\infty$ 时，$p_n(x)$ 不一定收敛于 $f(x)$. 下面的例子反映了高次多项式插值的振荡现象，这种现象被称之为**龙格(Runge)现象**.

考虑函数 $f(x)=1/(1+x^2)$，$x\in[-5,5]$，分别用等距节点构造插值多项式 $p_5(x)$ 和 $p_{10}(x)$，如图 2-1 所示，从图形上可以看到在区间 $(-3,3)$ 内 $p_{10}(x)$ 与 $f(x)$ 拟合较好，而在区间 $(-5,-3)$，$(3,5)$ 内，$P_{10}(x)$ 与 $f(x)$ 偏离得很远. 这说明用高次插值多项式 $p_n(x)$ 近似 $f(x)$ 的效果并不好，因而通常不使用高次插值. 当节点较多时，一般使用分段低次插值，这种插值方法不仅可以避免 Runge 现象，而且比整体高次插值数值效果好，并且当局部插值节点改变时，分段低次插值函数只需做局部改动即可，使用起来比较方便. 本例 Matlab 程序如下：

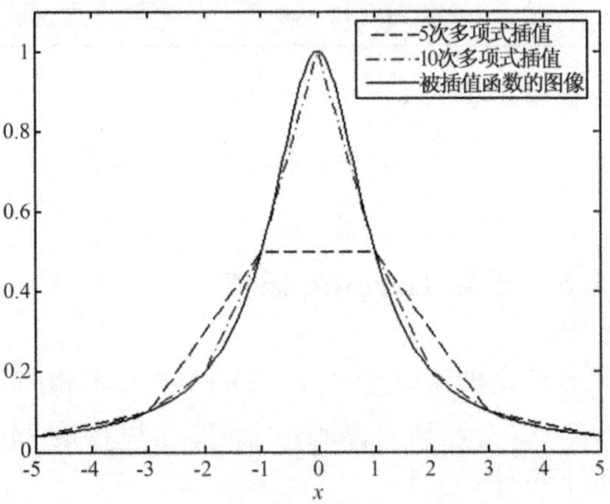

图 2-1 多项式插值 Runge 现象

```
function myrunge
clc;
x=-5:0.05:5;y=1./(1+x.^2);
x1=-5:2:5;y1=1./(1+x1.^2);
x2=-5:1:5;y2=1./(1+x2.^2);
Y1=interp1(x1,y1,x);
Y2=interp1(x2,y2,x);
plot(x,Y1,'k--');
hold on
plot(x,Y2,'r-.');
plot(x,y);
legend('5 次多项式插值','10 次多项式插值','被插值函数的图像')
axis([-5 5 0 1.1])
```

2.7.2 分段线性插值

将所考察的区间$[a,b]$做一划分：

$$a=x_0<x_1<\cdots<x_{n-1}<x_n=b,$$

在每个小区间$[x_i,x_{i+1}]$上构造插值多项式，其中$i=0,1,\cdots,n-1$，将每个小区间上的插值多项式拼接在一起，作为整个区间$[a,b]$上的插值函数，并称这样构造出的插值函数为**分段插值多项式**.

在区间$[a,b]$上得到分段函数为

$$f(x)\approx I_h(x)=\begin{cases}p_0(x), & x\in[x_0,x_1],\\ p_1(x), & x\in[x_1,x_2],\\ \cdots \\ p_{n-1}(x), & x\in[x_{n-1},x_n],\end{cases} \tag{2.32}$$

如果采用分段线性插值，在每个区间$[x_i,x_{i+1}]$$(i=0,1,\cdots,n-1)$上用一次多项式逼近$f(x)$，即过点$(x_0,y_0),(x_1,y_1),\cdots,(x_n,y_n)$用折线相连，即

$$f(x)\approx p_i(x)=\frac{x-x_{i+1}}{x_i-x_{i+1}}y_i+\frac{x-x_i}{x_{i+1}-x_i}y_{i+1}, \tag{2.33}$$

可记为

$$p_i(x)=l_i(x)y_i+l_{i+1}(x)y_{i+1},$$

$\forall x\in[a,b]$，则$I_h(x)=\sum_{j=0}^{n}f(x_j)l_j(x)$，其中$l_j(x)$为分段线性插值函数，满足

$$l_j(x_i)=\delta_{ji}=\begin{cases}1,i=j,\\0,i\neq j,\end{cases} \tag{2.34}$$

具体表达式如下：

$$l_0(x)=\begin{cases}\dfrac{x-x_1}{x_0-x_1}, & x_0\leqslant x\leqslant x_1,\\ 0, & x_1\leqslant x\leqslant x_2,\end{cases}\qquad l_1(x)=\begin{cases}\dfrac{x-x_0}{x_1-x_0}, & x_0\leqslant x\leqslant x_1,\\ \dfrac{x-x_2}{x_1-x_2}, & x_1\leqslant x\leqslant x_2,\end{cases}$$

$$l_j(x)=\begin{cases}\dfrac{x-x_{j-1}}{x_j-x_{j-1}}, x_{j-1}\leqslant x\leqslant x_j,\\ \dfrac{x-x_{j+1}}{x_j-x_{j+1}}, x_j\leqslant x\leqslant x_{j+1},\\ 0, \quad x\in\{[a,b]-[x_{j-1},x_{j+1}]\},\end{cases}\qquad l_n(x)=\begin{cases}\dfrac{x-x_{n-1}}{x_n-x_{n-1}}, x_{n-1}\leqslant x\leqslant x_n,\\ 0, \quad x_0\leqslant x\leqslant x_{n-1}.\end{cases}$$

分段线性插值实质上就是使用分段折线去逼近函数 $f(x)$ 对应的曲线. 类似可定义分段二次插值,分段线性插值和分段二次插值是最常用的局部插值方法,但是这些插值函数只保证了连续性,在节点处不一定光滑,而使用分段三次 Hermite 插值,导数值又不容易提取,如果要使插值函数具有一定的光滑性,通常使用下面的 Spline 插值.

2.7.3 三次 Spline 插值

在工程技术和数学应用中经常遇到这样一类数据处理问题,即在平面上给定了一组有序的离散点列,要求用一条光滑曲线把这些点按次序连接起来. 在力学上,通常均匀的细木条可以看作弹性细梁,压铁看作是作用在梁上的集中载荷,Spline 曲线就模拟为弹性细梁再外加集中载荷作用下的弯曲变形曲线.

Spline 插值法的思想是逐段选取适当的低次多项式,按一定的光滑性要求连接起来构成插值函数,这样既可避免高次多项式插值精度不稳定的缺点,又能保证插值函数在整体上的光滑性. 这是实际应用很广泛的一种插值方法,其中最常用的是三次 Spline 插值,即先由函数值确定导数值,再由分段 Hermite 插值解决问题.

定义 2.6 设给定区间 $[a,b]$ 上 $n+1$ 个点:

$$a=x_0<x_1<x_2<\cdots<x_n=b$$

以及相应的函数值 $y_i=f(x_i)\,(i=0,1,\cdots,n)$,如果存在函数

$$S(x)=\begin{cases}S_1(x), & x\in[x_0,x_1),\\ S_2(x), & x\in[x_1,x_2),\\ \cdots\cdots \\ S_n(x), & x\in[x_{n-1},x_n],\end{cases}$$

满足在每个子区间 $[x_k,x_{k+1}]\,(k=0,1,\cdots,n-1)$ 上,$S(x)$ 是不超过三次的多项式,且 $S(x_i)=y_i\,(i=0,1,\cdots,n)$,同时要求 $S(x)$,$S'(x)$,$S''(x)$ 在 $[a,b]$ 上连续,则称 $S(x)$ 是函数 $f(x)$ 在插值节点 $x_0,x_1,\cdots,x_n$ 上的**三次 Spline 插值函数**.

例 21 已知函数 $f(x)$ 的三个函数值分别为

$$f(-1)=1,\ f(0)=0,\ f(1)=1,$$

并且满足 $f'(-1)=0$,$f'(1)=0$,求函数在区间 $[-1,1]$ 上的三次 Spline 插值函数.

解　设所求函数为

$$S(x)=\begin{cases}a_1x^3+b_1x^2+c_1x+d_1, & x\in[-1,0),\\ a_2x^3+b_2x^2+c_2x+d_2, & x\in[0,1),\end{cases}$$

由插值条件和函数连续性条件得

$$-a_1+b_1-c_1+d_1=1, d_1=0, c_1=c_2, b_1=b_2,$$
$$d_2=0, a_2+b_2+c_2+d_2=1,$$

由条件 $f''(-1)=0, f''(1)=0$ 得

$$-6a_1+2b_1=0, 6a_2+2b_2=0,$$

联立上面八个等式的方程组求解得

$$a_1=-a_2=\frac{1}{2}, b_1=b_2=\frac{3}{2}, c_1=c_2=d_1=d_2=0,$$

故三次 Spline 插值函数为

$$S(x)=\begin{cases}\frac{1}{2}x^3+\frac{3}{2}x^2, & x\in[-1,0),\\ -\frac{1}{2}x^3+\frac{3}{2}x^2, & x\in[0,1).\end{cases}$$

接下来,考虑三次 Spline 插值函数需要的边界条件,由于函数 $S(x)$ 在每个小区间 $[x_i,x_{i+1}]$ 上是三次多项式,可设其表达式为

$$S_i(x)=a_i+b_ix+c_ix^2+d_ix^3, i=0,1,\cdots,n, \tag{2.35}$$

则 $S(x)$ 共有 $4n$ 个待定系数,要保证三次 Spline 插值函数 $S(x)$ 及其导数 $S'(x)$, $S''(x)$ 在区间 $[a,b]$ 上连续,只需它在各子区间的分界点处连续即可,因此这些待定系数共满足 $4n-2$ 个条件

$$\begin{cases}S(x_i)=y_i, & i=0,1,\cdots,n,\\ S(x_i-0)=S(x_i+0), & i=1,\cdots,n-1,\\ S'(x_i-0)=S'(x_i+0), & i=1,\cdots,n-1,\\ S''(x_i-0)=S''(x_i+0), & i=1,\cdots,n-1.\end{cases} \tag{2.36}$$

为了保证 Spline 插值问题解的唯一性,应该添加另外两个条件,这两个条件通常在区间 $[a,b]$ 的端点处给出,称为**边界条件**. 边界条件的类型很多,常见的情况有以下三种:

(1) 给出两端点处的一阶导数值,即

$$S'(x_0)=f'_0, S'(x_n)=f'_n, \tag{2.37}$$

(2) 给出两端点处的二阶导数值,即

$$S''(x_0)=f''_0, S''(x_n)=f''_n, \tag{2.38}$$

其特殊情况 $S''(x_0)=S''(x_n)=0$ 称为**自然边界条件**.

(3) 若 $y=f(x)$ 是以 x_n-x_0 为周期的函数时,则可要求 $S(x)$, $S'(x)$, $S''(x)$ 都是以 x_n-x_0 为周期的函数,即

$$S'(x_0+0)=S'(x_n-0), S''(x_0+0)=S''(x_n-0), \tag{2.39}$$

由 $f(x)$ 的周期性知 $f(x_0)=f(x_n)$,从而必有 $S(x_0+0)=S(x_n-0)$,故在(2.39)中不再提出

此要求,这样确定的 Spline 函数 $S(x)$ 称为**周期 Spline 函数**.

从理论上讲,将三次 Spline 函数 $S(x)$ 的 $4n$ 个待定系数作为未知量,根据给定的 $4n-2$ 个条件加上两个边界条件,便可建立一个 $4n$ 阶线性方程组,求出待定系数就可以了. 但如此求法计算量太大,在实际中很少使用. 这里介绍一种简便的算法——**三弯矩算法**,它的特点是利用 $S(x)$ 在节点处的二阶导数值 $m_i=S''(x_i)$ 表示 $S(x)$,其中 $i=0,1,\cdots,n$,用 $S'(x)$ 在内节点 $x_i(i=1,2,\cdots,n-1)$ 上的连续性和边界条件来确定 $m_i(i=0,1,2,\cdots,n)$. 由于 m_i 在力学上解释为细梁在 x_i 处的弯矩,并且得到的弯矩与相邻两个弯矩有关,故称用 $m_i=S''(x_i)$ 表示 $S(x)$ 的算法为三弯矩算法.

在区间 $[x_i,x_{i+1}]$ 上 $S(x)$ 是不超过三次的多项式,故二阶导函数 $S''(x)$ 是线性函数,令

$$m_i=S''(x_i),i=1,2,\cdots,n, \tag{2.40}$$

利用 Lagrange 线性插值公式(2.5)得

$$S''(x)=m_i\frac{x_{i+1}-x}{h_i}+m_{i+1}\frac{x-x_i}{h_i}, \tag{2.41}$$

其中 $h_i=x_{i+1}-x_i,i=0,1,\cdots,n-1$.

对 $S''(x)$ 积分两次并利用 $S(x_i)=y_i,S(x_{i+1})=y_{i+1}$ 可以确定两个积分常数,于是三次 Spline 表达式为

$$S(x)=m_i\frac{(x_{i+1}-x)^3}{6h_i}+m_{i+1}\frac{(x-x_i)^3}{6h_i}+\left(y_i-\frac{m_ih_i^2}{6}\right)\frac{x_{i+1}-x}{h_i}+$$

$$\left(y_{i+1}-\frac{m_{i+1}h_i^2}{6}\right)\frac{x-x_i}{h_i},i=0,1,\cdots,n-1, \tag{2.42}$$

这里 $m_i(i=0,1,\cdots,n)$ 是未知的,需要求出.

为了确定 $m_i(i=0,1,\cdots,n)$,对 $S(x)$ 求导得

$$S'(x)=-m_i\frac{(x_{i+1}-x)^2}{2h_i}+m_{i+1}\frac{(x-x_i)^2}{2h_i}+\frac{y_{i+1}-y_i}{h_i}-\frac{m_{i+1}-m_i}{6}h_i, \tag{2.43}$$

由此可求得

$$S'(x_i+0)=-\frac{h_i}{3}m_i-\frac{h_i}{6}m_{i+1}+\frac{y_{i+1}-y_i}{h_i}.$$

类似地可以求得 $S(x)$ 在区间 $[x_{i-1},x_i]$ 上的表达式,从而得

$$S'(x_i-0)=\frac{h_{i-1}}{6}m_{i-1}+\frac{h_{i-1}}{3}m_i+\frac{y_i-y_{i-1}}{h_{i-1}},$$

利用 $S'(x_i+0)=S'(x_i-0)$ 可得

$$\mu_im_{i-1}+2m_i+\lambda_im_{i+1}=d_i,i=1,2,\cdots,n-1, \tag{2.44}$$

其中

$$\mu_i=\frac{h_{i-1}}{h_{i-1}+h_i},\lambda_i=\frac{h_i}{h_{i-1}+h_i},i=0,1,2,\cdots,n,$$

$$d_i=6\frac{f[x_i,x_{i+1}]-f[x_{i-1},x_i]}{h_{i-1}+h_i}=6f[x_{i-1},x_i,x_{i+1}]. \tag{2.45}$$

对于第(1)边界条件(2.37),可以导出两个方程

$$2m_0+m_1=\frac{6}{h_0}(f[x_0,x_1]-f'_0),$$

$$m_{n-1}+2m_n=\frac{6}{h_{n-1}}(f'_n-f[x_{n-1},x_n]),\tag{2.46}$$

如果令

$$\lambda_0=1,\ d_0=\frac{6}{h_0}(f[x_0,x_1]-f'_0),$$

$$\mu_n=1,\ d_n=\frac{6}{h_{n-1}}(f'_n-f[x_{n-1},x_n]),$$

那么(2.44)~(2.46)可以写成矩阵形式

$$\begin{bmatrix} 2 & \lambda_0 & & & \\ \mu_1 & 2 & \lambda_1 & & \\ & \mu_2 & \ddots & \ddots & \\ & & \ddots & 2 & \lambda_{n-1} \\ & & & \mu_n & 2 \end{bmatrix}\begin{bmatrix} m_0 \\ m_1 \\ \vdots \\ m_{n-1} \\ m_n \end{bmatrix}=\begin{bmatrix} d_0 \\ d_1 \\ \vdots \\ d_{n-1} \\ d_n \end{bmatrix}.\tag{2.47}$$

对第(2)种边界条件(2.38),直接得端点方程

$$m_0=f''_0,m_n=f''_n.\tag{2.48}$$

如果令 $\lambda_0=\mu_n=0,d_0=2f''_0,d_n=2f''_n$,则(2.44)及(2.48)也可以写成类似于(2.47)的形式.

对第(3)种边界条件(2.39),可得

$$m_0=m_n,\ \lambda_n m_1+\mu_n m_{n-1}+2m_n=d_n,\tag{2.49}$$

其中

$$\lambda_n=\frac{h_0}{h_{n-1}+h_0},\mu_n=1-\lambda_n=\frac{h_{n-1}}{h_{n-1}+h_0},\tag{2.50}$$

$$d_n=6\frac{f[x_0,x_1]-f[x_{n-1},x_n]}{h_0+h_{n-1}},\tag{2.51}$$

(2.44)和(2.49)~(2.51)可以写成矩阵的形式

$$\begin{bmatrix} 2 & \lambda_0 & & & \mu_1 \\ \mu_2 & 2 & \lambda_1 & & \\ & \mu_3 & \ddots & \ddots & \\ & & \ddots & 2 & \lambda_{n-1} \\ & \lambda_n & & \mu_n & 2 \end{bmatrix}\begin{bmatrix} m_0 \\ m_1 \\ \vdots \\ m_{n-1} \\ m_n \end{bmatrix}=\begin{bmatrix} d_0 \\ d_1 \\ \vdots \\ d_{n-1} \\ d_n \end{bmatrix}.\tag{2.52}$$

注:三次 Spline 与分段 Hermite 插值的根本区别在于 $S(x)$ 自身光滑,不需要知道 $f(x)$ 的导数值(除了在两个端点处的函数值),而 Hermite 插值依赖于 $f(x)$ 在许多插值节点的导数值.

在实际应用中,如果不需要规定内节点处的一阶导数值,那么使用三次 Spline 插值函数会得到很好的效果. 三次 Spline 插值函数 $S(x)$ 不仅在内节点处的二阶导数是连续的,而且 $S(x)$ 逼近 $f(x)$ 具有很好的收敛性,也是数值稳定的.

求三次 Spline 插值函数的计算步骤为：

(1) 计算 $h_k=x_{k+1}-x_k(k=0,1,\cdots,n-1)$ 及 $\mu_k,\lambda_k(k=1,2,\cdots,n-1)$；

(2) 由(2.44)结合给定的边界条件得出确定 $m_0,m_1,\cdots,m_n$ 的方程组,并求解；

(3) 将 $m_i(i=0,1,\cdots,n)$ 代入(2.42)得到 $S(x)$ 的分段表达式.

例 22 给定如下函数表,求满足边界条件 $S'(0)=\dfrac{5}{2},S'(5)=\dfrac{19}{4}$ 的三次 Spline 插值函数 $S(x)$.

x	0	1	4	5
$y=f(x)$	0	−2	−8	−4

解 这是在第(1)边界条件下的插值问题,求解过程如下：

(1) 先根据给定的函数表和边界条件计算 h_k,μ_k,λ_k 和 d_k 的值,其中

$h_0=1-0=1,h_1=4-1=3,h_2=5-4=1$；

$\mu_1=\dfrac{h_0}{h_0+h_1}=\dfrac{1}{4},\mu_2=\dfrac{h_1}{h_1+h_2}=\dfrac{3}{4},\mu_3=1$；

$\lambda_0=1,\lambda_1=1-\mu_1=\dfrac{3}{4},\lambda_2=1-\mu_2=\dfrac{1}{4}$；

$d_0=\dfrac{6}{h_0}(f[x_0,x_1]-f'_0)=-27,d_1=6f[x_0,x_1,x_2]=0,$

$d_2=6f[x_1,x_2,x_3]=9,d_3=\dfrac{6}{h_2}(f'_3-f[x_2,x_3])=\dfrac{9}{2}.$

(2) 将所得数据代入(2.47),即得确定 $m_i(i=0,1,2,3)$ 的线性方程组

$$\begin{bmatrix}2&1&0&0\\1/4&2&3/4&0\\0&3/4&2&1/4\\0&0&1&2\end{bmatrix}\begin{bmatrix}m_0\\m_1\\m_2\\m_3\end{bmatrix}=\begin{bmatrix}-27\\0\\9\\9/2\end{bmatrix},$$

解得 $m_0=-\dfrac{27}{2},m_1=0,m_2=\dfrac{9}{2},m_3=0.$

(3) 将所得的 $m_i(i=0,1,2,3)$ 代入(2.42),即可写出函数 $S(x)$ 在各个区间内的表达式

$$S(x)=\begin{cases}\dfrac{9}{4}x^3-\dfrac{27}{4}x^2+\dfrac{5}{2}x, & x\in[0,1],\\ \dfrac{1}{4}x^3-\dfrac{3}{4}x^2-\dfrac{7}{2}x+2, & x\in[1,4],\\ -\dfrac{3}{4}x^3+\dfrac{45}{4}x^2-\dfrac{103}{2}x+66, & x\in[4,5].\end{cases}$$

例 23　求满足如下条件的三次 Spline 插值函数.

x	0	1	2	3
$f(x)$	0	2	3	16
$f'(x)$	1			0

解　由边界条件知，$m_0=1, m_3=0$，所以用节点上的一阶导数值表示 Spline 函数方便些，易得方程组

$$\begin{cases}\frac{1}{2}+2m_1+\frac{1}{2}m_2=\frac{9}{2},\\ \frac{1}{2}m_1+2m_2+\frac{1}{2}\cdot 0=21,\end{cases}$$

解得 $m_1=-\frac{2}{3}, m_2=\frac{32}{3}$，得三次 Spline 插值函数为

$$S(x)=\begin{cases}-\frac{11}{3}x^3+\frac{14}{3}x^2+x, & x\in[0,1],\\ 8x^3-\frac{91}{3}x^2+36x-\frac{35}{3}, & x\in[1,2],\\ -\frac{46}{3}x^3+\frac{329}{3}x^2-244x+175, & x\in[2,3].\end{cases}$$

§ 2.8　插值法的数值实验

实验目的：直接利用 Lagrange 插值多项式和 Newton 插值多项式计算函数在已知点的函数值，同时观察 Lagrange 插值的龙格(Runge)现象.

实验内容 1：用 Lagrange 插值公式确定函数值，求函数 $f(x)$ 的 Lagrange 插值函数，并和 $f(x)$ 的曲线进行比较.

(1) 给定函数四个点的数据如下：

x	1.1	2.3	3.9	5.1
y	3.887	4.276	4.651	2.117

利用插值公式确定函数在 $x=2.101$ 和 $x=4.234$ 处的函数值.

(2) 在区间 $[-5.5]$ 上取节点数 $n=11, h=1$ 的等距节点为插值点，对于函数 $f(x)=\frac{5}{1+x^2}$ 进行 Lagrange 插值，把 $f(x)$ 和插值多项式的曲线画在同一张图上，观察两者图形的差别.

实验内容 2：编程实现 Newton 向前及向后等距插值多项式的构造.

(1) 编程实现 $x=1:0.2:1.8$，$y=[0.8415\quad 0.9320\quad 0.9854\quad 0.9996\quad 0.9738]$ 的 Newton 等距插值多项式，并计算该多项式在 1.55 处的函数值.

```
function Newtonequal
clc;
x=1:0.2:1.8;y=[0.8415   0.9320   0.9854   0.9996   0.9738];
x0=1.55;syms t;n=length(x);c(1:n)=0;
f=y(1);y1=0;
for i=1:n-1
    for j=1:n-i
        y1(j)=y(j+1)-y(j);
    end
    c(i)=y1(1);s=t;
    for k=1:i-1
        s=s*(t-k);
    end;
    f=f+c(i)*s/factorial(i);
    simplify(f);y=y1;
    f1=subs(f,'t',(x0-x(1))/(x(2)-x(1)));
    f=collect(f);f2=vpa(f,6);
end
f1
f2
```

(2) 编程实现 x=0:3,y=[1 2 17 64]的 Newton 向后插值多项式,并计算该多项式在 2.5 处的函数值.

```
function Newtonequalback
clc;
x=0:3;y=[1 2 17 64];x0=2.5;syms t;
n=length(x);c(1:n)=0;f=y(n);y1=0;
for i=1:n-1
    for j=i+1:n
        y1(j)=y(j)-y(j-1);
    end
    c(i)=y1(n);s=t;
    for k=1:i-1
        s=s*(t+k);
    end;
    f=f+c(i)*s/factorial(i);;
    simplify(f);
    y=y1;
    f1=subs(f,'t',(x0-x(n))/(x(2)-x(1)));
```

```
    f=collect(f);f2=vpa(f,6);
end
f1
f2
```

练习题 2

1. 给定函数表如下,试用线性插值与抛物线插值求 $e^{0.285}$ 的近似值,并估计截断误差.

x	…	0.2	0.3	0.4	…
e^x	…	1.221 4	1.349 9	1.491 8	…

2. 设 $f\in C^2[a,b]$,试证:

$$\max_{a\leqslant x\leqslant b}\left|f(x)-\left[f(a)+\frac{f(b)-f(a)}{b-a}(x-a)\right]\right|\leqslant\frac{1}{8}(b-a)^2M_2,$$

其中 $M_2=\max\limits_{a\leqslant x\leqslant b}|f''(x)|$.

3. 已知由数据(0,0),(0.5,λ),(1,3)和(2,2)构造出的三次插值多项式 $P_3(x)$ 的 x^3 的系数为 6,试确定数据 λ 的值.

4. 利用差分性质证明 $f(n)=1^3+2^3+\cdots+n^3=\left[\dfrac{n(n+1)}{2}\right]^2$.

5. 试构造一个三次多项式 $p(x)$,使得 $p(0)=0,p''(0)=1,p(1)=1,p'(1)=2$.

6. 根据下列数据表建立次数不超过三次的多项式,并求其插值余项.

x	0	1	2
y	1	2	9
y'		3	

7. 试构造一个五次多项式 $f(x)$,使得 $f(1)=3,f(2)=-1$,且满足

$$f(4)=3,f'(1)=2,f'(2)=1,f''(2)=2.$$

8. 已知单调连续函数 $y=f(x)$ 在采样点处的函数值如下表,求方程 $f(x)=0$ 在区间[1,2]内的近似值.

x	1.0	1.4	1.8	2.0
y	-2.0	-0.8	0.4	1.27

9. 确定 a,b,c 使

$$S(x)=\begin{cases}x^3, & x\in[0,1],\\ \dfrac{1}{2}(x-1)^3+a(x-1)^2+b(x-1)+c, & x\in[1,3]\end{cases}$$

为一个三次 Spline 函数.

10. 对于给定的插值条件如下,分别求出满足下列边界条件的三次 Spline 插值函数.

x	0	1	2	3
$f(x)$	0	0	0	0

(1) $S'(0)=1$, $S'(3)=0$;

(2) $S''(0)=1$, $S''(3)=0$.

11. 根据资料记载,某地某年间隔 30 天的日出日落时间如下,请问这一年中哪天的白天最长?

日期	5 月 1 日	5 月 31 日	6 月 30 日
日出时间	4:51	4:17	4:16
日落时间	19:04	19:38	19:50

第 3 章　数据拟合和函数逼近

教学提示：数据拟合是解决实际问题的一种常用方法，学习过程中应重点掌握最小二乘法的思想以及部分非线性曲线拟合问题线性化的方法.

教学目标：学生通过本章的学习，掌握曲线拟合的最小二乘法，了解连续函数的最佳平方逼近函数的构造.

本章主要介绍数据拟合及函数最佳平方逼近的概念和基本方法，首先通过线性拟合阐述最小二乘法实现的步骤，然后介绍多项式拟合和部分能线性化的非线性曲线拟合，最后介绍连续函数的最佳平方逼近以及一些常用正交多项式的相关性质.

§3.1　引言

3.1.1　两类逼近问题

在科学计算中有下述两类逼近问题，一类是关于复杂数学函数的逼近问题，另一类是实验数据拟合问题.

对于第一类逼近问题，由于电子计算机只能做算术运算，因此，在计算机上计算数学函数时，例如 $f(x)=e^x$，$f(x)=\sin x$ 等在有限区间上计算时必须用其他简单的函数来逼近，可以用多项式或有理分式来逼近，并用它来代替原来精确的函数进行计算，这种函数逼近的特点要求是高精度逼近，同时要快速计算，即计算量越小越好.

对于第二类逼近问题，通常给定函数的实验数据，需要用较简单和合适的函数来逼近或拟合实验数据. 例如，已知 $y=f(x)$ 实验数据如下：

x	x_1	x_2	$\cdots$	x_m
$f(x)$	y_1	y_2	$\cdots$	y_m

希望建立 $y=f(x)$ 的数学模型，也即近似表达式，这种逼近的特点是：①适度的精度是需要的；②实验数据有小的误差；③对于某些问题，可能有某些特殊的信息能够用来选择实验

数据的数学模型.

事实上,我们已经学过如下一些用多项式逼近一个函数 $y=f(x)$ 的问题.

1. 用点 $x=x_0$ 处 Taylor 多项式逼近函数

设 $y=f(x)$ 在 $[a,b]$ 上各阶导数 $f^{(i)}(x)(i=0,1,\cdots,n+1)$ 存在且连续, $x_0\in[a,b]$,则有

$$\begin{aligned}f(x)&=f(x_0)+f'(x_0)(x-x_0)+\cdots+\frac{f^{(n)}(x_0)}{n!}(x-x_0)^n+R_n(x)\\&\equiv p_n(x)+R_n(x),\end{aligned}$$

其中 $R(x)=\dfrac{f^{(n+1)}(\varepsilon)}{(n+1)!}(x-x_0)^{n+1}, x\in[a,b]$, ε 在 x_0 和 x 之间. 于是,可用 n 次多项式 $p_n(x)$ 来逼近 $f(x)$,即 $f(x)\approx p_n(x)$, $x\in[a,b]$,且误差为 $R_n(x)=f(x)-p_n(x)$,且当 $|f^{(n+1)}(x)|\leqslant M_n$ 时,有误差估计

$$|R_n(x)|\leqslant\frac{M_n}{(n+1)!}|x-x_0|^{n+1}, a\leqslant x\leqslant b,$$

显然有 $f(x_0)=p_n(x_0)$,且 $f^{(k)}(x_0)=p_n^{(k)}(x_0)$, $k=1,2,\cdots,n$,说明 $p_n(x)$ 是利用点 $x=x_0$ 处 $f(x)$ 函数值及各阶导数值来模拟 $f(x)$ 的性质,且当 x 越接近于 x_0,误差就越小; x 越偏离 x_0,误差就越大. 由此,在 $[a,b]$ 上要提高 $p_n(x)$ 逼近 $f(x)$ 的精度,就要提高 $p_n(x)$ 的次数,这就使得计算量增大.

2. 用插值多项式逼近函数

设已知有 $n+1$ 个节点 $(x_i,f(x_i))$,则存在唯一 n 次插值多项式 $p_n(x)$ 使 $p_n(x_i)=f(x_i)$, $i=0,1,\cdots,n$,其中 $x_i\in[a,b]$ 且互不相同,于是 $p_n(x)$ 可作为 $f(x)$ 的近似函数,即 $f(x)\approx p_n(x)$, $x\in[a,b]$. 插值多项式 $p_n(x)$ 逼近 $f(x)$ 也是利用 $n+1$ 个点上 $f(x)$ 的函数值来模拟 $f(x)$ 的性质,在 $n+1$ 个节点 x_i 上 $p_n(x)$ 逼近 $f(x)$ 无误差,当 $x\neq x_i$ 时, $f(x)\approx p_n(x)$, $p_n(x)$ 逼近 $f(x)$,也可能使误差较大. 如果实际问题要求 $|f(x)-p_n(x)|<\varepsilon$ 对 $\forall x\in[a,b]$ 均成立,用插值多项式 $p_n(x)$ 去逼近 $f(x)$ 就可能失败.

例 1 设 $f(x)=\mathrm{e}^x, x\in[-1,1]$,试分析用 4 次 Taylor 多项式 $p_4(x)$ 逼近 $f(x)$ 的误差.

解 用在 $x=0$ 处展开的 4 次 Taylor 多项式逼近 $f(x)$,则

$$p_4(x)=1+x+\frac{1}{2}x^2+\frac{1}{6}x^3+\frac{1}{24}x^4,$$

误差为

$$R_4(x)=\mathrm{e}^x-p_4(x)=\frac{1}{120}x^5\cdot\mathrm{e}^{\xi}, x\in[-1,1],$$

其中 ξ 在 x 和 0 之间,于是有误差估计 $|R_4(x)|\leqslant\dfrac{\mathrm{e}}{120}=0.022\,6$,且有

$$\frac{1}{120}x^5\leqslant R_4(x)\leqslant\frac{\mathrm{e}}{120}x^5,$$

当 $0\leqslant x\leqslant 1$,误差 $R_4(x)$ 随 x 的增加而增加,对 $x\in[-1,0]$ 同理可说明,这说明误差 $R_4(x)$ 在整个区间 $[-1,1]$ 不是均匀分布的.

3.1.2　逼近问题的提出

现提出下述函数逼近问题：设 $f(x)$ 为 $[a,b]$ 上的连续函数，寻求一个近似多项式函数 $P(x)$ 使在 $[a,b]$ 上均匀逼近 $f(x)$.

在实变函数和数学分析中，最重要的函数类——实连续函数类 $C[a,b]$，其中 $C[a,b]$ 是定义在某一闭区间 $[a,b]$ 上的一切连续函数所成的集合.

定理 3.1(Weierstrass 第一定理)　设 $f(x)\in C[a,b]$，那么对于任意给定的 $\varepsilon>0$，都存在多项式 $P(x)$，使得

$$\max_{a\leqslant x\leqslant b}|P(x)-f(x)|<\varepsilon. \tag{3.1}$$

考虑如下几类逼近问题.

1. **最佳逼近**

设给定 $f(x)\in C[a,b]$，要求寻求一个多项式函数 $P(x)$ 使误差 $f(x)-P(x)$ 在其种度量意义下最小.

①最佳一致逼近.

定义 3.1　设给定 $f(x)\in C[a,b]$，用 $\max\limits_{a\leqslant x\leqslant b}|f(x)-P_n(x)|$ 作为度量误差 $f(x)-P(x)$ 的"大小"标准，寻求次数 $\leqslant n$ 的多项式 $P_n^*(x)$ 使最大误差最小，即

$$\min_{P_n(x)}\max_{a\leqslant x\leqslant b}|f(x)-P_n(x)|=\max_{a\leqslant x\leqslant b}|f(x)-P_n^*(x)|, \tag{3.2}$$

如果这样的多项式 $P_n^*(x)$ 存在，称 $P_n^*(x)$ 为 $f(x)$ 在 $[a,b]$ 上 **n 次最佳一致逼近多项式**，这个逼近问题称为**最佳一致逼近**. 可以证明，对任意 $[\boldsymbol{a},\boldsymbol{b}]$ 上的连续函数 $\boldsymbol{f(x)}$ 的 $\boldsymbol{n}$ 次最佳一致逼近多项式 $\boldsymbol{P_n^*(x)}$ 存在且唯一.

②最佳平方逼近.

定义 3.2　设给定 $f(x)\in C[a,b]$，以均方误差 $\left|\int_a^b[f(x)-P_n(x)]^2\mathrm{d}x\right|^{\frac{1}{2}}$ 作为度量误差 $f(x)-P(x)$ 的"大小"标准，寻求 $P(x)$ 使均方误差最小，即

$$\min_{P_n(x)}\left|\int_a^b[f(x)-P_n(x)]^2\mathrm{d}x\right|^{\frac{1}{2}}=\left|\int_a^b[f(x)-P_n^*(x)]^2\mathrm{d}x\right|^{\frac{1}{2}}, \tag{3.3}$$

如果这样的多项式 $P_n^*(x)$ 存在，称 $P_n^*(x)$ 为 $f(x)$ 的**最佳平方逼近多项式**，这种逼近问题称为**最佳平方逼近**.

2. **最小二乘逼近**

定义 3.3　如果 $y=f(x)$ 仅仅在有限个点上给定，即已知 $y=f(x)$ 实验数据 $y_i=f(x_i)$，$i=1,2,\cdots,m$. 寻求次数 $\leqslant n$ 的多项式 $P(x)$ 使偏差平方和最小，即

$$\min_{P_n(x)}\sum_{i=1}^m[f(x_i)-P_n(x_i)]^2=\sum_{i=1}^m[f(x_i)-P_n^*(x_i)]^2, \tag{3.4}$$

如果这样的多项式 $P_n^*(x)$ 存在，称 $P_n^*(x)$ 为实验数据的**最小二乘逼近函数**或**实验数据的最小二乘拟合多项式**或 $y=f(x)$ 的**经验公式**.

对于给定 $f(x)\in C[a,b]$，需要研究的问题是在各种度量意义下最佳逼近多项式

$P_n^*(x)$是否存在,是否唯一,如何具体寻找或构造各种最佳逼近意义下的多项式 $P_n^*(x)$.

§3.2 离散数据的最小二乘逼近

3.2.1 数据的最小二乘拟合

最小二乘法起源于以测量和观测为基础的天文学,Gauss 在 1794 年利用最小二乘法解决了多余观测问题,可以用下面的简单例子描述这类问题.

例 2 某种合成纤维的强度与其拉伸倍数有关,现有 10 个纤维样品的强度与相应的拉伸倍数的记录(强度单位kgf/mm^2)如下表,讨论变量 y 与 x 之间的关系.

拉伸倍数 x	1.9	2.1	2.7	3.5	4.0	4.5	5.0	5.2	6.0	6.3
抗拉强度 y	1.4	1.8	2.8	3.0	4.0	4.2	5.5	5.0	5.5	6.4

为了研究合成纤维的抗拉强度 y 和拉伸倍数 x 之间的关系,首先将表中 10 组数据 (x_i, y_i) $(i=0,1,\cdots,9)$在坐标平面 xOy 内描出对应的点(如图 3-1 所示),得到的图通常被称为**散点图**.通过观察可以发现,这些点大致分布在一条直线上,因此就考虑利用直线 $y=a+bx$ 去描述 y 与 x 之间的关系,这就要定出参数 a 和 b 的值,这实际上是多余观测问题,用插值法不能确定出 a 和 b 的值,待定参数的确定归结为矛盾方程组的求解问题.

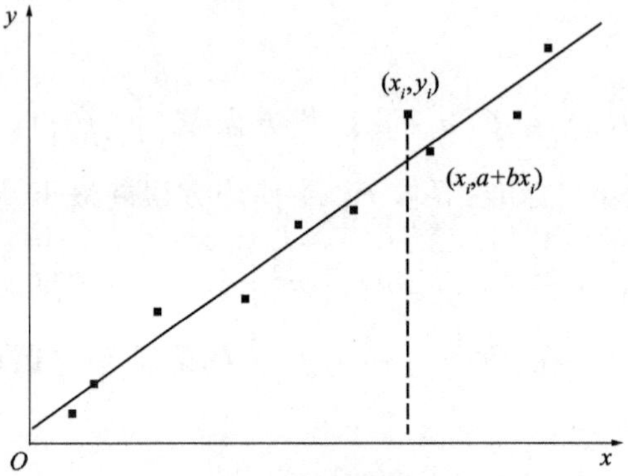

图 3-1 散点图

假定有某方法可以求出 a 和 b,则按 $y=a+bx$ 给出一个 x 便可以算出一个 y,我们记 $\varphi(x)=a+bx$,$\varphi(x_i)$称为 y_i 的估计值,显然它们不会是完全相同的,它们之间的差(通常称为残差)记为 $\delta_i=\varphi(x_i)-y_i$,残差是衡量被确定的参数 a 和 b(也就是近似多项式 $y=ax+b$)好坏的重要标志.

可以规定许多原则来确定参数 a 和 b,例如,常用以下三种原则:

①使残差绝对值中最大的一个达到最小,即 $T=\max_i|\delta_i|$为最小;

②使残差绝对值之和达到最小, 即 $\sum_i|\delta_i|$为最小;

③使残差的平方和达到最小, 即 $\sum_i\delta_i^2$ 为最小.

按原则③确定待定参数,从而得到近似多项式的方法,就是通常所说的**最小二乘法**,这一方法的理论根据是概率理论,已证明,只有这样的原则才能使得观测或实验的偶然误差对于所做的近似多项式有最小的影响.

回到所提出的问题上来,即用最小二乘法确定参数 a 和 b,按最小二乘法,应使

$$S(a,b)=\sum_{i=0}^{9}[y_i-(a+bx_i)]^2$$

取最小值. 因此,应有

$$\begin{cases}\dfrac{\partial S}{\partial a}=-2\sum\limits_{i=0}^{9}[y_i-(a+bx_i)]=0,\\ \dfrac{\partial S}{\partial b}=-2\sum\limits_{i=0}^{9}[y_i-(a+bx_i)]x_i=0,\end{cases}$$

由此,得到如下线性方程组

$$\begin{cases}a\sum\limits_{i=0}^{9}i^0+b\sum\limits_{i=0}^{9}x_i=\sum\limits_{i=0}^{9}y_i,\\ a\sum\limits_{i=0}^{9}x_i+b\sum\limits_{i=0}^{9}x_i{}^2=\sum\limits_{i=0}^{9}x_iy_i,\end{cases}$$

求解可得 $a=-0.400\ 44$, $b=1.058\ 36$,直线方程 $y=-0.400\ 44+1.058\ 36\ x$ 就可以确定.

在科学实验或统计研究中,需要从一组测定的数据去求自变量与因变量之间的一个函数关系,这就是**数据拟合法**. 数据拟合法是数学建模过程中常用的一个有效方法.

3.2.2 最小二乘原理的一般理论

设给定 m 组数据(x_i,y_i),$i=1,2,\cdots,m$,设拟合曲线方程为

$$\varphi(x)=P(x_i,a_0,a_1,\cdots,a_n),$$

令

$$F(a_0,a_1,\cdots,a_n)=\sum_{i=1}^{m}\rho_i[P(x_i,a_0,a_1,\cdots,a_n)-y_i]^2,n<m+1, \tag{3.5}$$

这里 $\rho_i>0\ (i=1,2,\cdots,m)$称为点$(x_i,y_i)$的**权系数**,在实际问题中权系数往往取 $\rho_i\equiv1$,最小二乘法就是求参量 $a_i(i=0,1,2,\cdots,n)$,使 $F(a_0,a_1,\cdots,a_n)$最小,即求 $a_i=a_i^*$ 使

$$F(a_0^*,a_1^*,\cdots,a_n^*)\leqslant F(a_0,a_1,\cdots,a_n),$$

这时 $\varphi(x)=P(x_i,a_0^*,a_1^*,\cdots,a_n^*)$称为函数 $y=y(x)$在点集 $X=\{(x_i,y_i),i=1,2,\cdots,m\}$上关于权系数 ρ_i 的最小二乘逼近.

由多元函数求极值的方法可得

$$\frac{\partial F}{\partial a_j}=0,j=0,1,\cdots,n, \tag{3.6}$$

这个方程称为**法方程**或**正规方程**. 当 F 为 a_k 的线性函数时,则称为**线性最小二乘法**,当 F 为 a_k 的非线性函数时,则称为**非线性最小二乘法**.

若拟合函数为 $\varphi(x)=a_0\varphi_0(x)+a_1\varphi_1(x)+\cdots+a_n\varphi_n(x)$,其中 $\varphi_0(x),\varphi_1(x),\cdots,\varphi_n(x)$ 线性无关,由公式(3.6)可得

$$F(a_0,a_1,\cdots,a_n)=\sum_{i=1}^{m}\rho_i\left[\sum_{k=0}^{n}a_k\varphi_k(x_i)-y_i\right]^2, \tag{3.7}$$

由公式(3.7)可得

$$\frac{\partial F}{\partial a_j}=2\sum_{i=1}^{m}\rho_i\left[\sum_{k=0}^{n}a_k\varphi_k(x_i)-y_i\right]\varphi_j(x_i)=0,j=1,2,\cdots,n. \tag{3.8}$$

如果引入如下内积记号

$$(\varphi_k,\varphi_j)=\sum_{i=1}^{m}\rho_i\varphi_k(x_i)\varphi_j(x_i),\ (\varphi_k,f)=\sum_{i=1}^{m}\rho_i\varphi_k(x_i)y_i, \tag{3.9}$$

则方程组可以表示为

$$\sum_{k=0}^{n}(\varphi_k,\varphi_j)a_k=(\varphi_k,f),j=1,2,\cdots,n, \tag{3.10}$$

即

$$\begin{bmatrix}(\varphi_0,\varphi_0) & (\varphi_0,\varphi_1) & (\varphi_0,\varphi_2) & \cdots & (\varphi_0,\varphi_n)\\ (\varphi_1,\varphi_0) & (\varphi_1,\varphi_1) & (\varphi_1,\varphi_2) & \cdots & (\varphi_1,\varphi_n)\\ \vdots & \vdots & \vdots & & \vdots\\ (\varphi_n,\varphi_0) & (\varphi_n,\varphi_1) & (\varphi_n,\varphi_2) & \cdots & (\varphi_n,\varphi_n)\end{bmatrix}\begin{bmatrix}a_0\\ a_1\\ \vdots\\ a_n\end{bmatrix}=\begin{bmatrix}(\varphi_0,f)\\ (\varphi_1,f)\\ \vdots\\ (\varphi_n,f)\end{bmatrix}, \tag{3.11}$$

这是一个系数矩阵为对称矩阵的线性方程组.

可以证明,当函数 $\varphi_0(x),\varphi_1(x),\cdots,\varphi_n(x)$ 线性无关时,方程组(3.11)存在唯一解 $a_i=a_i^*,i=0,1,\cdots,n$,并且相应函数

$$\varphi(x)=a_0^*\varphi_0(x)+a_1^*\varphi_1(x)+\cdots+a_n^*\varphi_n(x),$$

这就是满足条件的最小二乘解.

3.2.3 代数多项式拟合

现在讨论更为一般的情形,设已知列表函数 $y_i=f(x_i),i=0,1,\cdots,m$,并且我们想用一个一般的 $n(<m)$ 次多项式

$$p_n(x)=a_0+a_1x+\cdots+a_nx^n \tag{3.12}$$

去近似 $f(x)$,问题是应该如何选择 $a_0,a_1,\cdots,a_n$ 使 $p_n(x)$ 能较好地近似列表函数 $f(x)$,按最小二乘法,应该选择 $a_0,a_1,\cdots,a_n$ 使得

$$S(a_0,a_1,\cdots,a_n)=\sum_{i=0}^{m}[f(x_i)-p_n(x_i)]^2$$

取最小. 注意到 S 是非负的,且是 $a_0,a_1,\cdots,a_n$ 的二次多项式,它必有最小值.

给定一组数据 $(x_i,y_i)(i=0,1,2,\cdots,m)$,设 $\Phi=\mathrm{span}\{1,x,x^2,\cdots,x^n\}$,则对任意函数 $\varphi(x)\in\Phi$,则 $\varphi(x)=\sum_{k=0}^{n}a_kx^k$,从而

$$S(a_0,a_1,\cdots,a_n)=\sum_{i=0}^{m}\left[\sum_{k=0}^{n}a_kx_i^k-y_i\right]^2$$

最小,因此

$$S(a_0,a_1,\cdots,a_n)=\sum_{i=0}^{m}[y_i-(a_0+a_1x_i+a_2x_i^2+\cdots+a_nx_i^n)]^2$$

的极小值问题等价于求解方程组

$$\frac{\partial S}{\partial a_i}=0,i=0,1,2,\cdots,m,$$

即

$$\begin{cases}\dfrac{\partial S}{\partial a_0}=2\sum\limits_{i=0}^{m}[y_i-(a_0+a_1x_i+a_2x_i^2+\cdots+a_nx_i^n)](-1)=0,\\ \dfrac{\partial S}{\partial a_1}=2\sum\limits_{i=0}^{m}[y_i-(a_0+a_1x_i+a_2x_i^2+\cdots+a_nx_i^n)](-x_i)=0,\\ \dfrac{\partial S}{\partial a_2}=2\sum\limits_{i=0}^{m}[y_i-(a_0+a_1x_i+a_2x_i^2+\cdots+a_nx_i^n)](-x_i^2)=0,\\ \cdots\cdots\\ \dfrac{\partial S}{\partial a_n}=2\sum\limits_{i=0}^{m}[y_i-(a_0+a_1x_i+a_2x_i^2+\cdots+a_nx_i^n)](-x_i^n)=0,\end{cases}$$

进一步有

$$\begin{cases}a_0(m+1)+a_1\sum\limits_{i=0}^{m}x_i+a_2\sum\limits_{i=0}^{m}x_i^2+\cdots+a_n\sum\limits_{i=0}^{m}x_i^n=\sum\limits_{i=0}^{m}y_i,\\ a_0\sum\limits_{i=0}^{m}x_i+a_1\sum\limits_{i=0}^{m}x_i^2+a_2\sum\limits_{i=0}^{m}x_i^3+\cdots+a_n\sum\limits_{i=0}^{m}x_i^{n+1}=\sum\limits_{i=0}^{m}x_iy_i,\\ \cdots\\ a_0\sum\limits_{i=0}^{m}x_i^n+a_1\sum\limits_{i=0}^{m}x_i^{n+1}+a_2\sum\limits_{i=0}^{m}x_i^{n+2}+\cdots+a_n\sum\limits_{i=0}^{m}x_i^{2n}=\sum\limits_{i=0}^{m}x_i^ny_i,\end{cases}$$

写成矩阵形式 $\boldsymbol{MA}=\boldsymbol{Y}$,即

$$\begin{bmatrix}m+1 & \sum\limits_{i=0}^{m}x_i & \sum\limits_{i=0}^{m}x_i^2 & \cdots & \sum\limits_{i=0}^{m}x_i^n\\ \sum\limits_{i=0}^{m}x_i & \sum\limits_{i=0}^{m}x_i^2 & \sum\limits_{i=0}^{m}x_i^3 & \cdots & \sum\limits_{i=0}^{m}x_i^{n+1}\\ \vdots & \vdots & \vdots & & \vdots\\ \sum\limits_{i=0}^{m}x_i^n & \sum\limits_{i=0}^{m}x_i^{n+1} & \sum\limits_{i=0}^{m}x_i^{n+2} & \cdots & \sum\limits_{i=0}^{m}x_i^{2n}\end{bmatrix}\begin{bmatrix}a_0\\ a_1\\ \vdots\\ a_n\end{bmatrix}=\begin{bmatrix}\sum\limits_{i=0}^{m}y_i\\ \sum\limits_{i=0}^{m}x_iy_i\\ \vdots\\ \sum\limits_{i=0}^{m}x_i^ny_i\end{bmatrix},\tag{3.13}$$

求解方程组(3.13)即可求得函数 $\varphi(x)$.

综上分析,求最小二乘法的步骤可以归纳为:先通过所给数据画出散点图,并根据散点图确定经验公式的函数类型(有时可以有多种选择),再建立法方程,并通过解法方程求得最小二乘解的对应参数 $a_i^*(i=0,1,\cdots,n)$.

例 3 用最小二乘法分别用一次、二次和三次多项式拟合如下数据.

x_k	1.0	1.1	1.3	1.5	1.9	2.1
y_k	1.84	1.96	2.21	2.45	2.94	3.18

解 (1)一次多项式拟合,该一次拟合多项式为

$$p_1(x)=a+bx=0.620\,9+1.219\,6x.$$

(2)二次最小二乘拟合多项式,设拟合二次多项式为 $p_2(x)=a_0+a_1x+a_2x^2$,系数满足如下正规方程组为

$$\begin{bmatrix} m & \sum_{k=1}^{m} x_k & \sum_{k=1}^{m} x_k^2 \\ \sum_{k=1}^{m} x_k & \sum_{k=1}^{m} x_k^2 & \sum_{k=1}^{m} x_k^3 \\ \sum_{k=1}^{m} x_k^2 & \sum_{k=1}^{m} x_k^3 & \sum_{k=1}^{m} x_k^4 \end{bmatrix}\begin{bmatrix} a_0 \\ a_1 \\ a_2 \end{bmatrix}=\begin{bmatrix} \sum_{k=1}^{m} y_k \\ \sum_{k=1}^{m} y_kx_k \\ \sum_{k=1}^{m} y_kx_k^2 \end{bmatrix},$$

把表中的数值代入得

$$\begin{bmatrix} 6 & 8.9 & 14.17 \\ 8.9 & 14.17 & 24.023 \\ 14.17 & 24.023 & 42.862\,9 \end{bmatrix}\begin{bmatrix} a_0 \\ a_1 \\ a_2 \end{bmatrix}=\begin{bmatrix} 14.58 \\ 22.808 \\ 38.096\,2 \end{bmatrix},$$

解得

$$\begin{bmatrix} a_0 \\ a_1 \\ a_2 \end{bmatrix}=\begin{bmatrix} 0.596\,580\,7 \\ 1.253\,293 \\ -0.010\,853\,43 \end{bmatrix},$$

该二次最小二乘拟合多项式为

$$p_2(x)=0.596\,580\,7+1.253\,293x-0.010\,853\,43x^2.$$

(3)三次多项式拟合,设三次拟合多项式为

$$p_3(x)=a_0+a_1x+a_2x^2+a_3x^3,$$

系数满足如下法方程组

$$\begin{bmatrix} m & \sum_{k=1}^{m} x_k & \sum_{k=1}^{m} x_k^2 & \sum_{k=1}^{m} x_k^3 \\ \sum_{k=1}^{m} x_k & \sum_{k=1}^{m} x_k^2 & \sum_{k=1}^{m} x_k^3 & \sum_{k=1}^{m} x_k^4 \\ \sum_{k=1}^{m} x_k^2 & \sum_{k=1}^{m} x_k^3 & \sum_{k=1}^{m} x_k^4 & \sum_{k=1}^{m} x_k^5 \\ \sum_{k=1}^{m} x_k^3 & \sum_{k=1}^{m} x_k^4 & \sum_{k=1}^{m} x_k^5 & \sum_{k=1}^{m} x_k^6 \end{bmatrix}\begin{bmatrix} a_0 \\ a_1 \\ a_2 \\ a_3 \end{bmatrix}=\begin{bmatrix} \sum_{k=1}^{m} y_k \\ \sum_{k=1}^{m} y_kx_k \\ \sum_{k=1}^{m} y_kx_k^2 \\ \sum_{k=1}^{m} y_kx_k^3 \end{bmatrix},$$

把表中的数值代入得

$$\begin{bmatrix} 6 & 8.9 & 14.17 & 24.023 \\ 8.9 & 14.17 & 24.023 & 42.8629 \\ 14.17 & 24.023 & 42.8629 & 79.5192 \\ 24.023 & 42.8629 & 79.5192 & 151.8010 \end{bmatrix}\begin{bmatrix} a_0 \\ a_1 \\ a_2 \\ a_3 \end{bmatrix}=\begin{bmatrix} 14.58 \\ 22.8080 \\ 38.0962 \\ 67.1883 \end{bmatrix},$$

解得

$$\begin{bmatrix} a_0 \\ a_1 \\ a_2 \\ a_3 \end{bmatrix}=\begin{bmatrix} 0.6290193 \\ 1.185010 \\ 0.03533252 \\ -0.01004723 \end{bmatrix},$$

该三次最小二乘拟合多项式为

$$p_3(x)=0.6290193+1.185010x+0.03533252x^2-0.01004723x^3.$$

本例 Matlab 程序如下:

```
function nihe
clc;
x=[1.0 1.1 1.3 1.5 1.9 2.1];
y=[1.84 1.96 2.21 2.45 2.94 3.18];
plot(x,y,'b*')
grid
hold on
m=length(x);n=2;
for i=1:(n+1)
    for j=1:(n+1)
        A(i,j)=sum(x.^(i+j-2));
    end
end
for i=1:(n+1)
    b(i)=sum(y.*x.^(i-1));
end
a=inv(A)*b'
t=1:0.1:2.1;
p=a(1)+a(2).*t+a(3).*t.^2;
plot(t,p,'r-')
```

例 4 已知某种半成品在生产过程中的废品率 y(%)与它的某种化学成分 x(0.01%)有关,下表中记录了 y 与 x 的相应的实测值,试用最小二乘法建立 y 与 x 之间的关系式.

x/0.01%	34	36	37	38	39	39	39	40
y/%	1.30	1.00	0.73	0.90	0.81	0.70	0.60	0.50
x/0.01%	40	41	42	43	43	45	47	48
y/%	0.44	0.56	0.30	0.42	0.35	0.40	0.41	0.60

解 根据前面的讨论,解题的过程如下:

(1)确定拟合曲线的形式,根据散点图 3-2 可以考虑采用二次多项式进行拟合,设拟合曲线为 $y=a_0+a_1x+a_2x^2$.

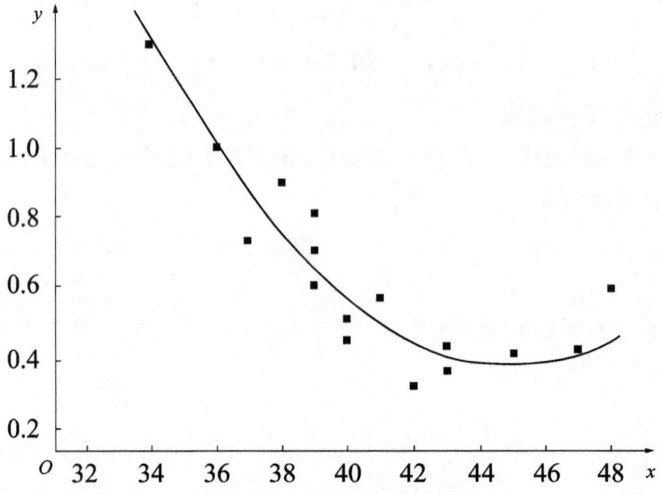

图 3-2 例 4 散点图

(2)建立法方程组如下

$$\begin{bmatrix} 16 & 651 & 26\,709 \\ 651 & 26\,709 & 1\,105\,005 \\ 26\,709 & 1\,105\,005 & 46\,099\,353 \end{bmatrix}\begin{bmatrix} a_0 \\ a_1 \\ a_2 \end{bmatrix}=\begin{bmatrix} 10.02 \\ 396.04 \\ 15\,803.44 \end{bmatrix},$$

求解可得

$$a_0=18.256, a_1=-0.809\,3, a_3=0.009\,2,$$

所以所求 y 与 x 之间的关系为

$$y=18.256-0.809\,3x+0.009\,2x^2.$$

3.2.4 内积形式的法方程组

若令

$$(x^a, x^b)=\sum_{i=0}^{m} x_i^a x_i^b, (x^a, y)=\sum_{i=0}^{m} x_i^a y_i,$$

则法方程内积组可写为

$$\begin{bmatrix} (1,1) & (1,x) & (1,x^2) & \cdots & (1,x^n) \\ (x,1) & (x,x) & (x,x^2) & \cdots & (x,x^n) \\ \vdots & \vdots & \vdots & & \vdots \\ (x^n,1) & (x^n,x) & (x^n,x^2) & \cdots & (x^n,x^n) \end{bmatrix} \begin{bmatrix} a_0 \\ a_1 \\ \vdots \\ a_n \end{bmatrix} = \begin{bmatrix} (1,y) \\ (x,y) \\ \vdots \\ (x^n,y) \end{bmatrix}, \tag{3.14}$$

更一般地,若 $\Phi=\text{span}\{\varphi_0,\varphi_1,\varphi_2,\cdots,\varphi_n\}$,则法方程组变为

$$\begin{bmatrix} (\varphi_0,\varphi_0) & (\varphi_0,\varphi_1) & (\varphi_0,\varphi_2) & \cdots & (\varphi_0,\varphi_n) \\ (\varphi_1,\varphi_0) & (\varphi_1,\varphi_1) & (\varphi_1,\varphi_2) & \cdots & (\varphi_1,\varphi_n) \\ \vdots & \vdots & \vdots & & \vdots \\ (\varphi_n,\varphi_0) & (\varphi_n,\varphi_1) & (\varphi_n,\varphi_2) & \cdots & (\varphi_n,\varphi_n) \end{bmatrix} \begin{bmatrix} a_0 \\ a_1 \\ \vdots \\ a_n \end{bmatrix} = \begin{bmatrix} (\varphi_0,y) \\ (\varphi_1,y) \\ \vdots \\ (\varphi_n,y) \end{bmatrix}, \tag{3.15}$$

其中

$$(\varphi_a,\varphi_b)=\sum_{i=0}^{m}\varphi_a(x_i)\varphi_b(x_i),(\varphi_a,y)=\sum_{i=0}^{m}\varphi_a(x_i)y_i.$$

例 5　已知实验数据如下表,用最小二乘法求形如 $y=a+bx^2$ 的经验公式,并计算均方误差.

x	19	25	31	38	44
y	19.0	32.3	49.0	73.3	97.8

解　由 $\Phi=\text{span}\{1,x^2\}$,则内积为

$$(1,1)=5,(1,x^2)=\sum_{i=0}^{4}x_i^2=5\ 327,(x^2,x^2)=\sum_{i=0}^{4}x_i^4=7\ 277\ 699,$$

$$(1,y)=\sum_{i=0}^{4}y_i=271.4,\ (x^2,y)=\sum_{i=0}^{4}x_i^2y_i=369\ 321.5,$$

法方程组为

$$\begin{bmatrix} 5 & 5\ 327 \\ 5\ 327 & 7\ 277\ 699 \end{bmatrix}\begin{bmatrix} a \\ b \end{bmatrix}=\begin{bmatrix} 271.4 \\ 369\ 321.5 \end{bmatrix},$$

解得 $a=0.972\ 604\ 6,b=0.050\ 035\ 1$,从而经验公式为

$$y=0.972\ 604\ 6+0.050\ 035\ 1x^2,$$

其均方误差为 $\sqrt{\sum_{i=0}^{4}[y(x_i)-y_i]^2}\approx 0.122\ 6.$

3.2.5　超定、欠定和适定方程组

定义 3.4　当线性方程组方程的个数多于未知数的个数时,称之为**超定方程组**.

定义 3.5　当线性方程组方程的个数少于未知数的个数时,称之为**欠定方程组**.

定义 3.6　当线性方程组方程的个数等于未知数的个数时,称之为**适定方程组**.

定义 3.7　在求解方程组 $\boldsymbol{Ax}=\boldsymbol{d}$ 时,由 $\boldsymbol{A}^{\mathrm{T}}\boldsymbol{Ax}=\boldsymbol{A}^{\mathrm{T}}\boldsymbol{d}$ 且 $\boldsymbol{A}^{\mathrm{T}}\boldsymbol{A}$ 必为正定阵,故$(\boldsymbol{A}^{\mathrm{T}}\boldsymbol{A})^{-1}$ 存

在，则 $\boldsymbol{x}=(\boldsymbol{A}^{\mathrm{T}}\boldsymbol{A})^{-1}\boldsymbol{A}^{\mathrm{T}}\boldsymbol{d}$，称 $(\boldsymbol{A}^{\mathrm{T}}\boldsymbol{A})^{-1}\boldsymbol{A}^{\mathrm{T}}$ 为 $\boldsymbol{A}$ 的**广义逆**.

定理 3.2 $\boldsymbol{x}^*$ 是 $\boldsymbol{Ax}=\boldsymbol{d}$ 的最小二乘解的充分必要条件为 $\boldsymbol{x}^*$ 是 $\boldsymbol{A}^{\mathrm{T}}\boldsymbol{Ax}=\boldsymbol{A}^{\mathrm{T}}\boldsymbol{d}$ 的解.

例 6 用最小二乘法求下列超定方程组的数值解 $\begin{cases}4x_1+2x_2=2,\\3x_1-x_2=10,\\11x_1+3x_2=8.\end{cases}$

解 由最小二乘原理，即求 x_1 和 x_2 使得

$$S(x_1,x_2)=(4x_1+2x_2-2)^2+(3x_1-x_2-10)^2+(11x_1+3x_2-8)^2$$

取极小值，由 $\dfrac{\partial S}{\partial x_1}=0,\dfrac{\partial S}{\partial x_2}=0$，得 $\begin{cases}73x_1+19x_2=63,\\19x_1+7x_2=9,\end{cases}$ 故而 $\begin{cases}x_1=1.8,\\x_2=-3.6.\end{cases}$ 虽非方程组的解，但是是**最佳近似解**.

3.2.6 非线性数据拟合

用多项式 $p_n(x)=a_0+a_1x+\cdots+a_nx^n$ 去近似一个给定的列表函数时，需要确定的参数是 $a_0,a_1,\cdots,a_n$，而 $p_n(x)$ 可以看成是 $a_0,a_1,\cdots,a_n$ 的线性函数，但是在很多实际问题的解决过程中，在利用观测或实验数据去确定一个经验公式时，往往要确定的函数和待定参数之间不具有线性形式的关系，这样问题就变得有些复杂，这时通过变量的变换把非线性关系变为线性关系，利用建立线性模型的最小二乘法来估计有关参数，再通过变换的公式确定原非线性关系中的一些参数，进行曲线估计，这就是非线性数据拟合问题. 例如，有如下两种情形：

(1) 如果我们希望用函数 $S=pt^q$ 去近似一个由一组观测数据(列表)所描绘的函数，其中 p 和 q 是待定的两个参数，显然 S 已非 p 和 q 的线性函数，为此，我们在 $S=pt^q$ 两端取对数，得 $\ln S=\ln p+q\ln t$，记 $\ln S=y,\ln p=a_0,a_1=q,x=\ln t$，则 $S=pt^q$ 变成 $y=a_0+a_1x$，这是一个一次多项式，它的系数 a_0 和 a_1 可以用最小二乘法求得，进而求得 $p=\mathrm{e}^{a_0}$ 和 $q=a_1$.

(2) 如果我们希望用函数 $S=A\mathrm{e}^{Ct}$ 去近似一个已给定的列表函数，其中 A 和 C 是待定的参数. 这时，我们可以在 $S=A\mathrm{e}^{Ct}$ 的两端取对数，得到 $\ln S=\ln A+Ct$，记 $\ln S=y,\ln A=a_0,C=a_1,x=t$，则 $S=A\mathrm{e}^{Ct}$ 变成 $y=a_0+a_1x$. 这样，仍可用最小二乘法定出 a_0 和 a_1，进而求得 $A=\mathrm{e}^{a_0}$ 和 $C=a_1$.

例 7 设数据 $(x_i,y_i)(i=0,1,2,3,4)$ 由下表给出，用最小二乘法求拟合曲线 $y=a\mathrm{e}^{bx}$.

x_i	1.00	1.25	1.50	1.75	2.00
y_i	5.10	5.79	6.53	7.45	8.46

解 两边取对数得 $\ln y=\ln a+bx$，令 $\bar{y}=\ln y,A=\ln a$，则得线性化函数 $\bar{y}=A+bx$，$\Phi=\mathrm{span}\{1,x\}$，为确定 A 和 b，先将数据 (x_i,y_i) 转化为 $(x_i,\bar{y}_i)$，则

$$\bar{y}_i=\ln y_i=1.629,1.756,1.876,2.008,2.135,$$

$$(\varphi_0,\varphi_0)=\sum_{i=0}^{4}1\times 1=5,(\varphi_0,\varphi_1)=\sum_{i=0}^{4}1\times x_i=7.5,(\varphi_1,\varphi_1)=\sum_{i=0}^{4}x_i^{\ 2}=11.875,$$

$$(\varphi_0,\bar{y})=\sum_{i=0}^{4}1\times \bar{y}_i=9.404,(\varphi_1,\bar{y})=\sum_{i=0}^{4}x_i\times \bar{y}_i=14.422,$$

故得法方程组为

$$\begin{bmatrix}5 & 7.5\\ 7.5 & 11.875\end{bmatrix}\begin{bmatrix}A\\ b\end{bmatrix}=\begin{bmatrix}9.404\\ 14.422\end{bmatrix},$$

解之得

$$A=1.122,b=0.506,a=e^A=3.071,$$

故拟合曲线 $y=3.071e^{0.506x}$.

本例 Matlab 程序如下：

```
function Niheduishu
clc;
x=[1.00 1.25 1.50 1.75 2.00];
y=[5.10 5.79 6.53 7.45 8.46];
p=log(y);
f=polyfit(x,p,1);
b=f(1);
a=exp(f(2));
yy=a*exp(b*x);
n=100;
h=1/n;
n1=n+1;
for i=1:n1
    xx(i)=(i-1)*h+1;
    yy(i)=a*exp(b*xx(i));
end
plot(x,y,'r+',xx,yy,'g.')
xlabel('x');ylabel('y');
gtext('y=a*exp(bx)');
```

或者按照以下编程：

```
function nihe2
clc;
x=1.00:0.25:2.00;
y=[5.10 5.79 6.53 7.45 8.46];
plot(x,y,'b*')
grid
```

```
hold on
m=length(x);
n=1;
for i=1:(n+1)
for j=1:(n+1)
        A(i,j)=sum(x.^(i+j-2));
    end
end
Y=log(y);
for i=1:(n+1)
    b(i)=sum(Y.*x.^(i-1));
end
    a=inv(A)*b'
a1=exp(a(1))
b1=a(2)
t=1:0.01:2;
p=a1*exp(b1.*t);
plot(t,p,'r-')
```

例 8 用 $y=\dfrac{1}{a+bx}$来拟合例 7 中的数据$(x_i,y_i)(i=0,1,2,3,4)$.

解 令 $\bar{y}=\dfrac{1}{y}$,则 $\bar{y}=a+bx$,则有

$$\bar{y}_i=\frac{1}{y_i}=\frac{1}{5.10},\frac{1}{5.79},\frac{1}{6.53},\frac{1}{7.45},\frac{1}{8.46},$$

计算各项内积为

$$(\varphi_0,\varphi_0)=\sum_{i=0}^{4}1\times 1=5,(\varphi_0,\varphi_1)=\sum_{i=0}^{4}1\times x_i=7.5,(\varphi_1,\varphi_1)=\sum_{i=0}^{4}x_i^2=11.875,$$

$$(\varphi_0,\bar{y})=\sum_{i=0}^{4}1\times\bar{y}_i=0.774\,36,(\varphi_1,\bar{y})=\sum_{i=0}^{4}x_i\times\bar{y}_i=1.112\,98,$$

故得法方程组$\begin{bmatrix}5 & 7.5\\ 7.5 & 11.875\end{bmatrix}\begin{bmatrix}a\\ b\end{bmatrix}=\begin{bmatrix}0.774\,36\\ 1.112\,98\end{bmatrix}$,解之得

$$a=0.271\,39,b=-0.077\,68,$$

拟合曲线 $y=\dfrac{1}{0.271\,39-0.077\,68x}$.

下表是对常见几种非线性模型的变换方法.

表 3-1 常见非线性模型的变换方法

函数	线性化形式 $\bar{y}=a\bar{x}+b$	变量与常量(数)变换
$y=\frac{a}{x}+b$	$y=a\cdot\frac{1}{x}+b$	$\bar{x}=\frac{1}{x},\bar{y}=y$
$y=\frac{d}{x+c}$	$y=-\frac{1}{c}xy+\frac{d}{c}$	$\bar{x}=xy,\bar{y}=y,a=-\frac{1}{c},b=\frac{d}{c}$
$y=\frac{1}{ax+b}$	$\frac{1}{y}=ax+b$	$\bar{x}=x,\bar{y}=\frac{1}{y}$
$y=\frac{x}{cx+d}$	$\frac{1}{y}=c+d\cdot\frac{1}{x}$	$\bar{x}=\frac{1}{x},\bar{y}=\frac{1}{y},a=d,b=c$
$y=a\ln x+b$	$y=a\ln x+b$	$\bar{x}=\ln x,\bar{y}=y$
$y=ce^{ax}$	$\ln y=ax+\ln c$	$\bar{x}=x,\bar{y}=\ln y,b=\ln c$
$y=\frac{1}{(ax+b)^2}$	$y^{-\frac{1}{2}}=ax+b$	$\bar{x}=x,\bar{y}=y^{-\frac{1}{2}}$
$y=cxe^{-dx}$	$\ln\frac{y}{x}=-dx+\ln c$	$\bar{x}=x,\bar{y}=\ln\frac{y}{x},a=-d,b=\ln c$

例 9 在某个化学反应中测得生成物的浓度 y 与时间 t 的数据如下,试讨论生成物的浓度 y 与时间 t 的关系.

t/0.01%	1	2	3	4	5	6	7	8
y/%	4.00	6.40	8.00	8.80	9.22	9.50	9.70	9.86
t/0.01%	9	10	11	12	13	14	15	16
y/%	10.00	10.20	10.32	10.42	10.50	10.55	10.58	10.60

解 依据提供的测试数据做出散点图(图 3-3),根据散点分布形状,选配合适的曲线.

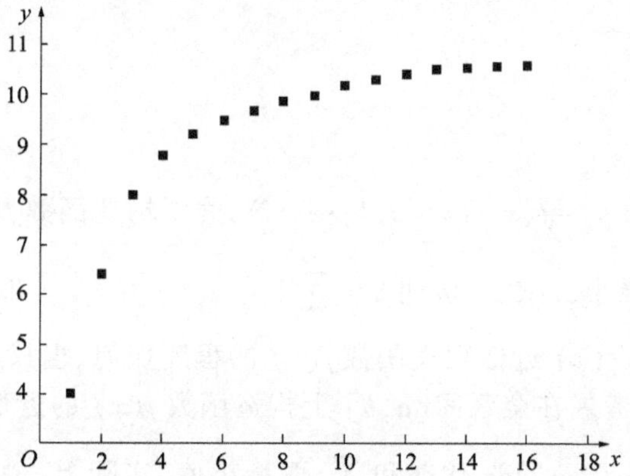

图 3-3 例 9 散点图

假设拟合曲线是指数型的，即变量 y 和 x 满足关系 $y=ae^{\frac{b}{t}}$，令 $y'=\ln y, t'=\frac{1}{t}$，$a'=\ln a, b'=b$，则有 $y'=a'+bt'$.

列表计算未知系数 a'和 b'的估计值如下表：

i	1	2	3	…	14	15	16
$t_i'=1/t_i$	1.000 0	0.500 0	0.333 3	…	0.071 4	0.066 7	0.062 5
$y_i'=\ln y_i$	1.386 3	1.856 3	2.079 4	…	2.356 1	2.708 1	2.360 9

建立法方程组可得

$$a'=-4.480\,7, b'=-1.056\,7,$$

于是，y'关于 t'的线性回归方程为

$$y'=-4.480\,7-1.056\,7t'.$$

由 $y'=\ln y, t'=\frac{1}{t}, a'=\ln a, b'=b$，可以得到

$$a=e^{a'}=0.011\,325, b=b'=-1.056\,7,$$

所以生成物的浓度 y 与时间 t 的关系式为

$$y=0.011\,325e^{-\frac{1.056\,7}{t}}.$$

本例中，根据散点分布形状，也可以尝试用双曲型曲线 $y=\frac{t}{at+b}$去拟合 y 与 t 之间的相互关系，拟合曲线方程为 $y=\frac{t}{80.662\,1t+161.682\,2}$. 最终选用哪种曲线拟合效果最好呢？经过计算可知指数型拟合曲线的均方误差和最大偏差分别为 0.34×10^{-3} 和 0.277×10^{-3}，双曲型拟合曲线的均方误差和最大偏差分别为 1.19×10^{-3} 和 0.568×10^{-3}，从这两个指标看指数型曲线拟合效果更好一些.

§3.3 函数的最佳平方逼近

3.3.1 范数

设已知一列表函数 $y_i=f(x_i)\,(i=0,1,\cdots,m)$，为了构造函数 $f(x)$ 的一个 $n(<m)$ 次近似多项式 $p_n(x)$，按最小二乘法，应使 $S=\sum_{i=0}^{m}[p_n(x_i)-f(x_i)]^2$ 取最小值，这相当于在节点 x_i 处约束 $p_n(x)$，看 $p_n(x)$ 近似列表函数 $f(x)$ 的程度如何，也只是看在这 $m+1$ 个节点上的情况，有时也需要考虑在全区间 $[a,b]$ 上构造函数 $f(x)$ 的近似多项式 $p_n(x)$，此时自然应以积分 $\int_a^b[p_n(x)-f(x)]^2dx$ 代替和 $\sum$ 取最小值. 实际上，在数值分析中常以数量

$$\|p_n - f\| = \sqrt{\int_a^b [p_n(x) - f(x)]^2 \mathrm{d}x}$$

来度量函数 $p_n(x)$ 与 $f(x)$ 的接近程度.

只要回想一下 n 维欧式空间中的两点距离公式,就知道上述数量可以类似地理解为函数空间中的元素 $p_n(x)$ 与 $f(x)$ 两者间的距离,而当 $\|p_n-f\|\to 0(n\to\infty)$ 时,也就可把 $p_n(x)$ 理解为按照上述的平方度量收敛于 $f(x)$,记

$$p_n(x)\xrightarrow{L^2} f(x),n\to\infty.$$

在实变函数论中讨论 L^2 空间理论时,人们正是这样来理解一个序列的收敛(或极限)概念的.

为了实用的需要,我们还有必要进一步去扩充上述观点,设 $\rho(x)$ 是一个在区间 $[a,b]$ 上 L 可积的非负函数,它至多只在一个测度为零的集合上可能等于零,以后我们常把 $\rho(x)$ 称为**权函数**.

接下来,引入范数的概念,在 L_ρ^2 中的每一个函数 $f(x)$,都赋予一个数值

$$\|f\| = \sqrt{\int_a^b \rho(x)[f(x)]^2 \mathrm{d}x},$$

并称它为 f 的**广义绝对值或范数**,由此

$$\|f - g\| = \sqrt{\int_a^b \rho(x)[f(x) - g(x)]^2 \mathrm{d}x},$$

便给出了两个函数 $f(x)$ 和 $g(x)$ 之间的距离或接近程度的度量,所谓平方逼近正是按照这种度量来衡量其逼近程度的.

定义 3.8　设 S 为线性空间,$\forall x\in S$,若存在唯一实数 $\|\cdot\|$ 满足条件:

(1)正定性:$\|x\|\geqslant 0$ 当且仅当 $x=0$ 时 $\|x\|=0$;

(2)齐次性:$\|\alpha x\|=|\alpha|\,\|x\|,\alpha\in\mathbf{R}$;

(3)三角不等式:$\|x+y\|\leqslant\|x\|+\|y\|,\forall x,y\in S$,

则 $\|\cdot\|$ 称为线性空间上 S 的**范数**.

向量范数:对于在 $\mathbf{R}^n$ 上的向量 $\boldsymbol{X}=(x_1,x_2,\cdots,x_n)^{\mathrm{T}}\in\mathbf{R}^n$,有

(1) $\|\boldsymbol{X}\|_\infty=\max\limits_{1\leqslant i\leqslant n}|x_i|$ 称为 ∞ -范数或最大范数;

(2) $\|\boldsymbol{X}\|_1=\sum\limits_{i=1}^{n}|x_i|$ 称为 1 - 范数;

(3) $\|\boldsymbol{X}\|_2=(\sum\limits_{i=1}^{n}x_i^2)^{\frac{1}{2}}$ 称为 2 - 范数.

函数范数:类似对于连续函数空间 $C[a,b]$,若 $f\in C[a,b]$ 有

(1) $\|f\|_\infty=\max\limits_{a\leqslant x\leqslant b}|f(x)|$ 称为 ∞ -范数;

(2) $\|f\|_1=\int_a^b|f(x)|\mathrm{d}x$ 称为 1 - 范数;

(3) $\|f\|_2=\left|\int_a^b f^2(x)\mathrm{d}x\right|^{\frac{1}{2}}$ 称为 2 - 范数或欧式范数.

定义 3.9　若 $\forall f,g\in C[a,b]$,$\rho(x)$ 为 $[a,b]$ 上的权函数,积分 $\int_a^b\rho(x)f(x)g(x)\mathrm{d}x$

称为$f(x)$与$g(x)$在$[a,b]$上的内积，即$(f,g)=\int_a^b \rho(x)f(x)g(x)\mathrm{d}x$. 特别地，当$\rho(x)\equiv 1$时，有$(f,g)=\int_a^b f(x)g(x)\mathrm{d}x$.

定义 3.10 设$f(x)\in C[a,b]$，$\|f\|_2=\sqrt{\int_a^b \rho(x)f^2(x)\mathrm{d}x}=\sqrt{(f,f)}$称为$f(x)$的欧式范数. 对$\forall f,g\in C[a,b]$，有如下性质：

(1) $|(f,g)|^2\leqslant(f,f)(g,g)$，Cauchy-Schwarz 不等式；

(2) $\|f+g\|_2\leqslant\|f\|_2+\|g\|_2$，三角不等式；

(3) $\|f+g\|_2^2+\|f-g\|_2^2=2(\|f\|_2^2+\|g\|_2^2)$，平行四边形定律.

例 10 计算下列函数$f(x)$关于$C[0,1]$的$\|f\|_\infty$，$\|f\|_1$和$\|f\|_2$.

(1) $f(x)=x-\dfrac{1}{2}$；　　(2) $f(x)=(x-1)^3$.

解 (1) $\|f\|_\infty=\max\limits_{0\leqslant x\leqslant 1}\left|x-\dfrac{1}{2}\right|=\max\left\{|f(0)|,\left|f\left(\dfrac{1}{2}\right)\right|,|f(1)|\right\}=\dfrac{1}{2}$,

$$\|f\|_1=\int_0^1|f(x)|\mathrm{d}x=\int_0^{\frac{1}{2}}\left(\frac{1}{2}-x\right)\mathrm{d}x+\int_{\frac{1}{2}}^1\left(x-\frac{1}{2}\right)\mathrm{d}x=\frac{1}{4},$$

$$\|f\|_2=\left[\int_0^1 f^2(x)\mathrm{d}x\right]^{\frac{1}{2}}=\left[\int_0^1\left(x-\frac{1}{2}\right)^2\mathrm{d}x\right]^{\frac{1}{2}}=\frac{1}{\sqrt{12}}=\frac{\sqrt{3}}{6}.$$

(2) 由$f'(x)=3(x-1)^2\geqslant 0$，$x\in(0,1)$，$f(x)$递增，故而

$$\|f\|_\infty=\max_{0\leqslant x\leqslant 1}|(x-1)^3|=\max\{|f(0)|,|f(1)|\}=1,$$

$$\|f\|_1=\int_0^1|f(x)|\mathrm{d}x=\int_0^1(1-x)^3\mathrm{d}x=\frac{1}{4},$$

$$\|f\|_2=\left[\int_0^1 f^2(x)\mathrm{d}x\right]^{\frac{1}{2}}=\left[\int_0^1(1-x)^6\mathrm{d}x\right]^{\frac{1}{2}}=\frac{\sqrt{7}}{7}.$$

3.3.2 最佳平方逼近函数

定义 3.11 设$f(x)\in C[a,b]$，则有

$$\|f\|_2=\sqrt{\int_a^b\rho(x)f^2(x)\mathrm{d}x},\ \|f\|_2^2=\int_a^b\rho(x)f^2(x)\mathrm{d}x.$$

设$\varphi_0(x),\varphi_1(x),\cdots,\varphi_n(x)$是$[a,b]$上线性无关的连续函数，记

$$\begin{aligned}\Phi&=\operatorname{span}\{\varphi_0(x),\varphi_1(x),\cdots,\varphi_n(x)\}\\&=\{a_0\varphi_0(x)+a_1\varphi_1(x)+\cdots+a_n\varphi_n(x)\mid a_i\in R,i=0,\cdots,n\},\end{aligned}$$

对$f(x)\in C[a,b]$，如果存在$S^*(x)\in\Phi$使得

$$\|f(x)-S^*(x)\|_2^2=\min_{S\in\Phi}\|f(x)-S(x)\|_2^2,$$

则称$S^*(x)$为$f(x)$在Φ中的**最佳平方逼近**，其中

$$\|f(x)-S(x)\|_2^2=(f(x)-S(x),f(x)-S(x))=\int_a^b\rho(x)[f(x)-S(x)]^2\mathrm{d}x,$$

则称满足条件的 $S^*(x)$ 为**最佳平方逼近函数**.

求 $S^*(x)$ 等价于求多元函数

$$F(a_0,a_1,\cdots,a_n)=\int_a^b \rho(x)\left[f(x)-\sum_{i=0}^n a_i\varphi_i(x)\right]^2 \mathrm{d}x$$

的最小值,利用多元函数求极小值的必要条件有 $\frac{\partial F}{\partial a_j}=0, j=0,1,2,\cdots,n$,即

$$2\int_a^b \rho(x)\left[f(x)-\sum_{i=0}^n a_i\varphi_i(x)\right]\left[-\varphi_j(x)\right]\mathrm{d}x=0,$$

则有 $\sum_{i=0}^n (\varphi_i,\varphi_j)a_i=(f,\varphi_j)$, 其中内积定义为

$$(\varphi_i,\varphi_j)=\int_a^b \rho(x)\varphi_i(x)\varphi_j(x)\mathrm{d}x,\ (f,\varphi_j)=\int_a^b \rho(x)f(x)\varphi_j(x)\mathrm{d}x,$$

对应的法方程组为

$$\begin{bmatrix}(\varphi_0,\varphi_0) & (\varphi_0,\varphi_1) & \cdots & (\varphi_0,\varphi_n)\\ (\varphi_1,\varphi_0) & (\varphi_1,\varphi_1) & \cdots & (\varphi_1,\varphi_n)\\ \vdots & \vdots & & \vdots\\ (\varphi_n,\varphi_0) & (\varphi_n,\varphi_1) & \cdots & (\varphi_n,\varphi_n)\end{bmatrix}\begin{bmatrix}a_0\\ a_1\\ \vdots\\ a_n\end{bmatrix}=\begin{bmatrix}(f,\varphi_0)\\ (f,\varphi_1)\\ \vdots\\ (f,\varphi_n)\end{bmatrix}, \tag{3.16}$$

$S^*(x)$ 逼近 $f(x)$ 的平方误差为 $\delta(x)=f(x)-S^*(x)$,进一步有

$$\|\delta(x)\|_2^2=\|f\|_2^2-\sum_{i=0}^n a_i^*(\varphi_i(x),f(x))=(f,f)-\sum_{i=0}^n a_i^*(\varphi_i,f).$$

例 11　求函数 $f(x)=\frac{1}{x}$ 在区间 $x\in[1,3]$ 上关于 $\Phi=\mathrm{span}\{1,x\}$ 的最佳平方逼近多项式.

解　设 $\varphi(x)=a_0\varphi_0(x)+a_1\varphi_1(x)$,由

$$\varphi_0(x)=1,\varphi_1(x)=x,(\varphi_0,\varphi_0)=\int_1^3 1\times 1\mathrm{d}x=2,$$

$$(\varphi_0,\varphi_1)=(\varphi_1,\varphi_0)=\int_1^3 1\times x\mathrm{d}x=4,(\varphi_1,\varphi_1)=\int_1^3 x\times x\mathrm{d}x=\frac{26}{3},$$

$$(\varphi_0,f)=\int_1^3 1\times\frac{1}{x}\mathrm{d}x=\ln 3,(\varphi_1,f)=\int_1^3 x\times\frac{1}{x}\mathrm{d}x=2,$$

法方程组为

$$\begin{bmatrix}2 & 4\\ 4 & \frac{26}{3}\end{bmatrix}\begin{bmatrix}a_0\\ a_1\end{bmatrix}=\begin{bmatrix}\ln 3\\ 2\end{bmatrix},$$

解之得

$$a_0=\frac{13}{2}\ln 3-6\approx 1.141\ 0, a_1=3-3\ln 3\approx -0.295\ 8,$$

故 $\varphi(x)=1.141\ 0-0.295\ 8x$.

例 12　求 $f(x)=\ln x$ 在 $x\in[1,2]$ 上的二次最佳平方逼近多项式及平方误差.

解　取 $\Phi=\mathrm{span}\{1,x,x^2\}$,设 $\varphi(x)=a_0\varphi_0(x)+a_1\varphi_1(x)+a_2\varphi_2(x)$,由

$$\varphi_0(x)=1,\varphi_1(x)=x,\varphi_2(x)=x^2,(\varphi_0,\varphi_0)=\int_1^2 1\times 1\mathrm{d}x=1,$$

故法方程组为

$$\begin{bmatrix} 1 & \frac{3}{2} & \frac{7}{3} \\ \frac{3}{2} & \frac{7}{3} & \frac{15}{4} \\ \frac{7}{3} & \frac{15}{4} & \frac{31}{5} \end{bmatrix}\begin{bmatrix} a_0 \\ a_1 \\ a_2 \end{bmatrix}=\begin{bmatrix} 2\ln 2-1 \\ 2\ln 2-\frac{3}{4} \\ \frac{8}{3}\ln 2-\frac{7}{9} \end{bmatrix},$$

解之得

$$a_0=-1.142\,989,a_1=1.382\,756,a_2=-0.233\,507,$$

所以 $f(x)=\ln x$ 的二次最佳平方逼近多项式为

$$\varphi(x)=-1.142\,989+1.382\,756x-0.233\,507x^2,$$

平方误差为

$$\begin{aligned}\|\delta\|_2^2&=(f,f)-\sum_{i=0}^{2}a_i(f,\varphi_i)\\&=0.188\,317\,3-0.188\,313\,6\\&=0.4\times 10^{-5}.\end{aligned}$$

§3.4 正交多项式

3.4.1 Hilbert 矩阵

本章前面关于离散点的最小二乘曲线拟合可以很自然地过渡到连续函数的最佳平方逼近,它的具体提法是:已知函数 $y=y(x)$ 在区间 $[a,b]$ 上连续,函数 $\rho(x)$ 为权函数,求函数 $\varphi(x)$ 使得 $S=\int_a^b\rho(x)[\varphi(x)-y(x)]^2\mathrm{d}x$ 最小,这时 $\varphi(x)$ 称为函数 $y=y(x)$ 在区间 $[a,b]$ 上关于权函数 $\rho(x)$ 的最小二乘逼近函数或最佳平方逼近函数,而对于连续型最小二乘逼近函数 $\varphi(x)$ 的求解,需要对法方程组内积做如下定义:

$$(\varphi_k,\varphi_j)=\int_a^b\rho(x)\varphi_k(x)\varphi_j(x)\mathrm{d}x,\ (\varphi_k,f)=\int_a^b\rho(x)\varphi_k(x)f(x)\mathrm{d}x,$$

即可由类似的方法推得法方程,并可求解得到相应的参量,这里不再详述.

然而,在实际应用中发现当 n 较大时,多项式 $\varphi(x)=a_0+a_1x+\cdots+a_nx^n$ 所导致的法方程组往往是病态的.

例如,取权函数 $\rho(x)\equiv 1,f(x)\in C[0,1]$,求其 n 次最佳逼近多项式,此时有

$$(\varphi_k,\varphi_j)=\int_0^1 x^{k+j}\mathrm{d}x=\frac{1}{k+j+1},$$

$$(\varphi_k, f) = \int_0^1 f(x) x^k \mathrm{d}x = d_k,$$

其法方程组为

$$\begin{bmatrix} 1 & 1/2 & \cdots & 1/(n+1) \\ 1/2 & 1/3 & \cdots & 1/(n+2) \\ \vdots & \vdots & & \vdots \\ 1/(n+1) & 1/(n+2) & \cdots & 1/(2n+1) \end{bmatrix} = \begin{bmatrix} d_1 \\ d_2 \\ \vdots \\ d_k \end{bmatrix}. \tag{3.17}$$

方程(3.17)左端的矩阵称为**希尔伯特(Hilbert)矩阵**,这个方程当 n 较大时就是一个典型的病态矩阵,直接求解会产生很大的误差,为了克服这一缺陷,通常采用下面介绍的正交多项式作基进行处理.

3.4.2 正交多项式

定义 3.12 如果 $\forall f,g \in C[a,b]$,$\rho(x)$ 为$[a,b]$上的权函数,且满足

$$(f,g) = \int_a^b \rho(x) f(x) g(x) \mathrm{d}x = 0,$$

则称函数 $f(x)$ 和 $g(x)$ 在$[a,b]$上带权函数 $\rho(x)$ 正交,若函数簇 $\varphi_0(x),\varphi_1(x),\cdots,\varphi_n(x)$ 满足

$$(\varphi_i(x),\varphi_j(x)) = \int_a^b \rho(x)\varphi_i(x)\varphi_j(x)\mathrm{d}x = \begin{cases} 0, & i \neq j, \\ A_j > 0, & i = j, \end{cases}$$

称为 $k=0$ 上的带权 $\rho(x)$ 的**正交函数族**,若 $A_j \equiv 1$ 则称为**标准正交函数族**.

例如,三角函数族 $1,\cos x,\sin x,\cos 2x,\sin 2x,\cdots$ 在$[-\pi,\pi]$正交,这是由于

$$(1,1) = \int_{-\pi}^{\pi} 1 \times 1 \mathrm{d}x = 2\pi,$$

$$(\sin kx,\sin kx) = (\cos kx,\cos kx) = \pi, k=1,2,3,\cdots,$$

$$(\sin kx,\cos kx) = (1,\cos kx) = (1,\sin kx) = 0,$$

$$(\cos kx,\cos jx) = (\sin kx,\sin jx) = (\cos kx,\sin jx) = 0, k\neq j, k,j=1,2,3,\cdots,n.$$

一般地,给定区间$[a,b]$及权函数 $\rho(x)$ 后,由 $1,x,x^2,\cdots,x^n$ 可以用 Schmidt 正交化方法构造出 n 次正交多项式,其公式为:

$$\varphi_0(x) = 1, \varphi_k(x) = x^k - \sum_{j=0}^{k-1} \frac{(x^k,\varphi_j(x))}{(\varphi_j(x),\varphi_j(x))}\varphi_j(x), k = 1,2,\cdots,n, \tag{3.18}$$

这样构造的正交多项式有以下性质:

① $\varphi_k(x)$ 是最高项系数为 1 的 k 次多项式;

② 任何 k 次多项式均可表示为前 $k+1$ 个多项式 $\varphi_0(x),\varphi_1(x),\cdots,\varphi_k(x)$ 的线性组合;

③ 对于 $k\neq l$,有 $(\varphi_k,\varphi_l)=0$,并且 φ_k 与任一次数小于 k 的多项式正交.

正交基可以由任意基通过 Schmidt 正交化得到,公式(3.18)具体表示为:

$$\varphi_0(x) = 1,$$

$$\varphi_1(x) = x - \frac{(x,\varphi_0)}{(\varphi_0,\varphi_0)} \cdot \varphi_0(x),$$

$$\varphi_2(x)=x^2-\frac{(x^2,\varphi_0)}{(\varphi_0,\varphi_0)}\cdot\varphi_0(x)-\frac{(x^2,\varphi_1)}{(\varphi_1,\varphi_1)}\cdot\varphi_1(x),$$

$$\varphi_3(x)=x^3-\frac{(x^3,\varphi_0)}{(\varphi_0,\varphi_0)}\cdot\varphi_0(x)-\frac{(x^3,\varphi_1)}{(\varphi_1,\varphi_1)}\cdot\varphi_1(x)-\frac{(x^3,\varphi_2)}{(\varphi_2,\varphi_2)}\cdot\varphi_2(x),\qquad(3.19)$$

$$\cdots$$

$$\varphi_n(x)=x^n-\sum_{k=0}^{n-1}\frac{(x^n,\varphi_k)}{(\varphi_k,\varphi_k)}\cdot\varphi_k(x),$$

其中内积为

$$(x^n,\varphi_k)=\int_a^b\rho(x)x^n\varphi_k(x)\,\mathrm{d}x,(\varphi_k,\varphi_k)=\int_a^b\rho(x)\varphi_k^2(x)\,\mathrm{d}x.$$

例 13 利用正交化方法求[0,1]上带权 $\rho(x)=\ln\frac{1}{x}$ 的前三个正交多项式.

解 由公式(3.19)知

$$\varphi_0(x)=1,\varphi_1(x)=x-\frac{(x,\varphi_0)}{(\varphi_0,\varphi_0)}\varphi_0(x),$$

$$\varphi_2(x)=x^2-\frac{(x^2,\varphi_0)}{(\varphi_0,\varphi_0)}\varphi_0(x)-\frac{(x^2,\varphi_1)}{(\varphi_1,\varphi_1)}\varphi_1(x),$$

其中

$$(\varphi_0,\varphi_0)=\int_0^1\ln\frac{1}{x}\mathrm{d}x=1,(x,\varphi_0)=\int_0^1x\ln\frac{1}{x}\mathrm{d}x=\frac{1}{4},(x^2,\varphi_0)=\int_0^1x^2\ln\frac{1}{x}\mathrm{d}x=\frac{1}{9},$$

由此得

$$\varphi_1(x)=x-\frac{1}{4},(x^2,\varphi_1)=\int_0^1x^2\left(x-\frac{1}{4}\right)\ln\frac{1}{x}\mathrm{d}x=\frac{5}{144},$$

$$(\varphi_1,\varphi_1)=\int_0^1\left(x-\frac{1}{4}\right)^2\ln\frac{1}{x}\mathrm{d}x=\frac{7}{144},$$

从而

$$\varphi_2(x)=x^2-\frac{1}{9}-\frac{5}{7}\left(x-\frac{1}{4}\right)=x^2-\frac{5}{7}x+\frac{17}{252}.$$

3.4.3 常用的正交多项式

本节将介绍三种最常用的正交多项式,它们在数学物理问题及数值积分中均有重要意义.

1. Legendre(勒让德)多项式

Legendre 正交多项式为区间[-1,1]及权函数 $\rho(x)=1$ 时,由 $1,x,x^2,\cdots,x^n$ 用 Schmidt 正交化方法构造出的 n 次正交多项式,它是由 Legendre 于 1785 年首先引入的,1814 年 Rordrigul 给出了更简单的表示式,即在区间[-1,1]带权函数 $\rho(x)\equiv1$ 的正交多项式:

$$L_0(x)=1,L_n(x)=\frac{1}{2^nn!}\frac{\mathrm{d}^n}{\mathrm{d}x^n}(x^2-1)^n,n=0,1,2,\cdots,$$

易见，$L_n(x)$的最高次项的系数与$\dfrac{1}{2^n n!}\dfrac{\mathrm{d}^n}{\mathrm{d}x^n}x^{2n}$的系数是相同的，所以$L_n(x)$的最高次项$x^n$的系数为$\dfrac{(2n)!}{2^n(n!)^2}$，从而得到最高次项系数为 1 的 Legendre 正交多项式为

$$\tilde{L}_n(x)=\frac{n!}{(2n)!}\frac{\mathrm{d}^n}{\mathrm{d}x^n}\{(x^2-1)^n\}. \tag{3.20}$$

以下是 Legendre 正交多项式的几个重要性质：

性质 3.1　正交性

$$(L_n,L_m)=\int_{-1}^{1}L_n(x)L_m(x)\,\mathrm{d}x=\begin{cases}0, & m\neq n,\\ \dfrac{2}{2n+1}, & m=n.\end{cases}$$

证明　令$\varphi(x)=(x^2-1)^n$，显然$\varphi^{(k)}(\pm 1)=0,0\leqslant k\leqslant n-1$. 设$Q(x)$是$[-1,1]$上$n$阶连续可导函数，由分部积分得

$$\begin{aligned}\int_{-1}^{1}L_n(x)Q(x)\,\mathrm{d}x&=\frac{1}{2^n n!}\int_{-1}^{1}Q(x)\varphi^{(n)}(x)\,\mathrm{d}x\\&=-\frac{1}{2^n n!}\int_{-1}^{1}Q'(x)\varphi^{(n-1)}(x)\,\mathrm{d}x\\&=\cdots\\&=\frac{(-1)^n}{2^n n!}\int_{-1}^{1}Q^{(n)}(x)\varphi(x)\,\mathrm{d}x.\end{aligned}$$

若$Q(x)$是次数小于n的多项式时，$Q^{(n)}(x)=0$，故当$m\neq n$时，有

$$\int_{-1}^{1}L_n(x)L_m(x)\,\mathrm{d}x=0,$$

若

$$Q(x)=L_n(x)=\frac{1}{2^n n!}\varphi^{(n)}(x)=\frac{(2n)!}{2^n(n!)^2}x^n+\cdots,$$

则有

$$Q^{(n)}(x)=L_n^{(n)}(x)=\frac{(2n)!}{2^n n!},$$

且有

$$\begin{aligned}\int_{-1}^{1}L_n^2(x)\,\mathrm{d}x&=\frac{(-1)^n(2n)!}{2^{2n}(n!)^2}\int_{-1}^{1}(x^2-1)^n\mathrm{d}x\\&=\frac{(2n)!}{2^{2n}(n!)^2}\int_{-1}^{1}(1-x^2)^n\mathrm{d}x\\&=\frac{2(2n)!}{2^{2n}(n!)^2}\int_{0}^{1}(1-x^2)^n\mathrm{d}x,\end{aligned}$$

又由于

$$\int_{0}^{1}(1-x^2)^n\mathrm{d}x=\frac{2\cdot 4\cdots(2n)}{1\cdot 3\cdots(2n+1)},$$

代入上式得$\displaystyle\int_{-1}^{1}L_n^2(x)\,\mathrm{d}x=\frac{2}{2n+1}$，性质得证.

性质 3.2 奇偶性 $L_n(-x)=(-1)^n L_n(x)$.

证明 由于$(x^2-1)^n$为偶函数,n为偶数时,相当于对偶函数求偶次导数,结果仍为偶函数,n为奇数时,相当于对偶函数求奇数次导数,结果为奇函数,故得证.

性质 3.3 递推关系

$$L_0(x)=1, L_1(x)=x,$$
$$(n+1)L_{n+1}(x)=(2n+1)xL_n(x)-nL_{n-1}(x), n=1,2,\cdots.$$

证明 由于$xL_n(x)$为一个$n+1$次多项式,所以它可以表示成

$$xL_n(x)=a_0L_0(x)+a_1L_1(x)+\cdots+a_{n+1}L_{n+1}(x), \tag{3.21}$$

两边乘以$L_k(x)$,并在$[-1,1]$上积分,再由正交性知

$$\int_{-1}^{1} xL_n(x)L_k(x)\mathrm{d}x = a_k\int_{-1}^{1} L_k^{\ 2}(x)\mathrm{d}x, \tag{3.22}$$

当$k\leqslant n-2$时,$xL_k(x)$为$L_0(x),L_1(x),\cdots,L_{n-1}(x)$的线性组合,$xL_k(x)$为一个次数小于等于$n-1$的多项式,$L_n(x)$与它们正交,所以(3.22)左端等于0,得$a_k=0,k=0,1,2,\cdots,n-2$.

当$k=n$时,(3.22)中$xL_n(x)L_k(x)=xL_n^2(x)$为奇函数,(3.22)左端等于0,故$a_n=0$.由以上讨论知(3.21)变为

$$xL_n(x)=a_{n-1}L_{n-1}(x)+a_{n+1}L_{n+1}(x), \tag{3.23}$$

比较(3.23)两端x^{n+1}的系数,得$a_{n+1}=\dfrac{n+1}{2n+1}$,在(3.23)中取$x=1$,并注意到Legendre正交多项式$L_n(x)$满足$L_n(1)=1(n=0,1,2,\cdots)$得到$1=a_{n-1}+a_{n+1}$,故$a_{n-1}=\dfrac{n}{2n+1}$,得证.

进一步由递推关系可得Legendre正交多项式的前5项为:

$$L_0(x)=1,$$
$$L_1(x)=x,$$
$$L_2(x)=\frac{1}{2}(3x^2-1),$$
$$L_3(x)=\frac{1}{2}(5x^3-3x),$$
$$L_4(x)=\frac{1}{8}(35x^4-30x^2+3).$$

性质 3.4 $L_n(x)$在$[-1,1]$内有n个不同的零点.

性质 3.5 在区间$[-1,1]$上,所有最高项系数为1的n次多项式中,Legendre正交多项式$\tilde{L}_n(x)=\dfrac{n!}{(2n)!}\dfrac{\mathrm{d}^n}{\mathrm{d}x^n}\{(x^2-1)^n\}$的欧氏范数(2-范数)最小.

2. Chebyshev(切比雪夫)多项式

Chebyshev正交多项式为区间$[-1,1]$,权函数$\rho(x)=\dfrac{1}{\sqrt{1-x^2}}$,由$1,x,x^2,\cdots,x^n$用Schmidt正交化方法构造出的$n$次正交多项式,其表达式为$T_n(x)=\cos(n\arccos x)$,$|x|\leqslant 1$.若令$x=\cos\theta$,则有$T_n(x)=\cos n\theta,\theta\in[0,\pi]$.

Chebyshev 正交多项式有如下性质：

性质 3.6　$T_n(x)$有以下递推关系

$$T_0(x)=1, T_1(x)=x,$$
$$T_{n+1}(x)=2xT_n(x)-T_{n-1}(x), n\geqslant 2. \tag{3.24}$$

证明　由于

$$\cos(n+1)\theta=\cos n\theta\cos\theta-\sin n\theta\sin\theta,$$
$$\cos(n-1)\theta=\cos n\theta\cos\theta+\sin n\theta\sin\theta,$$

两式相加得

$$\cos(n+1)\theta=2\cos n\theta\cos\theta-\cos(n-1)\theta,$$

并由 $x=\cos\theta$ 及 $T_n(x)=\cos n\theta$ 得证.

由性质 3.6 得 Chebyshev 正交多项式前 5 项为

$$T_0(x)=1,$$
$$T_1(x)=x,$$
$$T_2(x)=2x^2-1,$$
$$T_3(x)=4x^3-3x,$$
$$T_4(x)=8x^4-8x^2+1,$$
$$T_5(x)=16x^5-20x^3+5x.$$

性质 3.7　$T_n(x)$的最高次项系数为 2^{n-1}.

证明　由(3.24)，比较最高次项系数知 $a_{n+1}=2a_n$，又因 $a_1=1$，性质得证.

性质 3.8　正交性

$$(T_n, T_m)=\int_{-1}^{1}\frac{T_n(x)T_m(x)}{\sqrt{1-x^2}}\mathrm{d}x=\begin{cases}0, & m\neq n,\\ \dfrac{\pi}{2}, & m=n\neq 0,\\ \pi, & m=n=0.\end{cases}$$

证明　做变换 $x=\cos\theta$ 得

$$\int_{-1}^{1}\frac{T_n(x)T_m(x)}{\sqrt{1-x^2}}\mathrm{d}x=\int_0^{\pi}\cos m\theta\cos n\theta\mathrm{d}\theta=\begin{cases}0, & m\neq n,\\ \dfrac{\pi}{2}, & m=n\neq 0,\\ \pi, & m=n=0.\end{cases}$$

性质 3.9　奇偶性 $T_n(-x)=(-1)^nT_n(x)$，即 n 为奇数时，$T_n(x)$为奇函数；n 为偶数时，$T_n(x)$为偶函数.

性质 3.10　$T_n(x)$在$[-1,1]$上有 n 个实零点 $x_k=\cos\dfrac{2k-1}{2n}\pi, k=1,2,\cdots,n$，并有 $n+1$ 个点 $x_k^*=\cos\dfrac{k}{n}\pi(k=0,1,2,\cdots,n)$轮流取最大值 1 和最小值$-1$.

性质 3.11　在$[-1,1]$上所有最高项系数为 1 的一切 n 次多项式中，$\dfrac{1}{2^{n-1}}T_n(x)$的 ∞-范数最小，且有

$$\left\| \frac{1}{2^{n-1}}T_n(x) \right\|_\infty = \frac{1}{2^{n-1}}. \tag{3.25}$$

证明 由性质 3.10 知(3.25)成立. 下证$\frac{1}{2^{n-1}}T_n(x)$的∞-范数最小. 用反证法,假设存在某一最高项系数为 1 的 n 次多项式 $Q_n(x) \neq \frac{1}{2^{n-1}}T_n(x)$,满足

$$\| Q_n(x) \|_\infty = \max_{-1 \leqslant x \leqslant 1} |Q_n(x)| < \frac{1}{2^{n-1}},$$

令 $\varphi(x) = \frac{1}{2^{n-1}}T_n(x) - Q_n(x)$,则由于$\frac{1}{2^{n-1}}T_n(x)$和 $Q_n(x)$ 均为 n 次多项式,故 $\varphi(x)$ 为次数不超过 $n-1$ 次的多项式,因为 $x_k^* = \cos\frac{k}{n}\pi(k=0,1,2,\cdots,n)$ 使 $T_n(x)$ 轮流取最大值 1 和最小值-1,所以有

$$\varphi(x_k^*) = \frac{(-1)^k}{2^{n-1}} - Q_n(x_k^*), k=0,1,2,\cdots,n.$$

由假设知,$|Q_n(x_k^*)| < \frac{1}{2^{n-1}}$,从而知 $\varphi(x)$ 在 $n+1$ 个点上轮流取正负值,由 Rolle 定理知,$\varphi(x)$ 至少有 n 个零点,所以 $\varphi(x)=0$,这与假设矛盾,故得证.

这一性质的等价性叙述为:对于$[-1,1]$上的函数 $f(x)=x^n$,在所有次数不超过 $n-1$ 次的多项式中,$y(x) = x^n - \frac{1}{2^{n-1}}T_n(x)$是使得 $\max\limits_{-1 \leqslant x \leqslant 1} |f(x)-y(x)|$达到最小的解.

3. Laguerre(拉盖尔)多项式

在$[0,+\infty)$上带权 $\rho(x)=\mathrm{e}^{-x}$ 的正交多项式

$$U_n(x) = \mathrm{e}^x \frac{\mathrm{d}^n}{\mathrm{d}x^n}(x^n\mathrm{e}^{-x}), n=0,1,2,\cdots.$$

(1) 递推关系:$U_0(x)=1, U_1(x)=1-x$,

$$U_{n+1}(x) = (1+2n-x)U_n(x) - n^2U_{n-1}(x), n=1,2,\cdots.$$

由此得 Laguerre 多项式前 4 项为

$$\begin{aligned} U_0(x) &= 1, \\ U_1(x) &= 1-x, \\ U_2(x) &= x^2-4x+2, \\ U_3(x) &= -x^3+9x^2-18x+6. \end{aligned}$$

(2) 性质: 正交性 $(U_n, U_m) = \int_0^{+\infty} \mathrm{e}^{-x}U_n(x)U_m(x)\,\mathrm{d}x = \begin{cases} 0, & m \neq n, \\ (n!)^2, & m=n. \end{cases}$

4. Hermite(厄尔米特)多项式

在$(-\infty,+\infty)$上带权函数 $\rho(x)=\mathrm{e}^{-x^2}$ 的正交多项式

$$H_n(x) = (-1)^n\mathrm{e}^{x^2}\frac{\mathrm{d}^n}{\mathrm{d}x^n}(\mathrm{e}^{-x^2}), n=0,1,2,\cdots,$$

(1) 递推关系:$H_0(x)=1, H_1(x)=2x$,

$$H_{n+1}(x)=2xH_n(x)-2nH_{n-1}(x),n=1,2,\cdots,$$

由此得 Hermite 多项式的前 5 项为

$$H_0(x)=1,$$
$$H_1(x)=1-x,$$
$$H_2(x)=4x^2-2,$$
$$H_3(x)=8x^3-12x,$$
$$H_4(x)=16x^4-48x^2+12.$$

（2）性质：正交性 $(H_n,H_m)=\int_{-\infty}^{+\infty}\mathrm{e}^{-x^2}H_n(x)H_m(x)\mathrm{d}x=\begin{cases}0, & m\neq n,\\ 2^n n!\ \sqrt{\pi}, & m=n.\end{cases}$

3.4.4　用正交函数族作最佳平方逼近

函数逼近问题的一般提法：对函数类 A 中给定的函数 $f(x)$，要求在另一类较简单的便于计算的函数类 B 中求函数 $p(x)$，使 $p(x)$ 与 $f(x)$ 在某种度量意义下达到最小. 最常用的两种度量意义是：

（1）$\|f(x)-p(x)\|_\infty=\max\limits_{a\leqslant x\leqslant b}|f(x)-p(x)|$，

在这种度量意义下的逼近称为**一致（均匀）逼近**.

（2）$\|f(x)-p(x)\|_2=\sqrt{\int_a^b[f(x)-p(x)]^2\mathrm{d}x}$，

在这种度量意义下的逼近称为**均方（平方）逼近**.

当 $\Phi=\mathrm{span}\{\varphi_0(x),\varphi_1(x),\cdots,\varphi_n(x)\}$ 是正交函数族时，法方程组为

$$\begin{bmatrix}(\varphi_0,\varphi_0) & & & \\ & (\varphi_1,\varphi_1) & & \\ & & \ddots & \\ & & & (\varphi_n,\varphi_n)\end{bmatrix}\begin{bmatrix}a_0\\a_1\\ \vdots\\a_n\end{bmatrix}=\begin{bmatrix}(f,\varphi_0)\\(f,\varphi_1)\\ \vdots\\(f,\varphi_n)\end{bmatrix},\tag{3.26}$$

求得

$$a_k=\frac{(f,\varphi_k)}{(\varphi_k,\varphi_k)},k=0,1,2,\cdots,n,$$

所以最佳平方逼近多项式为

$$\varphi(x)=\sum_{k=0}^{n}\frac{(f,\varphi_k)}{(\varphi_k,\varphi_k)}\cdot\varphi_k(x),$$

此时的平方误差

$$\|\delta\|_2^2=\sum_{i=0}^{m}\delta_i^2=\|f\|_2^2-\sum_{k=0}^{n}A_k(a_k)^2,$$

其中 $A_k=(\varphi_k,\varphi_k),k=0,1,2,\cdots,n.$

1. 利用 Legendre 正交多项式求最佳平方逼近多项式

设 $f(x)\in C[a,b]$，用正交多项式 $\varphi_0(x),\varphi_1(x),\cdots,\varphi_n(x),\cdots$ 作为基，将 $f(x)$ 展开成

无穷级数形式

$$f(x) \approx \sum_{k=0}^{\infty} a_k \varphi_k(x), \tag{3.27}$$

(3.27) 称为**广义 Foureir 级数**,系数 a_k 称为**广义 Foureir 系数**. 当 $f(x)$ 满足一定条件时,级数(3.27) 可以一致收敛到函数 $f(x)$,因此取级数的前有限项 $S_n(x) = \sum_{k=0}^{n} a_k \varphi_k(x)$ 即可作为函数 $f(x)$ 的最佳平方逼近多项式,其中 $a_k = \dfrac{(f,\varphi_k)}{(\varphi_k,\varphi_k)}, k = 0,1,2,\cdots,n$. 特别地,当函数 $f(x) \in C[-1,1]$ 时按 Legendre 正交多项式 $L_0(x), L_1(x), \cdots, L_n(x)$ 展开可以求得函数 $f(x)$ 的最佳平方逼近多项式为 $S_n(x) = \sum_{k=0}^{n} a_k L_k(x)$,其中

$$a_k = \frac{(f,L_k)}{(L_k,L_k)} = \frac{2k+1}{2}\int_{-1}^{1} f(x) L_k(x)\,\mathrm{d}x, k = 0,1,2,\cdots,n, \tag{3.28}$$

此时的平方误差为

$$\|f(x) - S_n(x)\|_2^2 = \int_{-1}^{1} f^2(x)\,\mathrm{d}x - \sum_{k=0}^{n} \frac{2}{2k+1} a_k^2.$$

例 14 求函数 $f(x) = \mathrm{e}^x$ 在 $[-1,1]$ 上的三次最佳平方逼近多项式.

解 取 $[-1,1]$ 上的 Legendre 正交多项式前 4 项,由于

$$(L_m, L_m) = \frac{2}{2m+1}, m = 0,1,2,3,$$

取 $\Phi = \mathrm{span}\{L_0(x), L_1(x), L_2(x), L_3(x)\}$,由

$$(f,L_0) = \int_{-1}^{1} \mathrm{e}^x \mathrm{d}x = \mathrm{e} - \frac{1}{\mathrm{e}},$$

$$(f,L_1) = \int_{-1}^{1} \mathrm{e}^x \cdot x\mathrm{d}x = \frac{2}{\mathrm{e}},$$

$$(f,L_2) = \int_{-1}^{1} \frac{1}{2}(3x^2 - 1)\mathrm{e}^x \mathrm{d}x = \mathrm{e} - \frac{7}{\mathrm{e}},$$

$$(f,L_3) = \int_{-1}^{1} \frac{1}{2}(5x^3 - 3x)\mathrm{e}^x \mathrm{d}x = -5\mathrm{e} + \frac{37}{\mathrm{e}},$$

所以由(3.28)可得

$$a_0 = \frac{1}{2}(f,L_0) = \frac{1}{2}\left(\mathrm{e} - \frac{1}{\mathrm{e}}\right) \approx 1.175\ 2,$$

$$a_1 = \frac{3}{2}(f,L_1) = \frac{3}{2} \cdot \frac{2}{\mathrm{e}} \approx 1.103\ 6,$$

$$a_2 = \frac{5}{2}(f,L_2) = \frac{5}{2}\left(\mathrm{e} - \frac{7}{\mathrm{e}}\right) \approx 0.357\ 8,$$

$$a_3 = \frac{7}{2}(f,L_3) = \frac{7}{2}\left(-5\mathrm{e} + \frac{37}{\mathrm{e}}\right) \approx 0.070\ 46.$$

三次最佳平方逼近多项式为

$$\varphi(x) = \sum_{i=0}^{3} a_i L_i(x) = 1.175\ 2L_0(x) + 1.103\ 6L_1(x) + 0.357\ 8L_2(x) + 0.070\ 46L_3(x)$$

$$= 0.9963 + 0.09979x + 0.5367x^2 + 0.1761x^3.$$

其均方误差为

$$\|f\|_2 = \sqrt{\int_{-1}^{1} e^{2x}dx - \sum_{k=0}^{3} \frac{2}{2k+1}(f,L_k)^2} = 0.0084,$$

最大误差为 $\|e^x-\varphi(x)\|_\infty = 0.0112$.

注：若 $f(x)\in C[a,b]$，求 $[a,b]$ 上的最佳平方逼近多项式，做交换

$$x=\frac{b-a}{2}t+\frac{b+a}{2}, -1\leqslant t\leqslant 1,$$

于是 $F(t)=f\left(\frac{b-a}{2}t+\frac{b+a}{2}\right)$ 在 $[-1,1]$ 可用 Legendre 多项式.

例 15　求函数 $f(x)=\cos \pi x$ 在 $[0,1]$ 上关于 $\Phi=\text{span}\{1,x\}$ 的最佳平方逼近多项式.

解　做线性变换 $x=\frac{1}{2}t+\frac{1}{2}$，则有

$$f(x)=\cos \pi x=\cos \pi\left(\frac{1}{2}t+\frac{1}{2}\right)=g(t), t\in[-1,1],$$

利用 Legendre 多项式 $L_0(t)=1, L_1(t)=t$，建立 $g(t)$ 的一次最佳平方逼近多项式

$$\varphi(t)=\frac{(g,L_0)}{(L_0,L_0)}\cdot L_0(t)+\frac{(g,L_1)}{(L_1,L_1)}\cdot L_1(t)=\frac{0}{2}L_0(t)+\frac{-8/\pi^2}{2/3}L_1(t)=-\frac{12}{\pi^2}t,$$

从而 $f(x)$ 的最佳平方逼近为

$$-\frac{12}{\pi^2}(2x-1)\approx -2.4317x+1.2159.$$

2. 利用 Chebyshev 正交多项式求近似最佳一致逼近多项式

一般情况下，求 $f(x)\in C[a,b]$ 的最佳一致逼近多项式是很困难的，但是利用 Chebyshev 正交多项式可以很好地求近似最佳一致逼近多项式，将 $f(x)\in C[-1,1]$ 时按 Chebyshev 正交多项式 $T_0(x), T_1(x), \cdots, T_n(x), \cdots$ 展开成广义 Foureir 级数

$$f(x) \sim \frac{c_0}{2} + \sum_{k=1}^{\infty} c_k T_k(x), \tag{3.29}$$

(3.29) 称为 $f(x)$ 在 $[-1,1]$ 上的 Chebyshev 级数，其中系数

$$c_k = \frac{2}{\pi}\int_{-1}^{1} \frac{f(x)T_k(x)}{\sqrt{1-x^2}}dx,\ k=0,1,2,\cdots,$$

若令 $x=\cos\theta$，则上式为 $c_k = \frac{2}{\pi}\int_0^{\pi} f(\cos\theta)\cos k\theta d\theta, k=0,1,2,\cdots$.

根据 Foureir 级数的理论知，只要 $f''(x)$ 在 $[-1,1]$ 上分段连续，则 $f(x)$ 的 Chebyshev 级数 (3.29) 就一致收敛于 $f(x)$，于是取 (3.29) 的部分和

$$S_n(x) = \frac{c_0}{2} + \sum_{k=1}^{n} c_k T_k(x), \tag{3.30}$$

即可作为 $f(x)$ 在 $[-1,1]$ 上的近似最佳一致逼近多项式，实际计算表明它与理论上的最佳一致逼近多项式非常接近.

例 16　已知下列数据求拟合三次多项式曲线

x	-2	-1	0	1	2
y	-1	-1	0	1	1

解 由 Schmidt 正交化方法(3.19)得

$$\varphi_0(x)=1,\varphi_1(x)=x-\frac{(x,\varphi_0)}{(\varphi_0,\varphi_0)}\cdot\varphi_0(x)=x,$$

$$\varphi_2(x)=x^2-\frac{(x^2,\varphi_0)}{(\varphi_0,\varphi_0)}\cdot\varphi_0(x)-\frac{(x^2,\varphi_1)}{(\varphi_1,\varphi_1)}\cdot\varphi_1(x)=x^2-2,$$

$$\varphi_3(x)=x^3-\frac{(x^3,\varphi_0)}{(\varphi_0,\varphi_0)}\cdot\varphi_0(x)-\frac{(x^3,\varphi_1)}{(\varphi_1,\varphi_1)}\cdot\varphi_1(x)-\frac{(x^3,\varphi_2)}{(\varphi_2,\varphi_2)}\cdot\varphi_2(x)=x^3-\frac{17}{5}x,$$

$$(\varphi_0,\varphi_0)=5,(\varphi_1,\varphi_1)=10,(\varphi_2,\varphi_2)=14,(\varphi_3,\varphi_3)=14.4,$$

$$(f,\varphi_0)=0,(f,\varphi_1)=6,(f,\varphi_2)=0,(f,\varphi_3)=-2.4,$$

所以

$$a_0=0,a_1=\frac{3}{5},a_2=0,a_3=-\frac{1}{6},$$

故拟合三次多项式曲线为

$$\varphi(x)=\frac{3}{5}\varphi_1(x)-\frac{1}{6}\varphi_3(x)=\frac{7}{6}x-\frac{1}{6}x^3.$$

例 17 已知 $y=f(x)$ 的实验数据如表 3-2 所示,试用最小二乘法求 $y=f(x)$ 的三次拟合多项式.

表 3-2 实验数据表

x	0	0.05	0.10	0.15	0.20	0.25	0.30
y	0.486	0.866	0.944	1.144	1.103	1.202	1.666
x	0.35	0.40	0.45	0.50	0.55	0.60	0.65
y	1.191	1.124	1.095	1.122	1.102	1.099	1.017
x	0.70	0.75	0.80	0.85	0.90	0.95	1.00
y	1.111	1.117	1.152	1.265	1.380	1.575	1.857

解 第一种方法,选取基 $\Phi=\text{span}\{1,x,x^2,x^3\}$,求实验数据的拟合多项式

$$p_3(x)=\sum_{j=1}^{4}a_jx^{j-1},$$

法方程组系数矩阵为

$$G=\begin{bmatrix}21 & 10.5 & 7.175 & 5.125\\ 10.5 & 7.157 & 5.5125 & 4.516663\\ 7.175 & 5.5125 & 4.516663 & 3.854156\\ 5.125 & 4.516663 & 3.854156 & 3.382122\end{bmatrix},$$

常数项为

$$d=[24.118,13.2345,9.468365,3.382122]^T,$$

法方程组 $\boldsymbol{Gx}=\boldsymbol{d}$ 是一个病态方程组，用一般方法要求得 $\boldsymbol{Gx}=\boldsymbol{d}$ 较精确的解可能是困难的，求得系数 $\{a_j\}=[0.5746909,4.725488,-11.12734,7.668118]^T$.

第二种方法，选取 Chebyshev 多项式为基，即 $\Phi=\mathrm{span}\{T_0(t),T_1(t),T_2(t),T_3(t)\}$，则法方程组系数矩阵为

$$G=\begin{bmatrix}21 & 0 & -5.6 & 0\\ 0 & 7.7 & 0 & -2.8336\\ -5.6 & 0 & 10.4664 & 0\\ 0 & -2.8336 & 0 & 11.01056\end{bmatrix},$$

常数项

$$d=[24.118,2.351,-6.01108,1.523576]^T,$$

此时法方程 $\boldsymbol{Gx}=\boldsymbol{d}$ 为良态方程组，求得系数为

$$\{a_j\}=[1.160969,0.3935144,0.0468986,0.2396463]^T.$$

§3.5　最小二乘的数值实验

实验目的：熟悉非线性函数拟合过程；熟悉多项式拟合过程.

实验内容：

(1) 用以下数据求二次多项式，并做出曲线：

x：0.1，0.4，0.5，0.7，0.8，0.9；

y：0.61，0.92，0.99，1.52，1.47，2.03.

(2) 编制以函数 $x^k(k=0,1,\cdots,m)$ 为基的多项式最小二乘拟合 Matlab 程序，并用于对下列数据做三次多项式最小二乘拟合：

x_i	-1.0	-0.5	0.0	0.5	1.0	1.5	2.0
y_i	-4.447	-0.452	0.551	0.048	-0.447	0.549	4.552

先求出拟合曲线 $\varphi(x)=a_0+a_1x+\cdots+a_nx^n$ 中的参数 $\{a_k\}$，再求其平方误差 δ^2，并做离散数据 $\{x_i,y_i\}$ 和拟合曲线 $y=\varphi(x)$ 的图形.

(3) 由实验给出数据表：

x	0.0	0.1	0.2	0.3	0.5	0.8	1.0
y	1.0	0.41	0.50	0.61	0.91	2.02	2.46

试求三次和四次多项式的拟合曲线，再根据数据曲线形状，求一个另外形式的拟合曲线，

比如指数函数形式.

(4) 据统计,六十年代世界人口增长情况如下表(单位:百万),求最佳拟合曲线 $y=e^{a+bt}$,并预测 2000 年时的世界人口.

年	1960	1961	1962	1963	1964
人数	2 972	3 061	3 151	3 213	3 234
年	1965	1966	1967	1968	
人数	3 285	3 356	3 420	3 483	

Matlab 程序如下:

```
function nihe75people
clc;
x=1960:1968;
y=[2972 3061 3151 3213 3234 3285 3356 3420 3483];
plot(x,y,'b*')
grid
hold on
m=length(x);n=1;
for i=1:(n+1)
    for j=1:(n+1)
        A(i,j)=sum(x.^(i+j-2));
    end
end
Y=log(y);
for i=1:(n+1)
    b(i)=sum(Y.*x.^(i-1));
end
a=inv(A)*b'
t=1958:0.5:1970;
p=exp(a(1)+a(2).*t);
plot(t,p,'r-')
p2000=exp(a(1)+a(2)*2000)
```

练习题 3

1. 已知一组数据如下，试用最小二乘法求一次逼近多项式 $\varphi(x)=a+bx$，并求平方误差.

x	−1	0	1	2
y	0	1	2	3

2. 用最小二乘法求一形如 $y=a+bx^2$ 的多项式，使与下列数据相拟合.

x	19	25	31	38	44
y	19.0	32.3	49.0	73.3	97.8

3. 计算下列函数 $f(x)$ 关于 $C[0,1]$ 的 $\|f\|_\infty$，$\|f\|_1$ 和 $\|f\|_2$.

(1) $f(x)=\dfrac{(x+1)^{10}}{e^x}$；

(2) $f(x)=x(1-x)$.

4. 设 $\Phi=\mathrm{span}\{1,x^2\}$，求 $f(x)=|x|$ 在 $[-1,1]$ 上的最佳平方逼近多项式.

5. 求 $f(x)=\ln x$ 在区间 $[1,2]$ 上的二次最佳平方逼近多项式及误差.

6. 求 $f(x)=\sin x$ 在区间 $[0,0.1]$ 在空间 $\Phi=\mathrm{span}\{1,x,x^2\}$ 上的最佳平方逼近多项式，并估计误差.

7. 已知函数值表如下，试用二次多项式拟合这组数据：

x	−2	−1	0	1	2
y	0	1	2	1	0

8. 确定参数 a,b 和 c，使得积分

$$I(a,b,c)=\int_{-1}^{1}\left[\sqrt{1-x^2}-(ax^2+bx+c)\right]^2\frac{1}{\sqrt{1-x^2}}\mathrm{d}x$$

取得最小值，并计算最小值.

第 4 章　数值积分和数值微分

教学提示：插值型数值积分公式是插值法的直接应用，数值积分的代数精度是判定数值积分公式精度高低的重要标准，科学研究及工程计算中更加关注高精度的数值积分公式. 此外数值微分公式会在后面微分方程数值解中有重要应用，要理解其构造思想.

教学目标：通过本章学习，使学生掌握数值积分的基本思想和代数精度的概念，掌握插值型求积公式的构造及误差估计，了解 Gauss 型求积公式，理解等距节点的 Newton-Cotes 公式及余项估计、复化求积法以及几种常用数值微分公式的构造原理.

§4.1　一般求积公式及代数精度

4.1.1　数值积分的基本思想

积分是实际问题中经常遇到的问题，在数学分析中，由 Newton-Leibnitz 公式

$$\int_a^b f(x)\,\mathrm{d}x = F(x)\Big|_a^b = F(b) - F(a) \tag{4.1}$$

知道，若被积函数 $f(x)$ 的原函数 $F(x)$ 满足有解析表达式且为初等函数，那么积分是容易求出的. 然而，如下三种情况需要考虑数值积分：

(1) 被积函数 $f(x)$ 的原函数 $F(x)$ 不易找到，例如：

$$\int \frac{\sin x}{x}\mathrm{d}x,\int \frac{1}{\ln x}\mathrm{d}x,\int_0^1 \mathrm{e}^{x^2}\mathrm{d}x.$$

(2) 尽管 $f(x)$ 的原函数能表示成有限形式，但表达式相对复杂，例如：

$$\int x^2\sqrt{2x^2+3}\,\mathrm{d}x=\frac{1}{4}x^2\sqrt{2x^2+3}+\frac{3}{16}x\sqrt{2x^2+3}-\frac{9}{16\sqrt{2}}(\ln\sqrt{2}+\sqrt{2x^2+3})+C.$$

(3) 被积函数 $f(x)$ 没有具体的解析表达式，仅仅给出一个数表，例如：

x_i	1	2	3	4	5
$f(x_i)$	4	4.5	6	8	8.5

要求积分 $\int_a^b f(x)\,\mathrm{d}x$ 的值就需要考虑数值方法.

定理 4.1　若函数 $f(x)$ 在区间 $[a,b]$ 上连续,则在区间 $[a,b]$ 上至少存在一点 ξ,使得

$$\int_a^b f(x)\,\mathrm{d}x = (b-a)f(\xi),a \leqslant \xi \leqslant b. \tag{4.2}$$

定理 4.1 称为**积分中值定理**,(4.1)的几何意义是很明显的,但是 ξ 是不容易求出的,为此只能取近似值. 例如,有如下常用的近似公式:

(1) 左(下) 矩形公式 $\int_a^b f(x)\,\mathrm{d}x \approx (b-a)f(a)$;

(2) 右(上) 矩形公式 $\int_a^b f(x)\,\mathrm{d}x \approx (b-a)f(b)$;

(3) 中矩形公式 $\int_a^b f(x)\,\mathrm{d}x \approx (b-a)f\left(\frac{a+b}{2}\right)$;

(4) 梯形公式 $\int_a^b f(x)\,\mathrm{d}x \approx \frac{b-a}{2}[f(a)+f(b)]$.

公式(1)~(3)几何意义很明确,梯形公式(4)的几何意义是,若 $f(x)\geqslant 0$,用梯形面积近似曲边梯形的面积. 以后将证明,梯形公式(4)比以上其他的矩形公式计算效果要好.

一般地,在积分区间 $[a,b]$ 取节点 $a=x_0<x_1<\cdots<x_n=b$,然后用 $f(x_k)(k=0,1,\cdots,n)$ 的加权平均作为 $f(\xi)$ 的近似值,则构造出以下公式

$$I=\int_a^b f(x)\,\mathrm{d}x \approx \sum_{k=0}^{n} A_k f(x_k),k=0,1,\cdots,n, \tag{4.3}$$

(4.3)称为**机械求积公式**,其中 $x_k(k=0,1,\cdots,n)$ 为**求积节点**,A_k 为**求积系数**,这样就避开了求原函数的问题了.

一个很自然的想法是数值求积公式要对次数尽可能高的多项式精确成立,这就导出了求积公式代数精度的概念.

4.1.2　代数精度

上面提到的求积公式都是近似的,那么它的近似程度如何衡量? 下面给出衡量近似程度"好坏"的一个量的概念.

定义 4.1　如果数值求积公式对于不高于 m 次的代数多项式都准确成立,而存在一个 $m+1$ 次多项式不能准确成立,则称此数值求积公式具有 **m 阶代数精度**.

由于对任意 m 次多项式 $p(x)=a_0+a_1x+a_2x^2+\cdots+a_mx^m$ 有

$$\int_a^b p(x)\,\mathrm{d}x - \sum_{k=0}^{n} A_k p(x_k) = \sum_{j=0}^{m} a_j\left[\int_a^b x^j\,\mathrm{d}x - \sum_{k=0}^{n} A_k x_k^j\right], \tag{4.4}$$

所以确定代数精度只需要对幂级数 $f(x)=1,x,x^2,\cdots,x^m$ 依次验证即可,要使机械求积公式(4.3)有 m 次代数精度,只要它对于 $1,x,x^2,\cdots,x^m$ 都能准确成立而对于 x^{m+1} 不准确成立即可.

例 1　求下列求积公式的代数精度

$$\int_0^1 f(x)\,\mathrm{d}x \approx \frac{1}{2}[f(0)+f(1)] - \frac{1}{12}[f'(1)-f'(0)].$$

解 (1)令 $f(x)=1$ 代入求积公式得左边$=1$,右边$=1$;

(2)令 $f(x)=x$ 代入求积公式得

$$左边=\int_0^1 x\mathrm{d}x=\frac{1}{2},右边=\frac{1}{2}(0+1)-\frac{1}{12}(1-1)=\frac{1}{2};$$

(3)令 $f(x)=x^2$ 代入求积公式得

$$左边=\int_0^1 x^2\mathrm{d}x=\frac{1}{3},右边=\frac{1}{2}(0+1)-\frac{1}{12}(2-0)=\frac{1}{3};$$

(4)令 $f(x)=x^3$ 代入求积公式得

$$左边=\int_0^1 x^3\mathrm{d}x=\frac{1}{4},右边=\frac{1}{2}(0+1)-\frac{1}{12}(3-0)=\frac{1}{4};$$

(5)令 $f(x)=x^4$ 代入求积公式得

$$左边=\int_0^1 x^4\mathrm{d}x=\frac{1}{5},右边=\frac{1}{2}(0+1)-\frac{1}{12}(4-0)=\frac{1}{6}.$$

上述表明,对于不超过三次的多项式准确成立,而对三次以上的多项式是不准确的,因此具有三阶代数精度,即 $m=3$.

例 2 构造形如 $\int_0^{3h} f(x)\mathrm{d}x \approx A_0f(0)+A_1f(h)+A_2f(2h)$ 的数值求积公式,使其代数精度尽可能高.

解 由于公式中含有三个待定系数,先令其对 $f(x)=1,x,x^2$ 准确成立,得

$$\begin{cases}3h=A_0+A_1+A_2,\\ \dfrac{9}{2}h^2=hA_1+2hA_2,\\ 9h^3=h^2A_1+4h^2A_2,\end{cases}$$

解之得

$$A_0=\frac{3}{4}h,A_1=0,A_2=\frac{9}{4}h,$$

故

$$\int_0^{3h} f(x)\mathrm{d}x \approx \frac{h}{4}[3f(0)+9f(2h)].$$

又 $f(x)=x^3$ 时,求积公式左边$=\frac{81}{4}h^4$,而右边$=18h^4$,左边$\neq$右边,故只有二阶代数精度.

例 3 试确定求积公式

$$\int_0^h f(x)\mathrm{d}x \approx A_0f(0)+A_1f(h)+A_2f'(0)$$

中的系数 A_0,A_1 和 A_2,使其具有尽可能高的代数精度.

解 这里有三个待定常数 A_0,A_1,A_2,将 $f(x)=1,x,x^2$ 代入求积公式,得

$$h=A_0+A_1,\frac{h^2}{2}=A_1h+A_2,\frac{h^3}{3}=A_1h^2,$$

解得

$$A_0=\frac{2}{3}h,A_1=\frac{h}{3},A_2=\frac{h^2}{6}.$$

于是有

$$\int_0^h f(x)\mathrm{d}x \approx \frac{h}{6}[4f(0)+2f(h)+hf'(0)].$$

直接验证，当 $f(x)=x^3$ 时，上式左端 $=\frac{1}{4}h^4$，右端 $=\frac{1}{3}h^4$，故该求积公式的最高代数精度为 2.

§4.2　Newton-Cotes 公式

4.2.1　插值型求积公式

构造形如(4.3)的数值积分公式的方法很多，常用的方法之一是利用被积函数 $f(x)$ 的插值多项式来构造，即被积函数 $f(x)$ 在区间 $[a,b]$ 上的积分用其 n 次 Lagrange 型插值多项式 $L_n(x)$ 的积分近似替代.

定义 4.2　要计算积分 $\int_a^b f(x)\mathrm{d}x$，假定 $f(x)$ 的多项式插值函数为 $L_n(x)$，则有

$$L_n(x)=\sum_{k=0}^{n} l_k(x)f(x_k),$$

从而有

$$\int_a^b f(x)\mathrm{d}x \approx \int_a^b L_n(x)\mathrm{d}x=\sum_{k=0}^{n} A_k f(x_k), \tag{4.5}$$

其中

$$A_k=\int_a^b l_k(x)\mathrm{d}x=\int_a^b \frac{(x-x_0)\cdots(x-x_{k-1})(x-x_{k+1})\cdots(x-x_n)}{(x_k-x_0)\cdots(x_k-x_{k-1})(x_k-x_{k+1})\cdots(x_k-x_n)}\mathrm{d}x, \tag{4.6}$$

称为**求积系数**，$x_k(k=0,1,2,\cdots,n)$称为求积节点，余项

$$E(f)=\int_a^b f(x)\mathrm{d}x-\sum_{k=0}^{n} A_k f(x_k)$$

称为**求积误差**，上述积分(4.5)称为**插值型积分公式**，其误差为

$$E(f)=\int_a^b f(x)\mathrm{d}x-\sum_{k=0}^{n} A_k f(x_k)=\int_a^b \frac{f^{(n+1)}(\xi)}{(n+1)!}\omega_{n+1}(x)\mathrm{d}x,$$

其中 ξ 与 x 有关. 可见，若 $f(x)$ 是次数小于等于 n 的多项式时，则 $E(f)=0$，这说明插值型求积公式至少具有 n 阶代数精度.

反之，若已知某一求积公式 $I_n=\sum_{k=0}^{n} A_k f(x_k)$ 至少具有 n 阶代数精度，则它对 n 次插值

基函数 $l_k(x)$ 应准确成立，从而有 $\int_a^b l_k(x)\,\mathrm{d}x = \sum_{j=0}^{n} A_j l_k(x_j) = A_k$，由此可知，此求积公式是插值型求积公式，从而得到如下定理：

定理 4.2 求积公式 $I_n = \sum_{k=0}^{n} A_k f(x_k)$ 至少具有 n 阶代数精度的充分必要条件是此公式是插值型的.

例 4 求插值型求积公式 $\int_{-1}^{1} f(x)\,\mathrm{d}x \approx A_0 f\left(-\frac{1}{2}\right) + A_1 f\left(\frac{1}{2}\right)$，并确定其代数精度.

解 取 $x_0=-\frac{1}{2}$，$x_1=\frac{1}{2}$，$l_0(x)=\frac{1}{2}-x$，$l_1(x)=x+\frac{1}{2}$，由(4.6)得求积系数为

$$A_0 = \int_{-1}^{1}\left(-x+\frac{1}{2}\right)\mathrm{d}x = 1, A_1 = \int_{-1}^{1}\left(x+\frac{1}{2}\right)\mathrm{d}x = 1,$$

从而插值型求积公式为 $\int_{-1}^{1} f(x)\,\mathrm{d}x \approx f\left(-\frac{1}{2}\right) + f\left(\frac{1}{2}\right)$，且 $m \geqslant 1$，而对于 $f(x)=x^2$，由于 $f\left(-\frac{1}{2}\right) + f\left(\frac{1}{2}\right) = \frac{1}{2} \neq \int_{-1}^{1} x^2\,\mathrm{d}x = \frac{2}{3}$，从而 $m=1$，即代数精度为 1.

4.2.2 Newton-Cotes 求积公式

若将积分区间 $[a,b]$ n 等分，取 $h=\frac{b-a}{n}$ 为步长，并取分点 $x_k=a+kh$ 作为求积节点，$k=0,1,\cdots,n$，做变量代换 $x=a+th$，那么由(4.6)知

$$A_k = h\int_0^n \frac{t(t-1)\cdots(t-k+1)(t-k-1)\cdots(t-n)}{k!\ (-1)^{n-k}(n-k)!}\mathrm{d}t. \tag{4.7}$$

若记

$$C_k^{(n)} = \frac{(-1)^{n-k}}{n\cdot k!\ \cdot(n-k)!}\int_0^n t(t-1)\cdots(t-k+1)(t-k-1)\cdots(t-n)\,\mathrm{d}t, \tag{4.8}$$

则

$$A_k = (b-a)C_k^{(n)}, \tag{4.9}$$

于是相应的插值型积分公式为：

$$I(f) = (b-a)\sum_{k=0}^{n} C_k^{(n)} f(x_k), \tag{4.10}$$

称(4.10)为**牛顿-柯特斯(Newton-Cotes)公式**，其中 $C_k^{(n)}$ 称为**柯特斯(Cotes)系数**.

从(4.8)可以看出，Cotes 系数 $C_k^{(n)}$ 与积分区间 $[a,b]$ 及被积表达式 $f(x)$ 都无关，只要给出区间的等分数 n，就能算出 Cotes 系数 $C_0^{(n)}, C_1^{(n)}, \cdots, C_n^{(n)}$，从而由(4.10)可以得到相应的 Newton-Cotes 公式.

例如，当 $n=1$ 时有

$$C_0^{(1)} = \frac{(-1)^{1-0}}{1\times 0!\ \times(1-0)!}\int_0^1 (t-1)\,\mathrm{d}t = \frac{-1}{1}\frac{(t-1)^2}{2}\Bigg|_0^1 = \frac{1}{2},$$

$$C_1^{(1)} = \frac{(-1)^{1-1}}{1\times 1!\ \times(1-1)!}\int_0^1 (t-0)\,\mathrm{d}t = \frac{t^2}{2}\Big|_0^1 = \frac{1}{2},$$

相应的 Newton-Cotes 公式为

$$I(f)=\frac{b-a}{2}[f(a)+f(b)], \tag{4.11}$$

这就是前面所提到的**梯形公式**，此时 $I(f)=\int_a^b P_1(x)\,\mathrm{d}x$，相当于在(4.5)中 $f(x)$ 用 $P_1(x)$ 来代替，其中 $P_1(x)$ 是过两点 $(a,f(a))$ 和 $(b,f(b))$ 的线性插值函数.

当 $n=2$ 时，有

$$\begin{aligned} C_0^{(2)} &= \frac{(-1)^{2-0}}{2\times 0!\ \times(2-0)!}\int_0^2 (t-1)(t-2)\,\mathrm{d}t \\ &= \frac{1}{4}\int_0^2 [(t-2)^2+(t-2)]\,\mathrm{d}t \\ &= \frac{1}{4}\left[\frac{1}{3}(t-2)^3+\frac{1}{2}(t-2)^2\right]\Big|_0^2 = \frac{1}{6}, \\ C_1^{(2)} &= -\frac{1}{2}\int_0^2 t(t-2)\,\mathrm{d}t = \frac{2}{3}, \\ C_2^{(2)} &= \frac{1}{4}\int_0^2 t(t-1)\,\mathrm{d}t = \frac{1}{6}, \end{aligned}$$

相应的 Newton-Cotes 公式为

$$I(f)=\frac{b-a}{6}\left[f(a)+4f\left(\frac{a+b}{2}\right)+f(b)\right], \tag{4.12}$$

这就是 **Simpson 公式**，此时 $I(f)=\int_a^b P_2(x)\,\mathrm{d}x$，相当于在(4.5)中 $f(x)$ 用 $P_2(x)$ 来代替，其中 $P_2(x)$ 是过三点 $(a, f(a))$，$((a+b)/2, f((a+b)/2))$ 和 $(b, f(b))$ 的抛物线插值函数.

当 $n=4$ 时的 Cotes 系数为

$$C_0^{(4)}=\frac{7}{90}, C_1^{(4)}=\frac{32}{90}, C_2^{(4)}=\frac{12}{90}, C_3^{(4)}=\frac{32}{90}, C_4^{(4)}=\frac{7}{90},$$

相应的 Newton-Cotes 公式为

$$I(f)=\frac{b-a}{90}[7f(x_0)+32f(x_1)+12f(x_2)+32f(x_3)+7f(x_4)],$$

称为 **Cotes 公式**，其中 $x_i=a+ih, h=\frac{b-a}{4}, i=0,1,2,3,4$. 直接验算知，Cotes 公式具有 5 次代数精度.

梯形公式的几何意义是当 $f(x)\geqslant 0$ 时，利用过两点的直线 $y=P_1(x)$ 在区间 $[a,b]$ 上对应的梯形面积去近似代替 $y=f(x)$ 所对应的曲边梯形面积. Simpson 公式的几何意义是当 $f(x)\geqslant 0$ 时，利用过三点的抛物线 $y=P_2(x)$ 在区间 $[a,b]$ 上对应的曲边梯形面积去近似代替 $y=f(x)$ 所对应的曲边梯形面积.

为了使用方便，我们把部分 Cotes 系数列在表 4-1 中，利用 Cotes 系数表可以很快得

到各种 Newton-Cotes 公式

表 4-1 Newton-Cotes 公式系数表

n	$C_0^{(n)}$	$C_1^{(n)}$	$C_2^{(n)}$	$C_3^{(n)}$	$C_4^{(n)}$	$C_5^{(n)}$	$C_6^{(n)}$
1	$\frac{1}{2}$	$\frac{1}{2}$					
2	$\frac{1}{6}$	$\frac{2}{3}$	$\frac{1}{6}$				
3	$\frac{1}{8}$	$\frac{3}{8}$	$\frac{3}{8}$	$\frac{1}{8}$			
4	$\frac{7}{90}$	$\frac{16}{45}$	$\frac{2}{15}$	$\frac{16}{45}$	$\frac{7}{90}$		
5	$\frac{19}{288}$	$\frac{25}{96}$	$\frac{25}{144}$	$\frac{25}{144}$	$\frac{25}{96}$	$\frac{19}{288}$	
6	$\frac{41}{840}$	$\frac{9}{35}$	$\frac{9}{280}$	$\frac{34}{105}$	$\frac{9}{280}$	$\frac{9}{35}$	$\frac{41}{840}$

例 5 分别用 $n=1,2,3,4,5$ 相应的 Newton-Cotes 公式计算积分 $\int_0^1 \frac{\sin x}{x}\mathrm{d}x$.

解 记 $f(x)=\frac{\sin x}{x}$, $I=\int_0^1 \frac{\sin x}{x}\mathrm{d}x=0.946\ 083\ 070\ 37$.

当 $n=1$ 时,有

$$f(0)=1, f(1)=0.841\ 470\ 98,$$

则有

$$I_1=\frac{1}{2}[f(0)+f(1)]=0.920\ 735\ 49.$$

当 $n=2$ 时,有

$$f\left(\frac{1}{2}\right)=0.958\ 851\ 08, I_2=\frac{1}{6}\left[f(0)+4f\left(\frac{1}{2}\right)+f(1)\right]=0.946\ 145\ 9.$$

当 $n=3$ 时,有

$$f\left(\frac{1}{3}\right)=0.981\ 584\ 09, f\left(\frac{2}{3}\right)=0.927\ 554\ 7,$$

$$I_3=\frac{1}{8}\left[f(0)+3f\left(\frac{1}{3}\right)+3f\left(\frac{2}{3}\right)+f(1)\right]=0.946\ 110\ 92.$$

当 $n=4$ 时,有

$$f\left(\frac{1}{4}\right)=0.989\ 615\ 84, f\left(\frac{2}{4}\right)=0.958\ 851\ 08, f\left(\frac{3}{4}\right)=0.908\ 851\ 68,$$

$$I_4=\frac{1}{90}\left[7f(0)+32f\left(\frac{1}{4}\right)+12f\left(\frac{2}{4}\right)+32f\left(\frac{3}{4}\right)+7f(1)\right]=0.946\ 083\ 0.$$

当 $n=5$ 时,有

$$f\left(\frac{1}{5}\right)=0.993\ 346\ 65, f\left(\frac{2}{5}\right)=0.973\ 545\ 86,$$

$$f\left(\frac{3}{5}\right)=0.941\,070\,79,f\left(\frac{4}{5}\right)=0.896\,695\,11,$$

$$I_5=\frac{1}{288}\left[19f(0)+75f\left(\frac{1}{5}\right)+50f\left(\frac{2}{5}\right)+50f\left(\frac{3}{5}\right)+75f\left(\frac{4}{5}\right)+19f(1)\right]=0.946\,083\,0.$$

注:此例结果显示,在进行数值积分计算时,取的点越多,即 n 越大,数值结果越精确.那么是否意味着 Newton-Cotes 公式可通过提高阶的方法来提高求解精度呢?

4.2.3 Newton-Cotes 公式的误差

定理 4.3 若 $f''(x)$ 在 $[a,b]$ 上连续,则梯形公式(4.11)的余项为

$$R(f)=-\frac{(b-a)^3}{12}f''(\eta),\eta\in[a,b]. \tag{4.13}$$

证明 根据定理 2.2 有

$$f(x)-P_1(x)=\frac{f''(\xi)}{2}(x-a)(x-b),a\leqslant\xi\leqslant b,$$

其中 ξ 是依赖于 x 的函数,两边积分得

$$R(f)=\int_a^b\frac{f''(\xi)}{2}(x-a)(x-b)\mathrm{d}x.$$

因 $f''(\xi)$ 在 $[a,b]$ 上连续,而 $(x-a)(x-b)$ 在 $[a,b]$ 上非正,利用积分中值定理,在 $[a,b]$ 上存在一点 $\eta\in[a,b]$,使得

$$\int_a^b f''(\xi)(x-a)(x-b)\mathrm{d}x=f''(\eta)\int_a^b(x-a)(x-b)\mathrm{d}x=-\frac{(b-a)^3}{6}f''(\eta),$$

因此余项为

$$R(f)=-\frac{(b-a)^3}{12}f''(\eta),$$

定理得证.

定理 4.4 若 $f^{(4)}(x)$ 在 $[a,b]$ 连续,则 Simpson 公式(4.12)的余项为

$$R(f)=-\frac{1}{2\,880}(b-a)^5f^{(4)}(\eta),\eta\in[a,b]. \tag{4.14}$$

证明 可以验证 Simpson 公式的代数精度为 3,考虑构造以 $a,\frac{a+b}{2}$ 和 b 为节点的三次代数插值多项式 $P_3(x)$,使其满足

$$P_3(a)=f(a),P_3\left(\frac{a+b}{2}\right)=f\left(\frac{a+b}{2}\right),$$

$$P_3(b)=f(b),P_3'\left(\frac{a+b}{2}\right)=f'\left(\frac{a+b}{2}\right),$$

则

$$f(x)=P_3(x)+\frac{f^{(4)}(\xi)}{4!}(x-a)\left(x-\frac{a+b}{2}\right)^2(x-b).$$

由于 Simpson 公式对 $P_3(x)$ 精确成立,即

$$\int_a^b P_3(x)\mathrm{d}x = \frac{b-a}{6}\left[f(a) + 4f\left(\frac{a+b}{2}\right) + f(b)\right],$$

所以

$$R(f) = \int_a^b \frac{f^{(4)}(\xi)}{4!}(x-a)\left(x-\frac{a+b}{2}\right)^2(x-b)\mathrm{d}x,$$

其中$f^{(4)}(\xi)$在区间$[a,b]$上是关于变量ξ的连续函数,而$(x-a)\left(x-\frac{a+b}{2}\right)^2(x-b)$在$[a,b]$上不变号,由积分中值定理知,在$[a,b]$上至少存在一点$\eta$,使得

$$R(f) = \frac{f^{(4)}(\eta)}{4!}\int_a^b (x-a)\left(x-\frac{a+b}{2}\right)^2(x-b)\mathrm{d}x = -\frac{(b-a)^5}{2\ 880}f^{(4)}(\eta).$$

注:上述证明中构造插值函数的条件$P_3'\left(\frac{a+b}{2}\right)=f'\left(\frac{a+b}{2}\right)$不能换为$P_3'(a)=f'(a)$或$P_3'(b)=f'(b)$,因为此时余项$R(f)$中的被积函数在积分区间上不满足保号性,积分中值定理不能使用.

设$f(x)$在区间$[a,b]$上具有6阶连续导数,即$f(x)\in C^6[a,b]$,同理可得Cotes公式的余项

$$R_C(f) = -\frac{2(b-a)}{945}h^6 f^{(6)}(\xi),\xi\in(a,b),$$

其中$h=\frac{b-a}{4}$.

对于一般n阶Newton-Cotes公式的余项,由于推导复杂,我们仅给出相关结论.

定理4.5 若n为奇数,且$f^{(n+1)}(x)$在$[a,b]$上连续,则

$$\begin{aligned} R(f) &= \frac{f^{(n+1)}(\eta_1)}{(n+1)!}\int_a^b \omega_{n+1}(x)\mathrm{d}x \\ &= \frac{h^{n+2}f^{(n+1)}(\eta_1)}{(n+1)!}\int_0^n (t-1)(t-2)\cdots(t-n)\mathrm{d}t, \end{aligned}$$

若n为偶数,且$f^{(n+2)}(x)$在$[a,b]$上连续,则

$$\begin{aligned} R(f) &= \frac{f^{(n+2)}(\eta_2)}{(n+2)!}\int_a^b x\omega_{n+1}(x)\mathrm{d}x \\ &= \frac{h^{n+3}f^{(n+2)}(\eta_2)}{(n+2)!}\int_0^n \left(t-\frac{n}{2}\right)(t-1)(t-2)\cdots(t-n)\mathrm{d}t, \end{aligned}$$

其中$h=\frac{b-a}{n}$,$\eta_1,\eta_2\in[a,b]$.

由此可知,当n为奇数时,n阶Newton-Cotes公式代数精度为n;而当n为偶数时,n阶Newton-Cotes公式代数精度为$n+1$.

例6 试用梯形求积公式、辛普森求积公式和Cotes求积公式计算定积分$\int_{0.5}^1 \sqrt{x}\mathrm{d}x$.

解 (1)利用梯形求积公式有

$$\int_{0.5}^1 \sqrt{x}\mathrm{d}x \approx \frac{1-0.5}{2}(\sqrt{0.5}+1) = 0.426\ 776\ 7.$$

(2)用辛普森求积公式计算有

$$\int_{0.5}^{1}\sqrt{x}\,dx \approx \frac{1-0.5}{6}(\sqrt{0.5}+4\sqrt{0.75}+1)=0.430\,934\,03.$$

(3)用 Cotes 求积公式计算得

$$\int_{0.5}^{1}\sqrt{x}\,dx \approx (1-0.5)\left(\frac{7}{90}\sqrt{0.5}+\frac{16}{45}\sqrt{0.675}+\frac{2}{15}\sqrt{0.75}+\frac{16}{45}\sqrt{0.875}+\frac{7}{90}\sqrt{1}\right)$$
$$=0.430\,964\,07.$$

积分的准确值为$\int_{0.5}^{1}\sqrt{x}\,dx=0.430\,964\,41$. 可见,三个公式中 Cotes 求积公式计算最精确,但是计算量也最大.

4.2.4 Newton-Cotes 公式的数值稳定性和收敛性

Newton-Cotes 求积公式(4.10)的数值稳定性是指$f(x_k)$的误差对数值积分结果的影响,若影响很大,就称该数值求积公式不稳定.

在 Newton-Cotes 公式中取$f(x)\equiv 1$,此时$R(f)=0$并有$\sum_{k=0}^{n}C_k^{(n)}=1$,设$f(x_k)$的近似值$\bar{f}_k=f(x_k)+\varepsilon_k$, $|\varepsilon_k|\leqslant\varepsilon$, $k=0,\cdots,n$,由近似值$\bar{f}_k$, $k=0,\cdots,n$,所得数值积分值为

$$(b-a)\sum_{k=0}^{n}C_k^{(n)}\cdot\bar{f}_k=(b-a)\sum_{k=0}^{n}C_k^{(n)}f(x_k)+(b-a)\sum_{k=0}^{n}C_k^{(n)}\varepsilon_k,$$

其误差为$E=(b-a)\sum_{k=0}^{n}C_k^{(n)}\varepsilon_k$,若$C_k^{(n)}$都是正数,在$|\varepsilon_k|\leqslant\varepsilon$的前提下有

$$|E|_{\max}=(b-a)\max_{|\varepsilon_k|\leqslant\varepsilon}\left|\sum_{k=0}^{n}C_k^{(n)}\varepsilon_k\right|\leqslant\varepsilon(b-a)\sum_{k=0}^{n}|C_k^{(n)}|,$$

当$n\leqslant7$时,$C_k^{(n)}>0$, $|E|\leqslant\varepsilon(b-a)$是数值稳定的. 当$n\geqslant8$时,Cotes 系数$C_k^{(n)}(k=0,1,\cdots,n)$有正有负,而且有

$$\lim_{n\to\infty}\sum_{k=0}^{n}|C_k^{(n)}|=+\infty,$$

从而高阶 Newton-Cotes 公式是数值不稳定的.

可以证明,存在$[a,b]$上的连续函数$f(x)$,对 Newton-Cotes 公式来说,$\lim\limits_{n\to\infty}R(f)=0$不成立,即当$n\to\infty$时,Newton-Cotes 公式对连续函数的数值积分不能保证收敛.

由于 Newton-Cotes 公式随着求积节点的增多有可能导致求积系数出现负数,例如,当$n=8$, $x_i=a+ih$, $h=\frac{b-a}{8}$, $i=0,1,2,\cdots,8$时,系数A_2为

$$A_2=\int_a^b\left[\frac{(x-x_0)(x-x_1)(x-x_3)(x-x_4)(x-x_5)(x-x_6)(x-x_7)(x-x_8)}{(x_2-x_0)(x_2-x_1)(x_2-x_3)(x_2-x_4)(x_2-x_5)(x_2-x_6)(x_2-x_7)(x_2-x_8)}\right]dx$$
$$=-\frac{464(b-a)}{14\,175},$$

此时对应的公式**不具有稳定性**,故不可能通过提高阶的方法来提高求解精度.

基于上述稳定性及收敛性原因,在实际计算中,很少采用高阶 Newton-Cotes 求积公式,为了提高精度,通常把积分区间分成若干子区间(通常**等分**),再在每个子区间上用低阶求积公式,这种方法称为**复化积分法**.

§4.3 复化求积公式

在实际计算中,当积分区间较大时,直接使用梯形公式、Simpson 公式等低阶 Newton-Cotes 公式在精度上难以得到保证,为了提高计算结果的精度,常采用复化求积公式.

4.3.1 复化梯形公式

设将$[a,b]$区间 n 等分,步长 $h=\dfrac{b-a}{n}$,节点为 $x_k=a+kh,k=0,1,\cdots,n$,在每个小区间$[x_k,x_{k+1}]$上用 Newton-Cotes 求积公式,然后求和,则得**复化求积公式**. 若在每个子区间$[x_{k-1},x_k](k=1,\cdots,n)$上应用梯形公式,得

$$I_k=\frac{x_k-x_{k-1}}{2}[f(x_{k-1})+f(x_k)]=\frac{h}{2}[f(x_{k-1})+f(x_k)],$$

于是

$$\int_a^b f(x)\,\mathrm{d}x=\sum_{k=1}^{n}\int_{x_{k-1}}^{x_k}f(x)\,\mathrm{d}x\approx\sum_{k=1}^{n}I_k=\frac{h}{2}\sum_{k=1}^{n}[f(x_{k-1})+f(x_k)],$$

注意到 $x_0=a,x_n=b$ 并记积分近似值为 T_n,上式整理可得

$$\int_a^b f(x)\,\mathrm{d}x\approx T_n=\frac{h}{2}\left[f(a)+2\sum_{k=1}^{n-1}f(x_k)+f(b)\right],\tag{4.15}$$

复化求积公式(4.15)称为**复化梯形公式**.

复化梯形公式的几何意义就是曲边梯形面积近似地用许多小的细条梯形来代替.

4.3.2 复化 Simpson 公式

若在每个子区间$[x_{k-1},x_k](k=1,2,\cdots,n)$上应用 Simpson 公式,记 $x_{k-\frac{1}{2}}=x_{k-1}+\dfrac{1}{2}h$,得

$$\begin{aligned}I_k&=\frac{x_k-x_{k-1}}{6}[f(x_{k-1})+4f(x_{k-\frac{1}{2}})+f(x_k)]\\&=\frac{h}{6}[f(x_{k-1})+4f(x_{k-\frac{1}{2}})+f(x_k)],\end{aligned}$$

于是

$$\int_a^b f(x)\,\mathrm{d}x = \sum_{k=1}^{n}\int_{x_{k-1}}^{x_k} f(x)\,\mathrm{d}x \approx \sum_{k=1}^{n} I_k = \frac{h}{6}\sum_{k=1}^{n}\left[f(x_{k-1}) + 4f(x_{k-\frac{1}{2}}) + f(x_k)\right],$$

注意到 $x_0=a, x_n=b$ 并记积分近似值为 S_n，整理上式可得

$$\int_a^b f(x)\,\mathrm{d}x \approx S_n = \frac{h}{6}\left[f(a) + 4\sum_{k=1}^{n} f(x_{k-\frac{1}{2}}) + 2\sum_{k=1}^{n-1} f(x_k) + f(b)\right], \tag{4.16}$$

复化求积公式(4.16)称为**复化 Simpson 公式**.

4.3.3　复化 Cotes 公式

将$[a,b]$区间 n 等分，$h=\frac{b-a}{n}$，取节点

$$x_k=a+kh, x_{k+\frac{1}{4}}=a+\left(k+\frac{1}{4}\right)h,$$

$$x_{k+\frac{1}{2}}=a+\left(k+\frac{1}{2}\right)h, x_{k+\frac{3}{4}}=a+\left(k+\frac{3}{4}\right)h, k=0,1,\cdots,n,$$

从而有

$$\int_a^b f(x)\,\mathrm{d}x \approx C_n = \frac{h}{90}\left[7f(a) + 32\sum_{k=0}^{n-1} f(x_{k+\frac{1}{4}}) + 12\sum_{k=0}^{n-1} f(x_{k+\frac{1}{2}}) + 32\sum_{k=0}^{n-1} f(x_{k+\frac{3}{4}}) + 14\sum_{k=1}^{n-1} f(k) + 7f(b)\right]. \tag{4.17}$$

例 7　利用下列数据表计算积分 $I=\int_0^1 \frac{4}{1+x^2}\mathrm{d}x$，其中精确值 $I=\pi$.

x	0	0.125	0.25	0.375
$f(x)$	4	3.938 46	3.764 70	3.506 85

x	0.5	0.625	0.75	0.875	1
$f(x)$	3.200 0	2.876 40	2.460 00	2.265 49	2.000 00

解　(1) 当 $n=8$ 时，用复化梯形公式(4.15)得

$$T_8=\frac{1}{8}\times\frac{1}{2}\left[f(0)+2f\left(\frac{1}{8}\right)+2f\left(\frac{1}{4}\right)+2f\left(\frac{3}{8}\right)+2f\left(\frac{1}{2}\right)+2f\left(\frac{5}{8}\right)+2f\left(\frac{3}{4}\right)+2f\left(\frac{7}{8}\right)+f(1)\right]$$
$$=3.138\,988\,494;$$

(2) 当 $n=4$ 时，用复化 Simpson 公式(4.16)得

$$S_4=\frac{1}{4}\times\frac{1}{6}\left[f(0)+4f\left(\frac{1}{8}\right)+2f\left(\frac{1}{4}\right)+4f\left(\frac{3}{8}\right)+2f\left(\frac{1}{2}\right)+4f\left(\frac{5}{8}\right)+2f\left(\frac{3}{4}\right)+4f\left(\frac{7}{8}\right)+f(1)\right]$$
$$=3.141\,592\,502.$$

可见，复化梯形公式和复化 Simpson 公式都需要 9 个点，但复化 Simpson 公式更精确.

本例复化梯形公式 Matlab 程序如下：

```
function Fuhuatixing
clc;
```

```
a=0;
b=1;
n=8;
h=(b-a)/n;
f=inline('4./(1+x.^2)');s=0;
for k=1:n-1
    x=a+k*h;
    s=s+feval(f,x);
end
h/2*(feval(f,a)+feval(f,b)+2*s)
```

复化 Simpson 公式编程如下：

```
function Fuhuasimpson
clc;
a=0;
b=1;
n=4;
h=(b-a)/n;
f=inline('4./(1+x.^2)');
s1=0;s2=0;
for k=1:n-1
    x=a+k*h;s1=s1+feval(f,x);
end
for k=0:n-1
    x=a+(k+1/2)*h;
    s2=s2+feval(f,x);
end
s=6/h*(feval(f,a)+2*s1+4*s2+feval(f,b))
```

4.3.4 复化求积公式的误差

定理 4.6 若 $f''(x)$ 在积分区间 $[a,b]$ 上连续，即 $f(x)\in C^2[a,b]$，则复化梯形公式(4.15)的余项为

$$R(T_n)=-\frac{b-a}{12}h^2f''(\eta_1),\eta_1\in[a,b]. \tag{4.18}$$

证明 将 $[a,b]$ 区间 n 等分，并在每个小区间上直接利用梯形公式的误差估计式(4.13)可得

$$R(T_n)=\int_a^b f(x)\,\mathrm{d}x-T_n=\sum_{k=1}^{n}\left(\int_{x_{k-1}}^{x_k}f(x)\,\mathrm{d}x-\frac{h}{2}(f(x_{k-1})+f(x_k))\right)$$

$$=-\frac{h^3}{12}\sum_{k=1}^{n}f''(\xi_k),x_{k-1}\leqslant\xi_k\leqslant x_k.$$

由于$f''(\xi_k)$在积分区间$[a,b]$上连续,利用连续函数的性质可知,在$[a,b]$上至少存在一点η_1,使得

$$\frac{1}{n}\sum_{k=1}^{n}f''(\xi_k)=f''(\eta_1),$$

这样就得到了复化梯形公式的截断误差

$$R(T_n)=-\frac{b-a}{12}h^2f''(\eta_1),$$

从而定理得证.

类似于定理4.6,我们可以得到复化Simpson公式和复化Cotes公式的余项.

定理4.7　若$f^{(4)}(x)$在积分区间$[a,b]$上连续,即$f(x)\in C^4[a,b]$,则复化Simpson公式(4.16)的余项为

$$R(S_n)=-\frac{b-a}{180}\left(\frac{h}{2}\right)^4f^{(4)}(\eta_2),\eta_2\in[a,b].\tag{4.19}$$

定理4.8　若$f^{(6)}(x)$在积分区间$[a,b]$上连续,即$f(x)\in C^6[a,b]$,则复化Cotes公式(4.16)的余项为

$$R(S_n)=-\frac{2(b-a)}{945}\left(\frac{h}{4}\right)^6f^{(6)}(\eta_3),\eta_3\in[a,b].\tag{4.20}$$

例8　令$f(x)=\dfrac{\sin x}{x},I=\int_0^1f(x)\mathrm{d}x$.

(1) 利用复化梯形公式T_n计算I的近似值,要使$|I-T_n|\leqslant\dfrac{1}{2}\times10^{-3}$,$n$应取多少?

(2) 取与(1)同样的求积节点,利用复化Simpson公式计算I的近似值,并估计误差.

解　因为$f(x)=\dfrac{\sin x}{x}=\int_0^1\cos(xt)\mathrm{d}t$,所以

$$f^{(k)}(x)=\int_0^1\frac{\mathrm{d}^k}{\mathrm{d}x^k}(\cos(xt))\mathrm{d}t=\int_0^1t^k\cos\left(xt+\frac{k\pi}{2}\right)\mathrm{d}t,$$

故

$$|f^{(k)}(x)|\leqslant\int_0^1t^k\left|\cos\left(xt+\frac{k\pi}{2}\right)\right|\mathrm{d}t\leqslant\int_0^1t^k\mathrm{d}t=\frac{1}{k+1}.$$

(1) 取$a=0,b=1$,要使T_n满足误差要求,由复化梯形公式的余项(4.13)可知,只需

$$|R(T_n)|=|I-T_n|=\left|-\frac{(1-0)^3}{12n^2}f''(\eta)\right|\leqslant\frac{1}{12n^2}\cdot\frac{1}{2+1}=\frac{1}{36n^2}\leqslant\frac{1}{2}\times10^{-3},$$

即$n^2\geqslant55.555\ 56$,亦即$n\geqslant7.453\ 56$,故应取$n=8$,则步长$h=\dfrac{b-a}{n}=\dfrac{1}{8}$,相应地取9个节点,如表4-2所示.

用复化梯形公式(4.15)得

$$T_8=\frac{1}{2\times8}[1+0.841\ 470\ 9+2\times(0.997\ 397\ 8+0.989\ 615\ 8+0.976\ 726\ 7+$$

$0.9588510+0.9361556+0.9088516+0.8771925)]$

$=0.9456909,$

表 4-2 函数表

x	$f(x)$	x	$f(x)$
0	1.000 000 0	5/8	0.936 155 6
1/8	0.997 397 8	6/8	0.908 851 6
2/8	0.989 615 8	7/8	0.877 192 5
3/8	0.976 726 7	1	0.841 470 9
4/8	0.958 851 0		

（2）在 9 个等距节点上用复化 Simpson 公式(4.16)计算 I，n 应取 4，相应步长 $h=\frac{1}{4}$，于是有

$$S_4=\frac{1}{6\times4}[1+0.8414709+4\times(0.9973978+0.9767267+0.9361556+0.8771925)+2\times(0.9896158+0.9588510+0.9088516)]=0.9460832,$$

其误差满足

$$|R(S_4)|=|I-S_4|=\left|-\frac{(1-0)^5}{2\,880\times4^4}f^{(4)}(\eta)\right|\leqslant\frac{1}{2\,880}\left(\frac{1}{4}\right)^4\frac{1}{4+1}=0.271\times10^{-6}.$$

由上面的计算可以看到，T_8 与 S_4 都需要 9 个点上的函数值，计算量基本相同，然而精度却有很大差别，与准确值 $I=0.946\,083\,070\,367\cdots$ 相比，$T_8=0.945\,690\,9$ 有 2 位有效数字，而 $S_4=0.946\,083\,2$ 却有 6 位有效数字. 再从二者的误差估计来看，复化 Simpson 公式比复化梯形公式的精度也要高得多. 因此在实际应用中，复化 Simpson 公式是一种常用有效的数值积分方法.

例 9 计算定积分 $I=\int_0^1 e^x dx$，使误差不超过 $\frac{1}{2}\times10^{-5}$，若分别用复化梯形公式、复化 Simpson 公式和复化 Cotes 公式，各需要取几个求积节点？

解 由于 $f(x)=e^x$，$f^{(k)}(x)=e^x$，$b-a=1$，则

（1）由复化梯形公式余项(4.18)得

$$|R(T_n)|=\left|-\frac{b-a}{12}h^2f''(\eta)\right|\leqslant\frac{1}{12}\left(\frac{1}{n}\right)^2 e\leqslant\frac{1}{2}\times10^{-5},$$

即 $n\geqslant212.85$，取 $n=213$，即取 $n+1=214$ 个节点.

（2）由复化 Simpson 公式余项(4.19)得

$$|R(S_n)|=\left|-\frac{b-a}{2\,880}h^4f^{(4)}(\eta)\right|\leqslant\frac{1}{2\,880}\left(\frac{1}{n}\right)^4 e\leqslant\frac{1}{2}\times10^{-5},$$

即 $n\geqslant3.71$，取 $n=4$，即取 $2n+1=9$ 个节点.

（3）由复化 Cotes 公式余项(4.20)得

$$|R(C_n)| = \left|-\frac{2(b-a)}{945}\left(\frac{h}{4}\right)^6 f^{(6)}(\eta)\right| \leqslant \frac{1}{1\ 935\ 360}\left(\frac{1}{n}\right)^6 \mathrm{e} \leqslant \frac{1}{2}\times 10^{-5},$$

即 $n \geqslant 0.86$,取 $n=1$,即取 $4n+1=5$ 个节点.

§ 4.4　Romberg 积分法

4.4.1　Richardson 外推算法

在利用复化梯形公式(4.15)计算积分 $I=\int_a^b f(x)\,\mathrm{d}x$ 时,将 $[a,b]$ 区间 n 等分,步长 $h=\dfrac{b-a}{n}$,记

$$T_n(f)=\frac{h}{2}\sum_{k=0}^{n-1}\left[f(x_k)+f(x_{k+1})\right],$$

由于 n 与 h 相联系,因此也可以用 h 表示,$T_f(h)=T_n(f)$,由于 $f(x)$ 为被积函数,有时仅记为 $T(h)$. 若 $f\in C^{2m+2}[a,b]$,则

$$I-T(h)=a_2h^2+a_4h^4+a_6h^6+\cdots+O(h^{2m+2})=O(h^2), \tag{4.21}$$

若 h 减少一半,即 n 增加一倍,则有

$$I-T\left(\frac{h}{2}\right)=a_2\left(\frac{h}{2}\right)^2+a_4\left(\frac{h}{2}\right)^4+a_6\left(\frac{h}{2}\right)^6+\cdots=\frac{1}{4}a_2h^2+\frac{1}{16}a_4h^4+\cdots, \tag{4.22}$$

用(4.22)的 4 倍减去(4.21),得

$$3I=4T\left(\frac{h}{2}\right)-T(h)+\left(\frac{1}{4}-1\right)a_4h^4+\cdots,$$

即

$$I=\frac{1}{3}\left[4T\left(\frac{h}{2}\right)-T(h)\right]+O(h^4),$$

也就是说利用 $T(h)$ 和 $T\left(\dfrac{h}{2}\right)$ 的线性组合 $\dfrac{1}{3}\left[4T\left(\dfrac{h}{2}\right)-T(h)\right]$,使得误差阶由 $O(h^2)$ 提高到 $O(h^4)$,这种方法称为 **Richardson 外推算法**.

记 $S(h)=\dfrac{1}{3}\left[4T\left(\dfrac{h}{2}\right)-T(h)\right]$,即为把区间 n 等分后利用复化 Simpson 公式,由

$$I-S(h)=b_1h^4+b_2h^6+\cdots+O(h^{2m+2}), \tag{4.23}$$

$$I-S\left(\frac{h}{2}\right)=b_1\left(\frac{h}{2}\right)^4+b_2\left(\frac{h}{2}\right)^6+\cdots, \tag{4.24}$$

用(4.24)的 16 倍减去(4.23),得

$$15I=16S\left(\frac{h}{2}\right)-S(h)+\left(\frac{1}{4}-1\right)b_2h^6+\cdots,$$

从而有

$$I=\frac{1}{15}\left[16S\left(\frac{h}{2}\right)-S(h)\right]+O(h^6).$$

记 $C(h)=\frac{1}{15}\left[16S\left(\frac{h}{2}\right)-S(h)\right]$，即区间 $[a,b]$ 分为 n 个子区间的复化 Cotes 公式，进一步可得逼近阶为 $O(h^8)$ 的公式 $R(h)=\frac{1}{63}\left[64C\left(\frac{h}{2}\right)-C(h)\right]$.

4.4.2 Romberg 算法

Romberg 算法是利用两个相邻的近似公式（其中一个公式是由另一个公式的步长减半得到的）的线性组合而得到更好的近似公式的方法，也称为**逐次分半加速法**，各种近似公式如表 4-3 所示.

表 4 - 3　积分 $I=\int_a^b f(x)\,dx$ 的各种近似公式及代数精度表

公式	名称	代数精度
$T(h)=\frac{b-a}{2}[f(a)+f(b)]+O(h^2)$	梯形公式	1
$S(h)=\dfrac{4^1T\left(\frac{h}{2}\right)-T(h)}{4^1-1}+O(h^4)$	Simpson 公式	3
$C(h)=\dfrac{4^2S\left(\frac{h}{2}\right)-S(h)}{4^2-1}+O(h^6)$	Cotes 公式	5
$R(h)=\dfrac{4^3C\left(\frac{h}{2}\right)-C(h)}{4^3-1}+O(h^8)$	Romberg 公式	7
$D(h)=\dfrac{4^4R\left(\frac{h}{2}\right)-R(h)}{4^4-1}+O(h^{10})$	D 公式	9
$E(h)=\dfrac{4^5D\left(\frac{h}{2}\right)-D(h)}{4^5-1}+O(h^{12})$	E 公式	11

若引入符号 $T_0(h)=T(h)$，$T_1(h)=S(h)$，$T_2(h)=C(h)$，$T_3(h)=R(h)$ 等，将上式写成统一形式 $T_m(h)=\dfrac{4^mT_{m-1}\left(\frac{h}{2}\right)-T_{m-1}(h)}{4^m-1}$，$m=1,2,\cdots$，经过 m 次加速后，余项为 $T_m(h)=I+O(h^{2(m+1)})$，代数精度为 $2m+1$，算法设计如下：

Step 1：输入 a,b 及精度 ε；

Step 2：$h=b-a$，$T_1^1=\frac{h}{2}[f(a)+f(b)]$；

Step 3：取 $i=1$，$m=1$，$n=2$，对分区间 $[a,b]$，并计算 T_m^{i+1}，T_{m+1}^{i+1}，以及

$$T_1^{i+1}=\frac{1}{2}T_1^i+\frac{h}{2}\sum_{k=0}^{n-1}f(x_{k+\frac{1}{2}}),T_{m+1}^{i+1}=\frac{4^m T_m^{i+1}-T_m^i}{4^m-1};$$

Step 4:若不满足终止条件,做循环 $i:=i+1,h:=n/2,n:=2n$,计算

$$T_1^{i+1}=\frac{1}{2}T_1^i+\frac{h}{2}\sum_{k=0}^{n-1}f(x_{k+\frac{1}{2}}),$$

对 $m=1,2,\cdots,i$,计算 $T_{m+1}^{i+1}=\dfrac{4^m T_m^{i+1}-T_m^i}{4^m-1}$.

Romberg 算法示例:编程实现利用 Romberg 算法计算积分 $I=\int_0^1\frac{4}{1+x^2}dx$ 的近似值,取控制精度 $\varepsilon=10^{-10}$,其 Matlab 程序如下:

```
function Romberg
clc;
a=0;b=1;h=b-a;
f=@(x)4./(1+x.^2);
eps=1e-10;
h=b-a;
R(1,1)=(h/2)*(feval(f,a)+feval(f,b));
n=1;
J=0;
err=1;
while (err>eps)
    J=J+1;
    h=h/2;
    S=0;
    for i=1:n
      x=a+h*(2*i-1);
      S=S+feval(f,x);
end
R(J+1,1)=R(J,1)/2+h*S;
for k=1:J
    R(J+1,k+1)=(4^k*R(J+1,k)-R(J,k))/(4^k-1);
    end
    err=abs(R(J+1,J+1)-R(J+1,J));
    n=2*n;
end
R
T=R(J+1,J+1)
n
```

§4.5 Gauss 型求积公式

4.5.1 Gauss 型求积公式的原理

本节主要讨论带权的积分

$$\int_a^b \rho(x)f(x)\,dx \tag{4.25}$$

的数值计算方法,其中 $\rho(x)\geqslant 0$ 为权函数. 类似于机械求积公式(4.3),我们可以得到数值积分公式

$$\int_a^b \rho(x)f(x)\,dx \approx \sum_{k=0}^{n} A_k f(x_k), \tag{4.26}$$

其中 $A_k(k=0,1,2,\cdots,n)$ 为不依赖于 $f(x)$ 的求积系数,$x_k(k=0,1,2,\cdots,n)$ 为求积节点. 如何适当地选取 x_k 和 $A_k(k=0,1,2,\cdots,n)$,使得上述求积公式(4.26)的代数精度尽可能地高?该数值积分公式的代数精度最高是多少?Gauss 证明了如果适当选取求积节点 $x_0,x_1,\cdots,x_n$ 和求积系数 $A_0,A_1,\cdots,A_n$ 后,数值积分公式(4.26)的代数精度最高可以达到 $2n+1$ 阶,此时我们称其节点 $x_k(k=0,1,2,\cdots,n)$ 为 **Gauss 点**,相应的公式(4.26)为 **Gauss 型求积公式**.

下面通过一个简单的例子说明怎么确定 Gauss 型求积公式.

例 10 试确定 x_1,x_2,A_1,A_2,使公式

$$\int_{-1}^{1} f(x)\,dx \approx A_1 f(x_1) + A_2 f(x_2) \tag{4.27}$$

是 Gauss 型求积公式.

解 由公式(4.27)对于 $f(x)=1,x,x^2,x^3$ 精确成立,可以得到方程组

$$\begin{cases} A_1+A_2=2, \\ A_1x_1+A_2x_2=0, \\ A_1x_1^2+A_2x_2^2=\dfrac{2}{3}, \\ A_1x_1^3+A_2x_2^3=0, \end{cases}$$

直接求解方程组得

$$A_1=A_2=1,\ x_1=-\frac{\sqrt{3}}{3},\ x_2=\frac{\sqrt{3}}{3},$$

即

$$\int_{-1}^{1} f(x)\,dx \approx f\left(-\frac{\sqrt{3}}{3}\right)+f\left(\frac{\sqrt{3}}{3}\right),$$

显然它具有 3 次代数精度,因此是 Gauss 型求积公式.

上述方法对节点较少的情况是比较实用的方法，但是当求积节点较多时，由于求解方程较为困难，所以一般利用正交多项式的特性来求节点，下面就以例 10 为例来进行说明.

因为公式(4.27)对任意次数不超过 3 次的多项式都精确成立，不妨取 $f(x)$ 为 3 次多项式，首先用

$$\omega_1(x)=(x-x_1)(x-x_2)$$

去除 $f(x)$，由带余除法可得

$$f(x)=(\beta_0+\beta_1 x)(x-x_1)(x-x_2)+r_1(x),$$

其中 $r_1(x)$ 是次数不超过 1 次的多项式，且有 $f(x_1)=r_1(x_1)$，$f(x_2)=r_1(x_2)$，两边同时积分得

$$\int_{-1}^{1} f(x)\,\mathrm{d}x=\int_{-1}^{1}(\beta_0+\beta_1 x)(x-x_1)(x-x_2)\,\mathrm{d}x+\int_{-1}^{1} r_1(x)\,\mathrm{d}x,$$

注意观察上式，如果对任意的 1 次多项式 $\beta_0+\beta_1 x$ 恒有

$$\int_{-1}^{1}(\beta_0+\beta_1 x)(x-x_1)(x-x_2)\,\mathrm{d}x=0, \tag{4.28}$$

则有 $\int_{-1}^{1} f(x)\,\mathrm{d}x=\int_{-1}^{1} r_1(x)\,\mathrm{d}x$. 构造数值积分公式

$$\int_{-1}^{1} r_1(x)\,\mathrm{d}x=A_1 f(x_1)+A_2 f(x_2),$$

使其对 1 次多项式精确成立，则由上述分析可知公式(4.27)具有 3 次代数精度，这就是说，当节点选取条件满足(4.28)时，数值积分公式(4.27)对任意的 3 次多项式都精确成立.

另一解法，由公式(4.28)可得

$$\begin{cases}\int_{-1}^{1}(x-x_1)(x-x_2)\,\mathrm{d}x=0,\\ \int_{-1}^{1} x(x-x_1)(x-x_2)\,\mathrm{d}x=0,\end{cases}$$

整理得

$$\begin{cases}\dfrac{2}{3}+2x_1x_2=0,\\ x_1+x_2=0,\end{cases}$$

解得 $x_1=-\dfrac{\sqrt{3}}{3}$，$x_2=\dfrac{\sqrt{3}}{3}$，求得 x_1 和 x_2 后，利用求积公式(4.27)对于 $f(x)=1, x$ 精确成立可得 $\begin{cases}A_1+A_2=2,\\ A_1x_1+A_2x_2=0,\end{cases}$ 解得 $A_1=A_2=1$，这就得到了求积公式

$$\int_{-1}^{1} f(x)\,\mathrm{d}x\approx f\left(-\frac{\sqrt{3}}{3}\right)+f\left(\frac{\sqrt{3}}{3}\right).$$

对于积分(4.25)来说，要求 Gauss 型求积公式，关键是选择合适的节点 $x_0, x_1, \cdots, x_n$，使求积公式(4.26)对于函数 $f(x)=1, x, \cdots, x^{2n+1}$ 精确成立. 类似于 $n=2$ 的情况，我们可以得到下面的结论：

定理 4.9 插值型数值求积公式(4.26)的节点 $a\leqslant x_0<x_1<\cdots<x_n\leqslant b$ 是 Gauss 点的充分必要条件是以这些节点为零点的多项式 $\omega_{n+1}(x)$ 与任何次数不超过 n 的多项式 $P_n(x)$ 关于权函数 $\rho(x)$ 正交,即

$$\int_a^b \rho(x)\omega_{n+1}(x)P_n(x)\,\mathrm{d}x=0.$$

证明 先证充分性. 设 $f(x)$ 为任一次数小于等于 $2n+1$ 的代数多项式,首先用 $\omega_{n+1}(x)$ 去除 $f(x)$,由带余除法可得

$$f(x)=\omega_{n+1}(x)q(x)+r(x),$$

其中 $q(x)$ 和 $r(x)$ 为次数小于等于 n 的多项式,两边同时关于权函数 $\rho(x)$ 在 $[a,b]$ 上积分得

$$\begin{aligned}\int_a^b \rho(x)f(x)\,\mathrm{d}x&=\int_a^b \rho(x)\omega_{n+1}(x)q(x)\,\mathrm{d}x+\int_a^b \rho(x)r(x)\,\mathrm{d}x\\&=(\omega_{n+1},q)+\int_a^b \rho(x)r(x)\,\mathrm{d}x,\end{aligned}$$

其中 (ω_{n+1},q) 表示 $\omega_{n+1}(x)$ 与 $q(x)$ 在 $[a,b]$ 上带权 $\rho(x)$ 的内积,由于 $\omega_{n+1}(x)$ 是 $n+1$ 次正交多项式,$q(x)$ 次数小于等于 n,它们的内积为 0,而 $r(x)$ 次数不高于 n. 对于插值型求积公式(4.5)有

$$\int_a^b \rho(x)r(x)\,\mathrm{d}x=\sum_{k=0}^n A_k r(x_k)=\sum_{k=0}^n A_k f(x_k),$$

从而

$$\int_a^b \rho(x)f(x)\,\mathrm{d}x=\sum_{k=0}^n A_k f(x_k)$$

对所有次数小于等于 $2n+1$ 的代数多项式 $f(x)$ 成立.

下证必要性. 任取次数小于等于 n 的多项式 $q(x)$ 有

$$\int_a^b \rho(x)\omega_{n+1}(x)q(x)\,\mathrm{d}x=\sum_{k=0}^n A_k\omega_{n+1}(x_k)q(x_k)=0,$$

用内积来描述,即 $(\omega_{n+1},q)=0$ 对一切次数不高于 n 的代数多项式 $q(x)$ 成立,从而 $\omega_{n+1}(x)$ 是 $[a,b]$ 上关于权 $\rho(x)$ 的 $n+1$ 次正交多项式,Gauss 点 $x_k(k=0,1,\cdots,n)$ 是 $n+1$ 次正交多项式 $\omega_{n+1}(x)$ 的根.

下面讨论 Gauss 型求积公式(4.26)的余项,利用 $f(x)$ 在节点 $x_0,x_1,\cdots,x_n$ 的 $2n+1$ 次 Hermite 插值多项式 $P_{2n+1}(x)$,即有

$$P_{2n+1}(x_k)=f(x_k),P_{2n+1}'(x_k)=f'(x_k),k=0,1,2,\cdots,n.$$

于是

$$f(x)=P_{2n+1}(x)+\frac{f^{(2n+2)}(\xi)}{(2n+2)!}\omega_{n+1}^2(x),$$

两端乘以 $\rho(x)$,并由 a 到 b 积分可得

$$\int_a^b \rho(x)f(x)\,\mathrm{d}x=\int_a^b \rho(x)P_{2n+1}(x)\,\mathrm{d}x+R(f),$$

其中右端积分对 $2n+1$ 次多项式精确成立,故

$$R(f)=\int_a^b \rho(x)f(x)\,\mathrm{d}x-\sum_{k=0}^{n}A_kf(x_k)=\int_a^b \frac{f^{(2n+2)}(\xi)}{(2n+2)!}\omega_{n+1}^2(x)\rho(x)\,\mathrm{d}x,$$

由于 $\omega_{n+1}^2(x)\rho(x)\geqslant 0$,由积分中值定理可得 Gauss 型求积公式(4.26)的余项为

$$R(f)=\frac{f^{(2n+2)}(\eta)}{(2n+2)!}\int_a^b \rho(x)\omega_{n+1}^2(x)\,\mathrm{d}x.$$

可以证明,只要 $f(x)$ 在区间 $[a,b]$ 上连续,那么当 $n\to\infty$ 时 Gauss 型求积公式(4.26)收敛于积分值,即

$$\lim_{n\to\infty}\sum_{k=0}^{n}A_kf(x_k)=\int_a^b \rho(x)f(x)\,\mathrm{d}x.$$

对于任意求积节点 $a=x_0<x_1<\cdots<x_n=b$ 以及任意求积系数,则求积公式(4.26)的代数精度 m 必小于 $2n+2$,这是因为对于 $2n+2$ 次多项式

$$f(x)=[(x-x_0)(x-x_1)\cdots(x-x_n)]^2$$

有 $\int_a^b \rho(x)f(x)\,\mathrm{d}x>0$,而 $\sum_{k=0}^{n}A_kf(x_k)=0$,从而 $m<2n+2$.

在例 10 中 $m=3=2\times1+1=2n+1$,这是最高能达到的代数精度了. 下面利用正交多项式的根来构造代数精度能达到最高的求积公式.

定理 4.10 若 $a<x_0<x_1<\cdots<x_n<b$ 是 $[a,b]$ 上关于权函数 $\rho(x)$ 的 $n+1$ 次正交多项式 $P_{n+1}(x)$ 的根,则插值型求积公式(4.5)具有代数精度 $m=2n+1$.

证明 设 $f(x)$ 为任一次数 $m\leqslant 2n+1$ 的代数多项式,则有

$$f(x)=P_{n+1}(x)q(x)+r(x),$$

其中 $q(x)$ 和 $r(x)$ 为次数小于等于 n 的多项式,于是

$$\begin{aligned}\int_a^b \rho(x)f(x)\,\mathrm{d}x&=\int_a^b \rho(x)P_{n+1}(x)q(x)\,\mathrm{d}x+\int_a^b \rho(x)r(x)\,\mathrm{d}x\\&=(P_{n+1},q)+\int_a^b \rho(x)r(x)\,\mathrm{d}x,\end{aligned}$$

其中 (P_{n+1},q) 表示 $P_{n+1}(x)$ 与 $q(x)$ 在 $[a,b]$ 上带权 $\rho(x)$ 的内积,由于 $P_{n+1}(x)$ 是 $n+1$ 次正交多项式,$q(x)$ 次数小于等于 n,它们的内积为 0,而 $r(x)$ 次数不高于 n,对于插值型求积公式有

$$\int_a^b \rho(x)r(x)\,\mathrm{d}x=\sum_{k=0}^{n}A_kr(x_k)=\sum_{k=0}^{n}A_kf(x_k),$$

从而公式(4.26)对所有次数 $m\leqslant 2n+1$ 的代数多项式 $f(x)$ 成立.

定义 4.3 若求积公式(4.26)具有 $2n+1$ 阶代数精度,则称其为 **Gauss 型求积公式**, Gauss 型公式的求积节点称为 **Gauss 点**.

关于 Gauss 点有以下结论:

定理 4.11 对于插值型求积公式(4.5),其节点 $x_k(k=0,1,\cdots,n)$ 是 Gauss 点的充分必要条件是 $n+1$ 次多项式 $\omega_{n+1}(x)$ 与任意次数不超过 n 的多项式 $P(x)$ 均正交,即有

$$\int_a^b P(x)\omega_{n+1}(x)\,\mathrm{d}x=0. \tag{4.29}$$

证明 必要性,因为 $x_k(k=0,1,\cdots,n)$ 为 Gauss 点,又 $\omega_{n+1}(x)P(x)$ 为次数不超过

$2n+1$ 次的多项式,所以(4.5)对此公式应准确成立,即有

$$\int_a^b P(x)\omega_{n+1}(x)\,\mathrm{d}x = \sum_{k=0}^{n} P(x_k)\omega(x_k) = 0,$$

上式最后一步是由于 x_k 是 $\omega_{n+1}(x)$ 的零点.

充分性,在(4.30)成立的条件下,要证(4.5)有 $2n+1$ 次代数精度,设 $f(x)$ 为次数不超过 $2n+1$ 的多项式,用 $\omega_{n+1}(x)$ 去除 $f(x)$ 后设商为 $P(x)$,余式为 $Q(x)$,即有

$$f(x)=\omega_{n+1}(x)P(x)+Q(x),$$

其中 $P(x)$ 和 $Q(x)$ 均为次数不超过 n 的多项式. 积分并注意到(4.29)成立,得 $\int_a^b f(x)\,\mathrm{d}x = \int_a^b Q(x)\,\mathrm{d}x$,又因为公式(4.5)是插值型的,应至少有 n 次代数精度,从而对 $Q(x)$ 应准确成立,故有

$$\int_a^b Q(x)\,\mathrm{d}x = \sum_{k=0}^{n} A_k Q(x_k) = \sum_{k=0}^{n} A_k[\omega_{n+1}(x_k)P(x_k) + Q(x_k)] = \sum_{k=0}^{n} A_k f(x_k),$$

所以(4.5)对 $f(x)$ 是 $2n+1$ 次多项式时能准确成立,从而 $x_k(k=0,1,\cdots,n)$ 为 Gauss 点.

4.5.2 Gauss-Legendre 求积公式

n 次 Legendre 正交多项式为

$$P_n(x)=\frac{1}{2^n\cdot n!}\frac{\mathrm{d}^n}{\mathrm{d}x^n}(x^2-1)^n,$$

其中 $L_0(x)=1$,对应的权函数为 $\rho(x)\equiv 1$.

如果积分区间为[-1,1],可以用来建立求积分 $\int_{-1}^{1} f(x)\,\mathrm{d}x$ 的 Gauss 型求积公式,称为 **Gauss-Legendre 求积公式**,即

$$\int_{-1}^{1} f(x)\,\mathrm{d}x \approx \sum_{k=0}^{n} A_k f(x_k), \tag{4.30}$$

上式中节点 $x_k(k=0,1,2,\cdots,n)$ 是 $n+1$ 次 Legendre 多项式 $P_{n+1}(x)$ 的零点,求积系数

$$A_k=\frac{2}{n+1}\frac{1}{P'_{n+1}(x_k)P_n(x_k)},k=0,1,2,\cdots,n,$$

其误差为

$$R(f)=\frac{2^{2n+3}[(n+1)!]^4}{(2n+3)[(2n+2)!]^3}f^{(2n+2)}(\xi),\xi\in(-1,1). \tag{4.31}$$

例如,2 次 Legendre 多项式的 $P_2(x)=\frac{1}{2}(3x^2-1)$ 的零点为 $x=\pm\frac{\sqrt{3}}{3}$,这正好是例 10 中的 Gauss 点. 为使用方便,表 4-4 中列出了 Gauss-Legendre 求积公式(4.30)的节点和系数.

特别指出的是,由于 Gauss 型求积公式中节点选取的特殊性,使之具有较高的代数精度,所以它在科学计算中有着广泛的应用. 例如,三点 Gauss 型求积公式是与 3 个节点确定的 Simpson 公式代数精度一样,正好比使用 2 个求积节点确定的梯形公式代数精度高 2 次.

表 4-4　Gauss-Legendre 求积公式的节点和系数

n	x_k	A_k
0	0. 000 000 0	2. 000 000 0
1	±0. 577 350 3	1. 000 000 0
2	±0. 774 596 7 0. 000 000 0	0. 555 555 6 0. 888 888 9
3	±0. 861 136 3 ±0. 339 981 0	0. 347 854 8 0. 652 145 2
4	±0. 906 179 8 ±0. 538 469 3 0. 000 000 0	0. 236 926 9 0. 478 628 7 0. 568 888 9

例 11　用 Gauss-Legendre 求积公式计算积分 $I=\int_1^{1.5} e^{-x^2}dx$.

解　本题中 $[a,b]=[1,1.5]$，做变换 $t=\dfrac{2x-a-b}{b-a}$，因为

$$\int_a^b f(x)\,dx=\frac{b-a}{2}\int_{-1}^{1} f\left[\frac{(b-a)t+b+a}{2}\right]dt$$

所以

$$\int_1^{1.5} e^{-x^2}dx=\frac{1}{4}\int_{-1}^{1} e^{-\frac{(5+t)^2}{16}}dt.$$

当 $n=1$ 时，用 Gauss-Legendre 求积公式计算可得

$$I\approx\frac{1}{4}\left[e^{-\frac{(5+0.5773503)^2}{16}}+e^{-\frac{(5-0.5773503)^2}{16}}\right]=0.1094003.$$

当 $n=2$ 时，用 Gauss-Legendre 求积公式计算可得

$$I\approx\frac{1}{4}\left[0.5555556e^{-\frac{(5+0.7745967)^2}{16}}+0.5555556e^{-\frac{(5-0.7745967)^2}{16}}+0.8888889\,e^{-\frac{(5+0)^2}{16}}\right]$$
$$=0.1093642.$$

例 12　用两点 Gauss 公式计算 $I=\int_0^1\dfrac{\sin x}{x}dx$ 的近似值.

解　对于一般的求积区间 $[a,b]$，做如下变换：

$$x=\frac{b-a}{2}t+\frac{a+b}{2},$$

则 $dx=\dfrac{b-a}{2}dt,\ t\in[-1,1]$，于是有

$$\int_a^b f(x)\,dx=\frac{b-a}{2}\int_{-1}^{1} f\left(\frac{b-a}{2}t+\frac{a+b}{2}\right)dt\approx\frac{b-a}{2}\sum_{i=1}^{n}A_i f\left(\frac{b-a}{2}t_i+\frac{a+b}{2}\right).$$

本例中，取 $a=0,b=1,t_1=-\dfrac{1}{\sqrt{3}},t_2=\dfrac{1}{\sqrt{3}},A_1=A_2=1,f(x)=\dfrac{\sin x}{x}$，且

$$x_1=\frac{b-a}{2}t_1+\frac{a+b}{2}=\frac{1-0}{2}\times\left(-\frac{1}{\sqrt{3}}\right)+\frac{0+1}{2}=\frac{1}{2}-\frac{1}{2\sqrt{3}},$$

$$x_2=\frac{b-a}{2}t_2+\frac{a+b}{2}=\frac{1-0}{2}\times\left(\frac{1}{\sqrt{3}}\right)+\frac{0+1}{2}=\frac{1}{2}+\frac{1}{2\sqrt{3}},$$

故有

$$I\approx\frac{b-a}{2}[A_1f(x_1)+A_2f(x_2)]=\frac{1-0}{2}\left[1\times f\left(\frac{1}{2}-\frac{1}{2\sqrt{3}}\right)+1\times f\left(\frac{1}{2}+\frac{1}{2\sqrt{3}}\right)\right]$$

$$=0.946\ 041\ 15,$$

与精确值 $I=0.946\ 083\ 070\cdots$ 对比,结果有 4 位有效数字.

注:用三点 Gauss 公式计算 $I=\int_0^1\frac{\sin x}{x}\mathrm{d}x$ 的近似值 0.946 083 1 有 7 位有效数字. 本例若用复化梯形公式的递推算法计算,必须对积分区间[0,1]二分 10 次,计算 $1+2^{10}=1025$ 个函数值,才能达到相同的精度,而三点 Gauss 公式仅用了 3 个函数值,这说明 Gauss 型求积公式确实是高精度的求积公式.

4.5.3 Gauss-Laguerre 求积公式

$$\int_0^{+\infty}\mathrm{e}^{-x}f(x)\mathrm{d}x\approx\sum_{k=0}^{n}A_kf(x_k),\tag{4.32}$$

上式中节点 $x_k(k=0,1,2,\cdots,n)$ 是 $n+1$ 次 Laguerre 多项式 $L_{n+1}(x)$ 的零点,求积系数为

$$A_k=-\frac{[n!]^2}{L'_{n+1}(x_k)L_n(x_k)},k=0,1,2,\cdots,n,$$

其误差为

$$R_n(f)=\frac{2^{2n+3}[(n+1)!]^4}{(2n+3)[(2n+2)!]^3}f^{(2n+2)}(\xi),\xi\in(0,+\infty).\tag{4.33}$$

表 4-5 中列出了 Gauss-Laguerre 求积公式(4.32)的节点和系数.

表 4-5 Gauss-Laguerre 求积公式的节点和系数

n	x_k	A_k
0	1.000 000 0	1.000 000 0
1	0.585 786 4	0.853 553 4
	3.414 213 6	0.146 446 6
2	0.415 774 6	0.711 093 0
	2.294 280 4	0.278 517 7
	6.289 945 1	0.010 389 5
3	0.322 547 7	0.603 154 1
	1.745 761 1	0.357 418 7
	405366203	0.038 887 9
	9.395 070 9	0.000 539 3

续表

n	x_k	A_k
4	0.263 560 3	0.521 755 6
	1.413 403 1	0.398 666 8
	3.596 425 8	0.075 942 1
	7.085 810 0	0.003 611 8
	12.640 800 8	0.000 023 4

4.5.4 Gauss-Chebyshev 求积公式

在(4.26)中,若 $\rho(x)=\dfrac{1}{\sqrt{1-x^2}}$,$[a,b]=[-1,1]$,求积节点 $x_0,x_1,x_2,\cdots,x_n$ 是 $n+1$ 次 Chebyshev 多项式

$$T_{n+1}(x)=\frac{1}{2^n}\cos((n+1)\arccos x)$$

的零点

$$x_k=\cos\frac{2k+1}{2n+2}\pi,$$

求积系数为 $A_k=\dfrac{\pi}{n+1}$,其中 $k=0,1,2,\cdots,n$,则称

$$\int_{-1}^{1}\frac{1}{\sqrt{1-x^2}}f(x)\,\mathrm{d}x\approx\sum_{i=1}^{n}A_if(x_i)=\frac{\pi}{n+1}\sum_{k=0}^{n}f\left(\cos\frac{2k+1}{2n+2}\pi\right)\tag{4.34}$$

为 Gauss-Chebyshev 求积公式,Gauss-Chebyshev 求积公式的余项为

$$R_n(f)=\frac{2\pi}{2^{2n+2}(2n+2)!}f^{(2n+2)}(\xi),\xi\in(-1,1).\tag{4.35}$$

例 13 计算积分 $I=\displaystyle\int_{-1}^{1}\frac{\mathrm{e}^x}{\sqrt{1-x^2}}\mathrm{d}x$,使误差不超过$10^{-6}$.

解 根据 Gauss-Chebyshev 求积公式的误差(4.35)得

$$|R_n(f)|=\frac{2\pi}{2^{2n+2}(2n+2)!}\mathrm{e}^{\xi}\leqslant\frac{2\mathrm{e}\pi}{2^{2n+1}(2n+2)!},$$

当 $n=3$ 时,$|R_n(f)|\leqslant1.66\times10^{-6}$,当 $n=4$ 时,$|R_n(f)|\leqslant4.6\times10^{-9}$,所以取 $n=4$,则积分为

$$I\approx\frac{\pi}{5}\sum_{k=0}^{4}\mathrm{e}^{\cos\frac{2k+1}{10}\pi}=3.977\ 463.$$

4.5.5 Gauss 公式的稳定性

定理 4.12 Gauss 公式的求积系数 $A_k(k=0,1,\cdots,n)$全是正的.

证明 由于 Lagrange 插值多项式的插值基函数 $l_k(x)=\prod\limits_{n}\dfrac{x-x_j}{x_k-x_j}$ 为 n 次多项式,而

$l_k^2(x)$ 为 $2n$ 次多项式,所以 Gauss 公式对 $l_k^2(x)$ 应准确成立,即有

$$0 < \int_a^b l_k^2(x)\,\mathrm{d}x = \sum_{i=0}^{n} A_i l_k^2(x_i) = A_k, k = 0,1,\cdots,n.$$

例 14 证明不存在 A_k 和 $x_k(k=0,1,\cdots,n)$,使求积公式(4.26)的代数精度超过 $2n+1$ 次.

证明 假设存在这样的 A_k 和 $x_k(k=0,1,\cdots,n)$ 使求积公式(4.26)对任意 $2n+2$ 次多项式 $f(x)$ 精确成立,今取 $f(x)=\omega_{n+1}^2(x)$ 为一个 $2n+2$ 次多项式,则公式左边等于

$$\int_a^b \rho(x)f(x)\,\mathrm{d}x = \int_a^b \rho(x)\omega_{n+1}^2(x)\,\mathrm{d}x > 0,$$

而右边为

$$\sum_{k=0}^{n} A_k f(x_k) = \sum_{k=0}^{n} A_k \omega_{n+1}^2(x_k) = 0,$$

这与假设矛盾,所以 Gauss 型求积公式是具有最高阶代数精度的求积公式.

§4.6 数值微分

根据函数在一些离散点上的函数值,推算它在某点处的导数值,这类问题称为**数值微分**. 构造数值微分公式的方法很多,本节介绍利用插值公式和三次 Spline 插值函数构造数值微分公式的基本方法以及一些常用的数值微分公式.

4.6.1 利用插值公式构造数值微分公式

若已知函数 $f(x)$ 在节点 $x_i(i=0,1,\cdots,n)$ 处的函数值 $f(x_i)$,那么就可以构造 $f(x)$ 的 n 次 Lagrange 型插值多项式(或 Hermite 插值多项式) $P_n(x)=\sum\limits_{i=0}^{n} y_i l_i(x)$,则可用 $P_n(x)$ 的导数近似替代被插值函数 $f(x)$ 的导数,即

$$f'(x) \approx P_n'(x), \tag{4.36}$$

由此得到的数值微分公式,统称为插值型数值微分公式.

需要注意,即使 $P_n(x)$ 与 $f(x)$ 的函数值在每点处都非常接近,而其导数 $P_n'(x)$ 和 $f'(x)$ 在某些点处的值仍有可能相差很大,即两条曲线可以接近,但其斜率却相差很大. 因此对于公式(4.36)来说,其误差分析非常重要.

利用插值余项公式

$$R_n(x)=f(x)-P_n(x)=\frac{f^{(n+1)}(\xi)}{(n+1)!}\omega_{n+1}(x), \xi \in (a,b).$$

可以推得数值微分公式(4.36)的余项为

$$f'(x)-P_n'(x)=\frac{\mathrm{d}}{\mathrm{d}x}\left(\frac{f^{(n+1)}(\xi)}{(n+1)!}\omega_{n+1}(x)\right)$$

$$=\frac{f^{(n+1)}(\xi)}{(n+1)!}\omega'_{n+1}(x)+\frac{\omega_{n+1}(x)}{(n+1)!}\frac{\mathrm{d}}{\mathrm{d}x}[f^{(n+1)}(\xi)] \tag{4.37}$$

由于上式中 ξ 和 x 的关系无法确定,所以当 $x\neq x_i(i=0,1,\cdots,n)$ 时,无法使用上式对 $f'(x)-P'_n(x)$ 进行估计. 但是当 $x=x_i$ 时,由于 $\omega_{n+1}(x_i)=0$,公式(4.37)的第二项为零,此时有数值微分公式

$$f'(x_i)\approx P'_n(x_i), \tag{4.38}$$

其误差为

$$f'(x_i)-P'_n(x_i)=\frac{f^{(n+1)}(\xi)}{(n+1)!}\omega'_{n+1}(x_i). \tag{4.39}$$

下面仅仅考察节点处的导数值,为简化讨论,假设给的节点是等距的.

当 $n=1$ 时,由公式(4.38)可以得到利用两点 x_0 与 x_1 上函数值推算 $f'(x_0)$ 与 $f'(x_1)$ 的数值微分公式(简称两点公式)

$$\begin{cases} f'(x_0)\approx P'_1(x_0)=\dfrac{f(x_1)-f(x_0)}{h}, \\ f'(x_1)\approx P'_1(x_1)=\dfrac{f(x_1)-f(x_0)}{h}, \end{cases} \tag{4.40}$$

其中 $h=x_1-x_0$. 当 $h>0$ 时,前一个公式的实质是用 $f(x)$ 在 x_0 处的向前差商作为 $f'(x_0)$ 的近似值,后一公式则是用 $f(x)$ 在 x_1 处的向后差商作为 $f'(x_1)$ 的近似值. 根据余项公式(4.39)知,两点公式(4.40)的余项为

$$\begin{cases} f'(x_0)-P'_1(x_0)=-\dfrac{h}{2}f''(\xi_0), \\ f'(x_1)-P'_1(x_1)=\dfrac{h}{2}f''(\xi_1), \end{cases} \tag{4.41}$$

其中 $\xi_0,\xi_1\in[x_0,x_1]$.

类似地,当 $n=2$ 时,已知节点 $x_0,x_1=x_0+h,x_2=x_0+2h$ 及相应函数值

$$y_0=f(x_0),y_1=f(x_1),y_2=f(x_2).$$

设满足上述插值条件的 2 次多项式为 $P_2(x)$,则 Lagrange 型插值多项式为

$$\begin{aligned} P_2(x)&=\frac{(x-x_1)(x-x_2)}{(x_0-x_1)(x_0-x_2)}y_0+\frac{(x-x_0)(x-x_2)}{(x_1-x_0)(x_1-x_2)}y_1+\frac{(x-x_0)(x-x_1)}{(x_2-x_0)(x_2-x_1)}y_2 \\ &=\frac{(x-x_1)(x-x_2)}{2h^2}y_0+\frac{(x-x_0)(x-x_2)}{-h^2}y_1+\frac{(x-x_0)(x-x_1)}{2h^2}y_2, \end{aligned}$$

则

$$P'_2(x)=\frac{2x-x_1-x_2}{2h^2}y_0+\frac{2x-x_0-x_2}{-h^2}y_1+\frac{2x-x_0-x_1}{2h^2}y_2,$$

于是可得三点公式

$$\begin{cases} f'(x_0)\approx P'_2(x_0)=\dfrac{1}{2h}[-3f(x_0)+4f(x_1)-f(x_2)], \\ f'(x_1)\approx P'_2(x_1)=\dfrac{1}{2h}[-f(x_0)+f(x_2)], \\ f'(x_2)\approx P'_2(x_2)=\dfrac{1}{2h}[f(x_0)-4f(x_1)+3f(x_2)], \end{cases} \tag{4.42}$$

其相应的余项

$$\begin{cases}f'(x_0)-P_2'(x_0)=\dfrac{h^2}{3}f'''(\xi_0),\\ f'(x_1)-P_2'(x_1)=-\dfrac{h^2}{6}f'''(\xi_1),\\ f'(x_2)-P_2'(x_2)=\dfrac{h^2}{3}f'''(\xi_2),\end{cases}\tag{4.43}$$

其中 $\xi_0,\xi_1,\xi_2\in[x_0,x_2]$，对 $P_2'(x)$ 再求导，得

$$P_2''(x)=\frac{1}{h^2}[f(x_0)-2f(x_1)+f(x_2)],$$

可以建立计算高阶导数近似值的数值微分公式

$$\begin{cases}f''(x_0)\approx P_2''(x_0)=\dfrac{1}{h^2}[f(x_0)-2f(x_1)+f(x_2)],\\ f''(x_1)\approx P_2''(x_1)=\dfrac{1}{h^2}[f(x_0)-2f(x_1)+f(x_2)],\\ f''(x_2)\approx P_2''(x_2)=\dfrac{1}{h^2}[f(x_0)-2f(x_1)+f(x_2)],\end{cases}\tag{4.44}$$

其对应的余项为

$$\begin{cases}f''(x_0)-P_2''(x_0)=-hf'''(\xi_1)+\dfrac{h^2}{6}f^{(4)}(\xi_2),\\ f''(x_1)-P_2''(x_1)=-\dfrac{h^2}{12}f^{(4)}(\xi_3),\\ f''(x_2)-P_2''(x_2)=hf'''(\xi_4)+\dfrac{h^2}{6}f^{(4)}(\xi_5),\end{cases}\tag{4.45}$$

其中 $\xi_1,\xi_2,\xi_3,\xi_4,\xi_5\in[x_0,x_2]$.

从(4.40)和(4.45)可以看出两点公式中 $f'(x_1)$ 和三点公式中 $f''(x_1)$ 具有较高的精度，这两个节点(指 x_1)处在插值节点的"中心"位置.

例 15 已知函数 $y=e^x$ 在下列点处对应的函数值：

x	2.5	2.6	2.7	2.8	2.9
$y=e^x$	12.182 5	13.463 7	14.879 7	16.444 6	18.174 1

试用两点和三点数值微分公式分别计算 $x=2.7$ 处函数的一阶及二阶导数值.

解 取 $h=0.2$ 时，有

$$\begin{cases}f'(2.7)\approx\dfrac{1}{0.2}(14.879\,7-12.182\,5)=13.486,\\ f'(2.7)\approx\dfrac{1}{2\times0.2}(18.174\,1-12.182\,5)=14.979,\\ f''(2.7)\approx\dfrac{1}{0.2^2}(12.182\,5-2\times14.879\,7+18.171\,4)=14.862\,5,\end{cases}$$

取 $h=0.1$ 时，有

$$\begin{cases} f'(2.7)\approx\dfrac{1}{0.1}(14.8797-13.4637)=14.160, \\ f'(2.7)\approx\dfrac{1}{2\times0.1}(16.4446-13.4637)=14.9045, \\ f''(2.7)\approx\dfrac{1}{0.1^2}(13.4637-2\times14.8797+16.4446)=14.890. \end{cases}$$

注意到 $f'(2.7)$ 和 $f''(2.7)$ 的准确值都是 14.879 73…，上面的计算表明，三点公式比两点公式准确，步长 h 越小越准确.

注：在一般情况下，上述结论是成立的，但是由误差表示式不可知，如果被插值函数的高阶导数无界，或者舍入误差超过截断误差时，这个结论就不对了.

4.6.2　利用三次 Spline 插值函数构造数值微分公式

利用三次 Spline 插值函数构造数值微分公式的过程如下，给定函数表

x	x_0	x_1	…	x_n
$y=f(x)$	y_0	y_1	…	y_n

其中 $a=x_0<x_1<\cdots<x_n=b,\delta=\max\limits_{0\leqslant i\leqslant n}|x_{i+1}-x_i|$，若 $f(x)\in C^4[a,b]$，构造 $S(x)\in S_3(x_0,x_1,x_2,\cdots,x_n)$ 是 $f(x)$ 的满足插值条件及三类边界条件之一的三次 Spline 函数，$\lim\limits_{\delta\to0}S(x)=f(x)$，则 $\lim\limits_{\delta\to0}S^{(k)}(x)=f^{(k)}(x),k=1,2,3$，由于 $S(x)$ 是一个分段三次多项式，在各个子区间上容易求出其导数，故可得数值微分公式

$$f^{(k)}(x)\approx S^{(k)}(x),(k=1,2,3),x\in[a,b].$$

若记 $S''(x_i)=m_i,i=0,1,\cdots,n,h_i=x_i-x_{i-1}$，当 $x\in[x_i,x_{i+1}]$ 时，具体微分公式为

$$f'(x)\approx S_i'(x)=\frac{1}{2h_i}[m_{i+1}(x-x_i)^2-m_i(x_{i+1}-x)^2]+\frac{y_{i+1}-y_i}{h_i}-\frac{m_{i+1}-m_i}{6}h_i, \tag{4.46}$$

$$S''(x)=m_i\frac{x_{i+1}-x}{h_i}+m_{i+1}\frac{x-x_i}{h_i}. \tag{4.47}$$

§4.7　数值微积分实验

实验目的：熟练掌握和使用 Matlab 提供的几个数值积分函数进行计算.

实验内容：

(1) 用不同数值方法计算积分 $\int_0^1\sqrt{x}\ln x\mathrm{d}x=-\dfrac{4}{9}$.

(2) 取 $n=5$，编制复化 Simpson 公式的 Matlab 程序，求定积分 $I=\int_0^1\dfrac{\sin x}{x}\mathrm{d}x$ 的近似值.

(3) 取 $n=4$,编制复化三点 Gauss 公式的 Matlab 程序,求定积分 $I=\int_0^1 \frac{e^x}{\sqrt{1-x^2}}dx$ 的近似值.

练习题 4

1. 试推导下列三种求积公式.

(1) $\int_a^b f(x)dx=(b-a)f(a)+\frac{1}{2}f'(\eta)(b-a)^2, \eta\in(a,b)$;

(2) $\int_a^b f(x)dx=(b-a)f(b)-\frac{1}{2}f'(\eta)(b-a)^2, \eta\in(a,b)$;

(3) $\int_a^b f(x)dx=(b-a)f\left(\frac{a+b}{2}\right)+\frac{1}{24}f''(\eta)(b-a)^3, \eta\in(a,b)$.

2. 确定下列求积公式中的待定系数,使得求积公式的代数精度尽量高,并指明所确定的求积公式具有的代数精度.

(1) $\int_{-h}^h f(x)dx\approx A_{-1}f(-h)+A_0f(0)+A_1f(h)$;

(2) $\int_{-1}^1 f(x)dx\approx \frac{1}{3}[f(-1)+2f(x_1)+3f(x_2)]$;

(3) $\int_0^h f(x)dx\approx \frac{h}{2}[f(0)+f(h)]+ah^2[f'(0)-f'(h)]$.

3. 已知 $x_0=\frac{1}{4}, x_1=\frac{1}{2}, x_2=\frac{3}{4}$.

(1) 推导以这 3 个点作为求积节点在[0,1]上的插值型求积公式;

(2) 指明求积公式所具有的代数精度;

(3) 用所求公式计算 $\int_0^1 x^2dx$.

4. 用 Simpson 公式求积分 $\int_0^1 e^{-x}dx$,并估计误差.

5. 试推导当 $n=3, h=\frac{b-a}{3}$ 时的积分公式,此公式称为 Simpson 3/8 公式.

6. 根据下表数据分别用梯形公式、Simpson 公式和 Cotes 公式计算 $I=\int_0^1 \frac{\sin x}{x}dx$ 的近似值(精确值 $I=0.946\,083\,070\,367\,183\cdots$).

x	0	0.25	0.5	0.75	1
$f(x)=\frac{\sin x}{x}$	1	0.989 616	0.955 851	0.908 852	0.841 471

7. 计算定积分 $I=\int_0^1 e^x dx$, 使误差不超过 $\frac{1}{2}\times 10^{-5}$,若分别用复化梯形公式、复化

Simpson 公式和复化 Cotes 公式，各需要取几个求积节点？

8. 根据下列数据表分别用复化梯形公式和复化 Simpson 公式计算积分 $I=\int_0^1 \frac{\sin x}{x}dx$，此积分的精确解为 0. 946 083 1.

x	0	0. 125	0. 25	0. 375	0. 5
$f(x)=\frac{\sin x}{x}$	1	0. 997 397 8	0. 989 615 8	0. 976 726 7	0. 958 851 0
x	0. 625	0. 75	0. 875	1	
$f(x)=\frac{\sin x}{x}$	0. 936 155 6	0. 908 851 6	0. 877 192 5	0. 841 470 9	

9. 设 $f(x)=e^x$，给出如下数据

x	2. 6	2. 7	2. 8
$f(x)$	13. 463 7	14. 879 7	16. 444 6

分别用向前差商、向后差商和中心差商计算 $f'(2.7)$ 和 $f''(2.7)$.

10. 验证 Gauss 型求积公式 $\int_0^{+\infty} e^{-x}f(x)dx \approx A_0f(x_0)+A_1f(x_1)$ 的系数及节点分别为

$$x_0=2-\sqrt{2},\ x_1=2+\sqrt{2},\ A_0=\frac{\sqrt{2}+1}{2\sqrt{2}},\ A_1=\frac{\sqrt{2}-1}{2\sqrt{2}}.$$

第 5 章　线性方程组的直接解法

教学提示：在科学研究和工程技术领域所提出的计算问题中，线性方程组的求解问题是最基本的、常见的，很多问题如插值函数、最小二乘数据拟合、构造求解微分方程的差分格式等，都包含解线性方程组的问题，线性方程组的解法在数值计算中占有较重要的地位.

教学目标：学生通过本章学习，掌握 Gauss 消去法的思想，掌握不选主元的 Gauss 消去法、部分选主元的 Gauss 消去法及全选主元的 Gauss 消去法. 重点是通过矩阵的三角分解原理来理解 Gauss 消去法.

许多科学技术问题(大型工程问题的计算、实验数据处理等)要归结为求解含有多个未知量 $x_1,x_2,\cdots,x_n$ 的线性方程组

$$\begin{cases} a_{11}x_1+a_{12}x_2+\cdots+a_{1n}x_n=b_1, \\ a_{21}x_1+a_{22}x_2+\cdots+a_{2n}x_n=b_2, \\ \cdots\cdots \\ a_{n1}x_1+a_{n2}x_2+\cdots+a_{nn}x_n=b_n, \end{cases} \tag{5.1}$$

这里 $a_{ij}(i,j=1,2,\cdots,n)$ 为方程组的系数，$b_i(i=1,2,\cdots,n)$ 为方程组的自由项，将方程组(5.1)写成矩阵形式为

$$\boldsymbol{AX}=\boldsymbol{b},$$

其中

$$\boldsymbol{A}=\begin{bmatrix} a_{11} & a_{12} & \cdots & a_{1n} \\ a_{21} & a_{22} & \cdots & a_{2n} \\ \vdots & \vdots & & \vdots \\ a_{n1} & a_{n2} & \cdots & a_{nn} \end{bmatrix},\ \boldsymbol{X}=\begin{bmatrix} x_1 \\ x_2 \\ \vdots \\ x_n \end{bmatrix},\ \boldsymbol{b}=\begin{bmatrix} b_1 \\ b_2 \\ \vdots \\ b_n \end{bmatrix}.$$

线性方程组的数值解法可以分为直接法和迭代法两类. 所谓**直接法**，就是不考虑舍入误差，通过有限步骤四则运算即能求得线性方程组(5.1)准确解的方法，如 Cramer 法则就是一种直接法，其基本思想是通过等价变换将线性方程组化为结构简单、易于求解的形式，它可靠且效率高，但只适用于中、低阶以及高阶的线性方程组，但通过第一章的知识分析，实际计算中由于受舍入误差的影响，直接法也只能求得近似解，因而寻求线性方程组的快速而有效的解法是十分重要的.

本章讨论计算机上常用而有效的直接解法——Gauss 消去法和矩阵的三角分解原理. 为方便计算，一般地，$\boldsymbol{b}\neq\boldsymbol{0}$，当系数矩阵非奇异(系数行列式不等于零)时，方程组

(5.1)有唯一解 X.

§5.1　Gauss 消去法

Gauss 消去法是解线性方程组最常用的方法之一,是求解多元一次方程组的一种消去法(消元法),它的基本思想是通过逐步消元,把方程组化为系数矩阵为三角形矩阵的同解方程组,然后用回代法解此三角形方程组得到原方程组的解,下面先讨论三角形方程组的解法.

三角形方程组是指下面两种形式的方程组

$$\begin{cases} a_{11}x_1 = b_1, \\ a_{21}x_1 + a_{22}x_2 = b_2, \\ \cdots\cdots \\ a_{n1}x_1 + a_{n2}x_2 + \cdots + a_{nn}x_n = b_n, \end{cases} \tag{5.2}$$

和

$$\begin{cases} a_{11}x_1 + a_{12}x_2 + \cdots + a_{1n}x_n = b_1, \\ a_{22}x_2 + \cdots + a_{2n}x_n = b_2, \\ \cdots\cdots \\ a_{nn}x_n = b_n, \end{cases} \tag{5.3}$$

方程组(5.2)叫作**下三角形方程组**,方程组(5.3)叫作**上三角形方程组**,三角形方程组的求解是很简单的.

如果 $a_{ii} \neq 0, i = 1, 2, \cdots, n$,则(5.2)的解为

$$\begin{cases} x_1 = b_1 / a_{11}, \\ x_k = (b_k - a_{k1}x_1 - a_{k2}x_2 - \cdots - a_{k,k-1}x_{k-1}) / a_{kk}, k = 1, 2, \cdots, n, \end{cases} \tag{5.4}$$

此过程称为**消元过程**.

同样地,若 $a_{ii} \neq 0, i = 1, 2, \cdots, n$,则(5.3)的解为

$$\begin{cases} x_n = b_n / a_{nn}, \\ x_k = (b_k - a_{k,k+1}x_{k+1} - \cdots - a_{kn}x_n) / a_{kk}, k = n-1, n-2, \cdots, 1, \end{cases} \tag{5.5}$$

此过程称为**回代过程**.

从(5.4)~(5.5)可以看出,求解三角形方程组是很简单的,只要把线性方程组化成等价的三角形方程组,求解过程就很容易完成.

5.1.1　Gauss 消去法的基本方法

为便于叙述,先以一个三阶线性方程组为例来说明 Gauss 消去法的基本思想. 考虑如下方程:

$$\begin{cases}7x_1+8x_2+11x_3=-3, & (1)\\ 5x_1+x_2-3x_3=-4, & (2)\\ x_1+2x_2+3x_3=1, & (3)\end{cases}$$

把方程(1)乘以$\left(-\frac{5}{7}\right)$后加到方程(2)上去,把方程(1)乘以$\left(-\frac{1}{7}\right)$后加到方程(3)上去,即可消去方程(2)、(3)中的x_1,得同解方程组:

$$\begin{cases}7x_1+8x_2+11x_3=-3, & (1)\\ -33x_2-76x_3=-13, & (4)\\ 6x_2+10x_3=10, & (5)\end{cases}$$

将方程(4)乘以$\frac{6}{33}$后加到方程(5)上去,得同解方程组:

$$\begin{cases}7x_1+8x_2+11x_3=-3, & (1)\\ -33x_2-76x_3=-13, & (4)\\ -6x_3=12, & (6)\end{cases}$$

由回代公式(5.5)得

$$x_3=-2,x_2=5,x_1=-3.$$

下面考察一般形式的线性方程组的解法

$$\begin{cases}a_{11}x_1+a_{12}x_2+a_{13}x_3+\cdots+a_{1n}x_n=b_1,\\ a_{21}x_1+a_{22}x_2+a_{23}x_3+\cdots+a_{2n}x_n=b_2,\\ \cdots\cdots\\ a_{n1}x_1+a_{n2}x_2+a_{n3}x_3+\cdots+a_{nn}x_n=b_n,\end{cases} \tag{5.6}$$

如果$a_{11}\neq0$,令$l_{i1}=a_{i1}/a_{11},i=2,3,\cdots,n$,用$(-l_{i1})$乘以第一个方程加到第$i(i=2,3,\cdots,n)$个方程上得方程组(5.6)的同解方程组:

$$\begin{cases}a_{11}^{(1)}x_1+a_{12}^{(1)}x_2+\cdots+a_{1n}^{(1)}x_n=b_1^{(1)},\\ a_{22}^{(2)}x_2+\cdots+a_{2n}^{(2)}x_n=b_2^{(2)},\\ \cdots\cdots\\ a_{n2}^{(2)}x_2+\cdots+a_{nn}^{(2)}x_n=b_n^{(2)},\end{cases} \tag{5.7}$$

其中

$$a_{1j}^{(1)}=a_{1j},j=2,\cdots,n,\ b_1^{(1)}=b_1,$$

$$a_{ij}^{(2)}=a_{ij}-l_{i1}a_{1j},i,\ j=2,\cdots,n,\ b_j^{(2)}=b_j-l_{i1}b_1,\ i,\ j=2,3,\cdots,n.$$

由方程(5.6)到(5.7)的过程中,元素a_{11}起着重要的作用,特别地,把a_{11}称为主元素.

如果(5.7)中$a_{22}^{(2)}\neq0$,则以$a_{22}^{(2)}$为主元素,又可以把方程组(5.7)化为:

$$\begin{cases}a_{11}^{(1)}x_1+a_{12}^{(1)}x_2+a_{13}^{(1)}x_3+\cdots+a_{1n}^{(1)}x_n=b_1^{(1)},\\ a_{22}^{(2)}x_2+a_{23}^{(2)}x_3+\cdots+a_{2n}^{(2)}x_n=b_2^{(2)},\\ a_{33}^{(3)}x_3+\cdots+a_{3n}^{(3)}x_n=b_3^{(3)},\\ \cdots\cdots\\ a_{n3}^{(3)}x_3+\cdots+a_{nn}^{(3)}x_n=b_n^{(3)},\end{cases} \tag{5.8}$$

针对(5.8)继续消元,重复同样的手段,第 $k-1$ 步后化为如下的同解方程组为

$$\begin{cases} a_{11}^{(1)}x_1+a_{12}^{(1)}x_2+a_{13}^{(1)}x_3+\cdots+a_{1n}^{(1)}x_n=b_1^{(1)}, \\ a_{22}^{(2)}x_2+a_{23}^{(2)}x_3+\cdots+a_{2n}^{(2)}x_n=b_2^{(2)}, \\ \cdots\cdots \\ a_{kk}^{(k)}x_k+\cdots+a_{kn}^{(k)}x_n=b_k^{(k)}, \\ \cdots\cdots \\ a_{nk}^{(k)}x_k+\cdots+a_{nn}^{(k)}x_n=b_n^{(k)}, \end{cases}$$

设 $a_{kk}^{(k)}\neq 0$,令 $l_{ik}=a_{ik}^{(k)}/a_{kk}^{(k)}$,$i=k+1,k+2,\cdots,n$,用$(-l_{ik})$乘以第 k 个方程分别加到第 $i(i=k+1,k+2,\cdots,n)$ 个方程上后得到如下同解方程组

$$\begin{cases} a_{11}^{(1)}x_1+a_{12}^{(1)}x_2+a_{13}^{(1)}x_3+\cdots+a_{1n}^{(1)}x_n=b_1^{(1)}, \\ a_{22}^{(2)}x_2+a_{23}^{(2)}x_3+\cdots+a_{2n}^{(2)}x_n=b_2^{(2)}, \\ \cdots\cdots \\ a_{kk}^{(k)}x_k+\cdots+a_{kn}^{(k)}x_n=b_k^{(k)}, \\ a_{k+1,k+1}^{(k+1)}x_{k+1}+\cdots a_{k+1,n}^{(k+1)}x_n=b_{k+1}^{(k+1)}, \\ \cdots\cdots \\ a_{n,k+1}^{(k+1)}x_{k+1}+\cdots+a_{nn}^{(k+1)}x_n=b_n^{(k+1)}, \end{cases} \tag{5.9}$$

按照上述步骤进行 n 次后,将原方程组加工成如下的上三角形方程组:

$$\begin{cases} a_{11}^{(1)}x_1+a_{12}^{(1)}x_2+a_{13}^{(1)}x_3+\cdots+a_{1n}^{(1)}x_n=b_1^{(1)}, \\ a_{22}^{(2)}x_2+a_{23}^{(2)}x_3+\cdots+a_{2n}^{(2)}x_n=b_2^{(2)}, \\ \cdots\cdots \\ a_{kk}^{(k)}x_k+\cdots+a_{kn}^{(k)}x_n=b_k^{(k)}, \\ \cdots\cdots \\ a_{nn}^{(n)}x_n=b_n^{(n)}, \end{cases}$$

当 $a_{nn}^{(n)}\neq 0$ 逐步回代得原方程的解为:

$$\begin{cases} x_n = b_n^{(n)}/a_{nn}^{(n)}, \\ x_k = \left(b_k^{(k)} - \sum\limits_{j=k+1}^{n} a_{kj}^{(k)}x_j\right)/a_{kk}^{(k)}, k = n-1,\cdots,1. \end{cases} \tag{5.10}$$

综上所述,Gauss 消去法分为消元过程与回代过程,消元过程将所给方程组加工成上三角形方程组,再经回代过程求解,由于计算时不涉及 x_i,$i=1,2,\cdots,n$,所以在存储时可将方程组 $\boldsymbol{AX}=\boldsymbol{b}$ 写成增广矩阵$(\boldsymbol{A},\boldsymbol{b})$.

5.1.2　顺序 Gauss 消去法

前述的消去过程中,未知量是按其出现于(5.6)方程组中的自然顺序消去的,所以又叫顺序 Gauss 消去法. 它是各种 Gauss 消去法的基础,实际我们已经发现顺序消去法有很大的缺点. 设用作除数的 $a_{kk}^{(k-1)}$ 为主元素,首先,消元过程中可能出现 $a_{kk}^{(k-1)}$ 为零的情况,

此时消元过程亦无法进行下去；其次如果主元素 $a_{kk}^{(k-1)}$ 很小，由于舍入误差和有效位数消失等因素，其本身常常有较大的相对误差，用其作除数，会导致其他元素数量级的严重增长和舍入误差的扩散，使得所求的解误差过大，以致失真.

例 1 求解方程组 $\begin{cases}0.001x_1+1.00x_2=1.00,\\ 1.00x_1+1.00x_2=2.00.\end{cases}$

解 它的精确解为

$$x_1=\frac{1\,000}{999}\approx 1.001\,0,\ x_2=\frac{998}{999}\approx 0.999\,0.$$

若用顺序消去法，第一步，以 0.001 为主元，从第二个方程中消去 x_1 后，得

$$-1\,000x_2=-1\,000,\ x_2=1.00,$$

回代，得 $x_1=0.00$，显然，这不是方程组的解.

造成这个现象的原因是：第一步中主元素太小，使得消元后所得的三角形方程组很不准确.

如果我们选第二个方程中 x_1 的系数 1.00 为主元素来消去第一个方程中的 x_1，则有 $1.00x_1=1.00$，得 $x_1=1.00$，这是真解的三位正确舍入值.

从上述例子中可以看出，在消元过程中适当选取主元素是十分重要的.

在选主元高阶消去法中，未知数仍然是顺序地消去的，但是把各方程中要消去的那个未知数的系数按绝对值最大值作为主元素，然后用顺序消去法的公式求解.

例 2 用列主元 Gauss 消去法求解方程组

$$\begin{cases}2x_1-x_2+3x_3=1,\\ 4x_1+2x_2+5x_3=4,\\ x_1+2x_2=7.\end{cases}$$

解 由于解方程组取决于它的系数，因此可用这些系数(包括右端项)所构成的增广矩阵作为方程组的一种简化形式，对这种增广矩阵施行消元

$$\begin{bmatrix}2 & -1 & 3 & 1\\ 4 & 2 & 5 & 4\\ 1 & 2 & 0 & 7\end{bmatrix}.$$

第一步将 4 选为主元素，并把主元素所在的行定为主元行，然后将主元行换到第 1 行得到

$$\begin{bmatrix}4 & 2 & 5 & 4\\ 2 & -1 & 3 & 1\\ 1 & 2 & 0 & 7\end{bmatrix}\xrightarrow{\text{第一步消元}}\begin{bmatrix}1 & 0.5 & 1.25 & 1\\ 0 & -2 & 0.5 & -1\\ 0 & 1.5 & -1.25 & 6\end{bmatrix}$$

$$\xrightarrow{\text{第二步消元}}\begin{bmatrix}1 & 0.5 & 1.25 & 1\\ 0 & 1 & -0.25 & 0.5\\ 0 & 0 & -0.875 & 5.25\end{bmatrix}$$

$$\xrightarrow{\text{第三步消元}}\begin{bmatrix}1 & 0.5 & 1.25 & 1\\ 0 & 1 & -0.25 & 0.5\\ 0 & 0 & 1 & -6\end{bmatrix}.$$

消元过程的结果归结到下列三角形方程组

$$\begin{cases}x_1+0.5x_2+1.25x_3=1,\\ x_2-0.25x_3=0.5,\\ x_3=-6,\end{cases}$$

回代求解,得 $x_1=9,x_2=-1,x_3=-6$.

本例 Matlab 程序如下:

```
function mygauss
clc;
A=[2 -1 3;4 2 5;1 2 0];
b=[1 4 7]';
n=length(b);
for k=1:(n-1)
    [ap,p]=max(abs(A(k:n,k)));
    p=p+k-1;
    if p>k
      A([k p],:)=A([p k],:);
      b([k p],:)=b([p k],:);
    end
    m=A(k+1:n,k)/A(k,k);
    A(k+1:n,k+1:n)=A(k+1:n,k+1:n)-m*A(k,k+1:n);
    b(k+1:n)=b(k+1:n)-m*b(k);
    A(k+1:n,k)=zeros(n-k,1);
    if flag~=0, Ab=[A,b], end
end
x=zeros(n,1);
x(n)=b(n)/A(n,n);
for k=n-1:-1:1
    x(k)=(b(k)-A(k,k+1:n)*x(k+1:n))/A(k,k);
end
x=x'
```

§5.2　矩阵的 LU 分解

下面我们进一步用矩阵理论来分析 Gauss 消去法,从而建立矩阵的三角分解定理,而这个定理在解方程组的直接解法中起着重要作用,我们将利用它来推导某些具有特殊的系数矩阵方程组的数值解法.

考虑线性方程组 $\boldsymbol{AX}=\boldsymbol{b},\boldsymbol{A}\in\mathbf{R}^{n\times n}$,由于对 $\boldsymbol{A}$ 施行初等变换相当于用初等矩阵左乘 $\boldsymbol{A}$,于是顺序 Gauss 消去法是对方程组(5.1)的增广矩阵

$$[\boldsymbol{A}^{(1)},\boldsymbol{b}^{(1)}]=\begin{bmatrix} a_{11}^{(1)} & a_{12}^{(1)} & \cdots & a_{1n}^{(1)} & b_1^{(1)} \\ a_{21}^{(1)} & a_{22}^{(1)} & \cdots & a_{2n}^{(1)} & b_2^{(1)} \\ \vdots & \vdots & & \vdots & \vdots \\ a_{n1}^{(1)} & a_{n2}^{(1)} & \cdots & a_{nn}^{(1)} & b_n^{(1)} \end{bmatrix}$$

进行一系列初等变换来实现的,根据线性代数知识,初等变换与初等矩阵是有密切关系的.

顺序消元法有如下形式:

第一步:若 $a_{11}\neq 0$,令 $l_{i1}=\dfrac{a_{i1}}{a_{11}},\ i=2,3,4,\cdots,n$,组成初等下三角阵:

$$\boldsymbol{L}_1=\begin{bmatrix} 1 & & & 0 \\ -l_{21} & 1 & & \\ \vdots & \vdots & \ddots & \\ -l_{n1} & l_{n2} & \cdots & 1 \end{bmatrix}, \tag{5.11}$$

则

$$\boldsymbol{L}_1[\boldsymbol{A}^{(1)},\boldsymbol{b}^{(1)}]=\begin{bmatrix} a_{11}^{(1)} & a_{12}^{(2)} & \cdots & a_{1n}^{(1)} & b_1^{(1)} \\ 0 & a_{22}^{(2)} & \cdots & a_{2n}^{(2)} & b_2^{(2)} \\ & \vdots & & & \vdots \\ 0 & a_{n2}^{(2)} & \cdots & a_{nn}^{(2)} & b_n^{(2)} \end{bmatrix}=[\boldsymbol{A}^{(2)},\boldsymbol{b}^{(2)}],$$

即用 $-l_{i1}$ 乘第 1 行分别加到第 $i(i=2,3,\cdots,n)$ 行上去,相当于用 $\boldsymbol{L}_1$ 左乘增广矩阵.

第二步:若 $a_{22}^{(2)}\neq 0$,令 $l_{i2}=\dfrac{a_{i2}^{(2)}}{a_{22}^{(2)}},i=3,4,\cdots,n$,记

$$\boldsymbol{L}_2=\begin{bmatrix} 1 & & & & 0 \\ 0 & 1 & & & \\ 0 & -l_{32} & 1 & & \\ \vdots & \vdots & & \ddots & \\ 0 & -l_{n2} & & \cdots & 1 \end{bmatrix}, \tag{5.12}$$

用 $-l_{i1}$ 乘(5.11)的第 2 行并分别加到第 $i(i=3,4,\cdots,n)$ 行上去,相当于用 $\boldsymbol{L}_2$ 左乘 $\boldsymbol{L}_1[\boldsymbol{A}^{(1)},\boldsymbol{b}^{(1)}]$.

整个消元过程是从左到右、自上而下地将主对角元下方的

$$a_{21},a_{31},\cdots,a_{n1},a_{32},a_{42},\cdots,a_{n2},\cdots,a_{n,n-1}$$

化为 0,这就相当于用形如(5.11)~(5.12)的初等矩阵 $\boldsymbol{L}_2,\boldsymbol{L}_3,\cdots,\boldsymbol{L}_{n-1}$ 依次左乘 $[\boldsymbol{A}^{(1)},\boldsymbol{b}^{(1)}]$. 经过 $n-1$ 步消元后,最后得到

$$\boldsymbol{L}_{n-1}\boldsymbol{L}_{n-2}\cdots\boldsymbol{L}_2\boldsymbol{L}_1[\boldsymbol{A}^{(1)},\boldsymbol{b}^{(1)}]$$

$$
=\begin{bmatrix}
a_{11}^{(1)} & a_{12}^{(1)} & \cdots & a_{1k}^{(1)} & a_{1,k+1}^{(1)} & \cdots & a_{1n}^{(1)} & b_1^{(1)} \\
 & a_{22}^{(2)} & \cdots & a_{2k}^{(2)} & a_{2,k+1}^{(2)} & \cdots & a_{2n}^{(2)} & b_2^{(2)} \\
 & & & \vdots & \vdots & & \vdots & \vdots \\
 & & & a_{kk}^{(k)} & a_{k,k+1}^{(k)} & \cdots & a_{kn}^{(k)} & b_k^{(k)} \\
 & & & & a_{k+1,k+1}^{(k+1)} & \cdots & a_{k+1,n}^{(k+1)} & b_{k+1}^{(k+1)} \\
 & & & & & & \vdots & \vdots \\
 & & & & & & a_{nn}^{(n)} & b_n^{(n)}
\end{bmatrix}=[\boldsymbol{A}^{(n)},\boldsymbol{b}^{(n)}],
$$

于是有

$$
\boldsymbol{L}_{n-1}\boldsymbol{L}_{n-2}\cdots\boldsymbol{L}_2\boldsymbol{L}_1\boldsymbol{A}^{(1)}=\boldsymbol{A}^{(n)},\boldsymbol{L}_{n-1}\boldsymbol{L}_{n-2}\cdots\boldsymbol{L}_2\boldsymbol{L}_1\boldsymbol{b}^{(1)}=\boldsymbol{b}^{(n)}, \tag{5.13}
$$

注意到 $\boldsymbol{L}_i(i=1,2,\cdots,n-1)$ 是可逆的且主对角元全为 1 的下三角阵，而有限个单位下三角阵的乘积仍是单位下三角阵，故可令 $\boldsymbol{L}=(\boldsymbol{L}_{n-1}\cdots\boldsymbol{L}_2\boldsymbol{L}_1)^{-1}$，记

$$
\boldsymbol{U}=\begin{bmatrix}
a_{11}^{(1)} & a_{12}^{(1)} & \cdots & a_{1n}^{(1)} \\
 & a_{22}^{(2)} & \cdots & a_{2n}^{(2)} \\
 & & \ddots & \vdots \\
 & & & a_{nn}^{(n)}
\end{bmatrix},\ \boldsymbol{y}=\begin{bmatrix} b_1^{(1)} \\ b_2^{(2)} \\ \vdots \\ b_n^{(n)} \end{bmatrix},
$$

则得 $\boldsymbol{L}^{-1}[\boldsymbol{A}^{(1)},\boldsymbol{b}^{(1)}]=[\boldsymbol{U},\boldsymbol{y}]$，或 $\boldsymbol{L}^{-1}\boldsymbol{A}^{(1)}=\boldsymbol{U},\boldsymbol{L}^{-1}\boldsymbol{b}^{(1)}=\boldsymbol{y}$，Gauss 消去法的回代过程就是求解 $\boldsymbol{Ux}=\boldsymbol{y}$.

又由 $\boldsymbol{L}^{-1}\boldsymbol{A}^{(1)}=\boldsymbol{U}$ 可得：$\boldsymbol{A}^{(1)}=\boldsymbol{LU}$，这说明，在 $a_{kk}^{(k)}\neq 0$ 的条件下，通过 Gauss 消去法可以把方程组(5.1)的系数矩阵 $\boldsymbol{A}$ 分解为单位下三角阵和上三角阵的乘积，称为 $\boldsymbol{A}$ 的 $\boldsymbol{LU}$ 分解.

总结上述讨论得到下面定理：

定理 5.1(矩阵的 LU 分解)　n 阶方阵 $\boldsymbol{A}$ 的 n 个顺序主子矩阵都非奇异，则矩阵 $\boldsymbol{A}$ 可唯一分解为单位下三角矩阵 $\boldsymbol{L}$ 与上三角矩阵 $\boldsymbol{U}$ 的乘积，即 $\boldsymbol{A}=\boldsymbol{LU}$.

证明　由上述的讨论，存在性已得证，现在证唯一性.

设 $\boldsymbol{A}=\boldsymbol{L}_1\boldsymbol{U}_1=\boldsymbol{LU}$，其中 $\boldsymbol{L}_1,\boldsymbol{L}$ 为单位下三角阵，$\boldsymbol{U}_1,\boldsymbol{U}$ 为上三角阵，设 $\boldsymbol{U}_1^{-1}$ 存在，于是有 $\boldsymbol{L}^{-1}\boldsymbol{L}_1=\boldsymbol{U}\boldsymbol{U}_1^{-1}$，该式右端为上三角矩阵，左边为单位下三角阵，故应为单位矩阵，即

$$
\boldsymbol{L}_1=\boldsymbol{L},\boldsymbol{U}_1=\boldsymbol{U}.
$$

由上述讨论知，解 $\boldsymbol{AX}=\boldsymbol{b}$ 的 Gauss 消去法相当于实现了 $\boldsymbol{A}$ 的三角分解，如果我们能直接从矩阵 $\boldsymbol{A}$ 的元素得到计算 $\boldsymbol{L},\boldsymbol{U}$ 的元素的公式，实现 $\boldsymbol{A}$ 的三角分解，而不需要任何中间步骤，那么求解 $\boldsymbol{AX}=\boldsymbol{b}$ 的问题就等价于求解两个三角形矩阵方程组：

(1) $\boldsymbol{Ly}=\boldsymbol{b}$，求 $\boldsymbol{y}$；

(2) $\boldsymbol{Ux}=\boldsymbol{y}$，求 $\boldsymbol{x}$.

下面来说明 $\boldsymbol{L},\boldsymbol{U}$ 的元素可以由 $\boldsymbol{A}$ 的元素直接计算确定. 显然，由矩阵乘法 $a_{1i}=u_{1i}$ 得到 $\boldsymbol{U}$ 的第 1 行元素；由 $a_{i1}=l_{i1}u_{11}$ 得 $l_{i1}=\dfrac{a_{i1}}{u_{11}},i=1,2,\cdots,n$，即 $\boldsymbol{L}$ 的第 1 列元素.

设已经求出 $\boldsymbol{U}$ 的第 1 行至第 $r-1$ 行元素，$\boldsymbol{L}$ 的第 1 列至第 $r-1$ 列元素，由矩阵乘法可

得

$$a_{ri}=\sum_{k=1}^{n}l_{rk}u_{ki}=\sum_{k=1}^{r-1}l_{rk}u_{ki}+u_{ri},l_{rk}=0,r<k,$$

$$a_{ir}=\sum_{k=1}^{n}l_{ik}u_{kr}=\sum_{k=1}^{r-1}l_{ik}u_{kr}+k_{ir}u_{rr},$$

即可计算出 $\boldsymbol{U}$ 的第 r 行元素,$\boldsymbol{L}$ 的第 r 列元素.

综上所述,可得到用直接三角分解法解 $\boldsymbol{AX}=\boldsymbol{b}$ 的计算公式,具体算法如下:

(1) 首先,当 $r=1$ 时,有

$$u_{1i}=a_{1i},l_{i1}=\frac{a_{i1}}{u_{11}},i=1,2,\cdots,n. \tag{5.14}$$

(2) 对于 $r=2,3,\cdots,n$ 时,计算 $\boldsymbol{U}$ 的第 r 行元素,有

$$u_{ri}=a_{ri}-\sum_{k=1}^{r-1}l_{rk}u_{ki},i=r,r+1,\cdots,n. \tag{5.15}$$

计算 $\boldsymbol{L}$ 的第 r 列元素($r\neq n$),有

$$l_{ir}=\frac{(a_{ir}-\sum_{k=1}^{r-1}l_{ik}u_{kr})}{u_{rr}},i=r+1,\cdots,n. \tag{5.16}$$

(3)解方程组 $\boldsymbol{ly}=\boldsymbol{b}$,得

$$\begin{cases}y_1=b,\\ y_i=b_i-\sum_{k=1}^{i-1}l_{ik}y_k,i=2,3,\cdots,n.\end{cases} \tag{5.17}$$

(4)解方程组 $\boldsymbol{ux}=\boldsymbol{y}$,得

$$\begin{cases}x_n=\dfrac{y_n}{u_{nn}},\\ x_i=(y_i-\sum_{k=i+1}^{n}u_{ik}x_k)/u_{ii},i=n-1,\cdots,2,1.\end{cases} \tag{5.18}$$

(5.14)~(5.16)是矩阵 $\boldsymbol{A}$ 的 LU 分解公式,称为 **Doolitte 分解**. 同理,可推出矩阵 $\boldsymbol{A}=\boldsymbol{LU}$ 分解的另一种计算公式,其中 $\boldsymbol{L}$ 为下三角,$\boldsymbol{U}$ 为单位上三角,这种矩阵的分解公式称为矩阵的 **Crout 分解**.

例 3 用 Doolitte 三角分解法求解

$$\begin{bmatrix}1&2&3\\2&5&2\\3&1&5\end{bmatrix}\begin{bmatrix}x_1\\x_2\\x_3\end{bmatrix}=\begin{bmatrix}14\\18\\20\end{bmatrix}.$$

解 (1) 对于 $r=1$,利用公式(5.14)计算得

$$u_{11}=1,u_{12}=2,u_{13}=3,l_{21}=2,l_{31}=3.$$

(2)对于 $r=2$,利用(5.15)计算得

$$u_{22}=a_{22}-l_{21}u_{12}=5-2\times2=1,$$

$$u_{23}=a_{23}-l_{21}u_{13}=2-2\times3=-4,$$

$$l_{32}=\frac{(a_{32}-l_{31}u_{12})}{u_{22}}=\frac{(1-3\times2)}{1}=-5.$$

(3)对于 $r=3$,有

$$u_{33}=a_{33}-(l_{31}u_{13}+l_{32}u_{23})=5-(3\times3+(-5)\cdot(-4))=-24,$$

于是

$$A=\begin{bmatrix}1 & & \\ 2 & 1 & \\ 3 & -5 & 1\end{bmatrix}\begin{bmatrix}1 & 2 & 3\\ & 1 & -4\\ & & -24\end{bmatrix}=LU.$$

(4)求解 $Ly=b$,得

$$y_1=14,$$
$$y_2=b_2-l_{21}y_1=18-2\times24=-10,$$
$$y_3=b_3-(l_{31}y_1+l_{32}y_2)=20-(3\times14+(-5)(-10))=-72,$$

从而 $y=(14,-10,-72)^{\mathrm{T}}$. 由 $Ux=y$,得

$$x_3=\frac{y_3}{u_{33}}=\frac{-72}{-24}=3,$$

$$x_2=\frac{(y_2-u_{23}x_3)}{u_{22}}=\frac{-10-(-4\times3)}{1}=2,$$

$$x_1=\frac{y_1-(u_{12}x_2+u_{13}x_3)}{u_{11}}=\frac{14-(2\times2+3\times3)}{1}=1,$$

故 $x=(1,2,3)^{\mathrm{T}}$.

本例 Matlab 程序如下:

```
function mylu
clc;
A=[1 2 3;2 5 2;3 1 5];
b=[14 18 20]';
n=length(b);
U=zeros(n,n);
L=eye(n,n);
U(1,:)=A(1,:);
L(2:n,1)=A(2:n,1)/U(1,1);
for k=2:n
    U(k,k:n)=A(k,k:n)-L(k,1:k-1)*U(1:k-1,k:n);
    L(k+1:n,k)=(A(k+1:n,k)-L(k+1:n,1:k-1)*U(1:k-1,k))/U(k,k);
end
y=zeros(n,1);
y(1)=b(1);
for k=2:n
    y(k)=b(k)-L(k,1:k-1)*y(1:k-1);
end
x=zeros(n,1);
```

```
x(n)=y(n)/U(n,n);
for k=n-1:-1:1
    x(k)=(y(k)-U(k,k+1:n)*x(k+1:n))/U(k,k);
end
x=x'
```

§5.3 对称正定矩阵方程组的平方根法

对于一般线性方程组 $\boldsymbol{A}\boldsymbol{x}=\boldsymbol{b}$ 可以用以上介绍的几种方法求解，但对于系数矩阵 $\boldsymbol{A}$ 有某些特殊性质时，可用特殊方法来求解. 本节讨论系数矩阵 $\boldsymbol{A}$ 为对称正定矩阵时常用的平方根法及改进的平方根法.

5.3.1 对称正定矩阵及其性质

定义 5.1 设 $\boldsymbol{A}$ 为 n 阶对称矩阵，若对任意 $\boldsymbol{0}\neq\boldsymbol{X}\in\mathbf{R}^n$，有 $\boldsymbol{X}^{\mathrm{T}}\boldsymbol{A}\boldsymbol{X}>0$，则称二次型 $f=\boldsymbol{X}^{\mathrm{T}}\boldsymbol{A}\boldsymbol{X}$ 为**正定二次型**，矩阵 $\boldsymbol{A}$ 称为**对称正定矩阵**.

定理 5.2 如果 $\boldsymbol{A}\in\mathbf{R}^{n\times n}$ 为对称正定阵，则

(1) $\boldsymbol{A}$ 为非奇异矩阵，且 $\boldsymbol{A}^{-1}$ 亦是对称正定阵；

(2) 记 $\boldsymbol{A}_k$ 为 $\boldsymbol{A}$ 的顺序主子阵，$\boldsymbol{A}_k$ 亦是对称正定阵($k=1,2,\cdots,n$)；

(3) $\boldsymbol{A}$ 的特征值 $\lambda_i(\boldsymbol{A})>0, i=1,2,\cdots,n$；

(4) $\boldsymbol{A}$ 的顺序主子式都大于零，即 $\det\boldsymbol{A}_k>0, k=1,2,\cdots,n$.

证明 (1) 若 $\det\boldsymbol{A}=0$，于是 $\boldsymbol{A}\boldsymbol{x}=\boldsymbol{0}$ 有 $\boldsymbol{x}\neq\boldsymbol{0}$，由此有 $(\boldsymbol{A}\boldsymbol{x},\boldsymbol{x})=\boldsymbol{0}$，这与 $\boldsymbol{A}$ 为对称正定矩阵矛盾，故 $\det\boldsymbol{A}\neq 0$. 显然 $(\boldsymbol{A}^{-1})^{\mathrm{T}}=(\boldsymbol{A}^{\mathrm{T}})^{-1}=\boldsymbol{A}^{-1}$，说明 $\boldsymbol{A}^{-1}$ 亦是对称矩阵，此外，对任意非零向量 $\boldsymbol{y}\neq\boldsymbol{0}$，则由 $\boldsymbol{A}$ 为对称正定阵有

$$(\boldsymbol{A}^{-1}\boldsymbol{y},\boldsymbol{y})=(\boldsymbol{x},\boldsymbol{A}\boldsymbol{x})=(\boldsymbol{A}\boldsymbol{x},\boldsymbol{x})>0,$$

记 $\boldsymbol{A}^{-1}\boldsymbol{y}=\boldsymbol{x}, \boldsymbol{x}\neq\boldsymbol{0}$，所以 $\boldsymbol{A}^{-1}$ 亦是对称正定阵.

(2) 记 $\boldsymbol{A}_k=\begin{bmatrix} a_{11} & \cdots & a_{1k} \\ \vdots & & \vdots \\ a_{k1} & \cdots & a_{kk} \end{bmatrix}$，显然有 $\boldsymbol{A}_k^{\mathrm{T}}=\boldsymbol{A}_k$，对任意非零向量 $\boldsymbol{x}_1\in\mathbf{R}^k$，考查 $(\boldsymbol{A}_k\boldsymbol{x}_1,\boldsymbol{x}_1)>0$ 是否成立. 事实上，令 $\boldsymbol{x}=\begin{pmatrix}\boldsymbol{x}_1\\ \boldsymbol{0}\end{pmatrix}\in\mathbf{R}^n$ 且 $\boldsymbol{x}\neq\boldsymbol{0}$，由 $\boldsymbol{A}$ 的正定性，则 $0<(\boldsymbol{A}\boldsymbol{x},\boldsymbol{x})=(\boldsymbol{A}_k\boldsymbol{x}_1,\boldsymbol{x}_1)$，所以 $\boldsymbol{A}_k$ 亦是对称正定矩阵.

(3) 设 λ 为 $\boldsymbol{A}$ 的特征值，于是存在向量 $\boldsymbol{x}\neq\boldsymbol{0}$，使 $\boldsymbol{A}\boldsymbol{x}=\lambda\boldsymbol{x}$，且有 $(\boldsymbol{A}\boldsymbol{x},\boldsymbol{x})=(\lambda\boldsymbol{x},\boldsymbol{x})$，即有 $\lambda=(\boldsymbol{A}\boldsymbol{x},\boldsymbol{x})/(\boldsymbol{x},\boldsymbol{x})>0$.

(4) 设 $\lambda_i(i=1,\cdots,n)$ 为 $\boldsymbol{A}$ 的特征值，由于 $\det\boldsymbol{A}=\lambda_1\lambda_2\cdots\lambda_n$，由 (3) 可知 $\lambda_i>0$，故

$\det\boldsymbol{A}>0$,又由性质(2)知 $\boldsymbol{A}_k$ 为对称正定阵,所以 $\det\boldsymbol{A}_k>0, k=1,\cdots,n$.

5.3.2 平方根法

设 $\boldsymbol{A}$ 为对称正定矩阵,显然 $\boldsymbol{A}$ 的各阶顺序主子式均不等于 0,从而由定理 5.1 知,$\boldsymbol{A}$ 可以唯一地分解成 $\boldsymbol{A}=\boldsymbol{LU}$,其中 $\boldsymbol{L}$ 是单位下三角矩阵,$\boldsymbol{U}$ 为上三角矩阵,而 $\boldsymbol{U}$ 还可以分解成

$$\boldsymbol{U}=\begin{bmatrix} u_{11} & u_{12} & \cdots & u_{1n} \\ & u_{22} & \cdots & u_{2n} \\ & & \ddots & \vdots \\ & & & u_{nn} \end{bmatrix}=\begin{bmatrix} u_{11} & & & \\ & u_{22} & & \\ & & \ddots & \\ & & & u_{nn} \end{bmatrix}\begin{bmatrix} 1 & \dfrac{u_{12}}{u_{11}} & \cdots & \dfrac{u_{1n}}{u_{11}} \\ & 1 & \cdots & \dfrac{u_{2n}}{u_{22}} \\ & & \ddots & \vdots \\ & & & 1 \end{bmatrix}=\boldsymbol{DU}_0,$$

从而 $\boldsymbol{A}=\boldsymbol{LU}=\boldsymbol{LDU}_0$

又因为 $\boldsymbol{A}^{\mathrm{T}}=\boldsymbol{A}$,所以

$$(\boldsymbol{LDU}_0)^{\mathrm{T}}=\boldsymbol{U}_0^{\mathrm{T}}(\boldsymbol{DL}^{\mathrm{T}})=\boldsymbol{LDU}_0=\boldsymbol{L}(\boldsymbol{DU}_0).$$

再注意到分解是唯一的,故有 $\boldsymbol{U}_0^{\mathrm{T}}=\boldsymbol{L}$,即有 $\boldsymbol{A}$ 分解成 $\boldsymbol{A}=\boldsymbol{LDL}^{\mathrm{T}}$.

以下再考虑对角矩阵 $\boldsymbol{D}=\begin{bmatrix} u_{11} & & & \\ & u_{22} & & \\ & & \ddots & \\ & & & u_{nn} \end{bmatrix}$ 的元素,由矩阵 $\boldsymbol{A}$ 的正定性知,$\boldsymbol{A}$ 的各阶顺序主子阵也是对称正定矩阵,且各阶顺序主子式全大于 0,即

$$\det\boldsymbol{A}_k=u_{11}u_{22}\cdots u_{kk}>0,\ k=1,\cdots,n,$$

所以 $u_{ii}>0, i=1,\cdots,n$,故有

$$\boldsymbol{D}=\begin{bmatrix} u_{11} & & & \\ & u_{22} & & \\ & & \ddots & \\ & & & u_{nn} \end{bmatrix}=\begin{bmatrix} \sqrt{u_{11}} & & & \\ & \sqrt{u_{22}} & & \\ & & \ddots & \\ & & & \sqrt{u_{nn}} \end{bmatrix}\begin{bmatrix} \sqrt{u_{11}} & & & \\ & \sqrt{u_{22}} & & \\ & & \ddots & \\ & & & \sqrt{u_{nn}} \end{bmatrix}=\boldsymbol{D}^{\frac{1}{2}}\boldsymbol{D}^{\frac{1}{2}},$$

从而得 $\boldsymbol{A}=\boldsymbol{LDL}^{\mathrm{T}}=(\boldsymbol{LD}^{\frac{1}{2}})(\boldsymbol{LD}^{\frac{1}{2}})^{\mathrm{T}}=\bar{\boldsymbol{L}}\bar{\boldsymbol{L}}^{\mathrm{T}}$.

定理 5.3 若 $\boldsymbol{A}$ 为 n 阶对称正定矩阵,则存在一个实非奇异下三角矩阵 $\boldsymbol{L}$,使得 $\boldsymbol{A}=\boldsymbol{LL}^{\mathrm{T}}$,且当限定 $\boldsymbol{L}$ 的对角元素为正时,这种分解是唯一的.

同以上的三角分解法,下面我们讨论矩阵 $\boldsymbol{L}$ 的元素的求法,令

$$\begin{bmatrix} a_{11} & a_{12} & \cdots & a_{1n} \\ a_{21} & a_{22} & \cdots & a_{2n} \\ \vdots & \vdots & & \vdots \\ a_{n1} & a_{n2} & \cdots & a_{nn} \end{bmatrix}=\begin{bmatrix} l_{11} & & & \\ l_{21} & l_{22} & & \\ \vdots & \vdots & \ddots & \\ l_{n1} & l_{n2} & \cdots & l_{nn} \end{bmatrix}\begin{bmatrix} l_{11} & l_{21} & \cdots & l_{n1} \\ & l_{22} & \cdots & l_{n2} \\ & & \ddots & \vdots \\ & & & l_{nn} \end{bmatrix},$$

其中 $l_{ii}>0, i=1,\cdots,n$，且当 $j<k$ 时有 $l_{jk}=0$，由矩阵乘法知 $a_{11}=l_{11}^2, a_{i1}=l_{i1}l_{11}$，所以 $l_{11}=\sqrt{a_{11}}$. $l_{i1}=\dfrac{a_{i1}}{l_{11}}, i=2,\cdots,n$，得 $\boldsymbol{L}$ 的第 1 列及 $\boldsymbol{L}^{\mathrm{T}}$ 的第 1 行. 以下求 $\boldsymbol{L}$ 的第 j 列及 $\boldsymbol{L}^{\mathrm{T}}$ 的第 j 行，即求 l_{ij}，$i=j,j+1,\cdots,n$. 考虑到 $\boldsymbol{L}^{\mathrm{T}}$ 的第 j 列为 $\boldsymbol{L}$ 的第 j 行，所以有

$$a_{ij}=\sum_{k=1}^{n} l_{ik}l_{jk}=\sum_{k=1}^{j} l_{ik}l_{jk}=\sum_{k=1}^{j-1} l_{ik}l_{jk}+l_{ij}l_{jj},$$

当 $i=j$ 时有

$$a_{jj}=\sum_{k=1}^{n} l_{jk}^2=\sum_{k=1}^{j-1} l_{jk}^2+l_{ij}^2,$$

从而有

$$l_{jj}=\left(a_{jj}-\sum_{k=1}^{j-1} l_{jk}^2\right)^{\frac{1}{2}},\ l_{ij}=\frac{1}{l_{jj}}\left(a_{ij}-\sum_{k-1}^{j-1} l_{ik}l_{jk}\right).$$

于是得平方根法的计算公式如下：

① $l_{11}=\sqrt{a_{11}}, l_{i1}=\dfrac{a_{i1}}{l_{11}}, i=2,\cdots,n$；

② 对 $j=2,\cdots,n$，$l_{jj}=\left(a_{jj}-\sum\limits_{k=1}^{j-1} l_{jk}^2\right)^{\frac{1}{2}}$，$l_{ij}=\dfrac{1}{l_{jj}}\left(a_{ij}-\sum\limits_{k-1}^{j-1} l_{ik}l_{jk}\right), i=j,j+1,\cdots,n$；

③ 求 $\boldsymbol{LY}=\boldsymbol{b}$，$y_1=\dfrac{b_1}{l_{11}}, y_i=\dfrac{1}{l_{ii}}\left(b_i-\sum\limits_{k=1}^{i-1} l_{ik}y_k\right), i=2,\cdots,n$；

④ 求 $\boldsymbol{L}^{\mathrm{T}}\boldsymbol{X}=\boldsymbol{Y}$，$x_n=\dfrac{y_n}{l_{nn}}, x_i=\dfrac{1}{l_{jj}}\left(y_i-\sum\limits_{k=i+1}^{n} l_{ki}x_k\right), i=n-1,\cdots,2,1$.

根据以上的计算公式可知，分解过程中元素 l_{jk} 是有界的，且 $l_{jj}>0$，所以平方根法是稳定的，又因为矩阵 $\boldsymbol{A}$ 是对称的，存储时只需存储对角线以下的元素即可，这是平方根法的一个优点.

5.3.3 改进平方根法

由于解对称正定方程组的平方根法在计算元素 $l_{ii}(i=1,\cdots,n)$ 时需要进行 n 次开方运算，为了避免开方运算，可采用对称正定矩阵的分解式 $\boldsymbol{A}=\boldsymbol{LDL}^{\mathrm{T}}$，即有

$$\boldsymbol{A}=\begin{bmatrix} 1 & & & \\ l_{21} & 1 & & \\ l_{31} & l_{32} & 1 & \\ \vdots & \vdots & & \ddots \\ l_{n1} & l_{n2} & \cdots & & 1 \end{bmatrix}\begin{bmatrix} d_1 & & & \\ & d_2 & & \\ & & \ddots & \\ & & & \ddots \\ & & & & d_n \end{bmatrix}\begin{bmatrix} 1 & l_{21} & & \cdots & l_{n1} \\ & 1 & l_{32} & \cdots & l_{n2} \\ & & 1 & & \\ & & & \ddots & \vdots \\ & & & & 1 \end{bmatrix}=\boldsymbol{TL}^{\mathrm{T}},$$

其中 $\boldsymbol{T}=\boldsymbol{LD}$.

显然，$d_1=a_{11}$. 现确定计算 $\boldsymbol{L}$ 的第 i 行元素 $l_{ij}(j=1,2,\cdots,i-1)$，由矩阵乘法有

$$a_{ij}=\sum_{k=1}^{n}(\boldsymbol{LD})_{ik}(\boldsymbol{L}^{\mathrm{T}})_{kj}=\sum_{k=1}^{j-1} l_{ik}d_k l_{jk}+l_{ij}d_j,$$

当 $j<k$ 时，则 $l_{jk}=0$. 对于 $i=2,3,\cdots,n$，有

$$l_{ij}=\left(a_{ij}-\sum_{k=1}^{j-1}l_{ik}d_kl_{jk}\right)/d_j,j=1,2,\cdots,i-1,d_i=a_{ii}-\sum_{k=1}^{i-1}l_{ik}^2d_k. \tag{5.19}$$

为了避免重复性计算，引进中间量 $t_{ij}=l_{ij}d_j$，由(5.19)，得到解对称正定方程组 $\boldsymbol{Ax}=\boldsymbol{b}$ 改进平方根法的计算公式：

1. $\boldsymbol{A}=\boldsymbol{LDL}^{\mathrm{T}}$ 分解计算：

(1) $d_1=a_{11}$；

(2) 对于 $i=2,3,\cdots,n$，有

$$\begin{aligned}
&① \ t_{ij}=a_{ij}-\sum_{k=1}^{j-1}t_{ik}l_{jk},\ j=1,2,\cdots,i-1;\\
&② \ l_{ij}=t_{ij}/d_j,\ j=1,2,\cdots,i-1;\\
&③ \ d_i=a_{ii}-\sum_{k=1}^{i-1}t_{ik}l_{ik}.
\end{aligned} \tag{5.20}$$

2. 求解 $\boldsymbol{Ax}=\boldsymbol{b}\Leftrightarrow\boldsymbol{LDL}^{\mathrm{T}}\boldsymbol{x}=\boldsymbol{b}$，具体步骤如下：

(1) 求解 $\boldsymbol{Ly}=\boldsymbol{b}$，得

$$\begin{cases}y_1=b_1,\\ y_i=b_i-\displaystyle\sum_{k=1}^{i-1}l_{ik}y_k,\ i=2,\cdots,n,\end{cases} \tag{5.21}$$

(2) 求解 $\boldsymbol{L}^{\mathrm{T}}\boldsymbol{x}=\boldsymbol{D}^{-1}\boldsymbol{y}$，得

$$\begin{cases}x_n=y_n/d_n,\\ x_i=y_i/d_i-\displaystyle\sum_{k=i+1}^{n}l_{ki}x_k,\ i=n-1,\cdots,2,1,\end{cases} \tag{5.22}$$

实现分解计算 $\boldsymbol{A}=\boldsymbol{LDL}^{\mathrm{T}}$，大约需要 $n^3/6$ 次乘除法，但没有开方运算. 计算出 $\boldsymbol{T}=\boldsymbol{LD}$ 第 i 行元素 $t_{ij}(j=1,\cdots,i-1)$ 存放在 $\boldsymbol{A}$ 的第 i 行位置，然后计算 $\boldsymbol{L}$ 的第 i 行元素 $t_{ij}(j=1,\cdots,i-1)$ 仍存放在 $\boldsymbol{A}$ 的第 i 行位置且计算出 d_i.

平方根法或改进平方根法是目前计算机上解对称正定线性方程组一个有效方法，比用消去法优越，其计算量和存储量都比用消去法大约节省一半左右，且不需要选取主元，能求得较高精度的计算解.

例 4　用改进平方根法求解方程组：

$$\begin{bmatrix}2&-2&0&0&-1\\-2&3&-2&0&0\\0&-2&5&-3&0\\0&0&-3&10&4\\-1&0&0&4&10\end{bmatrix}\begin{bmatrix}x_1\\x_2\\x_3\\x_4\\x_5\end{bmatrix}=\begin{bmatrix}-1\\-1\\0\\11\\13\end{bmatrix}.$$

解　实现分解计算 $\boldsymbol{A}=\boldsymbol{LDL}^{\mathrm{T}}$，由公式(5.20)计算可得

$$A=\begin{bmatrix}1&&&&\\-1&1&&&\\0&-2&1&&\\0&0&-3&1&\\-1/2&-1&-2&-2&1\end{bmatrix}\begin{bmatrix}2&&&&\\&1&&&\\&&1&&\\&&&1&\\&&&&1/2\end{bmatrix}L^{T}=LDL^{T}.$$

求解计算 $Ax=b\Leftrightarrow LDL^{T}x=b$,求解 $Ly=b$ 得到

$$y=(-1,-2,-4,-1,1/2)^{T},$$

求解 $L^{T}x=D^{-1}y$ 得到方程组的解为

$$x=(1,1,1,1,1)^{T}.$$

本例 Matlab 程序如下：

```
function mygaijin
clc;
A=[2 -2 0 0 -1;
   -2 3 -2 0 0;
   0 -2 5 -3 0;
   0 0 -3 10 4;
   -1 0 0 4 10];
b=[-1 -1 0 11 13]';
n=length(b);
D=zeros(1,n);
L=eye(n,n);
U(1,:)=A(1,:);
L(2:n,1)=U(1,2:n)/U(1,1);
for k=2:n
   U(k,k:n)=A(k,k:n)-L(k,1:k-1)*U(1:k-1,k:n);
   L(k+1:n,k)=U(k,k+1:n)/U(k,k);
end
D=diag(diag(U));
y=zeros(n,1);
y(1)=b(1);
for k=2:n,
   y(k)=b(k)-L(k,1:k-1)*y([1:k-1]);
end
for k=1:n,
   z(k)=y(k)/D(k,k);
end
x=zeros(n,1);
U=L';
```

```
x(n)=z(n);
for k=(n-1):-1:1,
    x(k)=z(k)-U(k,k+1:n)*x(k+1:n);
end
x=x'
```

§5.4　三对角线性方程组的追赶法

在实际问题中,例如解常微分边值问题、解热传导方程等,经常遇到以下形式的方程组

$$\begin{cases} b_1x_1+c_1x_2=f_1, \\ a_2x_1+b_2x_2+c_2x_3=f_2, \\ \cdots\cdots \\ a_kx_{k-1}+b_kx_k+c_kx_{k+1}=f_k, \\ \cdots\cdots \\ a_{n-1}x_{n-2}+b_{n-1}x_{n-1}+c_{n-1}x_n=f_{n-1}, \\ a_nx_{n-1}+b_nx_n=f_n, \end{cases} \tag{5.23}$$

其系数矩阵为

$$A=\begin{bmatrix} b_1 & c_1 & & & & \\ a_2 & b_2 & c_2 & & & \\ & a_3 & b_3 & c_3 & & \\ & & \ddots & \ddots & \ddots & \\ & & & a_{n-1} & b_{n-1} & c_{n-1} \\ & & & & a_n & b_n \end{bmatrix}.$$

这种方程组的系数矩阵称为**三对角矩阵**. 以下针对这种方程组的特点提供一种简便有效的算法——**追赶法**.

追赶法实际上是 Gauss 消去法的一种简化形式,它同样分消元与回代两个过程,先将(5.23)的第一个方程中 x_1 的系数化为 1,即 $x_1+\frac{c_1}{b_1}x_2=\frac{f_1}{b_1}$,记

$$r_1=\frac{c_1}{b_1},y_1=\frac{f_1}{b_1}, \tag{5.24}$$

有 $x_1+r_1x_2=y_1$. 注意到剩下的方程中,实际上只有第二个方程中含有变量 x_1,因此消元手续可以简化. 利用(5.20)可将第二个方程化为 $x_2+r_2x_3=y_2$,这样一步一步地顺序加工(5.23)的每个方程,设第 $k-1$ 个方程已经变成

$$x_{k-1}+r_{k-1}x_k=y_{k-1}, \tag{5.25}$$

再利用(5.25)从第 k 个方程中消去 x_{k-1},得

$$(b_k-r_{k-1}a_k)x_k+c_kx_{k+1}=f_k-y_{k-1}a_k,$$

同除$(b_k-r_{k-1}a_k)$,得

$$x_k+\frac{c_k}{b_k-r_{k-1}a_k}x_{k+1}=\frac{f_k-y_{k-1}a_k}{b_k-r_{k-1}a_k},k=2,3,\cdots,n.$$

记

$$r_k=\frac{c_k}{b_k-r_{k-1}a_k},y_k=\frac{f_k-y_{k-1}a_k}{b_k-r_{k-1}a_k},$$

则有 $x_k+r_kx_{k+1}=y_k$,这样做 $n-1$ 步以后,得到

$$x_{n-1}+r_{n-1}x_n=y_{n-1},$$

将上式与(5.23)中最后一个方程联立,即可解出 $x_n=y_n$,这里

$$y_n=\frac{f_n-y_{n-1}a_n}{b_n-r_{n-1}a_n}.$$

于是通过消元过程,所给方程组(5.23)可归结为以下更为简单的形式

$$\begin{cases}x_1+r_1x_2=y_1,\\ \cdots\cdots\\ x_k+r_kx_{k+1}=y_k,\\ \cdots\cdots\\ x_n=y_n,\end{cases}\tag{5.26}$$

这种方程组称作**二对角型方程组**,其系数矩阵中的非零元素集中分步在主对角线和一条次主对角线上,其系数矩阵为

$$\begin{bmatrix}1 & u_1 & & & \\ & 1 & u_2 & & \\ & & \ddots & \ddots & \\ & & & 1 & u_{n-1}\\ & & & & 1\end{bmatrix}.$$

对加工得到的方程组(5.26)自下而上逐步回代,即可依次求出 $x_n,x_{n-1},\cdots,x_1$,计算公式为:

$$\begin{cases}x_n=y_n,\\ x_k=y_k-r_kx_{k+1},k=n-1,n-2,\cdots,1.\end{cases}\tag{5.27}$$

上述算法就是追赶法,它的消元过程与回代过程分别称作"追"与"赶"过程.综合追与赶的过程,得如下计算公式:

$$\begin{cases}r_1=\dfrac{c_1}{b_1},y_1=\dfrac{f_1}{b_1},\\ r_k=\dfrac{c_k}{b_k-r_{k-1}a_k},k=2,3,\cdots,n,\\ y_k=\dfrac{f_k-y_{k-1}a_k}{b_k-r_{k-1}a_k},k=2,3,\cdots,n,\end{cases}\tag{5.28}$$

$$\begin{cases} x_n = y_n, \\ x_k = y_k - r_k x_{k+1}, k = n-1, n-2, \cdots, 1. \end{cases} \tag{5.29}$$

例 5　编程实现求解如下三对角方程组的解.

$$\begin{bmatrix} 2 & -1 & & \\ -1 & 3 & -2 & \\ & -2 & 4 & -3 \\ & & -3 & 5 \end{bmatrix} \begin{bmatrix} x_1 \\ x_2 \\ x_3 \\ x_4 \end{bmatrix} = \begin{bmatrix} 6 \\ 1 \\ -2 \\ 1 \end{bmatrix}.$$

本例 Matlab 程序如下:

```
function zhuigan
clc;
a=[0 -1 -2 -3];
b=[2 3 4 5];
c=[-1 -2 -3 0];
d=[6 1 -2 1];
n=length(b);
for k=2:n
    b(k)=b(k)-a(k)/b(k-1) * c(k-1);
    d(k)=d(k)-a(k)/b(k-1) * d(k-1);
end
x(n)=d(n)/b(n);
for k=n-1:-1:1
    x(k)=(d(k)-c(k) * x(k+1))/b(k);
end
x=x'
```

§ 5.5　线性方程组的直接解法实验

1. Gauss 选主元消去法

实验题目一:用列主元求解线性方程组.

$$\begin{bmatrix} 0.001 & 2.000 & 3.000 \\ -2.000 & 1.072 & 5.643 \\ -1.000 & 3.712 & 4.632 \end{bmatrix} \begin{bmatrix} x_1 \\ x_2 \\ x_3 \end{bmatrix} = \begin{bmatrix} 1.000 \\ 3.000 \\ 2.000 \end{bmatrix}.$$

实验题目二:分别用列主元法和顺序 Gauss 消去法求解下面的线性方程组,分析对结果的影响.

$$\begin{bmatrix} 0.3\times10^{-16} & 59.14 & 3 & 1 \\ 1 & 2 & 1 & 1 \\ 11.2 & 9 & 5 & 2 \\ 5.291 & -6.13 & -1 & 2 \end{bmatrix}\begin{bmatrix} x_1 \\ x_2 \\ x_3 \\ x_4 \end{bmatrix}=\begin{bmatrix} 51.97 \\ 2 \\ 1 \\ 46.78 \end{bmatrix}.$$

2. LU 分解

实验题目:给定矩阵 $\boldsymbol{A}$ 和向量 $\boldsymbol{b}$

$$\boldsymbol{A}=\begin{bmatrix} 5 & 4 & 3 & 2 & 1 \\ & 5 & 4 & 3 & 2 \\ & & 5 & 4 & 3 \\ & & & 5 & 4 \\ & & & & 5 \end{bmatrix},\ \boldsymbol{b}=\begin{bmatrix} 0 \\ 0 \\ 0 \\ 0 \\ 1 \end{bmatrix}.$$

(1)求 $\boldsymbol{A}$ 的 LU 分解;(2) 利用 $\boldsymbol{A}$ 的分解求解 $\boldsymbol{Ax}=\boldsymbol{b}$.

3. **追赶法**

实验题目:用追赶法解方程组 $\boldsymbol{Ax}=\boldsymbol{b}$,其中

$$\boldsymbol{A}=\begin{bmatrix} 4 & -1 & \\ -1 & 4 & -1 \\ & -1 & 4 \end{bmatrix},\ \boldsymbol{b}=\begin{bmatrix} 2 \\ 4 \\ 10 \end{bmatrix},$$

再用 LU 分解法解此方程组,并对两者进行比较.

练习题 5

1. 用顺序 Gauss 消去法求解下列方程组.

(1) $\begin{cases} 2x_1+3x_2+4x_3=6, \\ 3x_1+5x_2+2x_3=5, \\ 4x_1+3x_2+30x_3=32; \end{cases}$ (2) $\begin{cases} x_1+2x_2+x_3=0, \\ 2x_1+2x_2+3x_3=3, \\ -x_1-3x_2=2. \end{cases}$

2. 用列主元 Gauss 消去法求解下列方程组.

(1) $\begin{bmatrix} -3 & 2 & 6 \\ 10 & -7 & 0 \\ 5 & -1 & 5 \end{bmatrix}\begin{bmatrix} x_1 \\ x_2 \\ x_3 \end{bmatrix}=\begin{bmatrix} 4 \\ 7 \\ 6 \end{bmatrix}$; (2) $\begin{bmatrix} 1 & 2 & 3 & \\ 2 & 1 & 2 & 3 \\ & 2 & 1 & 2 \\ & & 2 & 1 \end{bmatrix}\begin{bmatrix} x_1 \\ x_2 \\ x_3 \\ x_4 \end{bmatrix}=\begin{bmatrix} 0 \\ -2 \\ -1 \\ -3 \end{bmatrix}$.

3. 利用 LU 分解法分解矩阵

$$\boldsymbol{A}=\begin{bmatrix} 5 & 2 & -4 & 0 \\ 2 & 1 & -2 & 1 \\ -4 & -2 & 5 & 0 \\ 0 & 1 & 0 & 2 \end{bmatrix}.$$

4. 利用矩阵的 LU 分解求解下列方程组.

$$\begin{cases}2x_1+4x_2+2x_3+6x_4=9,\\4x_1+9x_2+6x_3+15x_4=23,\\2x_1+6x_2+9x_3+18x_4=22,\\6x_1+15x_2+18x_3+40x_4=47.\end{cases}$$

5. 用追赶法解三对角型方程组

$$\begin{bmatrix}2&1&0&0\\1&2&-3&0\\0&3&-7&4\\0&0&2&5\end{bmatrix}\begin{bmatrix}x_1\\x_2\\x_3\\x_4\end{bmatrix}=\begin{bmatrix}3\\-3\\-10\\2\end{bmatrix}.$$

第 6 章　线性方程组的迭代解法

教学提示：对于高阶线性方程组，运用直接法求解的计算量过大，则必须依赖迭代法．迭代法具有储存空间小、程序简单的优点，所以对于大型的或复系数的方程组，迭代法更有优越性，但是使用迭代法必须考虑收敛性问题，不收敛的方程组是不能使用的．*Jacobi* 迭代法和 *Gauss-Seidel* 迭代法是两种最基本、最简单的方法．松弛法（*SOR*）是将 *Gauss-Seidel* 迭代法稍加改进而得到的一种加速迭代法，是解大型稀疏矩阵方程组的有效方法之一．

教学目标：学生通过本章学习，了解迭代法的基本思想，理解简单迭代法的迭代格式的建立过程，掌握迭代法的相关概念与迭代法求解线性方程组的关键，理解 *Jacobi* 迭代法的构造过程，掌握求解线性方程组的 *Jacobi* 迭代方法，理解 *Gauss-Seidel* 迭代法的构造过程，掌握求解线性方程组的 *Gauss-Seidel* 迭代方法，理解 *SOR* 迭代法的迭代原理，掌握用 *SOR* 迭代法求解线性方程组的具体过程，能够分析 *Jacobi* 迭代法、*Gauss-Seidel* 迭代法和 *SOR* 迭代法的收敛性，可以对迭代结果进行误差估计．

§6.1　迭代法的基本概念

考虑线性方程组

$$\boldsymbol{Ax}=\boldsymbol{b}, \tag{6.1}$$

其中 $\boldsymbol{A}$ 为非奇异矩阵，当 $\boldsymbol{A}$ 为低阶稠密矩阵时，第 5 章所讨论的选主元消去法是解(6.1)的有效方法．对于工程技术中产生的大型稀疏矩阵方程组，即 $\boldsymbol{A}$ 的阶数 n 很大，但零元素较多，例如求某些偏微分方程数值解所产生的线性方程组 $n\geqslant 10^4$ 时，利用迭代法求解(6.1)是合适的，因为这类算法的一个突出优点是算法简单，因而编制程序比较容易．计算结果表明，迭代法对于求解大型稀疏方程组是十分有效的，因为它可以保持系数矩阵稀疏的优点，从而节省大量的储存量和计算量．

本章主要介绍迭代法的一些基本理论及 Jacobi 迭代法、Gauss-Seidel 迭代法和超松弛迭代法（SOR）．

6.1.1 迭代法的思想

下面通过实例来了解迭代法的思想.

例 1 求解方程组

$$\begin{cases}x_1+2x_2-2x_3=1, & (1)\\ x_1+x_2+x_3=3, & (2)\\ 2x_1+2x_2+x_3=5, & (3)\end{cases} \tag{6.2}$$

记为 $\boldsymbol{Ax}=\boldsymbol{b}$,其中

$$\boldsymbol{A}=\begin{bmatrix}1&2&-2\\1&1&1\\2&2&1\end{bmatrix},\boldsymbol{x}=\begin{bmatrix}x_1\\x_2\\x_3\end{bmatrix},\boldsymbol{b}=\begin{bmatrix}1\\3\\5\end{bmatrix},$$

方程组的精确解是 $\boldsymbol{x}^*=(1,1,1)^{\mathrm{T}}$. 现将(6.2)改写为

$$\begin{cases}x_1=-2x_2+2x_3+1,\\ x_2=-x_1-x_3+3,\\ x_3=-2x_1-2x_2+5,\end{cases} \tag{6.3}$$

或写为 $\boldsymbol{x}=\boldsymbol{Bx}+\boldsymbol{f}$,其中

$$\boldsymbol{B}=\begin{bmatrix}0&-2&2\\-1&0&-1\\-2&-2&0\end{bmatrix},\boldsymbol{f}=\begin{bmatrix}1\\3\\5\end{bmatrix}.$$

我们任取初始值,例如取 $\boldsymbol{x}^0=(0,0,0)^{\mathrm{T}}$,将这些值代入(6.3)右边,若(6.3)为等式即求得方程组的解,但一般不满足,代入后得到新的值 $\boldsymbol{x}^{(1)}=(x_1^{(1)},x_2^{(1)},x_3^{(1)})^{\mathrm{T}}=(1,3,5)^{\mathrm{T}}$,再将 $\boldsymbol{x}^{(1)}$ 的分量代入(6.3)右边得到 $\boldsymbol{x}^{(2)}$,反复利用这个计算程序,得到一向量序列和一般的计算公式,即迭代公式为

$$\boldsymbol{x}^{(0)}=\begin{bmatrix}x_1^{(0)}\\x_2^{(0)}\\x_3^{(0)}\end{bmatrix},\boldsymbol{x}^{(1)}=\begin{bmatrix}x_1^{(1)}\\x_2^{(1)}\\x_3^{(1)}\end{bmatrix},\boldsymbol{x}^{(2)}=\begin{bmatrix}x_1^{(2)}\\x_2^{(2)}\\x_3^{(2)}\end{bmatrix},\cdots$$

$$\begin{cases}x_1^{(k+1)}=-2x_2^{(k)}+2x_3^{(k)}+1,\\ x_2^{(k+1)}=-x_1^{(k)}-x_3^{(k)}+3,\\ x_3^{(k+1)}=-2x_1^{(k)}-2x_2^{(k)}+5,\end{cases} \tag{6.4}$$

简写为

$$\boldsymbol{x}^{(k+1)}=\boldsymbol{Bx}^{(k)}+\boldsymbol{f},$$

其中 k 表示迭代次数($k=0,1,2,\cdots$),迭代到第 4 次有 $\boldsymbol{x}^{(4)}=(1,1,1)^{\mathrm{T}}$.

从此例看出,由迭代法产生的向量序列 $\{\boldsymbol{x}^{(k)}\}$ 逐步逼近方程组的精确解 $\boldsymbol{x}^*$.

对于任何一个由 $\boldsymbol{Ax}=\boldsymbol{b}$ 变形得到的等价方程组 $\boldsymbol{x}=\boldsymbol{Bx}+\boldsymbol{f}$,由迭代法产生的向量序列 $\{\boldsymbol{x}^{(k)}\}$ 是否一定逐步逼近方程组的解 $\boldsymbol{x}^*$ 呢? 答案是不一定的,考虑用迭代法解下述

方程组

$$\begin{cases}x_1=2x_2+5,\\x_2=3x_1+5,\end{cases}$$

迭代结果不收敛.

对于给定方程组 $\boldsymbol{x}=\boldsymbol{B}\boldsymbol{x}+\boldsymbol{f}$,设有唯一解 $\boldsymbol{x}^*$,则

$$\boldsymbol{x}^*=\boldsymbol{B}\boldsymbol{x}^*+\boldsymbol{f},\tag{6.5}$$

又设 $\boldsymbol{x}^{(0)}$ 为任取的初始向量,按下述公式构造向量序列

$$\boldsymbol{x}^{(k+1)}=\boldsymbol{B}\boldsymbol{x}^{(k)}+\boldsymbol{f},\tag{6.6}$$

其中 k 表示迭代次数,$k=0,1,2,\cdots$.

定义 6.1 对于给定的方程组 $\boldsymbol{x}=\boldsymbol{B}\boldsymbol{x}+\boldsymbol{f}$,用公式(6.6)逐步代入求近似解的方法称为**迭代法**,或称为**一阶定常迭代法**,这里 $\boldsymbol{B}$ 与 k 无关.

定义 6.2 如果 $\lim\limits_{k\to\infty}x^{(k)}$ 存在,记为 $\boldsymbol{x}^*$,称此**迭代法收敛**,显然 $\boldsymbol{x}^*$ 是方程组的解,否则称此**迭代法发散**.

由上述讨论,需要研究 $\{\boldsymbol{x}^{(k)}\}$ 的收敛性.引进误差向量

$$\boldsymbol{\varepsilon}^{(k+1)}=\boldsymbol{x}^{(k+1)}-\boldsymbol{x}^*,$$

由(6.6)减去(6.5),得 $\boldsymbol{\varepsilon}^{(k+1)}=\boldsymbol{B}\boldsymbol{\varepsilon}^{(k)}$,$k=0,1,2,\cdots$,递推得

$$\boldsymbol{\varepsilon}^{(k)}=\boldsymbol{B}\boldsymbol{\varepsilon}^{(k-1)}=\cdots=\boldsymbol{B}^k\boldsymbol{\varepsilon}^{(0)}.$$

要考察 $\{\boldsymbol{x}^{(k)}\}$ 的收敛性,就要研究 $\boldsymbol{B}$ 在什么条件下有 $\lim\limits_{k\to\infty}\boldsymbol{\varepsilon}^{(k)}=\boldsymbol{0}$,亦即要研究 $\boldsymbol{B}$ 满足什么条件时有 $\boldsymbol{B}^k\to\boldsymbol{0},k\to\infty$.

6.1.2 迭代法及其收敛性

设有线性方程组

$$\boldsymbol{A}\boldsymbol{x}=\boldsymbol{b},\tag{6.7}$$

其中 $\boldsymbol{A}\in R^{n\times n}$ 为非奇异矩阵,下面研究如何建立解 $\boldsymbol{A}\boldsymbol{x}=\boldsymbol{b}$ 的各种迭代法.

将 $\boldsymbol{A}$ 分裂为

$$\boldsymbol{A}=\boldsymbol{M}-\boldsymbol{N},\tag{6.8}$$

其中 $\boldsymbol{M}$ 为可选择的非奇异矩阵,且使 $\boldsymbol{M}\boldsymbol{x}=\boldsymbol{d}$ 容易求解,一般选择为 $\boldsymbol{A}$ 的某种近似,称 $\boldsymbol{M}$ 为**分裂矩阵**.

于是,求解 $\boldsymbol{A}\boldsymbol{x}=\boldsymbol{b}$ 转化为求解 $\boldsymbol{M}\boldsymbol{x}=\boldsymbol{N}\boldsymbol{x}+\boldsymbol{b}$,即求解

$$\boldsymbol{A}\boldsymbol{x}=\boldsymbol{b}\Leftrightarrow\boldsymbol{x}=\boldsymbol{M}^{-1}\boldsymbol{N}\boldsymbol{x}+\boldsymbol{M}^{-1}\boldsymbol{b},$$

可构造一阶定常迭代法

$$\begin{cases}\boldsymbol{x}^{(0)}(\text{初始向量}),\\\boldsymbol{x}^{(k+1)}=\boldsymbol{B}\boldsymbol{x}^{(k)}+\boldsymbol{f},\end{cases}\tag{6.9}$$

其中 $\boldsymbol{B}=\boldsymbol{M}^{-1}\boldsymbol{N}=\boldsymbol{M}^{-1}(\boldsymbol{M}-\boldsymbol{A})=\boldsymbol{I}-\boldsymbol{M}^{-1}\boldsymbol{A}$,$\boldsymbol{f}=\boldsymbol{M}^{-1}\boldsymbol{b}$,称 $\boldsymbol{B}=\boldsymbol{I}-\boldsymbol{M}^{-1}\boldsymbol{A}$ 为迭代法的**迭代矩阵**,选取矩阵 $\boldsymbol{M}$,就得到解 $\boldsymbol{A}\boldsymbol{x}=\boldsymbol{b}$ 的各种迭代法.

定理 6.1（迭代法基本定理）　设有方程组

$$\boldsymbol{x}=\boldsymbol{B}\boldsymbol{x}+\boldsymbol{f} \tag{6.10}$$

及一阶定常迭代法

$$\boldsymbol{x}^{(k+1)}=\boldsymbol{B}\boldsymbol{x}^{(k)}+\boldsymbol{f}, \tag{6.11}$$

对任意选取初始向量 $\boldsymbol{x}^{(0)}$，迭代法(6.11)收敛的充要条件是矩阵 $\boldsymbol{B}$ 的谱半径 $\rho(\boldsymbol{B})<1$.

关于上述定理的证明及其对于本章的各种迭代法，需要研究的主要问题是：如何建立迭代格式，以及在什么条件下才能使得到的向量序列收敛，如何进行其收敛速度分析和误差估计. 线性方程组的解是一组数，称为**解向量**. 近似解向量与精确解向量之差称为近似解的**误差向量**. 在估计线性方程组的解的误差大小过程中，我们经常用到向量范数、矩阵范数以及序列极限的概念. 为此，我们首先介绍这方面的一些基本知识.

§6.2　矩阵范数及其性质

在线性代数方程组的数值解法中，经常需要分析解向量的误差，需要比较误差向量的"大小"或"长度". 那么怎样定义向量的长度呢？我们在初等数学里知道，定义向量的长度，实际上就是对每一个向量按一定的法则规定一个非负实数与之对应，这一思想推广到 n 维线性空间里，就是向量的范数或模.

6.2.1　向量范数

定义 6.3　设 $\boldsymbol{x}=[x_1,x_2,\cdots,x_n]^{\mathrm{T}}$，$\boldsymbol{y}=[y_1,y_2,\cdots,y_n]^{\mathrm{T}}$，称 $(\boldsymbol{x},\boldsymbol{y})=\boldsymbol{x}^{\mathrm{T}}\boldsymbol{y}=\sum\limits_{i=1}^{n}x_iy_i$ 为向量 $\boldsymbol{x}$ 和 $\boldsymbol{y}$ 的**内积**.

向量内积具有如下性质：

(1) $(\boldsymbol{x},\boldsymbol{x})\geqslant 0$，当且仅当 $\boldsymbol{x}=\boldsymbol{0}$ 时 $(\boldsymbol{x},\boldsymbol{x})=\boldsymbol{0}$；（**非负性**）

(2) $(\boldsymbol{x},\boldsymbol{y})=(\boldsymbol{y},\boldsymbol{x})$；（**对称性**）

(3) $(\alpha\boldsymbol{x},\boldsymbol{y})=\alpha(\boldsymbol{x},\boldsymbol{y})$，其中 α 为某一实数；（**齐次性**）

(4) $(\boldsymbol{x}+\boldsymbol{y},\boldsymbol{z})=(\boldsymbol{x},\boldsymbol{z})+(\boldsymbol{y},\boldsymbol{z})$.（**可加性**）

下面我们给出 n 维空间中向量范数的概念.

定义 6.4　设 $X\in\mathbf{R}^n$，$\|X\|$ 表示定义在 $\mathbf{R}^n$ 上的一个实值函数，称之为 X 的**范数**，它具有下列性质：

(1) 非负性：即对一切 $\boldsymbol{X}\in\mathbf{R}^n$，$\boldsymbol{X}\neq\boldsymbol{0}$，$\|\boldsymbol{X}\|>0$.

(2) 齐次性：即为任何实数 $a\in\mathbf{R}$，$\boldsymbol{X}\in\mathbf{R}^n$，$\|a\boldsymbol{X}\|=|a|\cdot\|\boldsymbol{X}\|$.

(3) 三角不等式：即对任意两个向量 $\boldsymbol{X},\boldsymbol{Y}\in\mathbf{R}^n$，恒有 $\|\boldsymbol{X}+\boldsymbol{Y}\|\leqslant\|\boldsymbol{X}\|+\|\boldsymbol{Y}\|$.

从以上规定范数的三种基本性质，立即可以推出 $\mathbf{R}^n$ 中向量的范数必具有下列性质：

(4) $\|\boldsymbol{0}\|=0$.

(5) $\|-X\|=|-1|\|X\|=\|X\|$.

(6) 对任意的 $X,Y\in\mathbf{R}^n$,恒有:$|\|X\|-\|Y\||\leqslant\|X-Y\|$.

设 $X=[x_1,x_2,\cdots,x_n]^{\mathrm{T}}\in\mathbf{R}^n$,则有三个常用的向量范数有:

① $\|X\|_1=|x_1|+|x_2|+\cdots+|x_n|$;(1-范数)

② $\|X\|_2=\sqrt{X^{\mathrm{T}}X}=\sqrt{x_1^2+x_2^2+\cdots+x_n^2}$;(2-范数)

③ $\|X\|_\infty=\max\limits_{1\leqslant i\leqslant n}|x_i|$.(无穷范数)

不难验证,上述三种范数都满足定义的条件. 例如,设 $x=[1,2,-3]^{\mathrm{T}}$,则容易算出 $\|x\|_1=1+2+3=6$, $\|x\|_2=\sqrt{1+4+9}=\sqrt{14}$, $\|x\|_\infty=\max\{|1|,|2|,|-3|\}=3$.

定理 6.2 在 $\mathbf{R}^n$ 上定义的任一向量范数 $\|X\|$ 都与范数 $\|X\|_1$ 等价,即存在正数 M 与 m 对一切 $X\in\mathbf{R}^n$,不等式 $m\|X\|_1\leqslant\|X\|\leqslant M\|X\|_1$ 成立.

证明 设 $\xi\in\mathbf{R}^n$,则 ξ 的连续函数 $\|\xi\|$ 在有界闭区域 $G\{\xi|\|\xi\|_1=1\}$(单位球面)上有界,且一定能达到最大值及最小值,设其最大值为 M,最小值为 m,则有

$$m\leqslant\|\xi\|\leqslant M,\xi\in\mathbf{R}^n,\tag{6.12}$$

考虑到 $\|\xi\|$ 在 G 上大于零,故 $m>0$.

设 $X\in\mathbf{R}^n$ 为任意非零向量,则 $\dfrac{X}{\|X\|_1}\in G$,代入(6.12)得 $m\leqslant\left\|\dfrac{X}{\|X\|_1}\right\|\leqslant M$,所以有

$$m\|X\|_1\leqslant\|X\|\leqslant M\|X\|_1.$$

由定理 6.2 可得如下推论:

推论 6.1 $\mathbf{R}^n$ 上定义的任何两个范数都是等价的,对常用范数,容易验证下列不等式成立:

$$\frac{1}{n}\|X\|_1\leqslant\|X\|_\infty\leqslant\|X\|_1,$$

$$\|X\|_\infty\leqslant\|X\|_1\leqslant n\|X\|_\infty,$$

$$\|X\|_\infty\leqslant\|X\|_2\leqslant\sqrt{n}\|X\|_\infty.$$

有了范数的概念,我们就可以讨论向量序列的收敛性问题.

定义 6.5 设给定 $\mathbf{R}^n$ 中的向量序列 $\{X_k\}$,其中 $X_k=[x_1^{(k)},x_2^{(k)},\cdots,x_n^{(k)}]^{\mathrm{T}}$,若对任何 i 都有 $\lim\limits_{k\to\infty}x_i^{(k)}=x_i^*$,则向量 $X^*=[x_1^*,\cdots,x_n^*]^{\mathrm{T}}$ 称为**向量序列 $\{X_k\}$ 的极限**,记为 $\lim\limits_{k\to\infty}X_k=X^*$.

定理 6.3 向量序列 $\{X_k\}$ 依坐标收敛于 X^* 的充分条件是 $\lim\limits_{k\to\infty}\|X_k-X^*\|=0$.

定义 6.6 如果一个向量序列 $\{X_k\}$ 与向量 X^*,满足 $\lim\limits_{k\to\infty}\|X_k-X^*\|=0$,就说向量序列 $\{X_k\}$ 依范数收敛于 X^*,于是向量序列依范数收敛与依坐标收敛是等价的.

6.2.2 矩阵范数

定义 6.7 设 A 为 n 阶方阵,$\mathbf{R}^n$ 中已定义了向量范数 $\|\cdot\|$,则称 $\max\limits_{\|x\|=1}\|AX\|$ 为矩

阵 A 的**范数或模**,记为 $\|A\|$,即 $\|A\| = \max\limits_{\|x\|=1} \|AX\|$.

矩阵范数有下列基本性质:

(1) $\|A\| \geqslant 0$,当且仅当 $A=0$ 时等号成立;

(2) 对任意实数 λ 和任意 A,有 $\|\lambda A\| = |\lambda| \|A\|$;

(3) 对任意两个 n 阶矩阵 A 和 B,有 $\|A+B\| \leqslant \|A\| + \|B\|$;

(4) 对任意向量 $X \in \mathbf{R}^n$ 和任意矩阵 A,有 $\|AX\| \leqslant \|A\| \|X\|$;

(5) 对任意两个 n 阶矩阵 A 和 B,有 $\|AB\| \leqslant \|A\| \cdot \|B\|$.

特别地,满足(4)的矩阵范数与向量范数,称为**相容的**,或**协调的**,(4)称为相容性条件. 使用矩阵范数与向量范数时,必须满足相容性条件.

与常用向量范数相容的矩阵范数有:

定理 6.4 设 n 阶方阵 $A=(a_{ij})_{n\times n}$,则

① 矩阵 A 的 1 - 范数为 $\|A\|_1 = \max\limits_{1\leqslant j\leqslant n} \sum\limits_{i=1}^{n} |a_{ij}|$(称为 A 的**列范数**);

② 矩阵 A 的 2 - 范数为 $\|A\|_2 = \sqrt{\lambda_1}$,其中 λ_1 为矩阵 $A^{\mathrm{T}}A$ 的最大特征值;

③ 矩阵 A 的无穷范数为 $\|A\|_\infty = \max\limits_{1\leqslant i\leqslant n} \sum\limits_{j=1}^{n} |a_{ij}|$(称为 A 的**行范数**);

④ 矩阵 A 的 E 范数为 $\|A\|_E = \sqrt{\sum\limits_{i=1}^{n} \sum\limits_{j=1}^{n} |a_{ij}|^2}$.

例如,设 $A = \begin{bmatrix} 1 & -2 \\ 0 & 5 \end{bmatrix}$,则有

$\|A\|_1 = \max\{|1|+0, |-2|+|5|\} = 7$, $\|A\|_\infty = \max\{1+|-2|, 0+|5|\} = 5$.

6.2.3 范数与特征值之间的关系

设 λ 为矩阵 A 的任一特征值,向量 x 为相应的特征向量,则 $Ax=\lambda x$,因为

$$|\lambda| \|x\| = \|Ax\| \leqslant \|A\| \|x\|,$$

所以 $|\lambda| \leqslant \|A\|$,从而有如下定理:

定理 6.5 矩阵 A 的任一特征值的绝对值不超过 A 的范数 $\|A\|$.

定义 6.8 矩阵 A 的特征值的最大绝对值称为 A 的**谱半径**,记为 $\rho(A) = \max\limits_{1\leqslant i\leqslant n} |\lambda_i|$.

由定理 6.5 可知 $\rho(A) \leqslant \|A\|$.

定理 6.6 设 A 是任意 n 阶方阵,由 A 的各次幂所组成的矩阵序列 $I, A, A^2, \cdots, A^k, \cdots$ 收敛于零,即 $\lim\limits_{k\to\infty} A^k = 0$ 的充要条件是 $\rho(A) < 1$.

§6.3 线性方程组的性态和条件数

线性代数方程组 $AX=b$ 的系数矩阵 A 和右端向量 b,往往是观测来的,因此它们不可

避免地会带有误差,这种原始数据的误差对方程组求解的影响如何是需要探讨的,此即方程组的条件问题.

先看一个例子,线性方程组的系数矩阵 $\boldsymbol{A}$ 和右端向量 $\boldsymbol{b}$ 的元素的微小变化会对方程组的解产生巨大影响.

例如,方程组(1) $\begin{cases} x_1+x_2=2, \\ x_1+1.0001x_2=2.0001 \end{cases}$ 和方程组(2) $\begin{cases} x_1+x_2=2, \\ x_1+1.0001x_2=2 \end{cases}$ 的主要区别就是方程组的右端项有了微小的变化,但是经过计算,我们可以得到(1)的解为 $x_1=x_2=1$,而(2)的解为 $x_1=2,x_2=0$,二者有很大的差别,像这类方程组我们就称为是"**病态的**".

由此可见,讨论线性代数方程组性态的方法,就是要给方程组的系数矩阵和右端向量一个小的扰动,然后考察解的变化情况.

下面对一般的方程组 $\boldsymbol{Ax}=\boldsymbol{b}$ 进行讨论.

设 $\boldsymbol{A}$ 非奇异,$\boldsymbol{b}\neq\boldsymbol{0}$,我们先假定 $\boldsymbol{A}$ 是不变的,给 $\boldsymbol{b}$ 一个小的扰动 $\delta\boldsymbol{b}$,方程组的解 $\boldsymbol{x}$ 将得到一个扰动 $\delta\boldsymbol{x}$,即有

$$\boldsymbol{A}(\boldsymbol{x}+\delta\boldsymbol{x})=\boldsymbol{b}+\delta\boldsymbol{b},$$

于是有 $\boldsymbol{A}\delta\boldsymbol{x}=\delta\boldsymbol{b}$,$\delta\boldsymbol{x}=\boldsymbol{A}^{-1}\delta\boldsymbol{b}$,由于

$$\|\delta\boldsymbol{x}\|=\|\boldsymbol{A}^{-1}\delta\boldsymbol{b}\|\leqslant\|\boldsymbol{A}^{-1}\|\ \|\delta\boldsymbol{b}\|,\ \|\boldsymbol{b}\|=\|\boldsymbol{Ax}\|\leqslant\|\boldsymbol{A}\|\ \|\boldsymbol{x}\|,$$

所以有

$$\frac{\|\delta\boldsymbol{x}\|}{\|\boldsymbol{x}\|}\leqslant\|\boldsymbol{A}\|\ \|\boldsymbol{A}^{-1}\|\frac{\|\delta\boldsymbol{b}\|}{\|\boldsymbol{b}\|}, \tag{6.13}$$

(6.13)表明,当方程组右端项有一个小扰动 $\delta\boldsymbol{b}$ 时,引起的解的相对误差不超过 $\boldsymbol{b}$ 的相对误差的 $\|\boldsymbol{A}\|\ \|\boldsymbol{A}^{-1}\|$ 倍.

其次,当系数矩阵 $\boldsymbol{A}$ 有扰动 $\delta\boldsymbol{A}$,右端项无扰动时,则有 $(\boldsymbol{A}+\delta\boldsymbol{A})(\boldsymbol{x}+\delta\boldsymbol{x})=\boldsymbol{b}$,即

$$\delta\boldsymbol{A}(\boldsymbol{x}+\delta\boldsymbol{x})+\boldsymbol{A}\delta\boldsymbol{x}=\boldsymbol{0},\ \delta\boldsymbol{x}=-\boldsymbol{A}^{-1}\delta\boldsymbol{A}(\boldsymbol{x}+\delta\boldsymbol{x}),$$

因此 $\|\delta\boldsymbol{x}\|\leqslant\|\boldsymbol{A}^{-1}\|\ \|\delta\boldsymbol{A}\|\ \|\boldsymbol{x}+\delta\boldsymbol{x}\|$,故

$$\frac{\|\delta\boldsymbol{x}\|}{\|\boldsymbol{x}+\delta\boldsymbol{x}\|}\leqslant\|\boldsymbol{A}\|\ \|\boldsymbol{A}^{-1}\|\frac{\|\delta\boldsymbol{A}\|}{\|\boldsymbol{A}\|}, \tag{6.14}$$

(6.14)表明,当方程组系数矩阵有一个小扰动 $\delta\boldsymbol{A}$ 时,引起的解的相对误差不超过 $\boldsymbol{A}$ 的相对误差的 $\|\boldsymbol{A}\|\ \|\boldsymbol{A}^{-1}\|$ 倍.

最后,我们考察系数矩阵和右端项同时有小的扰动 $\delta\boldsymbol{A}$ 和 $\delta\boldsymbol{b}$ 的情况,解的扰动为 $\delta\boldsymbol{x}$,则有

$$(\boldsymbol{A}+\delta\boldsymbol{A})(\boldsymbol{x}+\delta\boldsymbol{x})=\boldsymbol{b}+\delta\boldsymbol{b},$$

即

$$\boldsymbol{A}\delta\boldsymbol{x}+\delta\boldsymbol{A}(\boldsymbol{x}+\delta\boldsymbol{x})=\delta\boldsymbol{b},$$

进一步有

$$\delta\boldsymbol{x}=-\boldsymbol{A}^{-1}\delta\boldsymbol{A}(\boldsymbol{x}+\delta\boldsymbol{x})+\boldsymbol{A}^{-1}\delta\boldsymbol{b},$$

所以

$$\|\delta\boldsymbol{x}\|\leqslant\|\boldsymbol{A}^{-1}\|\ \|\delta\boldsymbol{A}\|\ \|\boldsymbol{x}\|+\|\boldsymbol{A}^{-1}\|\ \|\delta\boldsymbol{A}\|\ \|\delta\boldsymbol{x}\|+\|\boldsymbol{A}^{-1}\|\ \|\delta\boldsymbol{b}\|,$$

故

$$(1-\|A^{-1}\|\ \|\delta A\|)\frac{\|\delta x\|}{\|x\|}\leqslant\|A^{-1}\|\ \|\delta A\|+\|A^{-1}\|\ \|A\|\frac{\|\delta b\|}{\|A\|\ \|x\|}.$$

由于 $\|b\|=\|Ax\|\leqslant\|A\|\ \|x\|$，且 $\|\delta A\|$ 足够小，满足 $\|A^{-1}\|\ \|\delta A\|<1$，则有

$$\frac{\|\delta x\|}{\|x\|}\leqslant\frac{\|A^{-1}\|\ \|A\|}{\left(1-\|A^{-1}\|\ \|A\|\frac{\|\delta A\|}{\|A\|}\right)}\left(\frac{\|\delta A\|}{\|A\|}+\frac{\|\delta b\|}{\|b\|}\right),\tag{6.15}$$

由(6.13)~(6.15)可知，不论是怎样的扰动，引起的解的相对误差都和因子 $\|A\|\ \|A^{-1}\|$ 有关，我们称它为**条件数**，并记为

$$\mathrm{cond}(A)=\|A\|\ \|A^{-1}\|$$

条件数小，则扰动引起的解的相对误差一定很小；反之，条件数大，扰动引起的解的相对误差就有可能很大.

条件数与所取的矩阵范数有关，常用的范数是 $\|\cdot\|_\infty$ 和 $\|\cdot\|_2$，注意到

$$\mathrm{cond}(A)=\|A\|\ \|A^{-1}\|\geqslant\|AA^{-1}\|=\|I\|=1,$$

可见条件数是一个放大倍数.

上面讨论的方程组系数矩阵或右端项的扰动，是在形成线性方程组时，原始数据的误差和运算过程中的舍入误差造成的. 因此，求解的对象总是有扰动的方程组，得到的解是一个近似方程组的解. 从上面的讨论可知，条件数的大小决定了系数矩阵和右端项的扰动对解的影响大小. 因此，条件数是刻画方程组的性态的重要指标.

当一个线性方程组的系数矩阵的条件数相对较小时，我们称这样的方程组是**良态的**；反之，若它的系数矩阵的条件数相对大时，我们就称之为**病态的**. 同时，对解方程组而言，把对应的系数矩阵 A 称为**良态阵**(或**病态阵**). 如果我们用稳定的方法求解一个良态的线性方程组，那么所得到的结果必定是较为准确的，但是，如果用同样是稳定的方法求解病态的线性方程组的话，得到的解的精确度就有可能很差.

§6.4　Jacobi 和 Gauss-Seidel 迭代

直接法对于阶数不高的方程组非常有效，对于阶数高而系数矩阵稀疏的线性方程组却存在着困难. 在这类矩阵中，非零元素较少，若用直接法求解，就要存储大量零元素，为减少运算量、节约内存，使用迭代法更有利.

6.4.1　雅克比(Jacobi)迭代法

设有 n 阶方程组

$$
\begin{cases}
a_{11}x_1+a_{12}x_2+\cdots+a_{1n}x_n=b_1,\\
a_{21}x_1+a_{22}x_2+\cdots+a_{2n}x_n=b_2,\\
\cdots\cdots\\
a_{n1}x_1+a_{n2}x_2+\cdots+a_{nn}x_n=b_n,
\end{cases}
\tag{6.16}
$$

将方程组(6.16)写成矩阵形式 $\boldsymbol{AX}=\boldsymbol{b}$,其中

$$
\boldsymbol{A}=\begin{bmatrix} a_{11} & a_{12} & \cdots & a_{1n}\\ a_{21} & a_{22} & \cdots & a_{2n}\\ \vdots & \vdots & & \vdots\\ a_{n1} & a_{n2} & \cdots & a_{nn}\end{bmatrix},\boldsymbol{X}=\begin{bmatrix} x_1\\ x_2\\ \vdots\\ x_n\end{bmatrix},\boldsymbol{b}=\begin{bmatrix} b_1\\ b_2\\ \vdots\\ b_n\end{bmatrix}.
$$

若系数矩阵非奇异,且 $a_{ii}\neq 0,i=1,2,3,\cdots,n$,将方程组(6.16)改写成

$$
\begin{cases}
x_1=\dfrac{1}{a_{11}}(b_1-a_{12}x_2-a_{13}x_3-\cdots-a_{1n}x_n),\\
x_2=\dfrac{1}{a_{22}}(b_2-a_{21}x_1-a_{23}x_3-\cdots-a_{2n}x_n),\\
\cdots\cdots\\
x_n=\dfrac{1}{a_{nn}}(b_n-a_{n1}x_1-a_{n2}x_2-\cdots-a_{n,n-1}x_{n-1}),
\end{cases}
$$

然后写成迭代格式

$$
\begin{cases}
x_1^{(k+1)}=\dfrac{1}{a_{11}}(b_1-a_{12}x_2^{(k)}-a_{13}x_3^{(k)}-\cdots-a_{1n}x_n^{(k)}),\\
x_2^{(k+1)}=\dfrac{1}{a_{22}}(b_2-a_{21}x_1^{(k)}-a_{23}x_3^{(k)}-\cdots-a_{2n}x_n^{(k)}),\\
\cdots\cdots\\
x_n^{(k+1)}=\dfrac{1}{a_{nn}}(b_n-a_{n1}x_1^{(k)}-a_{n2}x_2^{(k)}-\cdots-a_{n,n-1}x_{n-1}^{(k)}),
\end{cases}
\tag{6.17}
$$

(6.17)也可以简单地写为

$$
x_i^{(k+1)}=\frac{1}{a_{ii}}\left(b_i-\sum_{\substack{j=1\\ j\neq i}}^{n}a_{ij}x_j^{(k)}\right),i=1,2,\cdots,n,
\tag{6.18}
$$

对(6.17)或(6.18)给定一组初值 $\boldsymbol{X}^{(0)}=[x_1^{(0)},x_2^{(0)},\cdots,x_n^{(0)}]^{\mathrm{T}}$ 后,经反复迭代可得到一向量序列 $\boldsymbol{X}^{(k)}=[x_1^{(k)},\cdots,x_n^{(k)}]^{\mathrm{T}}$,如果 $\boldsymbol{X}^{(k)}$ 收敛于 $\boldsymbol{X}^*=[x_1^*,x_2^*,\cdots,x_n^*]^{\mathrm{T}}$,则 $x_i^*(i=1,2,\cdots,n)$ 就是方程组(6.16)的解,这一方法称为**雅克比(Jacobi)迭代法**,(6.17)或(6.18)称为 **Jacobi 迭代格式**.

下面介绍迭代格式的矩阵表示,将线性方程(6.16)中的系数矩阵 $\boldsymbol{A}=(a_{ij})\in\mathbf{R}^{n\times n}$ 分成三部分 $\boldsymbol{A}=\boldsymbol{D}-\boldsymbol{L}-\boldsymbol{U}$,其中

$$D=\begin{bmatrix} a_{11} & & & \\ & a_{22} & & \\ & & \ddots & \\ & & & a_{nn} \end{bmatrix},$$

$$L=\begin{bmatrix} 0 & & & & \\ -a_{21} & 0 & & & \\ \vdots & \vdots & \ddots & & \\ -a_{n-1,1} & -a_{n-1,2} & \cdots & 0 & 0 \\ -a_{n1} & -a_{n2} & \cdots & -a_{n,n-1} & 0 \end{bmatrix},$$

$$U=\begin{bmatrix} 0 & -a_{12} & \cdots & -a_{1,n-1} & -a_{1n} \\ 0 & 0 & \cdots & -a_{2,n-1} & -a_{2n} \\ & & \ddots & \vdots & \vdots \\ & & & 0 & -a_{n-1,n} \\ & & & & 0 \end{bmatrix}.$$

设 $a_{ii}\neq 0(i,j=1,2,\cdots,n)$，选取 $\boldsymbol{M}=\boldsymbol{D},\boldsymbol{N}=\boldsymbol{L}+\boldsymbol{U}$，由(6.9)式得到解 $\boldsymbol{Ax}=\boldsymbol{b}$ 的 Jacobi 迭代法

$$\begin{cases} \boldsymbol{x}^{(0)}(\text{初始向量}), \\ \boldsymbol{x}^{(k+1)}=\boldsymbol{Bx}^{(k)}+\boldsymbol{f},k=0,1,2,\cdots, \end{cases}$$

其中

$$\boldsymbol{B}=\boldsymbol{I}-\boldsymbol{D}^{-1}\boldsymbol{A}=\boldsymbol{D}^{-1}(\boldsymbol{L}+\boldsymbol{U})=\boldsymbol{J},\boldsymbol{f}=\boldsymbol{D}^{-1}\boldsymbol{b},$$

称 $\boldsymbol{J}$ 为解 $\boldsymbol{Ax}=\boldsymbol{b}$ 的 Jacobi 迭代法的迭代矩阵.

例 2　用 Jacobi 迭代法求解方程组

$$\begin{cases} 10x_1-x_2=9, \\ -x_1+10x_2-2x_3=7, \\ -4x_2+10x_3=6. \end{cases}$$

解　将方程组写成等价的方程组

$$\begin{cases} x_1=0.1x_2+0.9, \\ x_2=0.1x_1+0.2x_3+0.7, \\ x_3=0.4x_2+0.6, \end{cases}$$

构造 Jacobi 迭代公式

$$\begin{cases} x_1^{(k+1)}=0.1x_2^{(k)}+0.9, \\ x_2^{(k+1)}=0.1x_1^{(k)}+0.2x_3^{(k)}+0.7, \\ x_3^{(k+1)}=0.4x_2^{(k)}+0.6, \end{cases}$$

取初始向量 $\boldsymbol{x}^{(0)}=[0,0,0]^{\mathrm{T}}$ 进行迭代，迭代 6 次所得结果如表 6-1 所示.

表 6-1 例 2 迭代 6 次结果

k	0	1	2	3	4	5	6
$x_1^{(k)}$	0	0. 9	0. 97	0. 991	0. 997 3	0. 999 19	0. 999 757
$x_2^{(k)}$	0	0. 7	0. 91	0. 973	0. 991 9	0. 997 57	0. 999 271
$x_3^{(k)}$	0	0. 6	0. 88	0. 964	0. 989 2	0. 996 76	0. 990 28

该方程组的精确解为 $\boldsymbol{x}^*=[1,1,1]^{\mathrm{T}}$,因此 $\|\boldsymbol{x}^*-\boldsymbol{x}\|_\infty=9.72\times10^{-4}$.

Jacobi 迭代法的一个显著特点就是每次迭代右端变量的值全部用前一次的迭代值代换,所以 Jacobi 迭代又叫**同时代换法**.

本例 Matlab 程序如下:

```
function Myjacobi
clc;
A=[10 -1 0;-1 10 -2;0 -4 10];
b=[9 7 6]';
n=length(b);
x0=zeros(n,1);
eps=1.0e-6;
M=1000;
x=zeros(n,1);
k=0;
while k<M
    for i=1:n
        x(i)=(b(i)-A(i,[1:i-1,i+1:n])*x0([1:i-1,i+1:n]))/A(i,i);
    end
    if norm(x-x0,inf)<eps
        break;
    end
    x0=x;
    k=k+1;
end
k
x
```

6.4.2 高斯-塞德尔(Gauss-Seidel)迭代法及其矩阵表示

显然,如果迭代收敛,$x_i^{(k+1)}$ 应该比 $x_i^{(k)}$ 更接近于原方程的解 x_i^*,因此在迭代过程中及时地以 $x_i^{(k+1)}$ 代替 $x_i^{(k)}$,可以收到更好的效果,这样(6.17)可写成

$$
\begin{cases}
x_1^{(k+1)} = \dfrac{1}{a_{11}}(b_1 - a_{12}x_2^{(k)} - a_{13}x_3^{(k)} - \cdots - a_{1n}x_n^{(k)}),\\
x_2^{(k+1)} = \dfrac{1}{a_{22}}(b_2 - a_{21}x_1^{(k+1)} - a_{23}x_3^{(k)} - \cdots - a_{2n}x_n^{(k)}),\\
\cdots\cdots\\
x_n^{(k+1)} = \dfrac{1}{a_{nn}}(b_n - a_{n1}x_1^{(k+1)} - a_{n2}x_2^{(k+1)} - \cdots - a_{n,n-1}x_{n-1}^{(k+1)}),
\end{cases}
\tag{6.19}
$$

(6.19)可简写成

$$x_i^{(k+1)} = \frac{1}{a_{ii}}\left(b_i - \sum_{j=1}^{i-1} a_{ij}x_j^{(k+1)} - \sum_{j=i+1}^{n} a_{ij}x_j^{(k)}\right), i = 1,2,\cdots,n,$$

此方法称为**高斯-塞德尔(Gauss-Seidel)迭代格式**.

选取分裂矩阵 $\boldsymbol{M}$ 为 $\boldsymbol{A}$ 的下三角部分,即选取 $\boldsymbol{M}=\boldsymbol{D}-\boldsymbol{L}$(下三角矩阵),$\boldsymbol{A}=\boldsymbol{M}-\boldsymbol{N}$ 于是由(6.9)得到解 $\boldsymbol{Ax}=\boldsymbol{b}$ 的 Gauss-Seidel 迭代法

$$
\begin{cases}
\boldsymbol{x}^{(0)}(\text{初始向量}),\\
\boldsymbol{x}^{(k+1)} = \boldsymbol{Bx}^{(k)} + \boldsymbol{f}, k=0,1,2,\cdots,
\end{cases}
$$

其中

$$\boldsymbol{B}=\boldsymbol{I}-(\boldsymbol{D}-\boldsymbol{L})^{-1}\boldsymbol{A}=(\boldsymbol{D}-\boldsymbol{L})^{-1}\boldsymbol{U}=\boldsymbol{G}, \boldsymbol{f}=(\boldsymbol{D}-\boldsymbol{L})^{-1}\boldsymbol{b},$$

称 $\boldsymbol{G}=(\boldsymbol{D}-\boldsymbol{L})^{-1}\boldsymbol{U}$ 为解 $\boldsymbol{Ax}=\boldsymbol{b}$ 的 Gauss-Seidel 迭代法的迭代矩阵.

关于上述迭代法的误差控制,可设 ε 为允许的绝对误差限,可以检验

$$\max_{1\le i\le n} |x_i^{(k+1)} - x_i^{(k)}| < \varepsilon$$

是否成立,以决定计算是否终止. 实际计算时,如果线性方程组的阶数不高,建立迭代格式也可以不从矩阵形式出发,以避免求逆矩阵的计算.

Gauss-Seidel 迭代法 Matlab 程序示例:求解方程组 $\boldsymbol{Ax}=\boldsymbol{b}$,其中

$$\boldsymbol{A}=\begin{bmatrix} 0.76 & -0.01 & -0.14 & -0.16\\ -0.01 & 0.88 & -0.03 & 0.05\\ -0.14 & -0.03 & 1.01 & -0.12\\ -0.16 & 0.05 & -0.12 & 0.72 \end{bmatrix}, \boldsymbol{b}=\begin{bmatrix} 0.68\\ 1.18\\ 0.12\\ 0.74 \end{bmatrix}.$$

程序如下:

```
function MyGaussseidel
clc;
A=[0.76 -0.01 -0.14 -0.16;
   -0.01 0.88 -0.03 0.05;
   -0.14 -0.03 1.01 -0.12;
   -0.16 0.05 -0.12 0.72];
b=[0.68 1.18 0.12 0.74]';
n=length(b);
x0=zeros(n,1);
eps=1.0e-6;
```

```
M=1000;
x=zeros(n,1);
k=0;
while k<M
    x(1)=(b(1)-A(1,2:n)*x0(2:n))/A(1,1);
    for i=2:n-1
      x(i)=(b(i)-A(i,1:i-1)*x(1:i-1)-A(i,i+1:n)*x0(i+1:n))/A(i,i);
    end
    x(n)=(b(n)-A(n,1:n-1)*x(1:n-1))/A(n,n);
    if norm(x-x0,inf)<eps
      break;
    end
    x0=x;
    k=k+1;
end
k
x
```

§6.5 松弛迭代法

使用迭代法的主要困难是计算量难以估计，有些方程组的迭代格式虽然收敛，但收敛速度慢而使计算量变得很大.

松弛法是一种线性加速方法，这种方法将前一步的结果 $x_i^{(k)}$ 与 Gauss-Seidel 方法的迭代值 $\tilde{x}_i^{(k+1)}$ 适当进行线性组合，以构成一个收敛速度较快的近似解序列，改进后的迭代方案设计如下：

迭代

$$\tilde{x}_i^{(k+1)}=\frac{1}{a_{ii}}\Big(b_i-\sum_{j=1}^{i-1}a_{ij}x_j^{(k+1)}-\sum_{j=i+1}^{n}a_{ij}x_j^{(k)}\Big),$$

加速

$$x_i^{(k+1)}=(1-\omega)x_i^{(k)}+\omega\tilde{x}_i^{k+1},i=1,2,\cdots,n,$$

所以

$$x_i^{(k+1)}=(1-\omega)x_i^{(k)}+\frac{\omega}{a_{ii}}\Big(b_i-\sum_{j=1}^{i-1}a_{ij}x_j^{(k+1)}-\sum_{j=i+1}^{n}a_{ij}x_j^{(k)}\Big),\tag{6.20}$$

这种加速法就是**松弛法(SOR 迭代法)**，其中系数 ω 称松弛因子. 可以证明，要保证迭代格式(6.20)收敛必须要求 $0<\omega<2$.

松弛法的矩阵形式的迭代格式为 $\boldsymbol{x}^{(k+1)}=\boldsymbol{L}_\omega\boldsymbol{x}^{(k)}+\boldsymbol{f}$，其中

$$L_\omega=(D-\omega L)^{-1}((1-\omega)D+\omega U),f=\omega(D-\omega L)^{-1}b,$$

当 $\omega=1$ 时，即为 Gauss-Seidel 迭代法，为使收敛速度加快，通常取 $\omega>1$，即为超松弛法.

松弛因子的选取对迭代格式(6.20)的收敛速度影响极大．实际计算时，可以根据系数矩阵的性质，结合经验通过反复计算来确定松弛因子 ω.

定理 6.7(SOR 迭代法收敛的必要条件)　设解方程组 $AX=b$ 的 SOR 迭代法收敛，则 $0<\omega<2$.

例 3　用松弛迭代法解方程组

$$\begin{bmatrix}-4&1&1&1\\1&-4&1&1\\1&1&-4&1\\1&1&1&-4\end{bmatrix}\begin{bmatrix}x_1\\x_2\\x_3\\x_4\end{bmatrix}=\begin{bmatrix}1\\1\\1\\1\end{bmatrix},$$

它的精确解为 $x^*=[-1,-1,-1,-1]^{\mathrm{T}}$.

解　取 $x^{(0)}=\mathbf{0}$，迭代公式为

$$\begin{cases}x_1^{(k+1)}=x_1^{(k)}-\omega(1+4x_1^{(k)}-x_2^{(k)}-x_3^{(k)}-x_4^{(k)})/4,\\x_2^{(k+1)}=x_2^{(k)}-\omega(1-x_1^{(k+1)}+4x_2^{(k)}-x_3^{(k)}-x_4^{(k)})/4,\\x_3^{(k+1)}=x_3^{(k)}-\omega(1-x_1^{(k+1)}-x_2^{(k+1)}+4x_3^{(k)}-x_4^{(k)})/4,\\x_4^{(k+1)}=x_4^{(k)}-\omega(1-x_1^{(k+1)}-x_2^{(k+1)}-x_3^{(k+1)}-x_4^{(k)})/4,\end{cases}$$

取 $\omega=1.3$，第 11 次迭代结果为

$$x^{(11)}=[-0.99999646,-1.00000310,-0.99999953,-0.99999912]^{\mathrm{T}},$$

其误差为

$$\|\varepsilon^{(11)}\|_2\leqslant 0.46\times10^{-5},$$

对 ω 取其他值，迭代次数如表 6-2 所示．从此例看到，松弛因子选择得好，会使 SOR 迭代法的收敛大大加速．本例中 $\omega=1.3$ 是最佳松弛因子.

表 6-2　取不同松弛因子的迭代结果

松弛因子 ω	满足误差 $\|x^{(k)}-x^*\|_2<10^{-5}$ 的迭代次数	松弛因子 ω	满足误差 $\|x^{(k)}-x^*\|_2<10^{-5}$ 的迭代次数
1.0	22	1.5	17
1.1	17	1.6	23
1.2	12	1.7	33
1.3	11	1.8	53
1.4	14	1.9	109

本例 Matlab 程序如下：

```
function mysor
clc;
A=[-4 1 1 1;1 -4 1 1;1 1 -4 1;1 1 1 -4];
b=[1 1 1 1]';
omega=1.3;
```

```
eps=1.0e-6;
N=11;
x=[0 0 0 0]';
D=diag(diag(A));
L=D-tril(A);
U=D-triu(A);
for iter=1:N
    x=(D-omega*L)\(((1-omega)*D+omega*U)*x+omega*b);
    err=norm(b-A*x)/norm(b);
    if err<eps,
        break;
    end
end
x=x'
```

§6.6 迭代法的收敛性及误差估计

综合上面三种迭代格式,它们可以统一表示为

$$\boldsymbol{x}^{(k+1)}=\boldsymbol{B}\boldsymbol{x}^{(k)}+\boldsymbol{g},k=0,1,2,\cdots, \tag{6.21}$$

对 Jacobi 迭代法来说

$$\boldsymbol{B}=\boldsymbol{D}^{-1}(\boldsymbol{L}+\boldsymbol{U}),\boldsymbol{g}=\boldsymbol{D}^{-1}\boldsymbol{b},$$

对 Gauss-Seidel 迭代法来说

$$\boldsymbol{B}=(\boldsymbol{D}-\boldsymbol{L})^{-1}\boldsymbol{U},\boldsymbol{g}=(\boldsymbol{D}-\boldsymbol{L})^{-1}\boldsymbol{b},$$

对松弛迭代法来说

$$\boldsymbol{L}_{\omega}=(\boldsymbol{D}-\omega\boldsymbol{L})^{-1}((1-\omega)\boldsymbol{D}+\omega\boldsymbol{U}),\boldsymbol{F}_{\omega}=\omega(\boldsymbol{I}-\omega\boldsymbol{L})^{-1}\boldsymbol{b}.$$

本节要讨论的问题就是任意选取初始值 $x^{(0)}$,利用迭代格式(6.21)得到的向量序列 $\{\boldsymbol{x}^{(k)}\}$ 是否一定收敛?如果收敛需要满足什么条件?

例如,方程组$\begin{cases}x_1+2x_2=5,\\3x_1+x_2=5,\end{cases}$如果直接构造 Jacobi 迭代公式或 Gauss-Seidel 迭代公式,这两种格式都是发散的,但如果交换两个方程的次序后再构造相应的迭代公式,则两种方法都收敛.

从这一例子我们不难看出,迭代序列收敛是有条件的.若由迭代格式(6.21)得到的向量序列 $\{\boldsymbol{x}^{(k)}\}$ 收敛于精确解 $\boldsymbol{x}^*$,且满足 $\boldsymbol{x}^*=\boldsymbol{B}\boldsymbol{x}^*+\boldsymbol{g}$.又

$$\boldsymbol{x}^{(k+1)}-\boldsymbol{x}^*=\boldsymbol{B}(\boldsymbol{x}^{(k)}-\boldsymbol{x}^*)=\cdots=\boldsymbol{B}^k(\boldsymbol{x}^{(1)}-\boldsymbol{x}^*), \tag{6.22}$$

所以

$$\lim_{k\to\infty}(\boldsymbol{x}^{(k+1)}-\boldsymbol{x}^*)=\lim_{k\to\infty}\boldsymbol{B}^k(\boldsymbol{x}^{(1)}-\boldsymbol{x}^*)=\boldsymbol{0},\tag{6.23}$$

故 $\lim\limits_{k\to\infty}\boldsymbol{x}^{(k+1)}=\boldsymbol{x}^*$ 等价于 $\lim\limits_{k\to\infty}\boldsymbol{B}^k=\boldsymbol{0}$，所以讨论向量序列 $\{\boldsymbol{x}^{(k)}\}$ 是否收敛的问题就转化为讨论 $\lim\limits_{k\to\infty}\boldsymbol{B}^k=\boldsymbol{0}$ 的条件.

下面我们给出迭代收敛的条件.

定理 6.8 简单迭代法(6.21)收敛的充分必要条件是迭代矩阵 $\boldsymbol{B}$ 的谱半径满足 $\rho(\boldsymbol{B})<1$.

证明 (1) 必要性，设 $\{\boldsymbol{x}^{(k)}\}$ 收敛于精确解 $\boldsymbol{x}^*$，即 $\lim\limits_{k\to\infty}\boldsymbol{x}^{(k)}=\boldsymbol{x}^*$. 由(6.23)知 $\lim\limits_{k\to\infty}\boldsymbol{B}^k=\boldsymbol{0}$，所以再利用定理 6.5，即证.

(2) 充分性，设 $\rho(\boldsymbol{B})<1$，则矩阵 $\boldsymbol{B}$ 的特征值的绝对值 $|\lambda_i|\leqslant\rho(\boldsymbol{B})<1$，于是 $\det(\boldsymbol{I}-\boldsymbol{B})\neq 0$，所以 $(\boldsymbol{I}-\boldsymbol{B})\boldsymbol{x}=\boldsymbol{g}$ 有唯一解 $\boldsymbol{x}^*$，满足 $\boldsymbol{x}^*=\boldsymbol{B}\boldsymbol{x}^*+\boldsymbol{g}$，所以(6.21)成立，等式两边取范数得

$$\|\boldsymbol{x}^{(k+1)}-\boldsymbol{x}^*\|\leqslant\|\boldsymbol{B}^k\|\,\|\boldsymbol{x}^{(1)}-\boldsymbol{x}^*\|,$$

又 $\rho(\boldsymbol{B})<1$，所以 $\lim\limits_{k\to\infty}\boldsymbol{B}^k=\boldsymbol{0}$，故 $\lim\limits_{k\to\infty}\|\boldsymbol{x}^{(k+1)}-\boldsymbol{x}^*\|=0$，即 $\lim\limits_{k\to\infty}\boldsymbol{x}^{(k+1)}=\boldsymbol{x}^*$.

定理 6.9 若迭代矩阵 $\boldsymbol{B}$ 的范数 $\|\boldsymbol{B}\|<1$，则迭代公式(6.21)收敛，且有误差估计式

$$\|\boldsymbol{x}^*-\boldsymbol{x}^{(k)}\|\leqslant\frac{\|\boldsymbol{B}\|}{1-\|\boldsymbol{B}\|}\|\boldsymbol{x}^{(k)}-\boldsymbol{x}^{(k-1)}\|\tag{6.24}$$

及

$$\|\boldsymbol{x}^*-\boldsymbol{x}^{(k)}\|\leqslant\frac{\|\boldsymbol{B}\|^k}{1-\|\boldsymbol{B}\|}\|\boldsymbol{x}^{(1)}-\boldsymbol{x}^{(0)}\|.\tag{6.25}$$

证明 因为 $\rho(\boldsymbol{B})\leqslant\|\boldsymbol{B}\|<1$，所以由定理 6.8 可知迭代公式(6.21)收敛.

$$\begin{aligned}\|\boldsymbol{x}^{(k+1)}-\boldsymbol{x}^{(k)}\|&=\|\boldsymbol{x}^{(k+1)}-\boldsymbol{x}^*+\boldsymbol{x}^*-\boldsymbol{x}^{(k)}\|\\&\geqslant\|\boldsymbol{x}^*-\boldsymbol{x}^{(k)}\|-\|\boldsymbol{x}^{(k+1)}-\boldsymbol{x}^*\|\\&\geqslant(1-\|\boldsymbol{B}\|)\|\boldsymbol{x}^*-\boldsymbol{x}^{(k)}\|,\end{aligned}$$

因为 $\|\boldsymbol{B}\|<1$，所以

$$\|\boldsymbol{x}^*-\boldsymbol{x}^{(k)}\|\leqslant\frac{1}{1-\|\boldsymbol{B}\|}\|\boldsymbol{x}^{(k)}-\boldsymbol{x}^{(k+1)}\|=\frac{\|\boldsymbol{B}\|}{1-\|\boldsymbol{B}\|}\|\boldsymbol{x}^{(k)}-\boldsymbol{x}^{(k-1)}\|.\tag{6.26}$$

将(6.26)的右端递推下去，即得(6.25).

如果事先给出误差不超过 ε，则由(6.25)式可得到迭代次数的估计

$$k>\ln\frac{\varepsilon(1-\|\boldsymbol{B}\|)}{\|\boldsymbol{x}^{(1)}-\boldsymbol{x}^{(0)}\|}/\ln\|\boldsymbol{B}\|.\tag{6.27}$$

例 4 已知方程组 $\begin{cases}x_1+2x_2-2x_3=1,\\x_1+x_2+x_3=1,\\2x_1+2x_2+x_3=1,\end{cases}$ 考察用 Jacobi 迭代法和 Gauss-Seidel 迭代法解此方程组的收敛性.

解 方程组的系数矩阵 $\boldsymbol{A}=\begin{bmatrix}1&2&-2\\1&1&1\\2&2&1\end{bmatrix}$，所以有

$$D=\begin{bmatrix}1&&\\&1&\\&&1\end{bmatrix},L=\begin{bmatrix}0&&\\-1&0&\\-2&-2&0\end{bmatrix},U=\begin{bmatrix}0&-2&2\\&0&-1\\&&0\end{bmatrix}.$$

(1) Jacobi 法的迭代阵为

$$B_J=D^{-1}(L+U)=\begin{bmatrix}0&-2&2\\-1&0&-1\\-2&-2&0\end{bmatrix},$$

由 $\det(\lambda I-B_J)=\begin{vmatrix}\lambda&2&-2\\1&\lambda&1\\2&2&\lambda\end{vmatrix}=0$ 得 $\lambda_1=\lambda_2=\lambda_3=0$,故 $\rho(B)=0<1$,因此 Jacobi 迭代法收敛.

(2) Gauss-Seidel 法的迭代阵为

$$B_G=(D-L)^{-1}U=\begin{bmatrix}1&0&0\\1&1&0\\2&2&1\end{bmatrix}^{-1}\begin{bmatrix}0&-2&2\\&0&-1\\&&0\end{bmatrix}=\begin{bmatrix}0&-2&2\\&2&-3\\&&2\end{bmatrix},$$

由 $\det(\lambda I-B_G)=\begin{vmatrix}\lambda&2&-2\\0&\lambda-2&3\\0&0&\lambda-2\end{vmatrix}=0$ 得 $\lambda_1=0,\lambda_2=\lambda_3=2$,故 $\rho(B)=2>1$,因此 Gauss-Seidel 迭代法不收敛.

定理 6.10 设对于方程组 $Ax=b$,若系数矩阵 A 是严格对角占优矩阵,则

(1) A 非奇异;

(2) Jacobi 迭代法和 Gauss-Seidel 迭代法都收敛.

另外,若系数矩阵 A 对称正定,则 Gauss-Seidel 迭代公式收敛;若系数矩阵 A 对称正定,$2D-A$ 也为对称正定阵,则 Jacobi 迭代收敛;若系数矩阵 A 对称正定,$2D-A$ 为非对称正定阵,则 Jacobi 迭代不收敛.

§6.7 线性方程组的迭代法实验

1. 实验目的

(1) 掌握解线性方程组的 Jacobi 迭代和 Gauss-Seidel 迭代算法;

(2) 培养编程与上机调试能力.

2. 算法步骤

(1) 迭代法的基本思想.

根据方程组 $Ax=b$ 设计出一个迭代公式,然后将任意选取的一初始向量 $x^{(0)}$ 代入迭代公式,求出 $x^{(1)}$,再以 $x^{(1)}$ 代入同一迭代公式,求出 $x^{(2)}$,如此反复进行,得到向量序列 $\{x^{(k)}\}$. 当 $\{x^{(k)}\}$ 收敛时,其极限即为原方程组的解.

(2) Jacobi 迭代法解方程组.

设方程组 $\boldsymbol{Ax}=\boldsymbol{b}$ 的系数矩阵对角线元素 $a_{ii}\neq 0(i=1,2,\cdots,n)$，$M$ 为最大迭代次数，ε 为容许误差，Jacobi 迭代法解方程组算法步骤如下：

① 取初始向量 $\boldsymbol{x}=[x_1^{(0)},x_2^{(0)},\cdots,x_n^{(0)}]^{\mathrm{T}}$，令 $k=0$.

② 对 $i=1,2,\cdots,n$，计算 $x_i^{(k+1)}=\dfrac{1}{a_{ii}}(b_i-\sum\limits_n a_{ij}x_j^{(k)})$.

③ 如果 $\sum\limits_{i=1}^{n}|x_i^{(k+1)}-x_i^{(k)}|<\varepsilon$，则输出 $\boldsymbol{x}^{(k+1)}$，结束；否则执行 ④.

④ 如果 $k\geqslant M$，则不收敛，终止程序；否则 $k\leftarrow k+1$，转②.

(3) Gauss-Seidel 迭代法.

在 Jacobi 迭代法中，如果当新的分量求出后，马上用它来代替旧的分量，则可能会更快地接近方程组的准确解，基于这种设想构造的迭代公式称为 Gauss-Seidel 迭代法. 算法可相应地从 Jacobi 迭代法改造得到.

3. 实验题目

利用 Jacobi 迭代和 Gauss-Seidel 迭代算法解线性方程组

$$\begin{cases}10x_1+3x_2+x_3=14,\\2x_1-10x_2+3x_3=-5,\\x_1+3x_2+10x_3=1.\end{cases}$$

4. 实验要求

(1) 选择一种计算机语言设计出 Jacobi 迭代法的算法程序，并且选择不同的迭代次数，观察输出结果；

(2) 利用 Matlab 求方程组的解，步骤如下：

```
调用格式:A\b                          %得到线性方程组的解向量
Matlab 6.1 环境下操作如下:
>>A=[1  2  3;2  5  2;3  1  5];        %输入系数矩阵
>>b=[14;  18;  20;];                  %输入常数项
>>x=A\b                               %方程组求解
```

5. 思考

① 判别迭代法收敛的充分必要条件及充分条件是什么？

② Jacobi 迭代法和 Gauss-Seidel 迭代法收敛性的各种判别条件是什么？

练习题 6

1. (1) 设向量 $\boldsymbol{x}=[2,-3,-1,7]^{\mathrm{T}}$，求 $\|\boldsymbol{x}\|_1$，$\|\boldsymbol{x}\|_2$，$\|\boldsymbol{x}\|_\infty$；

(2) 求方阵 $\boldsymbol{A}$ 的 1-范数、无穷范数和 2-范数. 其中 $\boldsymbol{A}=\begin{bmatrix}1&0&0\\0&2&4\\0&-2&4\end{bmatrix}$.

2. 设线性方程组 $\begin{cases}7x_1+10x_2=1,\\5x_1+7x_2=0.7,\end{cases}$

(1) 求系数矩阵 $\boldsymbol{A}$ 的条件数 $\mathrm{cond}_\infty(\boldsymbol{A})$;

(2) 若右端项 $\boldsymbol{b}$ 有误差 $\delta\boldsymbol{b}=[0.01,-0.01]^{\mathrm{T}}$,试估计解的相对误差.

3. 对方程组 $\begin{cases}x_1+2x_2-2x_3=1,\\x_1+x_2+x_3=2,\\2x_1+2x_2+x_3=3,\end{cases}$ 分别讨论用 Jacobi 迭代法和 Gauss-Seidel 迭代法的收敛性.

4. 如何对方程组 $\begin{cases}-x_1+8x_2=7,\\-x_1+9x_3=8,\\9x_1-x_2-x_3=7\end{cases}$ 进行调整,使得用 Gauss-Seidel 迭代法求解时收敛?并取初始向量 $\boldsymbol{x}^{(0)}=[0,0,0]^{\mathrm{T}}$,用该方法求近似解 $\boldsymbol{x}^{(k+1)}$,使 $|\boldsymbol{x}^{(k+1)}-\boldsymbol{x}^{(k)}|\leqslant 10^{-3}$.

5. 用 Gauss-Seidel 迭代法判断下列方程组的收敛性.

(1) $\begin{cases}x_1+0.4x_2+0.4x_3=1,\\0.4x_1+x_2+0.8x_3=2,\\0.4x_1+0.8x_2+x_3=3;\end{cases}$　　(2) $\begin{cases}x_1+2x_2-2x_3=1,\\2x_1+x_2+x_3=1,\\2x_1+2x_2+x_3=1.\end{cases}$

6. 考虑方程组 $\begin{cases}x_1+ax_2+ax_3=2,\\ax_1+x_2+ax_3=3,\\ax_1+ax_2+x_3=1,\end{cases}$

(1) 当 a 取何值时,Jacobi 迭代法是收敛的?

(2) 当 a 取何值时,Gauss-Seidel 迭代法是收敛的?

7. 判断求解 $\boldsymbol{Ax}=\boldsymbol{b}$ 的 Jacobi 迭代法和 Gauss-Seidel 迭代法及松弛迭代法是否收敛?其中矩阵

$$\boldsymbol{A}=\begin{bmatrix}2&1&1\\1&2&1\\1&1&2\end{bmatrix}.$$

8. 用松弛迭代法求解方程组

$$\begin{cases}5x_1+2x_2+x_3=-12,\\-x_1+4x_2+2x_3=20,\\2x_1-3x_2+10x_3=3,\end{cases}$$

精确到小数点后四位,取 $\omega=0.9$,$\boldsymbol{x}^{(0)}=[0,0,0]^{\mathrm{T}}$.

第 7 章　非线性方程的求根方法

教学提示:本章主要介绍求解一元非线性方程的二分法、迭代法的构造、收敛性分析及其加速方法、Newton 迭代法及其收敛性和弦截法. 在教学中,加强学生运用所学理论与方法解决实际问题的能力以及应用 Matlab 软件的动手编程能力.

教学目标:学生通过本章的学习,了解一般迭代法的构造及其收敛性分析,了解迭代加速方法,掌握迭代法收敛的条件,掌握求解一元非线性方程的二分法、Newton 法和弦截法,并会应用 Matlab 软件编写以上方法的程序求解有关实际问题.

非线性方程 $f(x)=0$ 的求解是科学研究及工程技术中常见的问题之一,根据 $f(x)$ 是多项式或超越函数又分别称为**代数方程**或**超越方程**. 例如,代数方程

$$3x^8-x^6+x^3-2=0,$$

和超越方程

$$e^{-x}-\sin\frac{\pi x}{2}=0.$$

对于非线性方程 $f(x)=0$,使 $f(x)=0$ 的数 x^* 称为方程 $f(x)=0$ 的**根**,又称为函数 $f(x)$ 的**零点**. 若 $f(x)$ 可分解为

$$f(x)=(x-x^*)^m g(x),$$

其中 m 为正整数,且 $g(x^*)\neq 0$. 当 $m=1$ 时,称 x^* 为方程 $f(x)=0$ 的**单根**,而当 $m>1$ 时,则称 x^* 为方程 $f(x)=0$ 的 **m 重根**,或称 x^* 为 $f(x)$ 的 **m 重零点**. 设 x^* 为 $f(x)$ 的 **m 重零点**,且 $g(x)$ 充分光滑,则

$$f(x^*)=f'(x^*)=\cdots=f^{(m-1)}(x^*)=0, f^{(m)}(x^*)\neq 0.$$

对于不高于 4 次的代数方程已有求根公式,而高于 4 次的代数方程则无精确的求根公式,至于超越方程其精确解往往是无法求出的. 因此,如何求得满足一定精度要求的方程的数值根也就成了计算方法要解决的重要问题之一.

求解方程 $f(x)=0$ 根的问题包含三个内容:

(1) 根的存在性问题;

(2) 如果存在根,根的分布范围,即在什么区间内有根;

(3) 根据具体问题,如何选择最简单、最有效、最经济的方法来求根.

对于第一和第二个问题可以用高等数学的知识解决,第三个问题是本章重点讨论的问题,即本章将介绍在实际中常用的求非线性方程 $f(x)=0$ 的根的近似值的数值方法.

§7.1 初始近似根的确定与二分法

由连续函数的性质可知,如果函数 $f(x)$ 在闭区间 $[a,b]$ 上连续,且 $f(a)f(b)<0$,则方程 $f(x)=0$ 在 (a,b) 内至少有一个实根,则称区间 (a,b) 为方程的**有根区间**. 进一步地,若 $f(x)$ 在 (a,b) 内严格单调,则方程在 (a,b) 内有且仅有一个实根,则称区间 (a,b) 为方程 $f(x)=0$ 的**隔根区间**.

7.1.1 初始近似根的确定

寻找方程 $f(x)=0$ 的隔根区间以及初始近似根,通常有如下两种方法.

1. **逐步扫描法**

根据上述结论,可用试探的办法,确定出根的分布范围,将函数 $f(x)$ 的定义域分成若干个只含一个实根的隔根区间.

因此,总可以假设 $f(x)=0$ 在某个区间 (a,b) 内有且仅有一个单实根 x^*(图 7-1).

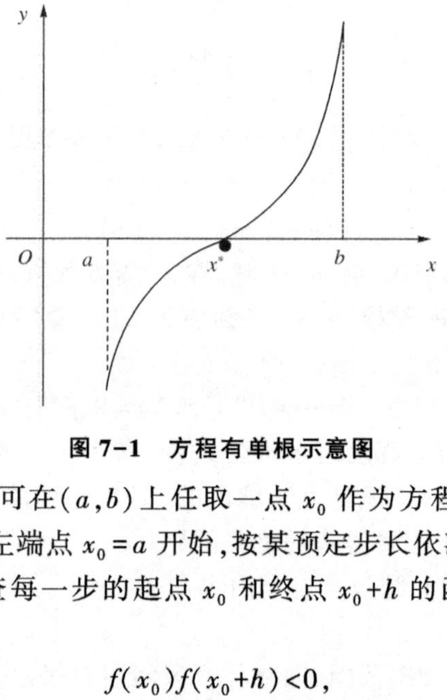

图 7-1 方程有单根示意图

若数值 $b-a$ 较小,那么可在 (a,b) 上任取一点 x_0 作为方程的初始近似根. 一般若有根区间 (a,b) 为已知,可从左端点 $x_0=a$ 开始,按某预定步长依次向右前进,每向前一步进行一次根的"扫描",即检查每一步的起点 x_0 和终点 x_0+h 的函数值是否同号,如果发现 $f(x_0)$ 与 $f(x_0+h)$ 异号,即

$$f(x_0)f(x_0+h)<0,$$

那么所求的根 x^* 必在区间 (x_0,x_0+h) 中,这时可取 x_0 或 x_0+h 作为初始近似根.

确定方程的初始近似根的逐步扫描法计算步骤如下:

(1) 令 $x_0=a$;

(2) 若 $f(x_0)f(x_0+h)<0$,则 x^* 必在 (x_0,x_0+h) 中,故取 x_0 或 x_0+h 作为初始近似根,终止扫描,否则转向(3);

(3) 令 $x_0=x_0+h$,转向(2).

例 1 考虑方程

$$f(x)=x^3-x^2-x+1=0,$$

试用逐步扫描法搜寻长度为 0.2 的隔根区间.

解 由于$f(-\infty)<0,f(+\infty)>0$,故方程在$(-\infty,+\infty)$至少有一正实根. 又由于$f(-1.5)<0$,则以 $a=-1.5$ 为起点,取步长 $h=0.2$ 向右计算,各个点的函数值的符号如表 7-1 所示.

表 7-1 各个点的函数值的符号

x	-1.5	-1.3	-1.1	-0.9	-0.7	…	0.7	0.9	1.1	1.3
$f(x)$	-	-	-	+	+	…	+	+	+	+

因为$f(-1.1)<0,f(-0.9)>0$,且当$-1.1<x<-0.9$时,

$$f'(x)=3x^2-2x-1>0,$$

所以$f(x)$在区间$(-1.1,-0.9)$上单调连续,因而$f(x)=0$在$(-1.1,-0.9)$内有且仅有一个实根,故可取 $x_0=-1.1$ 或 $x_0=-0.9$ 作为初始近似根.

此外,不难看出方程

$$f(x)=x^3-x^2-x+1=(x+1)(x-1)^2=0$$

有 $x=-1$ 和 $x=1$ 两个根,但逐步扫描法只搜索到了包含 $x=-1$ 的隔根区间$(-1.1,-0.9)$,另一个根 $x=1$ 的隔根区间没有搜索到,这表明逐步扫描法是有缺陷的,即它只适用于一元方程的奇数重实根的情形,不能推广到多元方程的情形,原因如下:

设 x^* 为方程$f(x)=0$ 的 $m(m>1)$重实根,则在 x^* 的邻域内$f(x)$可分解为

$$f(x)=(x-x^*)^m g(x),g(x^*)\neq 0,$$

显然,当 m 为奇数时,$f(x)$在点 x^* 处变号;而当 m 为偶数时,$f(x)$在点 x^* 处不变号.

逐步扫描法 Matlab 程序示例:编程实现用逐步扫描法求方程$f(x)=x^3+x^2-3x-3=0$的隔根区间.

```
function Zhubusaomiao
clc;
a=-3;b=3;h=0.6;n=(b-a)/h;
f=inline('x^3+x^2-3*x-3');
x1=zeros(1,n);
x2=zeros(1,n);
a1=a;b1=a1+h;k=1;
while (b1<b)
    if feval(f,a)*feval(f,b)<0
        x1(k)=a1;
        x2(k)=b1;
    else
        a1=b1;b1=a1+h;continue;
```

```
    end
    a1=b1;b1=a1+h;k=k+1;
end
for i=1:k
    if x1(i)-x2(i)~=0
        [x1(i),x2(i)]
    end
end
```

2. **图示法**

我们画出函数$f(x)=x^3-x^2-x+1$的图像,不难观察$f(x)=0$在$(-1.1,-0.9)$与$(0.9,1.1)$内有实数根,且$f(x)$在$x=1$的邻域内不变号. 用逐步扫描法求出方程$f(x)=0$足够精确的近似根,步长必须取得非常小,这就增大了计算的工作量. 可以说,逐步扫描法是一种效率非常低的方法,通常用来确定方程的隔根区间和初始近似根,然后再将初始近似根逐步精确化.

7.1.2 二分法

二分法也称为**区间对分法**,是求解非线性方程数值根的最直观、最简单的方法,其基本思想是将含方程根的区间平分为两个小区间,然后判断根在哪个小区间,舍去无根小区间,把有根的小区间再一分为二,再判断根属于哪个更小的区间,如此周而复始,直到求出满足精度要求的近似根. 具体过程如下:

设函数$f(x)$在$[a,b]$上连续,严格单调,且$f(a)f(b)<0$,则方程$f(x)=0$在区间(a,b)内有且仅有一个实根x^*.

首先,取中点$x_0=\dfrac{a+b}{2}$作为初始近似根,将区间$[a,b]$等分为两个子区间$[a,x_0]$和$[x_0,b]$,计算$f(a)$与$f(x_0)$,若$f(a)f(x_0)<0$,则根$x^*\in[a,x_0]$,令$a_1=a,b_1=x_0$;否则$x^*\in[x_0,b]$,令$a_1=x_0,b_1=b$,从而得到新的隔根区间$[a_1,b_1]$,其长度为区间$[a,b]$长度的一半.

其次,再将隔根区间$[a_1,b_1]$二等分,重复上述过程,又可确定了一个隔根区间$[a_2,b_2]$,其长度是区间$[a_1,b_1]$长度的一半. 如此反复进行下去,便得到一系列隔根区间

$$[a,b]\supset[a_1,b_1]\supset[a_2,b_2]\supset\cdots\supset[a_n,b_n]\supset\cdots,$$

并且后一区间长度都是前一区间长度的一半.

设$a_0=a,b_0=b$,显然,区间$[a_n,b_n]$的长度为

$$b_n-a_n=\frac{b_{n-1}-a_{n-1}}{2}=\cdots=\frac{b-a}{2^n}. \tag{7.1}$$

当$n\to\infty$时,上式极限为0,即区间$[a_n,b_n]$最终收敛于一点,该点就是所求方程$f(x)=0$的根x^*.

取二分后的最终的隔根区间$[a_n,b_n]$的中点x_n作为方程$f(x)=0$的根x^*的近似

值,即

$$x^* \approx x_n = \frac{a_n + b_n}{2}, x_n \in [a_n, b_n],$$

其误差估计式为

$$|x^* - x_n| \leqslant \frac{b_n - a_n}{2} = \frac{b-a}{2^{n+1}}, \tag{7.2}$$

当 $n \to \infty$ 时,取 $|x^* - x_n| \leqslant \frac{b-a}{2^{n+1}} \to 0$,即 $x_n \to x^*$.

对预先给定的精度 $\varepsilon > 0$,二分法可由以下方式终止:

(1) 当 $|b_{n+1} - a_{n+1}| < \varepsilon$ 时,必有 $|x^* - x_n| < \varepsilon$,故结束二分法计算,取 $x^* \approx x_n$.

(2) 事先由精确度 ε 估计出迭代的最小次数 $n+1$,要使 $|x^* - x_n| < \varepsilon$,只需令 $\frac{b-a}{2^{n+1}} < \varepsilon$,即 $2^{n+1} > \frac{b-a}{\varepsilon}$,所以 $n+1 > \frac{\ln(b-a) - \ln \varepsilon}{\ln 2}$,即

$$n = \left[\frac{\ln(b-a) - \ln \varepsilon}{\ln 2}\right], \tag{7.3}$$

此处[ ]为取整函数,则二分 $n+1$ 次后结束,取 $x^* \approx x_n$.

(3) 当 x_n 与 x^* 相差较大时,考虑到 x^* 自身的大小,可令精确度 ε 为相对误差限,一直迭代到 $\frac{|x_n - x_{n-1}|}{|x_n|} < \varepsilon$ 时,结束迭代,取 $x^* \approx x_n$.

二分法的优点是简单、易操作和对函数性质要求低(只要连续即可),且在有限区间内收敛性可保证,缺点是收敛较慢,不能求偶数重根和复根.

二分法计算步骤如下:

(1) 输入隔根区间的端点 a, b 及预先给定的精度 ε;

(2) 令 $x = (a+b)/2$,并计算 $f(a), f(x)$;

(3) 若 $f(a)f(x) < 0$,则令 $b = x$,转向(4),若 $f(x)f(b) < 0$,令 $a = x$,转向(4);

(4) 若 $b - a < \varepsilon$,则输出方程满足精度的根 x,结束,否则转向(2).

例 2 用二分法求方程 $e^{-x} - \sin\frac{\pi x}{2} = 0$ 在$[0,1]$上的根(取 $\varepsilon = 2^{-5}$).

解 (1) 这里 $a = 0, b = 1$,由于 $f(0) = 1 > 0, f(1) = -0.632\,1 < 0$,且

$$f'(x) = -e^{-x} - \frac{\pi}{2}\cos\frac{\pi x}{2} < 0 \ (0 < x < 1),$$

可知 $f(x) = 0$ 在$(0,1)$内有且只有一个根;

(2) 计算 $x_0 = \frac{0+1}{2} = 0.5, f(0.5) = -0.100\,6 < 0$,则隔根区间为$[0, 0.5]$;

(3) 计算 $x_1 = \frac{0+0.5}{2} = 0.25, f(0.25) = 0.396\,1 > 0$,则隔根区间$[0.25, 0.5]$.

如此继续下去,直到 $|x_k - x_{k-1}| < 2^{-5}$ 时停止,计算结果如表 7-2 所示.

表 7-2 例 2 二分法计算结果

k	a_k	b_k	x_k	$f(x_k)$	$\|x_k-x_{k-1}\|$
0	0	1	0.5	-0.100 6	
1	0	0.5	0.25	0.396 1	0.25
2	0.25	0.5	0.375	0.131 7	0.125
3	0.375	0.5	0.437 5	0.011 3	0.062 5
4	0.437 5	0.5	0.468 75		

由表 7-2 知

$$|x^*-x_4|<0.031\ 25=2^{-5},$$

所以原方程在(0,1)内的根 $x^*\approx x_4\approx 0.468\ 75$.

本例 Matlab 程序如下：

```
function Erfenfa
clc;
a=0;b=1;eps=1.0e-5;
fun=inline(exp(-x)-sin(pi*x/2)');
x=(a+b)/2;k=0;
while abs(feval(fun,x))>eps | b-a>eps
  if feval(fun,a)*feval(fun,x)<0
      b=x;
  else
      a=x;
  end
  x=(a+b)/2;k=k+1;
end
k
x
```

例 3 求方程 $f(x)=x^3+4x^2-10=0$ 在[1,2]内的根，精确到 10^{-3}.

解 由于 $f(x)=x^3+4x^2-10$ 在[1,2]上连续，$f(1)<0$，$f(2)>0$，且

$$f'(x)=3x^2+8x>0,1<x<2,$$

则方程 $f(x)=0$ 在(1,2)内有唯一实根.

这里 $\varepsilon=\frac{1}{2}\times10^{-2}$，下面估计需要二分的次数，令 $\frac{b-a}{2^{n+1}}<\varepsilon$，得

$$n+1>\frac{\ln 200}{\ln 2}\approx 7.643\ 856,$$

即至少要二分 8 次才可达到所要求的精度，取[1,2]的中点 $x_0=\frac{1+2}{2}=1.5$，由于

$$f(1)<0,f(1.5)>0,$$

令 $a_1=1,b_1=1.5$，即得新的隔根区间[1,1.5].

对区间[1,1.5],取中点 $x_1=\dfrac{1+1.5}{2}=1.25$,由于

$$f(1.25)<0, f(1.5)>0,$$

令 $a_2=1.25, b_2=1.5$,这样又得到新的隔根区间(1.25,1.375).

如此继续经过 8 次二分,计算结果如表 7-3 所示,故原方程在区间(1,2)内的根

$$x\approx\frac{1}{2}(1.359\,375+1.367\,187\,5)\approx1.363.$$

实际上,$x^*=1.363\,523\,001$, $|x^*-x_7|=1.95\times10^{-3}$.

表 7-3　例 3 二分法计算结果

k	a_k	b_k	x_k	$f(x_k)$的符号
0	1	2	1.5	+
1	1	1.5	1.25	−
2	1.25	1.5	1.375	+
3	1.25	1.375	1.312 5	−
4	1.312 5	1.375	1.343 75	−
5	1.343 75	1.375	1.359 375	−
6	1.359 375	1.375	1.367 187 5	+
7	1.359 375	1.367 187 5	1.363 281 25	−

§7.2　迭代法及其收敛性

7.2.1　迭代法的简介

迭代法在数值计算中有着重要的应用,本节主要讨论迭代法在非线性方程求根中的应用. 迭代法是一种逐次逼近的方法,其基本思想是利用某种递推算式,使某个预知的近似根(简称初值)逐次精确化,直到求出满足精度要求的近似根为止,其基本过程如下:

将方程 $f(x)=0$ 化为下列等价形式

$$x=g(x). \tag{7.4}$$

设 x_0 为 $f(x)=0$ 在隔根区间内的一个初始近似根,然后按(7.4)构造公式

$$x_{k+1}=g(x_k), k=0,1,2,\cdots, \tag{7.5}$$

可得到一个序列

$$x_0, x_1, x_2, \cdots, x_k, \cdots,$$

称为**迭代序列**,记为$\{x_k\}$. 如果迭代序列$\{x_k\}$是收敛的,且收敛于 x^*,当 $g(x)$连续时,在(7.5)两边取极限即得 $x^*=g(x^*)$,则 x^* 就是迭代函数 $g(x)$的一个**不动点**,从而有

$$f(x^*)=0,$$

即 x^* 就是方程 $f(x)=0$ 的根. 在实际计算过程中,设 ε 为计算精确度,当迭代序列满足

$$|x_k-x_{k-1}|<\varepsilon$$

时,就可取 x_k 作为原方程的数值近似根. 这种求根法称为**不动点迭代法**,或称为**逐次逼近法**,$g(x)$ 称为**迭代函数**. 当迭代公式(7.5)产生的迭代序列 $\{x_k\}$ 收敛时,就称迭代公式(7.5)**收敛**,否则就称为**发散**的.

若在(7.5)中 x_{k+1} 仅由 x_k 点的相关值(如函数值 $f(x_k)$ 或其若干阶导数)确定,则称(7.5)为**单点迭代**. 反之,若 x_{k+1} 不仅与 x_k 点的相关值有关,而且还与 $x_{k-1},\cdots,x_{k-r}$ 的相关值有关,即 $x_{k+1}=g(x_k,x_{k-1},\cdots,x_{k-r})$,称为**多点迭代**.

不动点迭代 Matlab 示例:编程实现不动点迭代求方程 $f(x)=x^3-x-1=0$ 的根.

```
function Budongdian
clc;
x0=1.5;
f=inline('(x+1)^(1/3)');
k=0;N=500;eps=1.0e-5;
while k<N
  x=feval(f,x0);
  if abs(x-x0)<eps
      break;
  end
  x0=x;
  k=k+1;
end
x
k
```

7.2.2 迭代法的构造及其收敛性

下面我们来考察迭代公式(7.5)的收敛性. 为了便于理解,首先我们给出迭代公式(7.5)的几何描述.

把方程 $f(x)=0$ 求根的问题改写成 $x=g(x)$,实际上是把求根问题转化为求两条曲线 $y=x$ 和 $y=g(x)$ 的交点 p^*,p^* 的横坐标 x^* 就是方程 $f(x)=0$ 的根.

迭代公式(7.5)在 x 轴取初始近似根 x_0,过 x_0 作 y 轴的平行线交曲线 $y=g(x)$ 于 $P_0(x_0,g(x_0))$,即 $P_0(x_0,x_1)$. 再过 P_0 引平行于 x 轴的直线交 $y=x$ 于 $Q_1(x_1,x_1)$,过 Q_1 引平行于 y 轴的直线交曲线 $y=g(x)$ 于 $P_1(x_1,x_2)$,继续下去,在曲线 $y=g(x)$ 上得到点列

$$P_0(x_0,x_1),P_1(x_1,x_2),P_2(x_2,x_3),\cdots,$$

如果点列 $\{P_k\}$ 趋向于点 P^*,则迭代序列 $\{x_k\}$ 收敛到所求的根 x^*,即迭代法收敛,否则迭代法发散.

用同样的方法从 x_0 出发构造序列 $\{x_k\}$,有的序列收敛, 有的序列却发散. 一般说来,

一个方程的迭代公式并不是唯一的,且迭代也不一定都是收敛的.

例 4　求方程 $f(x)=x^3+4x^2-10=0$ 在 $[1,2]$ 上的一个根,选用不同的迭代函数进行计算,并观察所构造迭代法的收敛性.

解　方程 $f(x)=x^3+4x^2-10=0$ 可以用不同的代数运算得到不同的迭代函数.

(1) 原方程可改写为 $x=x-x^3-4x^2+10$,则可得迭代函数

$$g_1(x)=x-x^3-4x^2+10,$$

相应的迭代公式为

$$x_{k+1}=g_1(x_k)=x_k-x_k^3-4x_k^2+10, k=0,1,2,\cdots.$$

(2) 原方程可改写为 $4x^2=-x^3+10$,由于所求的是正根,则可得迭代函数

$$g_2(x)=\frac{1}{2}\sqrt{10-x^3},$$

相应的迭代公式为

$$x_{k+1}=g_2(x_k)=\frac{1}{2}\sqrt{10-x_k^3},\ k=0,1,2,\cdots.$$

(3) 原方程可改写为 $x^2=\frac{10}{x}-4x$,则可得迭代函数

$$g_3(x)=\sqrt{\frac{10}{x}-4x},$$

相应的迭代公式为

$$x_{k+1}=g_3(x_k)=\sqrt{\frac{10}{x_k}-4x_k},\ k=0,1,2,\cdots.$$

(4) 将原方程改写为 $x^2=\frac{10}{4+x}$,则可得迭代函数

$$g_4(x)=\sqrt{\frac{10}{4+x}},$$

相应的迭代公式为

$$x_{k+1}=g_4(x_k)=\sqrt{\frac{10}{4+x_k}},\ k=0,1,2,\cdots.$$

取 $x_0=1.5$,用以上四种迭代公式的计算结果分别如表 7-4 所示.

显然,迭代公式(1)发散,迭代公式(3)在计算中出现负数开平方,在实数范围内计算终止,迭代公式(2)经过 23 次运算得到结果 $x_{23}=1.365\,230\,0$,而迭代公式(4)仅经过 8 次运算得到 $x_8=1.365\,230\,0$.

由例 4 知,迭代公式的收敛性和收敛速度均依赖于迭代函数的构造. 下面讨论迭代函数满足什么条件时迭代公式收敛,以及如何估计误差.

首先,考察在 $[a,b]$ 上迭代函数 $g(x)$ 不动点的存在性. 我们有以下定理:

定理 7.1　设迭代函数 $g(x)$ 在 $[a,b]$ 上连续,且满足

(1) 对任意 $x\in[a,b]$,总有 $g(x)\in[a,b]$;

(2) 存在常数 $0<L<1$,使得

表 7-4 四种不同迭代格式迭代计算结果

k	迭代公式(1)	迭代公式(2)	迭代公式(3)	迭代公式(4)
0	1.5	1.5	1.5	1.5
1	-0.875	1.286 953 8	0.816 5	1.348 399 7
2	6.732	1.402 540 8	2.996 9	1.367 376 4
3	-469.7	1.345 458 4	$(-8.65)^{0.5}$	1.364 957 0
4	1.03×10^{3}	1.375 170 3		1.365 294 7
5		1.360 094 2		1.365 225 6
⋮		⋮		⋮
8		1.365 410 1		1.365 230 0
⋮		⋮		
15		1.365 223 7		
⋮		⋮		
20		1.365 230 2		
⋮		⋮		
23		1.365 230 0		

$$|g(x_1)-g(x_2)|\leqslant L|x_1-x_2|,\quad \forall x_1,x_2\in[a,b].$$

其中 L 称为**利普希茨(Lipschitz)常数**,则有

(1) 函数 $g(x)$ 在 $[a,b]$ 上存在唯一的不动点 x^*;

(2) 对任意初始根 $x_0\in[a,b]$,迭代公式 $x_{k+1}=g(x_k)(k=0,1,2,\cdots)$ 产生的迭代序列 $\{x_k\}$ 都收敛于 x^*;

(3) 有如下误差估计式

$$|x^*-x_k|\leqslant\frac{L}{1-L}|x_k-x_{k-1}|,\tag{7.6}$$

$$|x^*-x_k|\leqslant\frac{L^k}{1-L}|x_1-x_0|.\tag{7.7}$$

证明 (1) 先证存在性. 令 $h(x)=x-g(x)$,由条件(1)可知

$$h(a)=a-g(a)\leqslant0,h(b)=b-g(b)\geqslant0,$$

又因为 $h(x)$ 是连续函数,所以它在 $[a,b]$ 上至少存在一个零点,即 $g(x)$ 在 $[a,b]$ 上存在不动点 x^*.

再证唯一性. 假设 $g(x)$ 在 $[a,b]$ 上存在两个相异的不动点 x_1^* 和 x_2^*,由条件(2)可知

$$|x_1^*-x_2^*|=|g(x_1^*)-g(x_2^*)|\leqslant L|x_1^*-x_2^*|<|x_1^*-x_2^*|,$$

显然上式矛盾,故必有 $x_1^*=x_2^*$,亦即函数 $g(x)$ 在 $[a,b]$ 上存在唯一的不动点 x^*.

(2) 根据条件(1)可得,对任意初始根 $x_0\in[a,b]$,迭代公式 $x_{k+1}=g(x_k)$,$k=0,1,2,\cdots$,产生的迭代序列 $\{x_k\}\in[a,b]$,再利用条件(2)可得

$$|x_k-x^*|=|g(x_{k-1})-g(x^*)|\leqslant L|x_{k-1}-x^*|\leqslant\cdots\leqslant L^k|x_0-x^*|,$$

由于 $0<L<1$，从而有

$$0\leqslant \lim_{k\to\infty}|x_k-x^*|\leqslant \lim_{k\to\infty}L^k|x_0-x^*|=0,$$

所以 $\lim_{k\to\infty}|x_k-x^*|=0$，即 $\lim_{k\to\infty}x_k=x^*$.

（3）由条件（2）可得

$$|x_{k+1}-x_k|=|g(x_k)-g(x_{k-1})|\leqslant L|x_k-x_{k-1}|,$$

于是对任意正整数 r，有

$$|x_{k+r}-x_{k+r-1}|\leqslant L^{r-1}|x_{k+1}-x_k|,$$

进而对任意正整数 p，有

$$\begin{aligned}|x_{k+p}-x_k|&\leqslant|x_{k+p}-x_{k+p-1}|+|x_{k+p-1}-x_{k+p-2}|+\cdots+|x_{k+1}-x_k|\\&\leqslant(L^{p-1}+L^{p-2}+\cdots+L+1)|x_{k+1}-x_k|,\end{aligned}$$

又因为 $0<L<1$，则 $\lim_{p\to\infty}\sum_{k=1}^{\infty}L^k=\frac{1}{1-L}$，所以有

$$|x_{k+p}-x_k|\leqslant\frac{1}{1-L}|x_{k+1}-x_k|\leqslant\frac{L}{1-L}|x_k-x_{k-1}|,$$

令 $p\to+\infty$，由收敛性即可得到误差估计式(7.6).

反复应用条件(2)和(7.6)，即可得到(7.7).

由定理 7.1 可以看出，迭代公式(7.5)的收敛速度与 Lipschitz 常数 L 的大小有关，L 越小，迭代收敛速度就越快. 由(7.6)可知，只要相邻两次迭代值之差的绝对值充分小，就可以保证迭代近似值 x_k 充分接近精确值 x^*. 同时(7.7)表明，若 L 已知，可根据给定精度估计出迭代次数. 但在实际应用时，L 往往是难以确定的，因此，该方法的应用存在着一定的困难. 因此，当 L 未知时，可以用相邻两个迭代点之间的差距来估计迭代点的误差，即在已知精确度 ε 时，**迭代终止准则**通常取为

$$|x_{k+1}-x_k|<\varepsilon.$$

实际上，我们通常使用以下推论来判断迭代公式的收敛性.

推论 7.1　函数 $g(x)$ 在 $[a,b]$ 上连续，满足

（1）$\forall x\in[a,b]$，总有 $a\leqslant g(x)\leqslant b$；

（2）$\forall x\in[a,b]$，$g'(x)$ 存在，且 $|g'(x)|<1$，

则迭代公式(7.5)收敛于唯一根 x^*.

例 5　用上述结论分析例 4 中各迭代公式的收敛性.

解　（1）对

$$g_1(x)=x-x^3-4x^2+10,\ g_1'(x)=1-3x^2-8x,$$

由于 $x^*=1.365$，找不到包含 x^* 的区间 $[a,b]$，使得 $g_1'(x)<1$，$\forall x\in[a,b]$，相应的迭代公式不能用推论保证其收敛性.

（2）迭代函数

$$g_2(x)=\frac{1}{2}\sqrt{10-x^3},\ g_2'(x)=-\frac{3x^2}{4}(10-x^3)^{-\frac{1}{2}},$$

若取区间为 $[1,2]$，由于 $g_2'(2)\approx2.12>1$，则不满足条件(2)，若取区间为 $[1,1.5]$，有

$$|g_2'(x)|\leqslant|g_2'(1.5)|\approx 0.66<1,$$

而 $g_2(x)$ 为减函数，$1.28\approx g_2(1.5)\leqslant g_2(x)\leqslant g_2(1)=1.5$，则在区间 $[1,1.5]$ 上迭代函数 $g_2(x)$ 满足推论条件，故当取初始近似根 $x_0\in[1,1.5]$ 时，迭代公式

$$x_{k+1}=g_2(x_k)=\frac{1}{2}\sqrt{10-x_k^3},\ k=0,1,2,\cdots$$

收敛.

(3) 迭代函数

$$g_3(x)=\sqrt{\frac{10}{x}-4x},g_3'(x)=-\frac{1}{2}\left(\frac{10}{x}-4x\right)^{-\frac{1}{2}}\left(\frac{10}{x^2}+4\right),$$

找不到包含 x^* 的区间 $[a,b]$，使得 $|g_3'(x)|<1,\ \forall x\in[a,b]$，所以相应的迭代公式不能用推论保证其收敛性.

(4) 迭代函数

$$g_4(x)=\sqrt{\frac{10}{4+x}},\ g_4'(x)=-\frac{1}{2}\left(\frac{10}{(4+x)^3}\right)^{\frac{1}{2}},$$

不难得到 $|g_4'(x)|<0.15(1\leqslant x\leqslant 2)$，所以迭代公式

$$x_{k+1}=g_4(x_k)=\sqrt{\frac{10}{4+x}},\ k=0,1,2,\cdots$$

收敛，又由于 $g_4(x)$ 在 $[1,2]$ 上是减函数，$\sqrt{5/3}=g_4(2)\leqslant g_4(x)\leqslant g_4(1)=\sqrt{2}$，则在区间 $[1,2]$ 上迭代函数 $g_4(x)$ 满足推论条件，故当取初始近似根 $x_0\in[1,2]$ 时，迭代公式

$$x_{k+1}=g_4(x_k)=\sqrt{\frac{10}{4+x}},\ k=0,1,2,\cdots$$

收敛.

又由于 $g_4(x)$ 对应的 L 值小于 $g_2(x)$ 对应的 L 值，故

$$x_{k+1}=g_4(x_k)=\sqrt{\frac{10}{4+x}},\ k=0,1,2,\cdots$$

收敛速度快.

7.2.3 局部收敛性及收敛阶

对于迭代函数 $g(x)$，利用定理 7.1 在 $[a,b]$ 上讨论的收敛性，称为**全局收敛性**，但定理 7.1 的两个判定条件比较麻烦. 根据以上分析，可知应在不动点附近寻找初始近似根，这时收敛的迭代法所生成的迭代序列会很快逼近不动点，而对于不收敛的迭代法，无论取什么样的初始近似根都不会收敛. 因此，对非线性方程的迭代法来说，关键是考察不动点 x^* 附近的收敛性.

定义 7.1 设 x^* 是迭代函数 $g(x)$ 的不动点，且对 x^* 的某个闭邻域

$$N(x^*,\delta)=[x^*-\delta,x^*+\delta],\ \delta>0$$

的任意一点 x_0，迭代公式(7.5)产生的序列 $\{x_k\}$ 都收敛于 x^*，则称迭代公式(7.5)**局部收敛**.

定理 7.2 设 x^* 是迭代函数 $g(x)$ 的不动点，$g'(x)$ 在 x^* 的邻域上连续，且满足

$|g'(x)|<1$, 则迭代公式(7.5)局部收敛.

证明　根据条件,不妨设 $g'(x)$ 在 x^* 的闭邻域 $N(x^*,\delta)$ 上连续并存在常数 $0<L<1$,使得

$$|g'(x)|\leqslant L,\ \forall x\in N(x^*,\delta),$$

则有

$$|g(x)-x^*|=|g(x)-g(x^*)|=|g'(\xi)||x-x^*|\leqslant L|x-x^*|<\delta,$$

其中 ξ 在 x 与 x^* 之间. 即对任意 $x\in N(x^*,\delta)$,都有

$$x^*-\delta\leqslant g(x)\leqslant x^*+\delta,$$

根据定理 7.1,迭代公式(7.5)对任意 $x\in N(x^*,\delta)$ 都收敛,即迭代公式(7.5)局部收敛.

下面我们介绍一种衡量迭代法收敛速度快慢的指标——收敛阶.

定义 7.2　设迭代公式(7.5)收敛,即 $\lim\limits_{k\to\infty}g(x_k)=x^*$. 记迭代误差 $e_k=x_k-x^*$,若存在常数 $p\geqslant 1$ 和 $c\neq 0$, 使得 $\lim\limits_{k\to\infty}\dfrac{e_{k+1}}{e_k^p}=c$,则称迭代公式(7.5)是 **$p$ 阶收敛**的,c 称为**渐近误差常数**. 当 $p=1$ 时称为**线性收敛**,$p>1$ 时称为**超线性收敛**,$p=2$ 时称为**平方收敛**.

以上定义表明,当 $k\to\infty$ 时, e_{k+1} 为 e_k 的 p 阶无穷小量,阶数 p 越大迭代公式(7.5)的收敛速度越快.

下面我们利用收敛阶的概念,给出定理 7.2 的一个特殊情况.

推论 7.2　若迭代函数 $g(x)$ 除了满足定理 7.2 的条件之外, 还满足 $g'(x^*)\neq 0$(即 $g'(x^*)$ 满足 $0<|g'(x^*)|\leqslant 1$),则迭代公式(7.5)是线性收敛的.

由推论 7.2 可知, 要想使迭代公式(7.5)具有超线性的收敛性, 就必须要求 $g'(x^*)=0$. 特别是整数阶收敛的情形,我们有如下定理.

定理 7.3　设 x^* 是迭代函数 $g(x)$ 的不动点,整数 $p>1$,$g^{(p)}(x)$ 在 x^* 的邻域上连续,则迭代公式(7.5)在 x^* 的邻域上是 p 阶收敛的充分必要条件为

$$g^{(k)}(x^*)=0,k=1,2,\cdots,p-1,g^{(p)}(x^*)\neq 0 \tag{7.8}$$

且有

$$\lim_{k\to\infty}\frac{e_{k+1}}{e_k^p}=\frac{g^{(p)}(x^*)}{p!}. \tag{7.9}$$

证明　先证充分性,由 $g'(x^*)=0$ 和定理 7.2 可知迭代公式(7.5)局部收敛. 下面取初始近似根 x_0 充分接近 x^*,但 $x_0\neq x^*$,对迭代公式(7.5)利用 Taylor 展开可得

$$\begin{aligned}x_{k+1}=g(x_k)=g(x^*)+g'(x^*)(x_k-x^*)+\cdots+\\ \frac{g^{(p-1)}(x^*)}{(p-1)!}(x_k-x^*)^{p-1}+\frac{g^{(p)}(\xi_k)}{p!}(x_k-x^*)^p,\end{aligned}$$

其中 ξ_k 介于 x_k 与 x^* 之间.

由于 $g(x^*)=x^*$,根据条件有

$$x_{k+1}-x^*=\frac{g^{(p)}(\xi_k)}{p!}(x_k-x^*)^p.$$

又由于当 $k\to\infty$ 时,$x_k\to x^*$,从而 $\xi_k\to x^*$,所以

$$\lim_{k\to\infty}\frac{e_{k+1}}{e_k^p}=\frac{g^{(p)}(x^*)}{p!},$$

即可得(7.9),故迭代公式(7.5)在 x^* 的邻域上是 p 阶收敛的.

再证必要性,设迭代公式(7.5)在 x^* 的邻域上是 p 阶收敛的,若(7.8)不成立,则必存在不等于 p 的最小正整数 p_0,使得

$$g^{(k)}(x^*)=0,\ k=1,2,\cdots,p_0-1,\ g^{(p_0)}(x^*)\neq 0,$$

由充分性证明过程可知迭代公式(7.5)的收敛阶为 p_0,则产生矛盾,故(7.8)成立.

现在我们来分析一下例 7.5 中两种收敛的迭代方法,可以验证 $g'_2(x^*)$ 和 $g'_4(x^*)$ 都不等于零,所以方法(2)和方法(4)都是线性收敛的,但由于渐近误差常数 c 的不同,使得它们的收敛速度有快有慢.

迭代法的突出优点是算法的逻辑结构简单,程序易于编制,且在计算时中间结果即便有扰动也不影响计算结果,其计算步骤归结如下:

(1) 确定方程 $f(x)=0$ 的等价形式 $x=g(x)$,为确保迭代过程的收敛,要求 $g(x)$ 在某个隔根区间 (a,b) 内满足 $|g'(x)|\leqslant L<1$;

(2) 选取初始根 x_0,按公式 $x_{k+1}=g(x_k)\ (k=0,1,2,\cdots)$ 进行迭代;

(3) 对于给定的允许误差 ε,则可由 $|x_{k+1}-x_k|<\varepsilon$ 终止计算,并取 $x^*\approx x_{k+1}$.

例 6 已知方程 $f(x)=x^3-2x-5=0$ 在(1.5,2.5)内有一实根,分别选取 $x=\varphi_1(x)=\sqrt[3]{2x+5}$ 及 $x=\varphi_2(x)=\dfrac{1}{2}(x^3-5)$ 作为迭代函数,试判断对应的迭代公式是否收敛,并用一个收敛的迭代公式求方程的根,选取精度 $\varepsilon=10^{-4}$.

解 (1) 当 $1.5\leqslant x\leqslant 2.5$ 时,$2\leqslant\varphi_1(x)\leqslant 2.2$,又由于

$$|\varphi'_1(x)|=\frac{2}{3}\cdot\frac{1}{(2x+5)^{\frac{2}{3}}}\leqslant\frac{2}{3}\cdot\frac{1}{(2\times1.5+5)^{\frac{2}{3}}}\approx 0.166\,7<1,x\in(1.5,2.5),$$

所以迭代函数 $\varphi_1(x)$ 对应的迭代公式

$$x_{k+1}=\varphi_1(x_k)=\sqrt[3]{2x_k+5},\ k=0,1,2,\cdots$$

产生的序列 $\{x_k\}$ 收敛于方程在(1.5,2.5)内唯一的根. 取 $x_0=2$,计算结果如表 7-5 所示.

表 7-5 例 6 计算结果

k	x_k	x_k-x_{k-1}
0	2.000 00	
1	2.080 08	0.080 08
2	2.092 35	0.012 27
3	2.094 2	0.001 87
4	2.094 49	0.000 27
5	2.094 54	0.000 05

由表 7-5 知 $|x_5-x_4|=0.000\,05<10^{-4}$,故可取 $x^*\approx x_5\approx 2.094\,54$ 为方程 $f(x)=x^3-2x-5=0$ 满足精度要求的根. 而实际上方程的精确解是 $x^*=2.094\,551\,481\,50$,且

$$|x^*-x_5|=0.114\,815\times10^{-4}.$$

(2) 由于当 $x\in[1.5,2.5]$ 时，$|\varphi_2'(x)|=\frac{3}{2}x^2>\frac{3}{2}\times 1.5^2=3.375>1$，所以迭代函数 $\varphi_2(x)$ 对应的迭代公式 $x_{k+1}=\varphi_2(x_k)=\frac{1}{2}(x_k^3-5)\ (k=0,1,2,\cdots)$ 发散.

7.2.4　不动点迭代的加速

对于收敛的迭代公式，只要迭代次数足够多，就可以使结果达到要求的精度. 从(7.7)可知，Lipschitz 常数 L 越接近于零，迭代过程收敛得越快，而有些迭代过程虽然收敛，但收敛速度比较缓慢，从而加大了计算量等计算成本，因此，如何使迭代过程收敛速度加快是数值计算需要考虑的一个重要问题. 下面介绍在实际计算中常用的埃特金(Aitkin)加速迭代法和斯蒂芬森(Steffensen)加速迭代法.

设 x_k 为方程 $f(x)=0$ 的一个近似根，用迭代公式(7.5)计算一次得

$$\tilde{x}_{k+1}=g(x_k), \tag{7.10}$$

设 x^* 为方程 $f(x)=0$ 的一个实根，即 $x^*=g(x^*)$. 由微分中值定理可得

$$\tilde{x}_{k+1}-x^*=g(x_k)-g(x^*)=g'(\xi_k)(x_k-x^*), \tag{7.11}$$

其中 ξ_k 为 x^* 与 x_k 之间的某个点. 假定 $g'(x)$ 在 x^* 附近改变不大，设 $g'(x)\approx L$，由迭代收敛条件 $|g'(x)|\approx|L|<1$，则

$$\tilde{x}_{k+1}-x^*\approx L(x_k-x^*), \tag{7.12}$$

将迭代值 $\tilde{x}_{k+1}=g(x_k)$ 再迭代一次，又得

$$\bar{x}_{k+1}=g(\tilde{x}_{k+1}),$$

则

$$\bar{x}_{k+1}-x^*=g(\tilde{x}_{k+1})-g(x^*)\approx L(\tilde{x}_{k+1}-x^*), \tag{7.13}$$

将(7.12)与(7.13)联立消去 L，得

$$\frac{\tilde{x}_{k+1}-x^*}{\bar{x}_{k+1}-x^*}\approx\frac{x_k-x^*}{\tilde{x}_{k+1}-x^*},$$

可解出

$$x^*\approx\frac{x_k\bar{x}_{k+1}-\tilde{x}_{k+1}^2}{x_k-2\tilde{x}_{k+1}+\bar{x}_{k+1}}=\bar{x}_{k+1}-\frac{(\bar{x}_{k+1}-\tilde{x}_{k+1})^2}{\bar{x}_{k+1}-2\tilde{x}_{k+1}+x_k},$$

将上式右端作为新的改进值，即可得到加速迭代公式，对 $k=0,1,2,\cdots$，

$$\begin{cases}\text{迭代 } \tilde{x}_{k+1}=g(x_k),\ \bar{x}_{k+1}=g(\tilde{x}_{k+1}),\\ \text{改进 } x_{k+1}=\bar{x}_{k+1}-\dfrac{(\bar{x}_{k+1}-\tilde{x}_{k+1})^2}{\bar{x}_{k+1}-2\tilde{x}_{k+1}+x_k}.\end{cases} \tag{7.14}$$

这样构造出的加速迭代公式不含导数信息，但它需要用两次迭代值 $\tilde{x}_{k+1}$，$\bar{x}_{k+1}$ 进行加工. 这样的加速迭代方法称为 **Aitkin 加速迭代法**.

例 7　试用 Aitkin 加速迭代法改造对例 4 中求 $x^3+4x^2-10=0$ 在 $(1,2)$ 内的根的迭代

公式(2)

$$x_{k+1}=g_2(x_k)=\frac{1}{2}\sqrt{10-x_k^3},\ k=0,1,2,\cdots,$$

并进行求解.

解 现在以上述迭代公式为基础构造 Aitkin 加速迭代算法,其迭代公式为

$$\begin{cases}\tilde{x}_{k+1}=\frac{1}{2}\sqrt{10-x_k^3},\bar{x}_{k+1}=\frac{1}{2}\sqrt{10-\tilde{x}_{k+1}^3},\\ x_{k+1}=\bar{x}_{k+1}-\frac{(\bar{x}_{k+1}-\tilde{x}_{k+1})^2}{\bar{x}_{k+1}-2\tilde{x}_{k+1}+x_k}.\end{cases}$$

取 $x_0=1.5$ 进行计算，得

$$\tilde{x}_1==\frac{1}{2}\sqrt{10-x_0^3}=1.286\ 953\ 77,\ \bar{x}_1=\frac{1}{2}\sqrt{10-\tilde{x}_1^3}=1.402\ 540\ 804,$$

求得

$$x_1=\bar{x}_1-\frac{(\bar{x}_1-\tilde{x}_1)^2}{\bar{x}_1-2\tilde{x}_1+x_0}=1.361\ 886\ 48.$$

类似可求 x_2,x_3,计算结果如表 7-6 所示. 由于

$$|x_3-x_2|=|1.365\ 230\ 01-1.365\ 228\ 24|=0.000\ 001\ 776\ 66,$$

$x_3=1.365\ 230\ 01$,其精确度相当于例 4 迭代公式(2)的计算结果 $x_{23}=1.365\ 230\ 0$.

表 7-6 例 7 计算结果

k	$\tilde{x}_k$	$\bar{x}_k$	x_k
0			1.5
1	1.286 953 77	1.402 540 804	1.361 886 48
2	1.366 936 52	1.364 354 977	1.365 228 24
3	1.365 230 92	1.365 229 548	1.365 230 01

例 8 用 Aitkin 加速迭代法求 $f(x)=x^3-x-1=0$ 在(1,1.5)内的根.

解 原方程等价于 $x=g(x)=x^3-1$,建立迭代公式

$$x_{k+1}=x_k^3-1,k=0,1,2,\cdots,$$

因为 $g'(x)=(x^3-1)'=3x^2>3\times1=3$,所以此迭代公式是发散的.

现在以上述迭代公式为基础构造,其 Aitkin 迭代公式为

$$\begin{cases}\tilde{x}_{k+1}=x_k^3-1,\bar{x}_{k+1}=\tilde{x}_{k+1}^3-1,\\ x_{k+1}=\bar{x}_{k+1}-\frac{(\bar{x}_{k+1}-\tilde{x}_{k+1})^2}{\bar{x}_{k+1}-2\tilde{x}_{k+1}+x_k}.\end{cases}$$

取 $x_0=1.5$ 进行计算,得

$$\tilde{x}_1=x_0^3-1=2.375\ 00,\ \bar{x}_1=\tilde{x}_1^3-1=12.396\ 5,$$

求得

$$x_1=\bar{x}_1-\frac{(\bar{x}_1-\tilde{x}_1)^2}{\bar{x}_1-2\tilde{x}_1+x_0}=1.416\ 29.$$

类似可求 $x_2, x_3, \cdots$,计算结果如表 7-7 所示,由于

$$|x_5-x_4|=|1.32472-1.32480|=0.00008,$$

可取 $x^* \approx x_5 \approx 1.32472$.

表 7-7 例 8 计算结果

k	$\tilde{x}_k$	$\bar{x}_k$	x_k
0			1.5
1	2.375 00	12.396 5	1.416 29
2	1.840 92	5.238 88	1.355 65
3	1.491 40	2.317 28	1.328 95
4	1.347 10	1.444 35	1.324 80
5	1.325 18	1.327 14	1.324 72

本例 Matlab 程序如下:

```
function aitkin
clc;
N=500;
eps=1.0e-5;
x0=1.5;
f=@(x)x.^3-1;
k=0;
while k<N
   y=feval(f,x0);
   z=feval(f,y);
   x=x0-(y-x0)^2/(z-2*y+x0);
   if abs(x-x0)<eps
       break;
   end
   x0=x;
   k=k+1;
end
x
k
```

由此可知,Aitkin 加速迭代法不仅能使原来的迭代得到改进,而且对发散的迭代公式有时还可以改变其发散性,并可得到相当好的收敛性.

Aitkin 加速迭代法不考虑原序列 $\{\tilde{x}_k\}$ 是如何产生的, 对其进行加速计算就得到新的序列 $\{\bar{x}_k\}$,若将 Aitkin 加速迭代技巧与不动点迭代相结合,就可以得到如下迭代公式

$$y_k=g(x_k),\ z_k=g(y_k),$$

$$x_{k+1}=\frac{x_k z_k-y_k^2}{z_k-2y_k+x_k}=x_k-\frac{(y_k-x_k)^2}{z_k-2y_k+x_k},\ k=0,1,2,\cdots, \tag{7.15}$$

称为 **Steffensen** 加速迭代法，其迭代函数为

$$\varphi(x)=\frac{x\cdot g(g(x))-[g(x)]^2}{g(g(x))-2g(x)+x}=x-\frac{(g(x)-x)^2}{g(g(x))-2g(x)+x}. \tag{7.16}$$

对 Steffensen 加速迭代法的收敛性有如下结论.

定理 7.4 设 $\varphi(x)$ 由 $g(x)$ 按(7.16)定义：

(1) 若 x^* 是 $g(x)$ 的不动点，$g'(x)$ 在 x^* 处连续，且 $g'(x^*)\neq 1$，则 x^* 也是 $\varphi(x)$ 的不动点；反之，若 x^* 是 $\varphi(x)$ 的不动点，则 x^* 也是 $g(x)$ 的不动点；

(2) 若 x^* 是 $g(x)$ 的不动点，$g'''(x)$ 在 x^* 处连续，且 $g'(x^*)\neq 1$，则 Steffensen 加速迭代公式(7.15)至少具有二阶局部收敛性.

无论原来的迭代方法 $x_{k+1}=g(x_k)$ 是否收敛，只要 $g'(x^*)\neq 1$，由它构造的 Steffensen 加速迭代公式(7.15)至少具有二阶局部收敛性. 与 Aitkin 加速迭代法一样，Steffensen 加速迭代法不仅能改善原来迭代的收敛阶，而且还可以使发散的迭代方法改变为具有较好收敛性的迭代方法.

例 9 将例 4 中求 $x^3+4x^2-10=0$ 在(1,2)内的根的迭代公式(4)

$$x_{k+1}=g_4(x_k)=\sqrt{\frac{10}{x_k+4}},\ k=0,1,2,\cdots$$

改造成 Steffensen 加速迭代法并求解.

解 构造 Steffensen 加速迭代公式如下：

$$y_k=\sqrt{\frac{10}{x_k+4}},\ z_k=\sqrt{\frac{10}{y_k+4}},$$

$$x_{k+1}=x_k-\frac{(y_k-x_k)^2}{z_k-2y_k+x_k},\ k=0,1,2,\cdots.$$

仍取初始近似根 $x_0=1.5$ 进行迭代计算，结果如表 7-8 所示. 这里 x_2 达到的精确度与例 4 中迭代公式(4)中 x_{15} 相当.

表 7-8 例 9 计算结果

k	x_k	y_k	z_k
0	1.5	1.348 399 725	1.367 376 372
1	1.365 265 224	1.365 225 534	1.365 230 583
2	1.365 230 013		

这表明 Steffensen 加速迭代法比原方法收敛速度大大加快，而且精度也大大提高.

例 10 用 Steffensen 加速迭代法求 $x^3-x-1=0$ 在(1,1.5)内的根.

解 由例 8 可知迭代公式

$$x_{k+1}=x_k^3-1,k=0,1,2,\cdots$$

发散. 用 Steffensen 加速迭代技术对其改造，迭代公式为

$$\begin{cases}y_k=x_k^3-1,z_k=y_k^3-1,\\ x_{k+1}=x_k-\dfrac{(y_k-x_k)^2}{z_k-2y_k+x_k},\ k=0,1,2,\cdots,\end{cases}$$

取 $x_0=1.5$ 进行计算，结果如表 7-9 所示.

表 7-9　例 10 计算结果

k	0	1	2	3	4	5
x_k	1. 5	1. 416 29	1. 355 65	1. 328 95	1. 324 80	1. 324 72

§ 7.3　Newton 迭代法

7.3.1　Newton 迭代法及其收敛性

Newton 迭代法的基本思想是将非线性方程 $f(x)=0$ 逐步转化为线性方程来求解，Newton 迭代法的最大优点是在方程单根附近具有较高的收敛速度. 因此，Newton 迭代法是将初始近似根精确化的一种相当有效的迭代法，构造方法如下：

设 x^* 是一元非线性方程 $f(x)=0$ 的根，$f(x)$ 在 x^* 的某邻域内连续可微，且 $f'(x)\neq 0$. x_k 是方程 $f(x)=0$ 的某个近似根，过曲线 $y=f(x)$ 上的点 $P_k(x_k,f(x_k))$ 做切线，切线的方程为

$$y=f(x_k)+f'(x_k)(x-x_k),$$

利用"以直代曲"的近似思想，以切线方程作为 $y=f(x)$ 的近似表达式，则切线与 x 轴的交点为 x_{k+1}，满足

$$f(x_k)+f'(x_k)(x_{k+1}-x_k)=0, \tag{7.17}$$

这是一个线性方程，解之得

$$x_{k+1}=x_k-\frac{f(x_k)}{f'(x_k)},$$

以 x_{k+1} 作为方程 $f(x)=0$ 的新的近似根，如此反复，即可得迭代公式

$$x_{k+1}=x_k-\frac{f(x_k)}{f'(x_k)},k=0,1,2,\cdots, \tag{7.18}$$

这就是 **Newton 迭代法**，又称为**切线法**，(7.18)称为 **Newton 迭代公式**.

例 11　用 Newton 迭代法求方程 $x^3+4x^2-10=0$ 在$[1,2]$上的根，精度为 $\varepsilon=10^{-8}$.

解　令 $f(x)=x^3+4x^2-10$，则 $f'(x)=3x^2+8x$，相应的 Newton 迭代公式为

$$x_{k+1}=x_k-\frac{x_k^3+4x_k^2-10}{3x_k^2+8x_k},k=0,1,2,\cdots,$$

取 $x_0=1.5$，计算结果如表 7-10 所示.

仅经过 4 次迭代就得到了与例 4 中迭代公式(2)迭代 23 次或迭代公式(4)迭代 8 次相同精确度的结果，可以看出 Newton 迭代法的收敛速度要比线性收敛方法快得多.

表 7-10 Newton 迭代法运行结果

k	x_k
0	1.5
1	1.373 333 3
2	1.365 262 0
3	1.365 230 0

本例 Matlab 程序如下：

```
function mynewton
clc;
N=500;x0=1.5;eps=1.0e-8;
f=@(x)x.^3+4*x.^2-10;
df=@(x)3*x.^2+8*x;
k=0;
while k<N
  x=x0-feval(f,x0)/feval(df,x0);
  if abs(x-x0)<eps
     break;
  end
  x0=x;
  k=k+1;
end
x
k
```

下面讨论 Newton 迭代法的收敛性.

定理 7.5 设 x^* 是方程 $f(x)=0$ 的根，且 $f'(x^*)\neq 0$，以及 $f''(x)$ 在 x^* 的邻域上连续，则 Newton 迭代公式(7.18)在点 x^* 处局部收敛，且至少为二阶收敛.

证明 根据 Newton 迭代公式(7.18)，可令

$$g(x)=x-\frac{f(x)}{f'(x)}.$$

当 $f'(x)\neq 0$ 时，显然有 $x^*=g(x^*)$，即 x^* 为 $g(x)$ 的不动点，则可有

$$g'(x)=1-\frac{f'(x)f'(x)-f(x)f''(x)}{[f'(x)]^2}=\frac{f(x)f''(x)}{[f'(x)]^2},$$

又由于 $f'(x^*)\neq 0$，则有 $g'(x^*)=0$，故 Newton 迭代公式在点 x^* 处局部收敛.

对 $f(x)=0$ 利用 Taylor 展开式在点 x_k 处展开得

$$f(x^*)=f(x_k)+f'(x_k)(x^*-x_k)+\frac{f''(\xi_k)}{2!}(x^*-x_k)^2=0,$$

其中 ξ_k 在 x_k 与 x^* 之间，将上式两边除以 $f'(x_k)$，整理得

$$x^* - \left[x_k - \frac{f(x_k)}{f'(x_k)}\right] = -\frac{f''(\xi_k)}{2f'(x_k)}(x^* - x_k)^2,$$

即

$$x^* - x_{k+1} = -\frac{f''(\xi_k)}{2f'(x_k)}(x^* - x_k)^2.$$

又由于 $k\to\infty$ 时，$x_k \to x^*$，则有 $\xi_k \to x^*$，所以

$$\lim_{k\to\infty}\frac{x_{k+1}-x^*}{(x_k-x^*)^2} = \lim_{k\to\infty}\frac{f''(\xi_k)}{2f'(x_k)} = \frac{f''(x^*)}{2f'(x^*)},$$

所以 Newton 迭代公式在点 x^* 处至少为二阶收敛.

Newton 迭代法的计算步骤如下：

(1) 给出初始近似根 x_0 及精度 ε；

(2) 计算 $x_1 = x_0 - \dfrac{f(x_0)}{f'(x_0)}$；

(3) 对于给定的允许误差 ε，若 $|x_1 - x_0| < \varepsilon$，转向(4)，否则令 $x_0 = x_1$，转向(2)；

(4) 输出满足精度的根 x_1，结束迭代.

例 12　试用 Newton 迭代法计算 $\sqrt{3}$.

解　令 $x^2-3=0$，求 $\sqrt{3}$ 等价于求方程 $f(x)=x^2-3=0$ 的正实根，因为 $f'(x)=2x$，所以 Newton 迭代公式为

$$x_{k+1} = x_k - \frac{x_k^2-3}{2x_k} = \frac{1}{2}\left(x_k + \frac{3}{x_k}\right),\ k=0,1,2,\cdots,$$

取初值 $x_0 = 1.5$，计算结果如表 7-11 所示.

表 7-11　例 12 计算结果

k	x_k
0	1.5
1	1.75
2	1.732 050 857
3	1.732 050 815
4	1.732 050 808
5	1.732 050 808

这个迭代公式的意义在于通过加法和乘除法实现开方运算，这是在计算机上做开方运算的一种方法.

7.3.2　重根时 Newton 迭代法的改善

我们知道 $x^* = \sqrt{2}$ 是方程 $f(x) = x^4 - 4x^2 + 4 = 0$ 的二重根，取初始近似根 $x_0 = 1.5$，$\varepsilon < 10^{-9}$，用 Newton 迭代法计算，要进行近 30 次迭代才能达到要求的精度. 虽然 Newton 迭代法求方程的重根仍然收敛，但收敛速度明显变得比较慢. 具体原因如下：

设 x^* 为非线性方程 $f(x)=0$ 的 $m(m\geqslant 2)$ 重实根，则有

$$f(x)=(x-x^*)^m g(x),g(x^*)\neq 0,$$

此时

$$f(x^*)=f'(x^*)=\cdots=f^{(m-1)}(x^*)=0,f^{(m)}(x^*)\neq 0.$$

只要 $f'(x_k)\neq 0$，仍可以用 Newton 迭代法求 $f(x)=0$ 的 m 重根 x^*，迭代函数 $g(x)=x-\dfrac{f(x)}{f'(x)}$ 的导数 $g'(x)=1-\dfrac{1}{m}\neq 0$，且 $|g'(x^*)|<1$，故此时的 Newton 迭代法只是线性收敛的.

为改善重根时 Newton 迭代法的收敛性，常用以下两种方法.

(1)已知所求根 x^* 的重数 m 时，取迭代函数

$$g(x)=x-m\frac{f(x)}{f'(x)},$$

显然 $g'(x^*)=0$. 可构造如下迭代公式

$$x_{k+1}=g(x_k)=x_k-m\frac{f(x_k)}{f'(x_k)},k=0,1,2,\cdots, \tag{7.19}$$

此迭代公式至少是二阶收敛的，但不足之处是必须知道根的重数 m.

(2)令 $\mu(x)=\dfrac{f(x)}{f'(x)}$，当 x^* 为非线性方程 $f(x)=0$ 的 m 重实根时，则

$$\mu(x)=\frac{(x-x^*)g(x)}{mg(x)+(x-x^*)g'(x)},$$

显然，x^* 为 $\mu(x)=0$ 的单实根，取迭代函数

$$g(x)=x-\frac{\mu(x)}{\mu'(x)}=x-\frac{f(x)f'(x)}{[f'(x)]^2-f(x)f''(x)}. \tag{7.20}$$

可构造如下迭代公式

$$x_{k+1}=g(x_k)=x_k-\frac{f(x_k)f'(x_k)}{[f'(x_k)]^2-f(x_k)f''(x_k)},k=0,1,2,\cdots,$$

此迭代公式至少具有二阶局部收敛性，不足之处是要求二阶导数，且当所求根为单根时，不能改善具有二阶收敛的 Newton 迭代法.

例 13 已知方程 $f(x)=x^4-4x^2+4=0$ 有二重根 $x^*=\sqrt{2}$，试用以上两种方法计算此根.

解 (1) 迭代函数 $g(x)=x-\dfrac{x^2-2}{2x}$，迭代公式

$$x_{k+1}=x_k-\frac{x_k^2-2}{2x_k},k=0,1,2,\cdots,$$

(2) 迭代函数 $g(x)=x-\dfrac{x(x^2-2)}{x^2+2}$，迭代公式

$$x_{k+1}=x_k-\frac{x_k(x_k^2-2)}{x_k^2+2},k=0,1,2,\cdots,$$

取初始近似根 $x_0=1.5$，计算结果如表7-12所示.

表7-12 例13结算结果

x_k	方法(1)	方法(2)
x_0	1.5	1.5
x_1	1.416 666 667	1.411 764 706
x_2	1.414 215 686	1.414 211 438
x_3	1.414 213 562	1.414 213 562

方法(1)和方法(2)是二阶收敛的，三次迭代就达到 10^{-9} 的精确度.

Newton 迭代法的优点是：公式简单，使用方便，易于编程，收敛速度快，是求解非线性方程根的有效方法. 它的缺点是：计算量大，每次迭代都要计算函数值与导数值.

§7.4 弦截法

Newton 迭代法每一步都要计算一次导数值，工作量比较大，若函数 $f(x)$ 比较复杂，则使用 Newton 迭代公式就大为不便，因此构造既有较快的收敛速度，又不含 $f(x)$ 的导数的迭代公式是十分必要的.

我们利用“以直代曲”的近似思想，以非线性方程 $f(x)=0$ 的近似根 x_k 附近的切线代替曲线 $y=f(x)$，得到了 Newton 迭代法，Newton 迭代公式含 $f(x)$ 导数的根本原因是切线方程中含有导数. 下面，我们在 Newton 迭代法的基础上给出不含导数的迭代法——弦截法.

设 x_{k-1},x_k 为方程 $f(x)=0$ 的两个近似根，过曲线 $y=f(x)$ 上的点 $P_{k-1}(x_{k-1},f(x_{k-1}))$ 和 $P_k(x_k,f(x_k))$ 做割线，割线方程为

$$y=f(x_k)+\frac{f(x_k)-f(x_{k-1})}{x_k-x_{k-1}}(x-x_k),$$

为避免导数出现，利用“以直代曲”的近似思想，以割线方程作为 $y=f(x)$ 的近似表达式，则割线与 x 轴的交点为 x_{k+1}，满足

$$f(x_k)+\frac{f(x_k)-f(x_{k-1})}{x_k-x_{k-1}}(x_{k+1}-x_k)=0, \tag{7.21}$$

这是一个线性方程，解之得

$$x_{k+1}=x_k-\frac{f(x_k)}{f(x_k)-f(x_{k-1})}(x_k-x_{k-1}),$$

以 x_{k+1} 作为方程 $f(x)=0$ 的新的近似根，如此反复，可得迭代公式

$$x_{k+1}=x_k-\frac{f(x_k)}{f(x_k)-f(x_{k-1})}(x_k-x_{k-1}),k=1,2,\cdots, \tag{7.22}$$

(7.22)称为**弦截法迭代公式**，由其确定的迭代法称为**弦截法**，又称为**割线法**.

弦截法与 Newton 迭代法都是利用“以直代曲”的思想构造的，都是线性化方法，但两者有本质的区别. Newton 迭代法在计算 x_{k+1} 时只用到前一步的值 x_k，是单点迭代法；而弦截法在计算 x_{k+1} 时要用到前两步的结果 x_{k-1} 和 x_k，是多点迭代法，因此，使用弦截法时必须给出两个初始近似根 x_0, x_1.

弦截法的计算步骤如下：

(1) 输入初始根 x_0, x_1，精确度 ε，并计算相应函数值 $f_0=f(x_0)$，$f_1=f(x_1)$；

(2) 按公式 $x_2=x_1-\dfrac{x_1-x_0}{f(x_1)-f(x_0)}f(x_1)$ 进行迭代；

(3) 若 $|x_2-x_1|<\varepsilon$，转到(4)；否则 $x_0:=x_1, f_0:=f_1, x_1:=x_2, f_1:=f(x_1)$，转到(2)；

(4) 输出 x_2，结束迭代.

例 14 分别用 Newton 迭代法和弦截法求方程 $xe^x-1=0$ 在 $x=0.5$ 附近的根，精度为 $\varepsilon=10^{-8}$.

解 令 $f(x)=xe^x-1$，$f'(x)=e^x+xe^x$，可分别构造 Newton 迭代公式为

$$x_{k+1}=x_k-\frac{x_k e^{x_k}-1}{e^{x_k}+x_k e^{x_k}}=x_k-\frac{x_k-e^{-x_k}}{1+x_k}, k=0,1,2,\cdots$$

和弦截法迭代公式为

$$x_{k+1}=x_k-\frac{x_k e^{x_k}-1}{(x_k e^{x_k}-x_{k-1}e^{x_{k-1}})}(x_k-x_{k-1}), k=1,2,\cdots.$$

对 Newton 迭代公式取 $x_0=0.5$，弦截法迭代公式取 $x_0=0.5, x_1=0.6$ 作为初始近似根，计算结果如表 7-13 所示.

表 7-13 例 14 计算结果

	Newton 迭代法	弦截法
k	x_k	x_k
0	0.5	0.5
1	0.571 024 40	0.6
2	0.567 155 569	0.563 735 940
3	0.567 143 291	0.567 101 449
4	0.567 143 290	0.567 143 265
5		0.567 143 290

可见，对 Newton 迭代法

$$|x_4-x_3|=0.000\,000\,01<10^{-8},$$

取 $x^*\approx x_4\approx 0.567\,143\,290$，迭代了 4 次就得到了较满意的结果，而弦截法需迭代 5 次才能达到相同的结果，可以证明弦截法的收敛 $p=\dfrac{(1+\sqrt{5})}{2}\approx 1.618$，弦截法的收敛速度还是比较快的. 弦截法的收敛速度虽然比 Newton 迭代法慢，但不需要计算导数.

本例 Matlab 程序如下：

```
function Gexianfa
```

```
clc;
x0=0.4;x1=0.6;eps=1.0e-8;M=10 000;
fun=inline('x * exp(x)-1');
k=0;
while k<M
  x=x1-(x1-x0) * feval(fun,x1)/(feval(fun,x1)-feval(fun,x0));
  if abs(x-x1)<eps
     break;
  end
      x0=x1;x1=x;k=k+1;
end
k
x
```

§7.5 非线性方程求解数值实验

实验目的:初步认识非线性问题的迭代法与线性问题迭代法的差别,探讨迭代法及初始值与迭代收敛性的关系.

实验内容:考虑一个简单的代数方程

$$x^2-x-1=0.$$

针对上述方程,可以构造多种迭代法,如

$$x_{n+1}=x_n^2-1, \quad ①$$

$$x_{n+1}=1+\frac{1}{x_n}, \quad ②$$

$$x_{n+1}=\sqrt{x_n+1}, \quad ③$$

在实轴上取初始值 x_0,请分别用迭代①~③做实验,记录各算法的迭代过程.

实验要求:

(1)取定某个初始值,分别计算①~③的迭代结果,它们的收敛性如何?重复选取不同的初始值,反复实验.请自选设计一种比较形象的记录方式(如利用 Matlab 的图形功能),分析三种迭代法的收敛性与初值选取的关系.

(2)对三个迭代法中的某个,取不同的初始值进行迭代,结果如何?试分析迭代法对不同的初值是否有差异?

(3)线性方程组迭代法的收敛性是不依赖初始值选取的,比较线性与非线性问题迭代的差异,有何结论和问题.

练习题 7

1. 判断下列方程有几个实根,并求其隔根区间.

(1) $x^3-5x-3=0$;(2) $e^{-x}+x-2=0$.

2. 试用二分法求方程 $e^x+10x-2=0$ 在区间(0,1)内的根,误差不超过$\frac{1}{2}\times10^{-2}$.

3. 分别用以下方法求方程 $x=e^{-x}$ 的根,取 $x_0=0.5$,误差不超过 10^{-5}.

(1) 简单迭代法;

(2) 迭代加速法$\begin{cases}\bar{x}_{k+1}=g(x_k),\\ x_{k+1}=\bar{x}_{k+1}+\dfrac{m}{1-m}(\bar{x}_{k+1}-x_k);\end{cases}$

(3) Aitkin 加速迭代法.

4. 已知方程 $x^3-x^2-1=0$ 在 $x=1.5$ 附近有根,把方程写成三种不同的等价式:

(1) $x=\varphi_1(x)=1+\frac{1}{x^2}$,对应的迭代公式:$x_{k+1}=1+\frac{1}{x_k^2}$;

(2) $x=\varphi_2(x)=\sqrt[3]{1+x^2}$,对应的迭代公式:$x_{k+1}=\sqrt[3]{1+x_k^2}$;

(3) $x=\varphi_3(x)=\sqrt{\frac{1}{x-1}}$,对应的迭代公式:$x_{k+1}=\sqrt{\frac{1}{x_k-1}}$.

试判断每种迭代公式在区间(1.4,1.6)内的敛散性,选取收敛速度最快的迭代公式,计算在 $x_0=1.5$ 附近的近似根,要求有 4 位有效数字.

5. 利用 Steffensen 加速迭代法把第 4 题中迭代公式(3)改造成收敛的方法.

6. 分别用 Newton 迭代法和弦截法求解 Leonardo 方程

$$x^3+2x^2+10x-20=0,$$

要求 $|x_{k+1}-x_k|<10^{-6}$.

7. 利用 Newton 迭代法构造计算下列各式的迭代公式:

(1) $\frac{1}{b}$,不使用除法运算;

(2) $\sqrt{b}\,(b>0)$,不使用开方运算;

(3) $\frac{1}{\sqrt{b}}(b>0)$,不使用开方和除法运算.

8. 用 Aitkin 迭代法求方程 $x-\frac{\sin x}{x}=0$ 在(0.5,1)内的近似根(精确到 10^{-3}).

9. 用弦截法求方程 $x^3+3x^2-x-9=0$ 在区间(1,2)内的根,精确到 5 位有效数字.

10. 试用 Newton 迭代法及重根时的 Newton 修正公式求解方程

$$f(x)=e^x-1-2x-2x^2=0,$$

取 $x_0=0.5$,误差 $|f(x_k)|\leqslant10^{-4}$.

第 8 章　矩阵特征值和特征向量的计算

教学提示：本章主要学习求矩阵按模最大特征值和相应的特征向量的乘幂法和求矩阵按模最小特征值和相应的特征向量的反幂法，以及用来计算一般矩阵（中小型矩阵）全部特征值问题的最有效的 QR 方法，这些都是在实际计算中比较成熟、精度和收敛性也可以保证的求矩阵特征值和特征向量的常用算法.

教学目标：学生通过本章学习，理解矩阵的特征值、特征向量的基本概念，熟练掌握求矩阵特征值、特征向量的乘幂法和反幂法，以及求一般矩阵的 QR 方法.

在实际工程计算中的桥梁振动问题，以及计算机的图像处理等许多问题，经常会遇到求 n 阶方阵 $\boldsymbol{A}$ 的特征值与特征向量，因此关于矩阵的特征值的计算有着重要的意义. 对于一个方阵 $\boldsymbol{A}$，如果数值 λ 使方程组

$$\boldsymbol{A}\boldsymbol{x}=\lambda\boldsymbol{x},$$

即 $(\boldsymbol{A}-\lambda\boldsymbol{I})\boldsymbol{x}=\boldsymbol{0}$ 有非零解向量 $\boldsymbol{x}$，则称 λ 为方阵 $\boldsymbol{A}$ 的特征值，而非零向量 $\boldsymbol{x}$ 为特征值 λ 所对应的特征向量，其中 $\boldsymbol{I}$ 为 n 阶单位矩阵.

由于根据定义直接求矩阵特征值的过程比较复杂，因此在实际计算中，一般不直接求解，往往采取一些数值计算方法. 本章主要介绍求一般方阵绝对值最大的特征值的乘幂法、求对称方阵特征值的雅可比法和求一般矩阵全部特征值的 QR 方法及其应用.

在实际应用中，求矩阵的特征值和特征向量通常利用迭代法，其基本思想是：将特征值和特征向量作为一个无限序列的极限来求得，舍入误差对这类方法的影响极小，但通常计算量较大.

§8.1　乘幂法和反幂法

8.1.1　乘幂法

在许多实际问题中，往往只需要计算绝对值最大的特征值，而并不需要求矩阵的全部特征值. 乘幂法是一种求绝对值最大的特征值的方法. 记实方阵 $\boldsymbol{A}$ 的 n 个特征值为 λ_i，其中 $i=1,2,\cdots,n$，设 $\boldsymbol{A}$ 的特征值按模大小排列为

$$|\lambda_1|\geqslant|\lambda_2|\geqslant|\lambda_3|\geqslant\cdots\geqslant|\lambda_n|,$$

特征值 λ_i 对应的特征向量为 $\boldsymbol{x}_i$，设 $\boldsymbol{A}\boldsymbol{x}_i=\lambda_i\boldsymbol{x}_i$ 线性无关，其中 $i=1,2,\cdots,n$，即它们组成 n 维向量方向 $\mathbf{R}^n$ 的基. 设 $\boldsymbol{x}$ 是任一非零 n 维向量，我们从 $\boldsymbol{v}_i$ 出发，构造向量系列 $\{\boldsymbol{v}_i\}$ 表示逼近向量 $\boldsymbol{x}_i$，同时构造数列 $\{t_k\}$ 来逼近相应的按模最大的特征值 $\boldsymbol{\lambda}_1$.

用乘幂法产生的序列 $\{\boldsymbol{v}_k\}$ 和数列 $\{t_k\}$ 的方法如下：因任意一个 n 维非零向量 $\boldsymbol{v}_0$ 均可表示成 $\boldsymbol{x}_i$ 的线性组合，而 $\boldsymbol{v}_0=\alpha_1\boldsymbol{x}_1+\alpha_1\boldsymbol{x}_2+\cdots+\alpha_n\boldsymbol{x}_n$，且 $\alpha_1,\alpha_2,\cdots,\alpha_n$ 不全为零，对上式不断左乘 $\boldsymbol{A}$，得到一个向量序列

$$\begin{aligned}\boldsymbol{v}_k&=\boldsymbol{A}^k\boldsymbol{v}_0\\&=\alpha_1\boldsymbol{A}^k\boldsymbol{x}_1+\alpha_2\boldsymbol{A}^k\boldsymbol{x}_2+\cdots+\alpha_n\boldsymbol{A}^k\boldsymbol{x}_n\\&=\alpha_1\boldsymbol{\lambda}_1^k\boldsymbol{x}_1+\alpha_2\boldsymbol{\lambda}_2^k\boldsymbol{x}_2+\cdots+\alpha_n\boldsymbol{\lambda}_n^k\boldsymbol{x}_n\\&=\boldsymbol{\lambda}_1^k\left[\alpha_1\boldsymbol{x}_1+\left(\frac{\boldsymbol{\lambda}_2}{\boldsymbol{\lambda}_1}\right)^k\alpha_2\boldsymbol{x}_2+\cdots+\left(\frac{\boldsymbol{\lambda}_n}{\boldsymbol{\lambda}_1}\right)^k\alpha_n\boldsymbol{x}_n\right],\end{aligned}$$

记 $\boldsymbol{A}^k\boldsymbol{v}_0=\boldsymbol{v}_k$，则所得序列成为 $\boldsymbol{v}_1,\boldsymbol{v}_2,\cdots,\boldsymbol{v}_k,\cdots$，且 $\boldsymbol{v}_k=\boldsymbol{A}\boldsymbol{v}_{k-1}$，由此可见，若 $\alpha_1\neq0$，则因当 $k\to\infty$ 时

$$\left(\frac{\boldsymbol{\lambda}_i}{\boldsymbol{\lambda}_1}\right)^k\to0,i=2,3,\cdots,n.$$

故当 k 充分大时，必有 $\boldsymbol{v}_k\approx\boldsymbol{\lambda}_1^k\alpha_1\boldsymbol{x}_1$，即 $\boldsymbol{v}_k$ 可以近似看成 $\boldsymbol{\lambda}_1$ 对应的特征向量，而 $\boldsymbol{v}_k$ 与 $\boldsymbol{v}_{k-1}$ 对应的分量之比为

$$\begin{aligned}\frac{(\boldsymbol{v}_k)_i}{(\boldsymbol{v}_{k-1})_i}&=\frac{\left[\left(\frac{\boldsymbol{\lambda}_n}{\boldsymbol{\lambda}_1}\right)^k\alpha_n\boldsymbol{x}_n\right]_i}{\left[\left(\frac{\boldsymbol{\lambda}_n}{\boldsymbol{\lambda}_1}\right)^{k-1}\alpha_n\boldsymbol{x}_n\right]_i}\\&\approx\frac{\boldsymbol{\lambda}_1^k\alpha_1(\boldsymbol{x}_1)_i}{\boldsymbol{\lambda}_1^{k-1}\alpha_1(\boldsymbol{x}_1)_i}\\&\approx\boldsymbol{\lambda}_1\frac{\alpha_1(\boldsymbol{x}_1)_i}{\alpha_1(\boldsymbol{x}_1)_i}=\boldsymbol{\lambda}_1.\end{aligned}$$

于是利用向量序列 $\{\boldsymbol{v}_k\}$ 既可求出按模最大的特征值 $\boldsymbol{\lambda}_1$，又可求出相应的特征向量 $\boldsymbol{x}_1$.

上述计算过程中有一个严重缺点，当 $|\boldsymbol{\lambda}_1|>1$ 时，$\boldsymbol{\lambda}_1^k\to\infty$；当 $|\boldsymbol{\lambda}_1|<1$ 时，$\boldsymbol{\lambda}_1^k\to0$，即向量序列 $\boldsymbol{v}_k$ 中不为零的分量将会随 k 的增大而无限增大，或随 k 的增大而趋于零. 因而用计算机计算 $\boldsymbol{v}_k$ 时可能会导致计算机“上溢”或“下溢”，因而实际计算时每步都将 $\boldsymbol{v}_k$ 进行规范化，即将 $\boldsymbol{v}_k$ 的各向量都除以绝对值最大的分量，使 $\|\boldsymbol{v}_k\|_\infty=1$，于是得到如下算法(称乘幂法).

给出任意一个初始向量 $\boldsymbol{v}_0$，然后反复计算

$$\begin{cases}\boldsymbol{Z}_k=\boldsymbol{A}\boldsymbol{v}_{k-1},\\m_k=\max(\boldsymbol{Z}_k),\quad k=1,2,\cdots,\\\boldsymbol{v}_k=\dfrac{\boldsymbol{Z}_k}{m_k},\end{cases}\tag{8.1}$$

其中 $\max(\boldsymbol{Z}_k)$ 表示 $\boldsymbol{Z}_k$ 中绝对值最大的分量.

例如，取 $\boldsymbol{v}_0=[-2,3,-6,2]^{\mathrm{T}}$，则 $\max(\boldsymbol{v}_0)=-6$，按照上述算法将有

$$\lim_{k\to\infty}\boldsymbol{v}_k=\frac{\boldsymbol{x}_1}{\max(\boldsymbol{x}_n)},\tag{8.2}$$

$$\lim_{k\to\infty}m_k=\lambda_1,\tag{8.3}$$

这是因为

$$\boldsymbol{v}_k=\frac{\boldsymbol{Z}_k}{m_k}=\frac{\boldsymbol{A}\boldsymbol{v}_k}{m_k}=\frac{\boldsymbol{A}^2\boldsymbol{v}_{k-2}}{m_km_{k-1}}=\cdots=\frac{\boldsymbol{A}^k\boldsymbol{v}_0}{m_km_{k-1}\cdots m_1}=\frac{\boldsymbol{A}^k\boldsymbol{v}_0}{\prod\limits_{i=1}^{k}m_i},$$

由于 $\boldsymbol{v}_k$ 的最大分量为 1,即 $\max(\boldsymbol{v}_k)=1$,故

$$\prod_{i=1}^{k}m_i=\max(\boldsymbol{A}^k\boldsymbol{v}_0),$$

从而

$$\boldsymbol{v}_k=\frac{\boldsymbol{A}^k\boldsymbol{v}_0}{\max(\boldsymbol{A}^k\boldsymbol{v}_0)}=\frac{\lambda_1^k\left[\alpha_1\boldsymbol{x}_1+\sum\limits_{i=2}^{n}\alpha_i\left(\frac{\lambda_i}{\lambda_1}\right)^k\boldsymbol{x}_i\right]}{\max\left\{\lambda_1^k\left[\alpha_1\boldsymbol{x}_1+\sum\limits_{i=1}^{n}\alpha_i\left(\frac{\lambda_i}{\lambda_1}\right)^k\boldsymbol{x}_i\right]\right\}}$$

$$=\frac{\alpha_1\boldsymbol{x}_1+\sum\limits_{i=2}^{n}\alpha_i\left(\frac{\lambda_i}{\lambda_1}\right)^k\boldsymbol{x}_i}{\max\left[\alpha_1\boldsymbol{x}_1+\sum\limits_{i=1}^{n}\alpha_i\left(\frac{\lambda_i}{\lambda_1}\right)^k\boldsymbol{x}_i\right]},$$

故

$$\lim_{k\to\infty}\boldsymbol{v}_k=\frac{\alpha_1\boldsymbol{x}_1}{\max(\alpha_1\boldsymbol{x}_1)}=\frac{\boldsymbol{x}_1}{\max(\boldsymbol{x}_1)}.$$

又

$$Z_k=\boldsymbol{A}\boldsymbol{v}_{k-1}=\frac{\boldsymbol{A}^k\boldsymbol{v}_0}{\max(\boldsymbol{A}^k\boldsymbol{v}_0)}=\frac{\lambda_1^k\left[\alpha_1\boldsymbol{x}_1+\sum\limits_{i=2}^{n}\left(\frac{\lambda_i}{\lambda_1}\right)^k\alpha_i\boldsymbol{x}_i\right]}{\lambda_1^{k-1}\max\left[\alpha_1\boldsymbol{x}_1+\sum\limits_{i=2}^{n}\left(\frac{\lambda_n}{\lambda_1}\right)^{k-1}\alpha_i\boldsymbol{x}_i\right]},$$

即有

$$m_k=\max(\boldsymbol{Z}_k)=\lambda_1\frac{\max\left[\alpha_1\boldsymbol{x}_1+\sum\limits_{i=2}^{n}\left(\frac{\lambda_i}{\lambda_1}\right)^k\alpha_i\boldsymbol{x}_i\right]}{\max\left[\alpha_1\boldsymbol{x}_1+\sum\limits_{i=2}^{n}\left(\frac{\lambda_n}{\lambda_1}\right)^{k-1}\alpha_i\boldsymbol{x}_i\right]}$$

从而 $\lim\limits_{k\to\infty}m_k=\lambda_1$,这说明 m_k 收敛于 λ_1,收敛速度取决于比值 $\left|\frac{\lambda_2}{\lambda_1}\right|$,这个比值我们称为**收敛率**,同时我们称 λ_1 为**主特征值**,对应的特征向量 $\boldsymbol{x}_1$ 称为**主特征向量**.

例 1　求 $\boldsymbol{A}=\begin{bmatrix}7&3&-2\\3&4&-1\\-2&-1&3\end{bmatrix}$ 的按模最大的特征值 λ_1 及其对应的特征向量 $\boldsymbol{x}_1$,当特征值有 3 位小数时迭代终止.

解 选取初始向量 $\boldsymbol{v}_0=[1,1,1]^{\mathrm{T}}\neq\boldsymbol{0}$ 按(8.1)迭代,结果如表 8-1 所示.

表 8-1 例 1 计算结果

k	$\boldsymbol{v}_1^{\mathrm{T}}$	$\max(\boldsymbol{Z}_k)$
1	(1,0.75,0)	8
2	(1,0.648 648 649,-0.029 729 729 7)	9.25
4	(1,0.608 798 347,-0.388 839 681)	9.594 900 850
6	(1,0.605 776 832,-0.394 120 752)	9.605 429 002
7	(1,0.605 609 752,-0.394 368 924)	9.605 579 002

即 $\boldsymbol{A}$ 按模最大的特征值 $\lambda_1\approx9.605\ 572$,特征向量为

$$\boldsymbol{x}_1\approx[1,0.605\ 609\ 752,-0.394\ 368\ 924]^{\mathrm{T}}.$$

本例 Matlab 程序如下:

```
function chengmifa
clc;
N=500;
eps=1.0e-6;
A=[7 3 -2;3 4 -1;-2 -1 3];
x=[1 1 1]';
m=0; k=0; error=1;
while(error>eps)
   v=A*x;
   [m1,t]=max(abs(v));
   m1=v(t);
   x=v/m1;
   err=abs(m1-m);
   m=m1;
   k=k+1;
end
m1
x
```

乘幂法的收敛速度依赖于 $\left|\dfrac{\lambda_2}{\lambda_1}\right|$,若这个比值接近 1,收敛速度就变得很慢,以至于此方法失去实用价值. 为了有效地使用乘幂法,通常采用加速技术来提高收敛速度. 本节给出两个常用的加速方法,即原点移位法、Aitkin 加速方法.

8.1.2 加速方法

1. 原点移位法

原点移位法即通过选取适当参数 p,使得要计算 $\boldsymbol{A}$ 的按模最大特征值 λ_1,满足 λ_1-p

是 $A-pI$ 的主特征值,同时要满足 $\left|\frac{\lambda_2-p}{\lambda_1-p}\right|<\left|\frac{\lambda_2}{\lambda_1}\right|$,对 $A-pI$ 应用乘幂法,这时的收敛速度较快. 这样求得了 $A-pI$ 的主特征值 n_1 后,A 的主特征值 $\lambda_1=n_1+p$,而 $A-pI$ 的对应于 n_1 的特征向量就是 A 对应于 λ_1 的特征向量.

例 2 用原点移位法求矩阵 $A=\begin{bmatrix}1.0 & 1.0 & 0.5\\ 1.0 & 1.0 & 0.25\\ 0.5 & 0.25 & 2.0\end{bmatrix}$ 的主特征值,$v_0=(1,1,1)^{\mathrm{T}}$.

解 做变换 $B=A-pI$,取 $p=0.75$,则

$$B=\begin{bmatrix}0.25 & 1 & 0.5\\ 1 & 0.25 & 0.25\\ 0.5 & 0.25 & 1.25\end{bmatrix},$$

对 B 应用乘幂法,计算结果如表 8-2 所示.

表 8-2 例 2 计算结果

k	v_k^{T}	$\max(Z_k)$
0	(1,1,1)	
5	(0.751 6,0.652 2,1)	1.794 011
8	(0.748 4,0.649 9,1)	1.786 915 2
9	(0.748 3,0.649 7,1)	1.786 658 7
10	(0.748 2,0.649 7,1)	1.786 591 4

由此可得 B 的主特征值 $n_1=1.786\,591\,4$,则 A 的主特征值 λ_1 为 $\lambda_1=n_1+0.75=2.536\,591\,4$,如果对 A 使用乘幂法计算仍取 $v_k=[1,1,1]^{\mathrm{T}}$,迭代 20 次可得 $\lambda_1\approx 2.536\,532\,3$,由此可见采用原点移位法可达到加速收敛的目的.

本例 Matlab 程序如下:

```
function yuandianyiwei
clc;
N=500;
eps=1.0e-6;
A=[1.0 1.0 0.5;1.0 1.0 0.25;0.5 0.25 2.0];
x=[1 1 1]';
p=0.75;
m=0;
k=0;
error=1;
A=A-p*eye(length(x));
while((k<N)&(error>eps))
    v=A*x; [m1,t]=max(abs(v));
    m1=v(t);
```

```
    x=v/m1;
    err=abs(m1-m);
    m=m1;
    k=k+1;
end
lam=m1+p
v=x
```

原点移位法的加速方法虽然简单,是一个矩阵变换方法,但 p 的选择依赖于对 $\boldsymbol{A}$ 的特征值分布的一个大致了解,因此很难形成一个自动选择 p 的程序,所以在计算机上并不常用,但是这种加速思想是重要的. 若选择适当的 p,则比较容易计算.

2. Aitkin 加速法

设序列 $\{m_k\}$ 以现行收敛速度收敛于 m,记 $\varepsilon_k=m_k-m$,那么

$$\frac{|\varepsilon_{k+1}|}{|\varepsilon_k|}\to c(k\to\infty),0<c<1,$$

于是当 k 充分大并设 $\varepsilon_k,\varepsilon_{k+1}$ 同号时,有

$$\frac{\varepsilon_{k+2}}{\varepsilon_{k+1}}\approx\frac{\varepsilon_{k+1}}{\varepsilon_k},$$

即

$$\frac{m_{k+2}-m}{m_{k+1}-m}\approx\frac{m_{k+1}-m}{m_k-m},$$

解得

$$m\approx\frac{m_k m_{k+2}-m_{k+1}^2}{m_k-2m_{k+1}+m_{k+2}},$$

记

$$\bar{m}_k=\frac{m_k m_{k+2}-m_{k+1}^2}{m_k-2m_{k+1}+m_{k+2}}\tag{8.4}$$

$\{\bar{m}_k\}$ 称为 $\{m_k\}$ 的 **Aitkin 序列**.

定义一个算子 δ,即

$$\delta(m_k)=\frac{m_k m_{k+1}-m_{k+1}^2}{m_k-2m_{k+1}+m_{k+2}},$$

则由 $m_k=m+\varepsilon_k$,有

$$\delta(m_k)=\delta(m+\varepsilon_k)=m+\delta(\varepsilon_k),$$

即

$$\bar{m}_k-m=\delta(\varepsilon_k),$$

于是

$$\frac{\bar{m}_k-m}{m_k-m}=\frac{\delta(\varepsilon_k)}{\varepsilon_k}\to 0\ (\varepsilon_k\to 0),$$

这表明 $\bar{m}_k$ 收敛于 m 的速度比 m_k 收敛于 m 的速度快,因而凡是线性收敛序列均可用此法

来加速收敛.

由(8.3)知,当 k 充分大时,有 $|m_k-\lambda_1|\approx\left|\frac{\lambda_2}{\lambda_1}\right|^k$,因此有

$$\lim_{k\to\infty}\left|\frac{m_{k+1}-\lambda_1}{m_k-\lambda_1}\right|=\left|\frac{\lambda_2}{\lambda_1}\right|,\qquad \lim_{k\to\infty}\left|\frac{m_{k+2}-\lambda_1}{m_{k+1}-\lambda_1}\right|=\left|\frac{\lambda_2}{\lambda_1}\right|,$$

由(8.4)可得

$$\bar{m}_k=\frac{m_k m_{k+2}-m_{k+1}^2}{m_k-2m_{k+1}+m_{k+2}}=m_k-\frac{(m_{k+1}-m_k)^2}{m_k-2m_{k+1}+m_{k+2}},\tag{8.5}$$

这说明序列$\{m_k\}$线性收敛于 λ_1,所以可应用 Aitkin 加速且加速序列$\{m_k\}$收敛,产生的新序列$\{\bar{m}_k\}$比$\{m_k\}$收敛速度更快,此种方法称为 **Aitkin 加速法**.

例 3　用 Aitkin 加速法计算矩阵 $\boldsymbol{A}=\begin{bmatrix}2&3&2\\10&3&4\\3&6&1\end{bmatrix}$的主特征值.

解　由(8.1),取 $\boldsymbol{v}^{(0)}=[0,0,1]^{\mathrm{T}}$,进而计算

$$\boldsymbol{Z}_1=\boldsymbol{A}\boldsymbol{v}_0=\begin{bmatrix}2&3&2\\10&3&4\\3&6&1\end{bmatrix}\begin{bmatrix}0\\0\\1\end{bmatrix}=\begin{bmatrix}2\\4\\1\end{bmatrix},$$

可得

$$m_1=4,m_2=9,m_3=11.44,m_4=10.922\,4,m_5=11.014\,0,m_6=10.992\,7,$$
$$m_7=11.000\,4,m_8=11.000\,0,$$

但是利用(8.5)求解,依次有

$$\bar{m}_1=m_1-\frac{(m_2-m_1)^2}{m_3-2m_2+m_1}=4-\frac{(9-4)^2}{11.44-2\times9+4}=13.7,$$

$$\bar{m}_2=m_2-\frac{(m_3-m_2)^2}{m_4-2m_3+m_2}=9-\frac{(11.44-9)^2}{10.922\,4-2\times11.44+9}=11.01,$$

$$\bar{m}_3=m_3-\frac{(m_4-m_3)^2}{m_5-2m_4+m_3}=11.44-\frac{(10.922\,4-11.44)^2}{11.014\,0-2\times10.922\,4+11.44}=11.000\,226\,9,$$

已知矩阵 $\boldsymbol{A}$ 的主特征值的准确值为 11,用 Aitkin 加速法进行计算,迭代 3 次即获得了较高精度的解,相当于用乘幂法迭代 7 至 8 次,可见 Aitkin 加速效果是很显著的.

8.1.3　反幂法

定义 8.1　设矩阵 $\boldsymbol{A}$ 非奇异,由 $\boldsymbol{A}$ 得特征向量 $\boldsymbol{x}_i$ 与特征值 λ_i 的关系为 $\boldsymbol{A}\boldsymbol{x}_i=\lambda_i\boldsymbol{x}_i$,可推出 $\boldsymbol{A}^{-1}\boldsymbol{x}_i=\frac{1}{\lambda_i}\boldsymbol{x}_i$,这就是说 λ_i^{-1} 为 $\boldsymbol{A}^{-1}$ 的特征值,用 $\boldsymbol{A}^{-1}$ 代替 $\boldsymbol{A}$ 做乘幂法称为**反幂法**,所以若 $\boldsymbol{A}$ 的特征值满足 $|\lambda_1|\geqslant|\lambda_2|\geqslant\cdots\geqslant|\lambda_n|$ 时,$\boldsymbol{A}^{-1}$ 的特征值则满足

$$|\lambda_n^{-1}|\geqslant|\lambda_{n-1}^{-1}|\geqslant\cdots\geqslant|\lambda_1^{-1}|.$$

并且 $\boldsymbol{A}$ 对应于 λ_i 的特征向量与 $\boldsymbol{A}^{-1}$ 对应于 λ_i^{-1} 的特征向量相同. 对 $\boldsymbol{A}^{-1}$ 用乘幂法求得按

模最大的特征值是 λ_n^{-1},特征向量是 $\boldsymbol{x}_n$,也即 $\boldsymbol{A}$ 的按模最小的特征值与对应的特征向量.

若以 $\boldsymbol{A}^{-1}$ 代替 $\boldsymbol{A}$,按(8.1)

$$\begin{cases}\boldsymbol{Z}_k=\boldsymbol{A}\boldsymbol{v}_{k-1},\\ m_k=\max(\boldsymbol{Z}_k),\\ \boldsymbol{v}_k=\dfrac{\boldsymbol{Z}_k}{m_k}, \quad k=1,2,\cdots,\end{cases}$$

做迭代,需求 $\boldsymbol{A}$ 的逆矩阵,但是在计算时不必求出逆矩阵,而采用解方程组的方法,下面给出反幂法的计算公式

$$\begin{cases}\boldsymbol{A}\boldsymbol{Z}_k=\boldsymbol{v}_{k-1},\\ m_k=\max(\boldsymbol{Z}_k),\\ \boldsymbol{v}_k=\dfrac{\boldsymbol{Z}_k}{m_k}, \quad k=1,2,\cdots,\end{cases} \tag{8.6}$$

类似于乘幂法,当 $k\to\infty$ 时,有 $\lim\limits_{k\to\infty}\boldsymbol{v}_k=\dfrac{\boldsymbol{x}_k}{\max(\boldsymbol{x}_n)}$ 和 $\lim\limits_{k\to\infty}m_k=\dfrac{1}{\lambda_n}$,其中 $\boldsymbol{x}_n$ 是 λ_n 对应的特征向量,迭代速度为 $\left|\dfrac{\lambda_n}{\lambda_{n-1}}\right|$. 每迭代 1 次要解一个线性方程组 $\boldsymbol{A}\boldsymbol{Z}_k=\boldsymbol{v}_{k-1}$,若首先对 $\boldsymbol{A}$ 做一次 LU 分解,则每次迭代只需解两个三角形方程组 $\begin{cases}\boldsymbol{L}\boldsymbol{x}=\boldsymbol{v}_{k-1},\\ \boldsymbol{U}\boldsymbol{Z}_k=\boldsymbol{x},\end{cases}$ 可得 $\boldsymbol{Z}_k$ 和 $\boldsymbol{v}_k$.

例 4 用反幂法求矩阵 $\boldsymbol{A}=\begin{bmatrix}3 & 2\\ 4 & 5\end{bmatrix}$ 的按模最小的特征值和对应的特征向量,精确至 7 位有效数字.

解 取 $\boldsymbol{v}_0=\begin{bmatrix}1\\1\end{bmatrix}$,由反幂法迭代公式(8.6)计算得

$$\boldsymbol{Z}_1=\begin{bmatrix}0.428\,571\\-0.142\,857\end{bmatrix},\quad m_1=0.428\,571,\quad \boldsymbol{v}_1=\begin{bmatrix}1.000\,000\\-0.333\,333\end{bmatrix},$$

$$\boldsymbol{Z}_2=\begin{bmatrix}0.809\,524\\-0.714\,286\end{bmatrix},\quad m_2=0.809\,524,\quad \boldsymbol{v}_2=\begin{bmatrix}1.000\,000\\-0.882\,353\end{bmatrix},$$

$$\boldsymbol{Z}_3=\begin{bmatrix}0.966\,387\\-0.949\,580\end{bmatrix},\quad m_3=0.966\,387,\quad \boldsymbol{v}_3=\begin{bmatrix}1.000\,000\\-0.982\,608\end{bmatrix},$$

$$\boldsymbol{Z}_4=\begin{bmatrix}0.995\,031\\-0.992\,546\end{bmatrix},\quad m_4=0.995031,\quad \boldsymbol{v}_4=\begin{bmatrix}1.000\,000\\-0.997\,503\end{bmatrix},$$

$$\boldsymbol{Z}_5=\begin{bmatrix}0.999\,287\\-0.998\,930\end{bmatrix},\quad m_5=0.999\,287,\quad \boldsymbol{v}_5=\begin{bmatrix}1.000\,000\\-0.999\,643\end{bmatrix},$$

$$\boldsymbol{Z}_6=\begin{bmatrix}0.999\,898\\-0.999\,847\end{bmatrix},\quad m_6=0.999\,898,\quad \boldsymbol{v}_6=\begin{bmatrix}1.000\,000\\-0.999\,949\end{bmatrix},$$

$$\boldsymbol{Z}_7=\begin{bmatrix}0.999\,985\\-0.999\,978\end{bmatrix},\quad m_7=0.999\,985,\quad \boldsymbol{v}_7=\begin{bmatrix}1.000\,000\\-0.999\,993\end{bmatrix},$$

$$\boldsymbol{Z}_8=\begin{bmatrix}0.999\ 998\\-0.999\ 997\end{bmatrix},\quad m_8=0.999\ 998,\quad \boldsymbol{v}_8=\begin{bmatrix}1.000\ 000\\-0.999\ 999\end{bmatrix},$$

$$\boldsymbol{Z}_9=\begin{bmatrix}1.000\ 000\\-1.000\ 000\end{bmatrix},\quad m_9=1.000\ 000,\quad \boldsymbol{v}_9=\begin{bmatrix}1.000\ 000\\-1.000\ 000\end{bmatrix},$$

$$\boldsymbol{Z}_{10}=\begin{bmatrix}1.000\ 000\\-1.000\ 000\end{bmatrix},\quad m_{10}=1.000\ 000,\quad \boldsymbol{v}_{10}=\begin{bmatrix}1.000\ 000\\-1.000\ 000\end{bmatrix},$$

故 $\boldsymbol{A}$ 的按模最小的特征值为$\dfrac{1}{m_{10}}=1.000\ 000$,对应的特征向量为$\begin{bmatrix}1.000\ 000\\-1.000\ 000\end{bmatrix}$. 在反幂法中也可以用原点移位法来加速迭代过程或求其他特征值及特征向量. 如果矩阵$(\boldsymbol{A}-p\boldsymbol{I})^{-1}$存在,显然其特征值为

$$\frac{1}{\lambda_1-p},\frac{1}{\lambda_2-p},\cdots,\frac{1}{\lambda_n-p}$$

对应的特征向量仍然是 $\boldsymbol{x}_1,\boldsymbol{x}_2,\cdots,\boldsymbol{x}_n$. 现对矩阵$(\boldsymbol{A}-p\boldsymbol{I})^{-1}$ 应用乘幂法得到反幂法的迭代公式

$$\begin{cases}(\boldsymbol{A}-p\boldsymbol{I})\boldsymbol{Z}_k=\boldsymbol{v}_{k-1},\\ m_k=\max(\boldsymbol{Z}_k),\\ \boldsymbol{v}_k=\dfrac{\boldsymbol{Z}_k}{m_k},\quad k=1,2,\cdots,\end{cases}\tag{8.7}$$

如果 p 是 $\boldsymbol{A}$ 的特征值 λ_i 的一个近似值,且设 λ_i 与其他特征值是分离的,即

$$|\lambda_i-p|\leqslant|\lambda_j-p|,i\neq j.$$

这就是说$\dfrac{1}{\lambda_i-p}$是$(\boldsymbol{A}-p\boldsymbol{I})^{-1}$ 的主特征值,再用反幂法(8.7)计算特征值及特征向量.

§8.2 Jacobi 方法

8.2.1 引言

Jacobi 方法是用来计算实对称矩阵的全部特征值和特征向量的一种方法,它的基本思想是:因为任何一个实对称矩阵都与一个对角矩阵相似,所以通过正交相似变换把实对称矩阵化为对角矩阵,对角矩阵的对角线上的元素即为所求特征值. 由线性代数的知识得,若 $\boldsymbol{A}\in\mathbf{R}^{n\times n}$ 为对称矩阵,则存在一个正交矩阵 $\boldsymbol{P}$,使得

$$\boldsymbol{PAP}^{-1}=\mathrm{diag}(\lambda_1,\lambda_2,\cdots,\lambda_n)=\boldsymbol{D}$$

$\lambda_1,\lambda_2,\cdots,\lambda_n$ 即为矩阵 $\boldsymbol{A}$ 的特征值,$\boldsymbol{P}^{\mathrm{T}}$ 的 n 个列向量 $\boldsymbol{v}_1,\boldsymbol{v}_2,\cdots,\boldsymbol{v}_n$ 即为所对应的特征向量. 以下研究如何寻求正交矩阵 $\boldsymbol{P}$.

先考虑 $n=2$ 的情况，设 $\boldsymbol{A}=\begin{bmatrix} a_{11} & a_{12} \\ a_{21} & a_{22} \end{bmatrix}$ 为对称矩阵，今取 $\boldsymbol{P}=\begin{bmatrix} \cos\theta & \sin\theta \\ -\sin\theta & \cos\theta \end{bmatrix}$，显然 $\boldsymbol{P}$ 为正交矩阵，令 $\boldsymbol{PAP}^{\mathrm{T}}=\boldsymbol{C}=\begin{bmatrix} c_{11} & c_{12} \\ c_{21} & c_{22} \end{bmatrix}$，由矩阵乘法得

$$c_{11}=a_{11}\cos^2\theta+a_{21}\sin 2\theta+a_{22}\sin^2\theta,$$
$$c_{22}=-a_{12}\sin 2\theta+a_{11}\sin^2\theta+a_{22}\cos^2\theta,$$
$$c_{21}=c_{12}=\frac{1}{2}(a_{22}-a_{11})\sin 2\theta+a_{21}\cos 2\theta.$$

为使得 $\boldsymbol{PAP}^{\mathrm{T}}=\boldsymbol{C}$ 成为对角矩阵，应选择 θ 使 $c_{21}=c_{12}=0$，即

$$\frac{1}{2}(a_{22}-a_{11})\sin 2\theta+a_{21}\cos 2\theta=0,$$

得 $\tan 2\theta=\dfrac{2a_{21}}{a_{11}-a_{22}}$，由此可得 θ 的值. 若 $a_{11}=a_{22}$ 时，取 $|\theta|=\dfrac{\pi}{4}$；$a_{11}>0$ 时，$\theta=\dfrac{\pi}{4}$；$a_{11}<0$ 时，$\theta=-\dfrac{\pi}{4}$，结果就使得 $\boldsymbol{PAP}^{\mathrm{T}}=\mathrm{diag}(\lambda_1,\lambda_2)$.

8.2.2 Jacobi 方法

Jacobi 方法就是将以上的思想推广到一般情况中去，设 $\boldsymbol{A}\in\mathbf{R}^{n\times n}$，引进 $\mathbf{R}^n$ 中的平面旋转变换 $\boldsymbol{Y}=\boldsymbol{PX}$，即

$$y_i=x_i\cos\theta+x_j\sin\theta,\quad y_j=-x_i\sin\theta+x_j\cos\theta,$$

且当 $k\neq i,j$ 时，$y_k=x_k$，即

$$\boldsymbol{P}=\begin{bmatrix} 1 & & & & & & & & \\ & \ddots & & & & & & & \\ & & \cos\theta & & & & \sin\theta & & \\ & & & 1 & & & & & \\ & & & & \ddots & & & & \\ & & & & & 1 & & & \\ & & -\sin\theta & & & & \cos\theta & & \\ & & & & & & & 1 & \\ & & & & & & & & \ddots \\ & & & & & & & & & 1 \end{bmatrix}\equiv\boldsymbol{P}(i,j),$$

称 $\boldsymbol{P}$ 为**平面旋转矩阵**，且 $\boldsymbol{P}$ 有以下性质：

(1) $\boldsymbol{P}$ 为正交矩阵；

(2) $\boldsymbol{P}$ 与单位矩阵只在 (i,i)，(i,j)，(j,i)，(j,j) 四个位置上的元素不同；

(3) $\boldsymbol{PA}$ 只改变 $\boldsymbol{A}$ 的第 i 行与第 j 行的元素；$\boldsymbol{AP}^{\mathrm{T}}$ 只改变 $\boldsymbol{A}$ 的第 i 列与第 j 列的元素；$\boldsymbol{PAP}^{\mathrm{T}}$ 只改变 $\boldsymbol{A}$ 的第 i 行和第 j 行，第 i 列与第 j 列的元素；并且有

①$(\boldsymbol{P}(i,j)\boldsymbol{A})_{i行}=\cos\theta(\boldsymbol{A})_{i行}+\sin\theta(\boldsymbol{A})_{j行}$，

②$(\boldsymbol{P}(i,j)\boldsymbol{A})_{j行}=-\sin\theta(\boldsymbol{A})_{i行}+\cos\theta(\boldsymbol{A})_{j行}$，

③$(\boldsymbol{AP}^{\mathrm{T}}(i,j))_{i列}=\cos\theta(\boldsymbol{A})_{i列}+\sin\theta(\boldsymbol{A})_{j列}$，

④$(\boldsymbol{AP}^{\mathrm{T}}(i,j))_{j列}=-\sin\theta(\boldsymbol{A})_{i列}+\cos\theta(\boldsymbol{A})_{j列}$.

由矩阵的 F-范数的定义得：

定理 8.1　若 $\boldsymbol{A}\in\mathbf{R}^{n\times n}$ 为对称矩阵，且 $\boldsymbol{C}=\boldsymbol{PAP}^{\mathrm{T}}$，则 $\|\boldsymbol{C}\|_F^2=\|\boldsymbol{A}\|_F^2$.

证明　由于

$$\|\boldsymbol{A}\|_F^2=\sum_{i=1}^{n}\sum_{j=1}^{n}a_{ij}^2=\mathrm{tr}(\boldsymbol{A}^{\mathrm{T}}\boldsymbol{A})=\mathrm{tr}(\boldsymbol{A}^2)$$

$$=\sum_{i=1}^{n}\lambda_i^2(\boldsymbol{A})\ \|\boldsymbol{C}\|_F^2=\mathrm{tr}(\boldsymbol{C}^{\mathrm{T}}\boldsymbol{C})=\mathrm{tr}(\boldsymbol{C}^2)=\sum_{i=1}^{n}\lambda_i^2(\boldsymbol{C}),$$

又因为相似变换不改变矩阵的特征值，即 $\lambda_i(\boldsymbol{A})=\lambda_i(\boldsymbol{C})$.

根据初等正交矩阵的性质，可以得 $\boldsymbol{C}=\boldsymbol{PAP}^{\mathrm{T}}$ 的元素 c_{ij} 的计算公式如下.

定理 8.2　若 $\boldsymbol{A}\in\mathbf{R}^{n\times n}$ 为对称矩阵，则 $\boldsymbol{C}=\boldsymbol{PAP}^{\mathrm{T}}$ 的元素 c_{ij} 的计算公式为：

① $c_{ii}=a_{ii}\cos^2\theta+a_{ij}\sin 2\theta+a_{jj}\sin^2\theta$,

$c_{jj}=-a_{ij}\sin 2\theta+a_{ii}\sin^2\theta+a_{jj}\cos^2\theta$.

② $c_{ij}=c_{ji}=\dfrac{1}{2}(a_{jj}-a_{ii})\sin 2\theta+a_{ij}\cos 2\theta$.

③ 第 i 行元素 $c_{ik}=c_{ki}=a_{ik}\cos\theta+a_{jk}\sin\theta,\ k\neq i,j$.

④ 第 j 行元素 $c_{jk}=c_{kj}=a_{jk}\cos\theta-a_{ik}\sin\theta, k\neq i,j$.

⑤ 第 i 列元素 $c_{ki}=a_{ki}\cos\theta+a_{kj}\sin\theta,\ k\neq i,j$.

⑥ 第 j 列元素 $c_{kj}=a_{kj}\cos\theta-a_{ki}\sin\theta, k\neq i,j$.

⑦ 其他元素不变，$c_{lk}=a_{lk}, l,k\neq i,j$.

由此可见，若矩阵 $\boldsymbol{A}$ 的非对角元素 $a_{ij}\neq 0$，我们就可以选择一个正交矩阵 $\boldsymbol{P}(i,j)$ 使得 $\boldsymbol{C}=\boldsymbol{PAP}^{\mathrm{T}}$ 的元素 $c_{ij}=c_{ji}=0$，即选择 θ 满足

$$\tan 2\theta=\frac{2a_{ij}}{a_{ii}-a_{jj}},\ |\theta|\leqslant\frac{\pi}{4}. \tag{8.8}$$

由此得以下定理：

定理 8.3　若 $\boldsymbol{A}\in\mathbf{R}^{n\times n}$ 为对称矩阵，且 $\boldsymbol{A}$ 的非对角元素 $a_{ij}\neq 0$，则可以选择一个正交矩阵 $\boldsymbol{P}(i,j)$ 使得 $\boldsymbol{C}=\boldsymbol{PAP}^{\mathrm{T}}$ 的元素 $c_{ij}=c_{ji}=0$，且有 $\boldsymbol{C}=\boldsymbol{PAP}^{\mathrm{T}}$ 与 $\boldsymbol{A}$ 的元素满足以下关系：

(1) $c_{ik}^2+c_{jk}^2=a_{ik}^2+a_{jk}^2, k\neq i,j$.

(2) $c_{ii}^2+c_{jj}^2=a_{ii}^2+a_{jj}^2+2a_{ij}^2$.

(3) $c_{lk}^2=a_{lk}^2, l,k\neq i,j$.

引进记号

$$D(\boldsymbol{A})=\sum a_{kk}^2, S(\boldsymbol{A})=\sum_{l\neq k}a_{lk}^2,$$

由定理 8.3 及 F-范数不变可知，

$$D(\boldsymbol{C})=D(\boldsymbol{A})+2a_{ij}^2, S(\boldsymbol{C})=S(\boldsymbol{A})-2a_{ij}^2,$$

这说明经过平面旋转变换后，$\boldsymbol{C}$ 的对角元素平方和比 $\boldsymbol{A}$ 的对角元素平方和增加了 $2a_{ij}^2$，而 $\boldsymbol{C}$ 的非对角元素平方和比 $\boldsymbol{A}$ 的非对角元素平方和减少了 $2a_{ij}^2$，可以想象经过多次变换后，

新矩阵 $\boldsymbol{C}$ 的对角元素平方和越来越大，非对角元素平方和越来越小. 这就是 Jacobi 方法的基本思想.

下面介绍 Jacobi 方法：

（1）在 $\boldsymbol{A}$ 的非对角元素中选取一个绝对值最大的元素（称为主元素），设 $|a_{i_1j_1}|=\max\limits_{l\neq k}|a_{lk}|$，可设 $a_{i_1j_1}\neq 0$，否则，$\boldsymbol{A}$ 已对角化. 任取一个平面旋转矩阵 $\boldsymbol{P}_1(i_1,j_1)$，使得 $\boldsymbol{A}_1=\boldsymbol{P}_1\boldsymbol{A}\boldsymbol{P}_1^{\mathrm{T}}$ 的非对角元 $a_{i_1j_1}^{(1)}=a_{j_1i_1}^{(1)}=0$.

（2）再取 $\boldsymbol{A}_1=(a_{lk}^{(1)})_{n\times n}$ 的非对角元素中绝对值最大的元，若

$$|a_{i_2j_2}^{(1)}|=\max_{l\neq k}|a_{lk}^{(1)}|\neq 0,$$

取一个平面旋转矩阵 $\boldsymbol{P}_2(i_2,j_2)$，使得 $\boldsymbol{A}_2=\boldsymbol{P}_2\boldsymbol{A}\boldsymbol{P}_2^{\mathrm{T}}$的非对角元 $a_{i_2j_2}^{(2)}=a_{j_2i_2}^{(2)}=0$.（注意，此时可能原来化为 0 的元素不再是 0）

（3）继续以上过程，通过对 $\boldsymbol{A}$ 实行一系列平面旋转变换消除非对角元素中绝对值最大的元素，直到使得 $\boldsymbol{A}$ 的非对角元全化为充分小为止，即可求得全部近似特征值.

在以上的过程中，$\boldsymbol{A}_k=\boldsymbol{P}_k\boldsymbol{A}_{k-1}\boldsymbol{P}_k^{\mathrm{T}}(k=1,2,\cdots)$ 且每一个 $\boldsymbol{A}_k$ 都与 $\boldsymbol{A}$ 相似. 下面的定理给出了 Jacobi 方法的收敛性.

定理 8.4（Jacobi 方法的收敛性） 设 $\boldsymbol{A}\in\mathbf{R}^{n\times n}$ 为对称矩阵，对 $\boldsymbol{A}$ 实行一系列平面旋转变换 $\boldsymbol{A}_k=\boldsymbol{P}_k\boldsymbol{A}_{k-1}\boldsymbol{P}_k^{\mathrm{T}}(k=1,2,\cdots)$ 后，有 $\lim\limits_{k\to\infty}\boldsymbol{A}_k=\boldsymbol{D}$（对角阵）.

证明 记

$$\boldsymbol{A}_k=(a_{lm}^{(k)})_{n\times n},S_k=S(\boldsymbol{A}_k)=\sum_{l\neq m}(a_{lm}^{(k)})^2,$$

即 $\boldsymbol{A}_k$ 的非对角元素之和，则有 $S_{k+1}=S_k-2(a_{ij}^{(k)})^2$，其中 $a_{ij}^{(k)}$ 为 $\boldsymbol{A}_k$ 的非对角元素中绝对值最大的元素. 又

$$S_k=\sum_{l\neq m}(a_{lm}^{(k)})^2\leqslant\sum_{l\neq m}(a_{ij}^{(k)})^2=(n^2-n)(a_{ij}^{(k)})^2,$$

即有

$$\frac{S_k}{n(n-1)}\leqslant(a_{ij}^{(k)})^2,$$

由此得到

$$S_{k+1}=S_k-2(a_{ij}^{(k)})^2\leqslant S_k-2\frac{S_k}{n(n-1)}=S_k\left[1-\frac{2}{n(n-1)}\right].$$

从而有

$$\begin{aligned}S_{k+1}&\leqslant S_k\left[1-\frac{2}{n(n-1)}\right]\leqslant S_{k-1}\left[1-\frac{2}{n(n-1)}\right]^2\\&\leqslant\cdots\leqslant S_0\left[1-\frac{2}{n(n-1)}\right]^{k+1}.\end{aligned}$$

故 $\lim\limits_{k\to\infty}S_k=0$.

以上定理说明 k 充分大时，$\boldsymbol{A}_k$ 的对角元素即为所求矩阵的特征值. 下面研究特征向量的求法.

由上知，k 充分大时，$\boldsymbol{P}_k\cdots\boldsymbol{P}_2\boldsymbol{P}_1\boldsymbol{A}\boldsymbol{P}_1^{\mathrm{T}}\boldsymbol{P}_2^{\mathrm{T}}\cdots\boldsymbol{P}_k^{\mathrm{T}}\approx D$（对角阵）. 若令 $\boldsymbol{P}_k\cdots\boldsymbol{P}_2\boldsymbol{P}_1=\boldsymbol{R}_k$，则

$\boldsymbol{R}_k\boldsymbol{A}\boldsymbol{R}_k^{\mathrm{T}}\approx\boldsymbol{D}$. 从而 $\boldsymbol{D}$ 的对角元素为 $\boldsymbol{A}$ 的近似特征值,而 $\boldsymbol{R}_k^{\mathrm{T}}$ 的列向量为 $\boldsymbol{A}$ 的近似特征向量. 求 $\boldsymbol{R}_k^{\mathrm{T}}$ 时用累计的方法,即开始时 $\boldsymbol{R}\leftarrow\boldsymbol{I}$,以后每做一次平面旋转变换就计算一次 $\boldsymbol{R}\leftarrow\boldsymbol{R}\boldsymbol{P}_k^{\mathrm{T}}$,且 $\boldsymbol{R}\boldsymbol{P}_k^{\mathrm{T}}$ 只改变了 $\boldsymbol{R}$ 的两列元素,设 $\boldsymbol{P}_k=\boldsymbol{P}_k(i,j)$,则有 $\boldsymbol{R}\boldsymbol{P}_k^{\mathrm{T}}$ 的第 i 列和第 j 列元素为

$$(\boldsymbol{R})_{li}\leftarrow(\boldsymbol{R})_{li}\cos\theta+(\boldsymbol{R})_{lj}\sin\theta,$$

$$(\boldsymbol{R})_{lj}\leftarrow-(\boldsymbol{R})_{li}\sin\theta+(\boldsymbol{R})_{lj}\cos\theta, l=1,2,\cdots,n.$$

关于 $\sin\theta$ 和 $\cos\theta$ 的计算可按以下方法进行. 当 $a_{ij}\neq0$ 时,应确定 $\boldsymbol{P}(i,j)$,即求 $\sin\theta$,$\cos\theta$. 若 $a_{ii}\neq a_{jj}$,由(8.8)知

$$\tan 2\theta=\frac{2a_{ij}}{a_{ii}-a_{jj}},$$

令 $y=|a_{ii}-a_{jj}|$,$x=2\mathrm{sign}(a_{ii}-a_{jj})a_{ij}$,可得 $\tan 2\theta=\frac{x}{y}$,根据三角公式

$$\cos 2\theta=\frac{1}{\sqrt{1+\tan^2 2\theta}},\sin 2\theta=\tan 2\theta\cos 2\theta,$$

得 $\cos 2\theta=\frac{y}{\sqrt{x^2+y^2}}$,$\sin 2\theta=\frac{x}{\sqrt{x^2+y^2}}$,由半角公式得

$$\cos\theta=\sqrt{\frac{1+\cos 2\theta}{2}},\sin\theta=\frac{\sin 2\theta}{2\cos\theta},$$

若 $y=0$,则当 $a_{ii}>0$ 时,$\sin\theta=\cos\theta=\frac{\sqrt{2}}{2}$;当 $a_{ii}<0$ 时,有 $\sin\theta=\frac{-\sqrt{2}}{2}$,$\cos\theta=\frac{\sqrt{2}}{2}$.

实际计算时,只需两组工作单元,用来存储矩阵 $\boldsymbol{A}$ 和 $\boldsymbol{R}$,迭代时用 $S_k=\sum_{l\neq m}(a_{lm}^{(k)})^2<\varepsilon$ 控制迭代终止.

例 5　用 Jacobi 方法求 $\boldsymbol{A}=\begin{bmatrix}2&-1&0\\-1&2&-1\\0&-1&2\end{bmatrix}$ 的全部特征值和特征向量.

解　选 $a_{12}=-1$,则 $y=0$,故有

$$\boldsymbol{P}_1=\begin{bmatrix}\frac{1}{\sqrt{2}}&\frac{1}{\sqrt{2}}&0\\\frac{-1}{\sqrt{2}}&\frac{1}{\sqrt{2}}&0\\0&0&1\end{bmatrix},\boldsymbol{A}_1=\boldsymbol{P}_1\boldsymbol{A}\boldsymbol{P}_1^{\mathrm{T}}=\begin{bmatrix}1&0&\frac{-1}{\sqrt{2}}\\0&3&\frac{-1}{\sqrt{2}}\\\frac{-1}{\sqrt{2}}&\frac{-1}{\sqrt{2}}&2\end{bmatrix},$$

选 $a_{13}=\frac{-1}{\sqrt{2}}$,$i=1$,$j=3$,则

$$y=|a_{11}-a_{33}|=1,x=-2a_{13}=1.414\ 213\ 6,$$

$$\cos 2\theta=\frac{y}{\sqrt{x^2+y^2}}=0.577\ 350\ 3,\sin 2\theta=\frac{x}{\sqrt{x^2+y^2}}=0.816\ 496\ 6,$$

$$\cos\theta=\sqrt{\frac{1+\cos 2\theta}{2}}=0.888\ 073\ 8,\sin\theta=\frac{\sin 2\theta}{2\cos\theta}=0.459\ 700\ 9,$$

得

$$\boldsymbol{P}_2=\begin{bmatrix} 0.888\ 073\ 8 & 0 & 0.459\ 700\ 9 \\ 0 & 1 & 0 \\ -0.459\ 700\ 9 & 0 & 0.888\ 073\ 8 \end{bmatrix},$$

所以

$$\boldsymbol{A}_2=\boldsymbol{P}_2\boldsymbol{A}_1\boldsymbol{P}_2^{\mathrm{T}}=\begin{bmatrix} 0.633\ 98 & -0.325\ 05 & 0 \\ -0.325\ 05 & 3 & -0.627\ 97 \\ 0 & -0.627\ 97 & 2.366\ 03 \end{bmatrix},$$

可以继续求下去.

本例 Matlab 程序如下：

```
function tezhengjacobi
clc;
A=[2 -1 0;-1 2 -1;0 -1 2];
eps=1.0e-6;
[n,n]=size(A);
V=eye(n);
[w1,p]=max(abs(A-diag(diag(A))));
[w2,q]=max(w1);
p=p(q);
while(1)
  d=(A(q,q)-A(p,p))/(2*A(p,q));
  if(d>0)
     t=-d+sqrt(d^2+1);
  else if(d<0)
       t=-d-sqrt(d^2+1);
     else
       t=1;
     end
  end
  c=1/sqrt(t^2+1);
  s=c*t;
  R=[c s; -s c];
  A([p q],:)=R'*A([p q],:);
  A(:,[p q])=A(:,[p q])*R;
  V(:,[p q])=V(:,[p q])*R;
  [w1,p]=max(abs(A-diag(diag(A))));
```

```
  [w2,q]=max(w1);
  p=p(q);
  if (abs(A(p,q))<eps*sqrt(sum(diag(A).^2)/n))
     break;
  end
end
D=diag(diag(A))
V
```

8.2.3　Jacobi 过关法

Jacobi 过关法是为避免选主元而提出来的一种方法，具体做法是选取一串递减的正数作为限值，也叫作“关”. 通常用以下方法：

首先，计算对称矩阵 $\boldsymbol{A}$ 的非对角元素之和 $S(\boldsymbol{A})$，有

$$V_0=\Big(\sum_{l\neq k}a_{lk}^2\Big)^{\frac{1}{2}}=\Big[2\sum_{l=2}^{n}\sum_{k=1}^{l-1}a_{lk}^2\Big]^{\frac{1}{2}}=[S(\boldsymbol{A})]^{\frac{1}{2}}.$$

① 设关口，取 $V_1=\dfrac{V_0}{n}$，在矩阵 $\boldsymbol{A}$ 的非对角元素中按行（或列）进行扫描，即按

$$\begin{matrix} a_{12} & a_{13} & \cdots & a_{1n} \\ & a_{23} & \cdots & a_{2n} \\ & & \ddots & \vdots \\ & & & a_{n-1,n} \end{matrix}$$

检查，若存在 $|a_{ij}|\geqslant V_1$，则选择平面旋转矩阵 $\boldsymbol{P}(i,j)$ 把 a_{ij} 化为 0. 否则，不进行平面旋转变换而继续扫描. 由于上次变为 0 的元素可能在以后的变换中又增大了，所以每次扫描要从头开始. 重复上述过程直到 $\boldsymbol{A}_k=(a_{lm}^{(k)})_{n\times n}$ 的所有非对角元素均满足 $|a_{ij}^{(k)}|<V_1$ 为止.

② 缩小关口，取 $V_2=\dfrac{V_1}{n}$，对 $\boldsymbol{A}_k=(a_{lm}^{(k)})_{n\times n}$ 再重复以上步骤，经过多次扫描，直到 $\boldsymbol{A}_r=(a_{lm}^{(r)})_{n\times n}$ 的所有非对角元素均满足 $|a_{ij}^{(r)}|<V_2$ 为止.

③ 再设关口，$V_3=\dfrac{V_2}{n}$，重复以上步骤，这样经过一系列关口 $V_1,V_2,\cdots,V_t$，直到 $V_t\leqslant\left(\dfrac{\varepsilon}{n}\right)V_0$ 为止.

矩阵 $\boldsymbol{A}$ 经过一系列关口 $V_1,V_2,\cdots,V_t$ 及相应的正交相似变换化为 $\boldsymbol{A}_t=(a_{lm}^{(t)})_{n\times n}$，且

$$|a_{ij}^{(t)}|<V_t\leqslant\left(\frac{\varepsilon}{n}\right)V_0,i\neq j,$$

由于

$$S(\boldsymbol{A}_t)=\sum_{l\neq k}(a_{lk}^{(t)})^2\leqslant\sum_{l\neq k}V_t^2=n(n-1)V_t^2<n^2V_t^2\leqslant\varepsilon^2V_0^2=\varepsilon^2S(\boldsymbol{A}),$$

所以$\dfrac{S(\boldsymbol{A}_t)}{S(\boldsymbol{A})}<\varepsilon^2$,从而 ε 充分小时,保证了 $S(\boldsymbol{A}_t)$ 充分小,所以 $\boldsymbol{A}_t\approx\boldsymbol{D}$(对角阵).

对任意非零向量 $\boldsymbol{x}\in\mathbf{R}^n$,有

$$\lambda_n=\min_{x\neq0}\frac{(\boldsymbol{Ax},\boldsymbol{x})}{(\boldsymbol{x},\boldsymbol{x})},\lambda_1=\max_{x\neq0}\frac{(\boldsymbol{Ax},\boldsymbol{x})}{(\boldsymbol{x},\boldsymbol{x})},$$

问题求解方程 $f(\boldsymbol{x})=0$ 的问题.

§8.3 矩阵的 QR 分解及其应用

矩阵的 QR 分解方法用于求一般矩阵(中小型矩阵)的全部特征值,是目前最有效的方法之一. 本节就实矩阵的特征进行介绍.

8.3.1 豪斯荷尔德(Householder)变换

定义 8.2 设 $\boldsymbol{v}$ 是 n 维实的单位向量,即满足 $\boldsymbol{v}^{\mathrm{T}}\boldsymbol{v}=1$. 记 $\boldsymbol{I}_n$ 为 n 阶单位矩阵,令 $\boldsymbol{H}=\boldsymbol{I}_n-2\boldsymbol{vv}^{\mathrm{T}}$,则称 $\boldsymbol{H}$ 为 **Householder 矩阵(镜象矩阵)**,又称为**初等反射阵**.

根据上述定义,容易看出 $\boldsymbol{H}$ 是对称矩阵,即 $\boldsymbol{H}^{\mathrm{T}}=\boldsymbol{H}$,因为 $\boldsymbol{v}^{\mathrm{T}}\boldsymbol{v}=1$,有

$$\boldsymbol{H}^{\mathrm{T}}=(\boldsymbol{I}_n-2\boldsymbol{vv}^{\mathrm{T}})^{\mathrm{T}}=\boldsymbol{I}_n-2\boldsymbol{vv}^{\mathrm{T}}=\boldsymbol{H},$$

且

$$\boldsymbol{HH}^{\mathrm{T}}=\boldsymbol{HH}=(\boldsymbol{I}_n-2\boldsymbol{vv}^{\mathrm{T}})(\boldsymbol{I}^n-2\boldsymbol{vv}^{\mathrm{T}})=\boldsymbol{I}_n-4\boldsymbol{vv}^{\mathrm{T}}+4\boldsymbol{v}(\boldsymbol{v}^{\mathrm{T}}\boldsymbol{v})\boldsymbol{v}^{\mathrm{T}}=\boldsymbol{I}_n,$$

故 $\boldsymbol{H}$ 是对称正交矩阵,且 $\boldsymbol{H}^{-1}=\boldsymbol{H}$.

例如,$\boldsymbol{v}=\left(\dfrac{1}{\sqrt{2}},-\dfrac{1}{\sqrt{2}}\right)^{\mathrm{T}}$,$\|\boldsymbol{v}\|_2^2=\boldsymbol{v}^{\mathrm{T}}\boldsymbol{v}=1$,对应的 $\boldsymbol{H}$ 为

$$\boldsymbol{H}=\begin{bmatrix}1&0\\0&1\end{bmatrix}-2\begin{bmatrix}\dfrac{1}{\sqrt{2}}\\-\dfrac{1}{\sqrt{2}}\end{bmatrix}\begin{bmatrix}\dfrac{1}{\sqrt{2}},-\dfrac{1}{\sqrt{2}}\end{bmatrix}=\begin{bmatrix}0&1\\1&0\end{bmatrix}.$$

定理 8.5 设 $\boldsymbol{x},\boldsymbol{y}$ 是两个不相等的 n 维列向量,且满足 $\|\boldsymbol{x}\|_2=\|\boldsymbol{y}\|_2$,则存在一个 n 阶的镜象矩阵 $\boldsymbol{H}$,使得 $\boldsymbol{Hx}=\boldsymbol{y}$.

证明 由假设 $\boldsymbol{x}\neq\boldsymbol{y}$,故 $\|\boldsymbol{x}-\boldsymbol{y}\|_2\neq0$,做辅助向量 $\boldsymbol{v}=(\boldsymbol{x}-\boldsymbol{y})/\|\boldsymbol{x}-\boldsymbol{y}\|_2$,有 $\boldsymbol{v}^{\mathrm{T}}\boldsymbol{v}=1$,即 $\boldsymbol{v}$ 是单位向量,则有镜象矩阵

$$\boldsymbol{H}=\boldsymbol{I}_n-2\boldsymbol{vv}^{\mathrm{T}}=\boldsymbol{I}_n-2\frac{(\boldsymbol{x}-\boldsymbol{y})(\boldsymbol{x}^{\mathrm{T}}-\boldsymbol{y}^{\mathrm{T}})}{\|\boldsymbol{x}-\boldsymbol{y}\|_2^2},$$

于是

$$\boldsymbol{Hx}=\boldsymbol{x}-2\frac{(\boldsymbol{x}-\boldsymbol{y})(\boldsymbol{x}^{\mathrm{T}}-\boldsymbol{y}^{\mathrm{T}})}{\|\boldsymbol{x}-\boldsymbol{y}\|_2^2}\boldsymbol{x}=\boldsymbol{x}-2\frac{(\boldsymbol{x}-\boldsymbol{y})(\boldsymbol{x}^{\mathrm{T}}\boldsymbol{x}-\boldsymbol{y}^{\mathrm{T}}\boldsymbol{x})}{\|\boldsymbol{x}-\boldsymbol{y}\|_2^2}.$$

注意到，$\| x \|_2 = \| y \|_2$，有

$$\| x-y \|_2^2 = (x-y)^T(x-y) = 2(x^T x - y^T x),$$

故

$$Hx = x-(x-y) = y.$$

下面我们来叙述镜象矩阵的一个重要应用.

推论 8.1　设 x 是 n 维列向量，$\alpha = \pm \| x \|_2$，且 $x \neq -\alpha e_1$，则存在一个镜象矩阵

$$H = I - 2\frac{uu^T}{\| u \|_2^2} = I - \rho^{-1}uu^T,$$

使得 $Hx = -\alpha e_1$，其中 $e_1 = [1,0,\cdots,0]^T$，即 n 阶单位矩阵 I_n 的第 1 列，$u = x + \alpha e_1$，$\rho = \| u \|_2^2/2$.

下面讨论推论中参数 α 符号的取法，设

$$x = (x_1, x_2, \cdots, x_n)^T \neq 0, u = (u_1, u_2, \cdots, u_n)^T,$$

则

$$u = x + \alpha e_1 = (x_1+\alpha, x_2, \cdots, x_n)^T,$$

$$\rho = \frac{1}{2}\| u \|_2^2 = \frac{1}{2}[(x_1+\alpha)^2 + x_2^2 + \cdots + x_n^2] = \alpha(\alpha + x_1).$$

由上式可以看出，如果 α 与 x_1 异号，则计算 $x_1+\alpha$ 时，有效数字可能会损失，故取 α 与 x_1 有相同的符号，即取 $\alpha = \mathrm{sgn}(x_1)\| x \|_2$，其中

$$\mathrm{sgn}(x_1) = \begin{cases} 1, x_1 > 0, \\ 0, x_1 \geqslant 0, \\ -1, x_1 < 0. \end{cases}$$

定理 8.6　设 $x = (x_1, x_2, \cdots, x_n)^T$，其后面 $n-k$ 个分量不全为 0，则存在这样的 n 阶正交矩阵 Q，使 Qx 前面 $k-1$ 个分量与 x 相应的分量相同，而后面 $n-k$ 个分量等于 0.

证明　记 $x = (x_1, x_2, \cdots, x_n)^T$，$\alpha_k = \mathrm{sgn}(x_k)\| v \|_2$，又 e_1 是 $n-k+1$ 阶单位矩阵的第 1 列，由上述定理知，存在这样的 $n-k+1$ 阶镜象矩阵 H_{n-k+1}，使得 $H_{n-k+1}v = -\alpha_k e_1$.

记 $f = (x_1, x_2, \cdots, x_{k-1})^T$，$n$ 阶矩阵 $Q = \begin{bmatrix} I_{k-1} & 0 \\ 0 & H_{n-k+1} \end{bmatrix}$，$Q$ 是正交矩阵且

$$Qx = \begin{bmatrix} I_{k-1} & 0 \\ 0 & H_{n-k-1} \end{bmatrix}\begin{bmatrix} f \\ v \end{bmatrix} = \begin{bmatrix} f \\ -\alpha_k e_1 \end{bmatrix},$$

即 Qx 的前 $k-1$ 个分量与 x 的前 $k-1$ 个分量相同，第 k 个分量等于 $-\alpha_k$，而后面 $n-k$ 个分量等于 0.

8.3.2　QR 方法

定理 8.7（矩阵的 QR 分解）　设 A 是一个 n 阶实非奇异矩阵，则存在正交矩阵 Q 与三角矩阵 R，使 A 有分解 $A = QR$，且当 R 的对角元素为正时，分解是唯一的.

现在我们来进一步阐述求一阶方阵全部特征值的 QR 方法，令 $A_1 = A$，故 A_1 做 QR 分

解. 令 $A_1=Q_1R_1$，然后令 $A_2=R_1Q_1$，再对 A_2 做 QR 分解. 并令 $A_3=R_2Q_2$，这样下去就得到一个矩阵序列 $\{A_k\}$，其产生过程可概述如下：

$$A_1=A, A_k=Q_kR_k, A_{k+1}=R_kQ_k,$$

易证 A_{k+1} 与 A_k 相似，故 $\{A_k\}$ 有相同的特征值.

在一定条件下，$\{A_k\}$ 本质上收敛于上三角矩阵（分块上三角阵），若它们收敛于上三角阵，则该三角阵的对角元就是矩阵 A 的全部特征值，若收敛于分块上三角阵，则这些分块矩阵的特征值也就是 A 的特征值.

例 6 用 Householder 变换化矩阵 A 为 QR 分解形式，其中

$$A=\begin{bmatrix}0&2&0\\2&1&2\\0&2&1\end{bmatrix}.$$

解 记 $A_1=A, A=[Q_1,Q_2,Q_3]$，则

第一步，求 H_1 使 H_1a_1 与 e_1 同方向，即 $Ha_1=\delta_1e_1$，

$$\delta_1=\operatorname{sgn}(a_{11})\left(\sum_{i=1}^{3}a_{i1}^2\right)^{1/2}=\sqrt{0+2^2+0}=2,$$

$$u_1=a_1+\delta_1e_1=(0\quad 2\quad 0)^{\mathrm T}+2(1\quad 0\quad 0)^{\mathrm T}=(2\quad 2\quad 0)^{\mathrm T},$$

$$\rho_1=\frac{1}{2}\|u_1\|_2^2=\delta_1(\delta_1+a_{11})=4,$$

$$H_1=I-\rho_1^{-1}u_1u_1^{\mathrm T}=\begin{bmatrix}0&-1&0\\-1&0&0\\0&0&1\end{bmatrix},$$

$$A_2=H_1A_1=\begin{bmatrix}-2&-1&-2\\0&-2&0\\0&2&1\end{bmatrix}.$$

第二步，令 $a_2^{(2)}=(-2\quad 2)^{\mathrm T}$，求 $H_2^{(2)}$，使 $H_2^{(2)}a_2^2$ 与 $e_1^{(2)}$ 同向，即 $H_2^{(2)}a_2^{(2)}=-\delta_1^{(2)}e_1^{(2)}$，经计算得

$$\delta_1^{(2)}=\operatorname{sgn}(a_{22}^{(2)})\left(\sum_{i=2}^{3}a_{i2}^2\right)^{1/2}=-\sqrt{(-2)^2+2^2}=-2\sqrt{2},$$

$$u_2^{(2)}=a_2^{(2)}+\delta_1^{(2)}e_1^{(2)}=(-4.828\quad 2)^{\mathrm T},$$

$$\rho_2=\frac{1}{2}\|u_2^{(2)}\|_2^2=\delta_1^{(2)}(\delta_1^{(2)}+a_{22}^{(2)})=13.657,$$

$$H_2^{(2)}=I-\rho_2^{-1}u_2^{(2)}u_2^{(2)\mathrm T}=\begin{bmatrix}-0.707&0.707\\0.707&0.707\end{bmatrix},$$

所以

$$H_2=\begin{bmatrix}1&0&0\\0&-0.707&0.707\\0&0.707&0.707\end{bmatrix},$$

$$A_3=H_2A_1=H_2H_1A_1=\begin{bmatrix}-2 & -1 & -2\\ 0 & 2.828 & 0.707\\ 0 & 0 & 0.707\end{bmatrix}=R,$$

故

$$A=(H_2H_1)^{\mathrm{T}}R=H_1^{\mathrm{T}}H_2^{\mathrm{T}}R=QR,$$

$$Q=H_1^{\mathrm{T}}H_2^{\mathrm{T}}=\begin{bmatrix}0 & 0.707 & -0.707\\ -1 & 0 & 0\\ 0 & 0.707 & 0.707\end{bmatrix}.$$

下面的例子中我们利用 Householder 变换方法以及斯密特(Schmidt)正交化方法给出 A 的 QR 分解.

例 7　用 Schmidt 正交化方法求矩阵 A 的 QR 分解,已知

$$A=\begin{bmatrix}0 & 1 & 1\\ 1 & 1 & 0\\ 1 & 0 & 1\end{bmatrix}.$$

解　令 $\alpha_1=\begin{bmatrix}0\\1\\1\end{bmatrix},\alpha_2=\begin{bmatrix}1\\1\\0\end{bmatrix},\alpha_3=\begin{bmatrix}1\\0\\1\end{bmatrix}$,则

(1) 先将 $\alpha_1,\alpha_2,\alpha_3$ 正交化,即

$$\beta_1=\alpha_1=[0\quad 1\quad 1]^{\mathrm{T}},$$

$$\beta_2=\alpha_2-\frac{(\beta_1,\alpha_2)}{(\beta_1,\beta_1)}\beta_1=\alpha_2-\frac{1}{2}\alpha_1=\begin{bmatrix}1 & \frac{1}{2} & -\frac{1}{2}\end{bmatrix}^{\mathrm{T}},$$

$$\beta_3=\alpha_3-\frac{(\beta_3,\alpha_3)}{(\beta_1,\beta_1)}\beta_1-\frac{(\beta_2,\alpha_3)}{(\beta_2,\beta_2)}=\alpha_3-\frac{1}{2}\beta_1-\frac{1}{3}\beta_2=\begin{bmatrix}\frac{2}{3} & -\frac{2}{3} & \frac{2}{3}\end{bmatrix}^{\mathrm{T}}.$$

(2) 再将 β_1,β_2,β_3 单位化,即

$$q_1=\frac{1}{\sqrt{2}}\beta_1=\begin{bmatrix}0 & \frac{1}{\sqrt{2}} & \frac{1}{\sqrt{2}}\end{bmatrix}^{\mathrm{T}}=\frac{1}{\sqrt{2}}\alpha_1,$$

$$q_2=\sqrt{\frac{2}{3}}\beta_2=\begin{bmatrix}\frac{2}{\sqrt{6}} & \frac{1}{\sqrt{6}} & -\frac{1}{\sqrt{6}}\end{bmatrix}^{\mathrm{T}}=\frac{\sqrt{2}}{\sqrt{3}}\alpha_2-\frac{1}{\sqrt{6}}\alpha_1,$$

$$q_3=\frac{3}{2\sqrt{3}}\beta_3=\begin{bmatrix}\frac{1}{\sqrt{3}} & -\frac{1}{\sqrt{3}} & \frac{1}{\sqrt{3}}\end{bmatrix}^{\mathrm{T}}=-\frac{1}{2\sqrt{3}}\alpha_1-\frac{1}{2\sqrt{3}}\alpha_2+\frac{\sqrt{3}}{2}\alpha_3.$$

(3) 求解 A 进行 QR 分解,即

$$Q=[q_1\quad q_2\quad q_3]=[\alpha_1\quad \alpha_2\quad \alpha_3]\begin{bmatrix}\frac{1}{\sqrt{2}} & -\frac{1}{\sqrt{6}} & -\frac{1}{2\sqrt{3}}\\ 0 & \frac{\sqrt{2}}{\sqrt{3}} & -\frac{1}{2\sqrt{3}}\\ 0 & 0 & \frac{\sqrt{3}}{2}\end{bmatrix}=AB,$$

于是得 A 的 QR 分解为

$$A = QB^{-1} = QR = \begin{bmatrix} 0 & \frac{2}{\sqrt{6}} & \frac{1}{\sqrt{3}} \\ \frac{1}{\sqrt{2}} & \frac{1}{\sqrt{6}} & -\frac{1}{\sqrt{3}} \\ \frac{1}{\sqrt{2}} & -\frac{1}{\sqrt{6}} & \frac{1}{\sqrt{3}} \end{bmatrix} \begin{bmatrix} \sqrt{2} & \frac{1}{\sqrt{2}} & \frac{1}{\sqrt{2}} \\ 0 & \frac{\sqrt{3}}{\sqrt{2}} & \frac{1}{\sqrt{6}} \\ 0 & 0 & \frac{2}{\sqrt{3}} \end{bmatrix}.$$

§8.4 矩阵特征值与特征向量计算实验

1. 乘幂法的收敛性

(1) 用乘幂法求下列矩阵的按模最大特征值和相应的特征向量,精确到 4 位有效数字:

$$A = \begin{bmatrix} 2 & 4 & 6 \\ 3 & 9 & 15 \\ 4 & 16 & 36 \end{bmatrix}.$$

(2) 用反幂法求下列矩阵的按模最小特征值和相应的特征向量,精确到 7 位有效数字:

$$A = \begin{bmatrix} 6 & 2 & 1 \\ 2 & 3 & 1 \\ 1 & 1 & 1 \end{bmatrix}.$$

2. 利用 Matlab 函数求矩阵特征值:

$$A = \begin{bmatrix} 10 & 7 & 8 & 7 \\ 7 & 5 & 6 & 5 \\ 8 & 6 & 10 & 9 \\ 7 & 5 & 9 & 10 \end{bmatrix}.$$

3. 用基本 QR 算法求 A 的全部特征值,其中

$$A = \begin{bmatrix} 1 & 2 & 3 \\ 4 & 5 & 6 \\ 7 & 8 & 9 \end{bmatrix}.$$

练习题 8

1. 用乘幂法求下列矩阵的按模最大的特征值和相应的特征向量.

(1) $A = \begin{bmatrix} 2 & 3 & 2 \\ 10 & 3 & 4 \\ 3 & 6 & 1 \end{bmatrix}$;

(2)$A=\begin{bmatrix}7 & 3 & -2\\3 & 4 & -1\\-2 & -1 & 3\end{bmatrix}$.

2. 用原点移位法求矩阵 $A=\begin{bmatrix}-3 & 1 & 0\\1 & -3 & -3\\0 & -3 & 4\end{bmatrix}$ 的主特征值.

3. 用 Jacobi 方法计算 $A=\begin{bmatrix}2 & -1 & 0\\-1 & 2 & -1\\0 & -1 & 2\end{bmatrix}$ 的特征值.

4. 用反幂法求矩阵 $A=\begin{bmatrix}3 & 2\\4 & 5\end{bmatrix}$ 的按模最小特征值及对应的特征向量.

5. 用 Jacobi 法求实对阵矩阵 $A=\begin{bmatrix}2 & 1 & 1\\1 & 2 & 1\\1 & 1 & 2\end{bmatrix}$ 的全部特征值和对应的特征向量.

6. 设方阵 A 的特征值都是实数,且满足条件 $\lambda_1 \geqslant \lambda_2 \geqslant \cdots \geqslant \lambda_n \, |\lambda_1| > |\lambda_n|$ 为求 λ 而解原点平稳,试证当平移量 $p=\frac{1}{2}(\lambda_1+\lambda_2)$ 时,乘幂法收敛最快.

7. 用反幂法求矩阵 $A=\begin{bmatrix}2 & 1 & 0\\1 & 3 & 1\\0 & 1 & 4\end{bmatrix}$ 的与 $\lambda=1.2679$ 最接近的特征值及对应的特征向量.

第9章　常微分方程初值问题的数值解法

教学提示：本章主要介绍常微分方程初值问题数值求解的常用单步法(Euler 法)及其构造、单步法的收敛性与稳定性、线性多步法的构造与稳定性. 在教学中,加强学生动手能力和结合 Matlab 软件应用所学方法解决实际问题的能力.

教学目标：学生通过本章学习,了解单步法的构造及其收敛性、稳定性分析,了解 Runge-Kutta 方法构造的基本思路和过程,了解线性多步法构造的一般过程以及常用的线性多步法,掌握 Euler 法、隐式 Euler 法、梯形法和改进 Euler 法,掌握 3 阶 Kutta 法、4 阶经典 Runge-Kutta 方法和 4 阶 Admas 方法,并能应用 Matlab 软件编写这些公式的程序求解微分方程初值问题.

在许多物理、力学、生物生态学和其他科学技术问题的研究中,建立的数学模型往往以常微分的形式表示. 求常微分方程解析解的方法虽然多种多样,但是利用这些方法,我们只能对若干特殊类型的常微分方程求解,要给出一般方程解析解的表达式是十分困难的,而在实际问题中遇到的常微分方程,要获得它们的解析解更是不容易,而且往往从解析解中不易得到解的数值,所以在实际应用时要通过数值计算求出其满足一定精确度的数值解.

本章将介绍一阶常微分方程初值问题

$$\begin{cases} y' = f(x,y), \\ y(x_0) = y_0 \end{cases} \tag{9.1}$$

的数值解法,由微分方程理论可知,对初值问题(9.1) 的解有如下结论:

定理 9.1　设初值问题(9.1) 中右端函数 $f(x,y)$ 在变量 x,y 平面上的某个区域

$$D = \{(x,y) \mid a \leqslant x \leqslant b, -\infty < y < +\infty\}$$

上有定义,且满足以下条件:

(1) 函数 $f(x,y)$ 是关于变量 x,y 的连续函数;

(2) 对任意区域 $D_1 \subset D$,函数 $f(x,y)$ 关于 y 满足 Lipschitz 条件,即

$$|f(x,y_1) - f(x,y_2)| \leqslant L|y_1 - y_2|, \forall (x,y_1),(x,y_2) \in D_1,$$

其中 L 为只与区域 D_1 有关,且与 x,y_1,y_2 无关的常数,称为 **Lipschitz 常数**,则初值问题(9.1) 存在唯一解 $y(x)$.

所谓**数值解法**就是将微分方程的初值问题(9.1) 进行离散化(包括空间离散化和微分算子的离散化),转换成差分方程进行求解的过程,即由初始点 x_0 开始,取一系列离散节点

$$x_0 < x_1 < x_2 < \cdots < x_n < \cdots$$

进行空间离散化,再在每个离散点上进行微分算子的离散得到初值问题(9.1)的精确解 $y(x)$ 在各离散点处值 $y(x_n)$ 的近似值 y_n 的递推公式,进而求得(9.1)的解在各离散节点上的近似值 $y_1,y_2,\cdots,y_n,\cdots$ 的过程,其中相邻两节点 x_n,x_{n+1} 之间的间距 $h_{n+1}=x_{n+1}-x_n$ 称为**步长**. 当 h_{n+1} 可变化时,称为**变步长**;h_{n+1} 为常数时,称为**定步长**,记为 h. 我们约定本章中离散点为等距剖分的点,即步长 h 为常数,$y(x_n)$,$f(x_n,y(x_n))$ 和 y_n,$f(x_n,y_n)$ 分别为初值问题(9.1)的精确解 $y(x)$ 和数值解法在节点 $x=x_n$ 处的值及相应的导数值,与 $f(x_n,y_n)$ 不同,$f(x_n,y(x_n))=\left.\dfrac{\mathrm{d}y}{\mathrm{d}x}\right|_{x=x_n}$.

求初值问题(9.1)的数值解方法都是逐步迭代递推进行的,即先计算出 y_n 后,再计算 y_{n+1},可进行如下分类:

(1) 根据计算 y_{n+1} 时所用到以前计算结果的个数,可分为**单步法**(计算 y_{n+1} 时只用到前一步递推计算的结果 y_n)和**多步法**(计算 y_{n+1} 时要用到前 k 步递推计算的结果 y_n, $y_{n-1},\cdots,y_{n-k+1}$).

(2) 根据计算 y_{n+1} 的递推公式中是否包含 y_{n+1},又可分为**显式法**(计算 y_{n+1} 的递推公式中不包含 y_{n+1})和**隐式法**(计算 y_{n+1} 的递推公式中包含 y_{n+1}).

并且这两种分类方法是可以交叉的,具体划分为:

$$\begin{cases}\text{单步法}\begin{cases}\text{显式单步法 } y_{n+1}=y_n+h\varphi(x_n,y_n,h);\\ \text{隐式单步法 } y_{n+1}=y_n+h\varphi(x_n,y_n,y_{n+1},h);\end{cases}\\ \text{多步法}\begin{cases}\text{显式多步法 } y_{n+1}=y_n+h\varphi(x_n,y_n,y_{n-1},\cdots,y_{n-k+1},h);\\ \text{隐式多步法 } y_{n+1}=y_n+h\varphi(x_n,y_{n+1},y_n,\cdots,y_{n-k+1},h).\end{cases}\end{cases}$$

对于初值问题(9.1),要构造具有实用价值的数值解法,需要注意以下几个问题:

(1) **算法构造**:即如何将微分方程 $\dfrac{\mathrm{d}y}{\mathrm{d}x}=f(x,y)$ 离散化,建立数值求解递推公式.

(2) **算法收敛性**:即在 $h\to 0$ 时,所求数值解 y_n 是否能收敛于初值问题(9.1)的精确解 $y(x_n)$.

(3) **算法稳定性**:即在用递推公式求数值解过程中,每一步所产生的误差(包含截断误差、舍入误差等)对以后各步迭代递推结果产生的影响,也就是要考虑误差的传播性.

本章主要介绍初值问题(9.1)的一些常用的单步法和线性多步法的构造、收敛性与稳定性分析.

§9.1 常用单步法及其构造

9.1.1 单步法

对初值问题(9.1),由初始点 x_0 开始,取一系列离散节点

$$x_0 < x_1 < x_2 < \cdots < x_n < \cdots,$$

求出精确值 $y(x_1),y(x_2),\cdots,y(x_n)$ 的相应近似值 $y_1,y_2,\cdots,y_n$，这里只讨论 $x_0,x_1,x_2,\cdots,x_n$ 等距的情形，记步长 $h=x_{n+1}-x_n,n=0,1,2,\cdots$，下面通过适当的方法把连续的初值问题(9.1)进行离散以建立起相应的数值方法.

将初值问题(9.1)中的微分方程在 $[x_n,x_{n+1}]$ 上积分，得

$$y(x_{n+1})-y(x_n)=\int_{x_n}^{x_{n+1}}f(x,y)\,\mathrm{d}x, \tag{9.2}$$

上式右端的积分项利用数值积分的左矩形公式

$$\int_{x_n}^{x_{n+1}}f(x,y)\,\mathrm{d}x \approx (x_{n+1}-x_n)f(x_n,y(x_n))$$

近似代替，得

$$y(x_{n+1}) \approx y(x_n)+hf(x_n,y(x_n)),$$

用 $y(x_n)$ 的近似值 y_n 代替 $y(x_n)$，等号"="代替近似等号"≈"，可以得到初值问题(9.1)的数值求解递推公式

$$\begin{cases} y_{n+1}=y_n+h\,f(x_n,y_n), \\ y_0=y(x_0), \end{cases} \tag{9.3}$$

称为**显式 Euler 法**，简称为 **Euler 法**，$n=0,1,2,3,\cdots$.

Euler 法具有明显的几何意义，方程 $\frac{\mathrm{d}y}{\mathrm{d}x}=f(x,y)$ 的解为 xOy 平面上的一族积分曲线，初值问题(9.1)的解曲线 $y(x)$ 过点 $M_0(x_0,y_0)$，过 M_0 以 $f'(x_0,y_0)$ 为斜率的切线与直线 $x=x_1=x_0+h$ 交于点 $M_1(x_1,y_1)$，其中 $y_1=y_0+hf(x_0,y_0))$，过点 M_1 以 $f'(x_1,y_1)$ 为斜率的切线与直线 $x=x_2=x_0+2h$ 交于点 $M_2(x_2,y_2)$（其中 $y_2=y_1+hf(x_1,y_1)$），以此类推即可得到初值问题(9.1)在点 $x_1,x_2,\cdots,x_n,\cdots$ 上的数值解 $y_1,y_2,\cdots,y_n,\cdots$，而点 $M_0,M_1,M_2,\cdots,M_n,\cdots$ 连成的折线 $M_0M_1M_2\cdots M_n\cdots$ 作为解曲线 $y(x)$ 的近似曲线，Euler 法又称为**折线法**.

由此看到，初值问题数值解法，只有在开始的第一步才是使用精确值进行计算的，以后各步均是使用前一步计算的近似值.

若(9.2)右端的积分项利用数值积分的右矩形公式

$$\int_{x_n}^{x_{n+1}}f(x,y)\,\mathrm{d}x \approx (x_{n+1}-x_n)f(x_{n+1},y(x_{n+1})),$$

近似代替，得

$$y(x_{n+1}) \approx y(x_n)+hf(x_{n+1},y(x_{n+1})),$$

同样，用 $y(x_n)$ 的近似值 y_n 代替 $y(x_n)$，等号"="代替近似等号"≈"，可得初值问题(9.1)的数值求解公式

$$\begin{cases} y_{n+1}=y_n+h\,f(x_{n+1},y_{n+1}), \\ y_0=y(x_0), \end{cases} \tag{9.4}$$

由于右端含有 y_{n+1}，则(9.4)是一种隐式方法，称为**隐式 Euler 法**.

类似地，若将(9.2)右端的积分项利用数值积分的梯形公式

$$\int_{x_n}^{x_{n+1}} f(x,y)\,dx \approx \frac{x_{n+1}-x_n}{2}[f(x_n,y(x_n)) + f(x_{n+1},y(x_{n+1}))]$$

进行近似,可得求解初值问题(9.1)的梯形公式法,即

$$\begin{cases} y_{n+1} = y_n + \dfrac{h}{2}[f(x_n,y_n) + f(x_{n+1},y_{n+1})], \\ y_0 = y(x_0). \end{cases} \tag{9.5}$$

以上我们通过数值积分构造了 Euler 法,利用其他方式也可以构造 Euler 法,如泰勒展开法、差商替代法等.

注:(1) 在具体求解时 Euler 法与隐式 Euler 法也有较大区别:Euler 法可以直接通过公式迭代求得微分方程的解;一般地,隐式 Euler 法在每次迭代求解时都必须求解非线性方程,从而导致计算量的增加.

(2) 虽然隐式 Euler 法求解时计算量较大,但其解的稳定区间要比 Euler 法的大得多.

(3) 梯形公式法也是一种隐式方法,实质上就是 Euler 法与隐式 Euler 法两式和的平均构成的一种组合算法.

在实际计算时,可将 Euler 法和梯形公式法结合起来使用,即先由 Euler 法计算出 y_{n+1} 的初始值 $y_{n+1}^{(0)}$,再用梯形公式法进行 y_{n+1} 的迭代计算,具体过程如下:

$$\begin{cases} y_{n+1}^{(0)} = y_n + h f(x_n,y_n), \\ y_{n+1}^{(k+1)} = y_n + \dfrac{h}{2}[f(x_n,y_n) + f(x_{n+1},y_{n+1}^{(k)})], k = 0,1,2,\cdots. \end{cases} \tag{9.6}$$

对于已给的精确度 ε,当满足 $|y_{n+1}^{(k+1)} - y_{n+1}^{(k)}| < \varepsilon$ 时,取 $y_{n+1} = y_{n+1}^{(k+1)}$,然后继续下一步 y_{n+2} 的计算.

在步长 h 较小时,用显式 Euler 公式算出 $y_{n+1}^{(0)}$ 后,通常用(9.5)迭代一次所得的 $y_{n+1}^{(1)}$ 就满足精度要求,只对 y_{n+1} 进行一次迭代计算的做法称为**改进 Euler 法**,也称为 **Euler 预测 - 校正法**,即

$$\begin{cases} y_{n+1}^{(0)} = y_n + h f(x_n,y_n), \text{预测}, \\ y_{n+1} = y_n + \dfrac{h}{2}[f(x_n,y_n) + f(x_{n+1},y_{n+1}^{(0)})], \text{校正}, \\ n = 0,1,2,\cdots. \end{cases} \tag{9.7}$$

若记

$$K_1 = f(x_n,y_n), K_2 = f(x_n + h, y_n + hf(x_n,y_n)) = f(x_{n+1}, y_n + hK_1),$$

则(9.7)可改写成

$$y_{n+1} = y_n + \frac{h}{2}K_1 + \frac{h}{2}K_2, n = 0,1,2,\cdots. \tag{9.8}$$

改进 Euler 法实质上也是一种组合算法,它充分利用了 Euler 法(9.3)计算量小和梯形公式法(9.5)稳定性好的优点,在计算量增加较小的情况下大大提高了稳定性.

例 1　分别用 Euler 法、梯形公式法和改进 Euler 法解初值问题

$$\begin{cases} y' = x - y + 1, \\ y(0) = 1, \end{cases}$$

取 $h = 0.1$，计算到 $x = 0.5$.

解 所求初值问题的 Euler 法迭代公式为

$$y_{n+1} = y_n + h[x_n - y_n + 1] = (1 - h)y_n + hx_n + h,$$

代入 $h = 0.1$，得

$$y_{n+1} = 0.9y_n + 0.1x_n + 0.1.$$

梯形公式法迭代公式为

$$y_{n+1} = y_n + \frac{h}{2}[x_n - y_n + 1 + x_{n+1} - y_{n+1} + 1],$$

这是一个关于 y_{n+1} 的线性方程，解之得

$$y_{n+1} = \frac{\left[\left(1 - \frac{h}{2}\right)y_n + hx_n + h + \frac{h^2}{2}\right]}{1 + \frac{h}{2}},$$

代入 $h = 0.1$，得

$$y_{n+1} = \frac{0.95y_n + 0.1x_n + 0.105}{1.05}.$$

改进 Euler 法迭代公式为

$$y_{n+1} = y_n + h\left[\left(1 - \frac{h}{2}\right)(x_n - y_n) + 1\right],$$

代入 $h = 0.1$，得

$$y_{n+1} = 0.905y_n + 0.095x_n + 0.1.$$

具体计算结果如表 9 - 1 所示.

表 9 - 1 例 1 计算结果

x_n	$y(x_n)$	Euler 法		梯形公式法		改进 Euler 法	
		y_n	$\lvert y(x_n) - y_n \rvert$	y_n	$\lvert y(x_n) - y_n \rvert$	y_n	$\lvert y(x_n) - y_n \rvert$
0	1.000 000	1.000 000	0	1.000 000	0	1.000 000	0
0.1	1.004 837	1.000 000	4.837×10^{-3}	1.004 762	7.5×10^{-5}	1.005 000	1.6×10^{-4}
0.2	1.018 731	1.010 000	8.731×10^{-3}	1.018 594	1.4×10^{-4}	1.019 025	2.9×10^{-4}
0.3	1.040 818	1.029 000	1.182×10^{-2}	1.040 633	1.9×10^{-4}	1.041 218	4.0×10^{-4}
0.4	1.070 320	1.056 000	1.422×10^{-2}	1.070 096	2.2×10^{-4}	1.070 802	4.8×10^{-4}
0.5	1.106 531	1.090 490	1.604×10^{-2}	1.106 278	2.5×10^{-4}	1.107 176	5.5×10^{-4}

从以上结果可以看出，梯形公式法与改进 Euler 法的误差几乎具有相同的数量级，但都比显式 Euler 法的计算结果精确.

本例 Matlab 程序如下：

```
function myeuler
clc;
a = 0;b = 1;y0 = 1;h = 0.1;
df = @ (x,y)x - y + 1;
x = a:h:b;
```

```
y(1) = y0;
for n = 1:(length(x) - 1)
    k1 = feval(df,x(n),y(n));
    y(n + 1) = y(n) + h * k1;
    k2 = feval(df,x(n + 1),y(n + 1));
    y(n + 1) = y(n) + h * (k1 + k2)/2;
end
y
```

9.1.2　单步法的局部截断误差和阶

初值问题(9.1)数值解法的单步法可以统一表示为

$$y_{n+1} = y_n + h\varphi(x_n, y_n, x_{n+1}, y_{n+1}, h), \tag{9.9}$$

其中 φ 为与 $f(x,y)$ 有关的函数,且对不同的数值解法具有不同的表达式. 若 φ 不含 y_{n+1},则(9.9)是显式的,否则(9.9)是隐式的.

定义 9.1　设 $y(x)$ 是初值问题(9.1)的精确解,并且假定第 n 步及以前各步迭代计算中没有产生误差,即 $y_n = y(x_n), n = 0,1,2,\cdots$,则称

$$T_{n+1} = y(x_{n+1}) - y_{n+1} = y(x_{n+1}) - y(x_n) - h\varphi(x_n, y_n, x_{n+1}, y_{n+1}, h) \tag{9.10}$$

为单步法(9.9)的**局部截断误差**.

局部截断误差 T_{n+1} 实际上就是由第 n 步到第 $n+1$ 步迭代计算时产生的误差. 将(9.10)的右端项在点 $x = x_n$ 处作 Taylor 展开,就可得局部截断误差的具体表达式.

定义 9.2　若(9.9)的局部截断误差(9.10)在点 $x = x_n$ 处作 Taylor 展开后有 $T_{n+1} = O(h^{p+1})$,其中 p 为整数,则称单步法迭代递推公式(9.9)是 p 阶的,或称(9.9)具有 **p 阶精度**,即 T_{n+1} 的阶数为 $p+1$ 阶的.

一般地,数值解法的阶数越高,其计算结果的精确度也就越高. 如果单步法迭代递推公式(9.9)是 p 阶的,则其局部截断误差 $T_{n+1} = O(h^{p+1})$ 是 $p+1$ 阶的. 对局部截断误差 T_{n+1},我们主要关心它按步长 h 展开式的第一项.

定义 9.3　若 p 阶单步法迭代递推公式(9.9)的局部截断误差可写成

$$T_{n+1} = h^{p+1}\varphi(x_n, y(x_n)) + O(h^{p+2}), \tag{9.11}$$

则上式的第一项 $h^{p+1}\varphi(x_n, y(x_n))$ 称为单步法(9.9)的**局部截断误差主项**.

将局部截断误差 T_{n+1} 中的 $y(x_{n+1}), y'(x_{n+1})$ 在点 $x = x_n$ 处作 Taylor 展开,就可得局部截断误差主项.

对于 Euler 法,其局部截断误差 T_{n+1} 在点 $x = x_n$ 处的展开式为

$$\begin{aligned} T_{n+1} &= y(x_{n+1}) - y_{n+1} = y(x_{n+1}) - y(x_n) - hf(x_n, y(x_n)) \\ &= y(x_n) + hy'(x_n) + \frac{1}{2!}h^2y''(x_n) + O(h^3) - y(x_n) - hy'(x_n) \\ &= \frac{1}{2}h^2y''(x_n) + O(h^3) = O(h^2), \end{aligned} \tag{9.12}$$

则 Euler 法是一阶方法，局部截断误差主项为$\frac{1}{2!}h^2y''(x_n)$.

类似地，还可得到隐式 Euler 法的局部截断误差

$$T_{n+1}=y(x_{n+1})-y_{n+1}=-\frac{1}{2!}h^2y''(x_n)+O(h^3)=O(h^2). \tag{9.13}$$

可见，隐式 Euler 法也是一阶方法，局部截断误差主项为 $-\frac{1}{2!}h^2y''(x_n)$.

梯形公式法的局部截断误差展开式为

$$\begin{aligned}T_{n+1}&=y(x_{n+1})-y_{n+1}=y(x_{n+1})-y(x_n)-\frac{h}{2}[y'(x_n)+y'(x_{n+1})]\\&=y(x_n)+hy'(x_n)+\frac{1}{2!}h^2y''(x_n)+\frac{1}{3!}h^3y'''(x_n)+O(h^4)-\\&\quad y(x_n)-\frac{h}{2}[y'(x_n)+y'(x_n)+hy''(x_n)+\frac{h^2}{2!}y'''(x_n)+O(h^3)]\\&=-\frac{h^3}{12}y'''(x_n)+O(h^4),\end{aligned} \tag{9.14}$$

所以，梯形公式法是二阶方法，局部截断误差主项为 $-\frac{h^3}{12}y'''(x_n)$.

对于改进 Euler 法也可以推导出其局部截断误差 $T_{n+1}=O(h^3)$，故改进 Euler 法也是二阶方法.

9.1.3 Runge-Kutta 方法

Runge-Kutta 方法是初值问题(9.1)数值求解的一类重要方法，它是用$f(x,y)$在区间$[x_n,x_{n+1}]$上若干个点处的函数值的线性组合构造的高阶单步法，具体就是用$f(x,y)$在区间$[x_n,x_{n+1}]$上若干个点处的函数值的线性组合代替$f(x,y)$在节点处的导数，来避免直接计算$f(x,y(x))$的高阶导数，然后再利用 Taylor 展开式确定其中的系数. 一般形式的 Runge-Kutta 方法主要构造过程如下：

在$[x_n,x_{n+1}]$上适当地取 m 个点

$$x_n=s_1<s_2<\cdots<s_m=x_{n+1},$$

用这 m 个点上$f(x,y)$函数值的线性组合构造如下数值迭代公式：

$$\begin{cases}(a)\,y_{n+1}=y_n+h\sum\limits_{i=1}^{m}c_i\varphi_i,\ n=0,1,2,\cdots,\\(b)\begin{cases}\varphi_1=f(x_n,y_n),\\\varphi_i=f(x_n+a_ih,\ y_n+h\sum\limits_{l=1}^{i-1}b_{il}\varphi_l),\ i=2,3,\cdots,m,\end{cases}\end{cases} \tag{9.15}$$

其中a_i，b_{il}和c_i为待定系数，将初值问题(9.1)的精确解$y(x)$分别代入(9.15)的两端，在点(x_n,y_n)处作 Taylor 展开，并按 h 的升幂排列重新整理得

$$y_{n+1}=y_n+\gamma_1 h+\frac{1}{2!}\gamma_2 h^2+\frac{1}{3!}\gamma_3 h^3+\cdots+\frac{1}{p!}\gamma_p h^p+\frac{1}{(p+1)!}\gamma_{p+1}h^{p+1}+O(h^{p+2}),$$

再与初值问题(9.1)的精确解 $y(x)$ 在点 $x=x_n$ 处 Taylor 展开式

$$\begin{aligned}y(x_{n+1})&=y(x_n+h)\\&=y(x_n)+hy'(x_n)+\frac{h^2}{2!}y''(x_n)+\cdots+\\&\quad\frac{h^p}{p!}y^{(p)}(x_n)+\frac{h^{(p+1)}}{(p+1)!}y^{(p+1)}(x_n)+O(h^{p+2}),\end{aligned}\tag{9.16}$$

进行比较,使前 $p+1$ 项相等,即

$$\gamma_1=f(x_n,y_n),\gamma_2=f'(x_n,y_n),\cdots,\gamma_p=f^{(p-1)}(x_n,y_n),$$

可以得到 p 个方程,与关系式 $a_i=\sum_{l=1}^{i-1}b_{il}(i=2,3,\cdots,m)$ 一起,即可得到 $p+m-1$ 个关于 a_i,b_{il} 和 c_i 的方程,一般来说,当 $m\geqslant 2$ 时,方程的个数小于待定系数的个数,也就是待定系数 a_i,b_{il} 和 c_i 是不唯一的. 不难看出 Runge-Kutta 方法的局部截断误差为

$$T_{n+1}=y(x_{n+1})-y_{n+1}=\frac{h^{p+1}}{(p+1)!}(\gamma_{p+1}-f^{(p)}(x_n,y_n))+O(h^{p+2}),\tag{9.17}$$

局部截断误差达到 $O(h^{p+1})$,因此称(9.15)为 **m 级 p 阶 Runge-Kutta 方法**,同为 m 级 p 阶 Runge-Kutta 方法的公式也是不唯一的.

下面,我们用以上构造方法给出几个常用的 Runge-Kutta 方法.

(1) $m=2$ 时,即二阶 Runge-Kutta 方法的构造过程如下:

把初值问题(9.1)的精确解 $y(x_{n+1})$ 在点 $x=x_n$ 处 Taylor 展开,得

$$\begin{aligned}y(x_{n+1})&=y(x_n)+hy'(x_n)+\frac{h^2}{2!}y''(x_n)+\frac{h^3}{3!}y'''(x_n)+O(h^4)\\&=y(x_n)+h\varphi_T(x_n,y(x_n),h),\end{aligned}\tag{9.18}$$

其中

$$\varphi_T(x_n,y(x_n),h)=f+\frac{1}{2}hF+\frac{h^2}{6}(Ff'_y+G)+O(h^3),$$

$$F=f'_x+ff'_y,G=f''_{xx}+2ff''_{xy}+f^2f''_{yy}.$$

下面考虑 φ_i 在点(x_n,y_n)处作 Taylor 展开可得

$$\begin{aligned}\varphi_1&=f(x_n,y_n)=f,\\\varphi_2&=f(x_n+a_2h,y_n+a_2\varphi_1h)\\&=f+a_2(f'_x+\varphi_1f'_y)h+\frac{1}{2}a_2^2(f''_{xx}+2\varphi_1f''_{xy}+\varphi_1^2f''_{yy})h^2+O(h^3)\\&=f+a_2Fh+\frac{1}{2}a_2^2Gh^2+O(h^3),\end{aligned}$$

代入(9.15),并整理得

$$y_{n+1}=y_n+(c_1+c_2)fh+a_2c_2Fh^2+\frac{1}{2}a_2^2c_2Gh^3+O(h^4),\tag{9.19}$$

由(9.18)和(9.19)可得

$$y_{n+1}=y_n+h\varphi_T(x_n,y_n,h)$$

$$= y_n + (c_1 + c_2)fh + a_2c_2Fh^2 + \frac{1}{2}a_2^2c_2Gh^3 + O(h^4). \qquad (9.20)$$

令(9.20)中 h,h^2 的系数对应相等,并注意到 F,G 的任意性,可得

$$c_1 + c_2 = 1, a_2c_2 = \frac{1}{2}, b_{21} = a_2, \qquad (9.21)$$

这是一个含有4个待定系数和3个方程的方程组,该方程组有无穷多组解,每一组解对应着一个二级二阶 Runge-Kutta 方法.

以 c_2 为自由待定系数,分别取值 $\frac{1}{2},\frac{3}{4}$ 和1时,可得如下公式.

① **改进 Euler 公式** $(c_1 = c_2 = \frac{1}{2}, a_2 = 1, b_{21} = 1)$:

$$y_{n+1} = y_n + \frac{h}{2}[f(x_n,y_n) + f(x_n + h, y_n + hf(x_n,y_n))]$$
$$= y_n + \frac{h}{2}[\varphi_1 + \varphi_2],\ n = 0,1,2,\cdots,$$

其中 $\varphi_1 = f(x_n,y_n), \varphi_2 = f(x_n + h, y_n + h\varphi_1)$.

② **2阶海恩(Heun)公式** $(c_1 = \frac{1}{4}, c_2 = \frac{3}{4}, a_2 = \frac{2}{3}, b_{21} = \frac{2}{3})$:

$$y_{n+1} = y_n + \frac{h}{4}[f(x_n,y_n) + 3f(x_n + \frac{2h}{3}, y_n + \frac{2h}{3}f(x_n,y_n))]$$
$$= y_n + \frac{h}{4}[\varphi_1 + 3\varphi_2], n = 0,1,2,\cdots,$$

其中 $\varphi_1 = f(x_n,y_n), \varphi_2 = f(x_n + \frac{2h}{3}, y_n + \frac{2h}{3}\varphi_1)$.

③ **中点公式** $(c_1 = 0, c_2 = 1, a_2 = \frac{1}{2}, b_{21} = \frac{1}{2})$:

$$y_{n+1} = y_n + hf(x_n + \frac{1}{2}h, y_n + \frac{1}{2}hf(x_n,y_n))$$
$$= y_n + h\varphi_2, n = 0,1,2,\cdots,$$

其中 $\varphi_1 = f(x_n,y_n), \varphi_2 = f(x_n + \frac{1}{2}h, y_n + \frac{1}{2}h\varphi_1)$.

其中Heun公式是通过选择待定系数 c_2 使局部截断误差(9.17)中 h^3 项系数的累计达到极小化而得到的.

(2) 3阶和4阶 Runge-Kutta 方法.

当 $m = 3$ 时,仿照上述过程,即可得到3阶 Runge-Kutta 方法待定系数 a_i, b_{il} 和 c_i 应满足的关系式

$$
\begin{cases}
c_1 + c_2 + c_3 = 1, \\
a_2 c_2 + a_3 c_3 = \dfrac{1}{2}, \\
a_2^2 c_2 + a_3^2 c_3 = \dfrac{1}{3}, \\
a_2 b_{32} c_3 = \dfrac{1}{6}, \\
b_{21} = a_2, \\
b_{31} + b_{32} = a_3.
\end{cases} \tag{9.22}
$$

这是一个含有8个待定系数和6个方程的方程组,该方程组有无穷多组解,待定系数 a_i, b_{il} 和 c_i 取不同的值,就可以得到不同的三阶 Runge-Kutta 方法,以下是常见的几种.

① **3 阶 Heun 公式** $\left(c_1 = \dfrac{1}{4}, c_2 = 0, c_3 = \dfrac{3}{4}, a_2 = b_{21} = \dfrac{1}{3}, a_3 = \dfrac{2}{3}, b_{31} = 0, b_{32} = \dfrac{2}{3}\right)$:

$$
y_{n+1} = y_n + \frac{h}{4}[\varphi_1 + 3\varphi_3], n = 0,1,2,\cdots,
$$

其中 $\varphi_1 = f(x_n, y_n)$, $\varphi_2 = f\left(x_n + \dfrac{h}{3}, y_n + \dfrac{h}{3}\varphi_1\right)$, $\varphi_3 = f\left(x_n + \dfrac{2h}{3}, y_n + \dfrac{2h}{3}\varphi_2\right)$.

② **3 阶 Kutta 方法** $\left(c_1 = \dfrac{1}{6}, c_2 = \dfrac{2}{3}, c_3 = \dfrac{1}{6}, a_2 = b_{21} = \dfrac{1}{2}, a_3 = 1, b_{31} = -1, b_{32} = 2\right)$:

$$
y_{n+1} = y_n + \frac{h}{6}[\varphi_1 + 4\varphi_2 + \varphi_3], n = 0,1,2,\cdots,
$$

其中 $\varphi_1 = f(x_n, y_n)$, $\varphi_2 = f\left(x_n + \dfrac{h}{2}, y_n + \dfrac{h}{2}\varphi_1\right)$, $\varphi_3 = f(x_n + h, y_n - h\varphi_1 + 2h\varphi_2)$.

③ **4 阶经典 Runge-Kutta 方法**:

$$
y_{n+1} = y_n + \frac{h}{6}[\varphi_1 + 2\varphi_2 + 2\varphi_3 + \varphi_4], n = 0,1,2,\cdots,
$$

其中 $\varphi_1 = f(x_n, y_n)$, $\varphi_2 = f\left(x_n + \dfrac{h}{2}, y_n + \dfrac{h}{2}\varphi_1\right)$, $\varphi_3 = f\left(x_n + \dfrac{h}{2}, y_n + \dfrac{h}{2}\varphi_2\right)$, $\varphi_4 = f(x_n + h, y_n + h\varphi_3)$.

例 2　试用 Euler 法、改进 Euler 法及 4 阶经典 Runge-Kutta 方法在不同步长下计算初值问题

$$
\begin{cases}
\dfrac{\mathrm{d}y}{\mathrm{d}x} = -y(1 + xy), 0 \leqslant x \leqslant 1, \\
y(0) = 1,
\end{cases}
$$

在 0.2, 0.4, 0.6, 0.8 和 1.0 处的近似值,并比较它们的数值结果.

解　对上述三种方法,每步所需计算 $f(x, y) = -y(1 + xy)$ 的次数分别为 1,2,4,为了公正起见,上述三种方法的步长之比应为 1∶2∶4. 因此,在用 Euler 方法、改进 Euler 方法

及 4 阶经典 Runge-Kutta 方法计算 0.2,0.4,0.6,0.8,1.0 处的近似值时,它们的步长应分别取为 0.05,0.1 和 0.2,以使三种方法的计算量大致相等.

Euler 方法的计算格式为

$$y_{n+1} = y_n - 0.05 \times [y_n(1 + x_n y_n)].$$

改进的 Eluer 方法的计算格式为

$$\begin{cases} y_p = y_n - 0.1 \times [y_n(1 + x_n y_n)], \\ y_c = y_n - 0.1 \times [y_p(1 + x_{n+1} y_p)], \\ y_{n+1} = \dfrac{1}{2}(y_p + y_c). \end{cases}$$

4 阶经典 Runge - Kutta 方法的计算格式为

$$\begin{cases} y_{n+1} = y_n + \dfrac{0.2}{6} \times (k_1 + 2k_2 + 2k_3 + k_4), \\ k_1 = -y_n(1 + x_n y_n), \\ k_2 = -(y_n + \dfrac{0.2}{2} \times k_1)[1 + (x_n + \dfrac{0.2}{2})(y_n + \dfrac{0.2}{2} \times k_1)], \\ k_3 = -(y_n + \dfrac{0.2}{2} \times k_2)[1 + (x_n + \dfrac{0.2}{2})(y_n + \dfrac{0.2}{2} \times k_2)], \\ k_4 = -(y_n + 0.2 \times k_3)[1 + (x_n + 0.2)(y_n + 0.2 \times k_3)]. \end{cases}$$

初始值均为 $y_0 = y(0) = 1$,将计算结果如表 9 - 2 所示.

表 9 - 2 三种方法结果比较

	Euler 法 (h = 0.05)	改进 Euler 法 (h = 0.1)	4 阶经典 Runge-Kutta 方法(h = 0.2)	精确解
x_n	y_n	y_n	y_n	$y(x_n)$
0.2	0.803 186 6	0.805 263 2	0.804 636 3	0.804 631 1
0.4	0.627 177 7	0.632 565 1	0.631 465 3	0.631 452 9
0.6	0.482 558 6	0.490 551 0	0.489 197 9	0.489 180 0
0.8	0.369 303 6	0.378 639 7	0.377 224 9	0.377 204 5
1.0	0.282 748 2	0.292 359 3	0.291 008 6	0.290 988 4

从表 9 - 2 可以看出,在计算量大致相等的情况下,Euler 方法计算的结果只有 2 位有效数字,改进 Euler 方法计算的结果有 3 位有效数字,而 4 阶经典 Runge-Kutta 方法计算的结果却有 5 位有效数字,这与理论分析是一致的.

本例 Matlab 程序如下:

```
function myRK
clc;
a = 0;b = 1;y0 = 1;h = 0.2;
df = @ (x,y) - y * (1 + x * y);
x = a:h:b;
y(1) = y0;
for n = 1:(length(x) - 1)
```

```
    k1 = feval(df,x(n),y(n));
    k2 = feval(df,x(n) + h/2,y(n) + h/2 * k1);
    k3 = feval(df,x(n) + h/2,y(n) + h/2 * k2);
    k4 = feval(df,x(n + 1),y(n) + h * k3);
    y(n + 1) = y(n) + h * (k1 + 2 * k2 + 2 * k3 + k4)/6;
end
y
```

一般地，对于 Runge-Kutta 方法，当 m 不超过 4 时，可以构造出 m 级 m 阶的 Runge-Kutta 方法. 然而当 $m \geqslant 5$ 时，就不存在 m 级 m 阶的 Runge-Kutta 方法了，m 级的 Runge-Kutta 方法可以达到的最高阶数如表 9－3 所示.

表 9－3　Runge－Kutta 方法阶数与级数关系

级数 m	1,2,3,4	5,6,7	8,9	$\geqslant 10$
阶数 p	m	$m-1$	$m-2$	$\leqslant m-2$

因此，由 4 阶 Runge-Kutta 方法改进到 5 阶时，级数相应地要增加两级，每步都要多计算两次函数值，从而降低了计算效率，这也是在实际应用时我们较少采用超过 5 阶 Runge-Kutta 方法的原因之一.

§9.2　单步法的收敛性和稳定性

9.2.1　单步法的收敛性

初值问题(9.1) 的数值解法就是通过离散化方法构造的迭代公式. 在实际计算时，我们希望由迭代公式计算的数值结果能够精确地逼近初值问题(9.1) 的精确解，这就需要进一步研究所构造算法的收敛性.

对于显式单步法可以统一表示为

$$y_{n+1} = y_n + h\varphi(x_n, y_n, h), n = 0,1,2,\cdots, \tag{9.23}$$

其中 $\varphi(x_n, y_n, h) = \dfrac{y_{n+1} - y_n}{h}$.

定义 9.4　设 $y(x_n)$ 为初值问题(9.1) 在点 $x = x_n$ 处的精确解，y_n 为由初值 y_0 根据迭代公式(9.23) 在点 $x = x_n$ 处求得的数值解(假设其中没有舍入误差)，称

$$e_n = y(x_n) - y_n, \tag{9.24}$$

为迭代公式(9.23) 的**整体截断误差**.

整体截断误差是由局部截断误差所引起的、使数值解由一条积分曲线跳到另一条积分曲线时所产生的误差，也称为**跳跃误差**.

定义 9.5 设初值问题(9.1)中的$f(x,y)$在区域$D=\{(x,y)\mid a\leqslant x\leqslant b,-\infty<y<+\infty\}$上连续且对$y$满足 Lipschitz 条件,$y(x_n)$和$y_n$分别是初值问题(9.1)的精确解和迭代公式(9.23)产生的数值解在点$x=x_n$处的值. 若对固定的$x=x_n=x_0+nh\in[a,b]$均有

$$\lim_{h\to 0}y_n=y(x_n),\tag{9.25}$$

则称迭代公式(9.23)是**收敛**的.

关于显式单步法的的收敛性,有如下定理:

定理 9.2 若初值问题(9.1)的显式单步法迭代递推公式(9.23)的局部截断误差为$O(h^{p+1})(p\geqslant 0)$,且迭代公式(9.23)中的函数φ对y满足 Lipschitz 条件,即存在常数L,使得

$$|\varphi(x,y_1,h)-\varphi(x,y_2,h)|\leqslant L|y_1-y_2|,\forall x\in[a,b],\forall y_1,y_2\in\mathbf{R}.$$

又设初值y_0是精确的,即$y_0=y(x_0)$,则迭代公式(9.23)收敛,且其整体截断误差为

$$|y(x_n)-y_n|=O(h^p).$$

证明 由局部截断误差的定义可知

$$y(x_{n+1})-y(x_n)-h\varphi(x_n,y(x_n),h)=O(h^{p+1}),$$

设取$y_n=y(x_n)$为初值时由迭代公式(9.23)的计算结果为$\bar{y}_{n+1}$,即

$$\bar{y}_{n+1}=y(x_n)+h\varphi(x_n,y(x_n),h),$$

则有

$$|y(x_{n+1})-\bar{y}_{n+1}|=Ch^{p+1},$$

又记取$y_0=y(x_0)$为初值时由迭代公式(9.23)计算的结果为y_{n+1},即

$$y_{n+1}=y_n+h\varphi(x_n,y_n,h).$$

由于φ对y满足 Lipschitz 条件,则有

$$\begin{aligned}|\bar{y}_{n+1}-y_{n+1}|&\leqslant|y(x_n)-y_n|+h|\varphi(x_n,y(x_n),h)-\varphi(x_n,y_n,h)|\\&\leqslant(1+hL)|y(x_n)-y_n|,\end{aligned}$$

从而可得

$$\begin{aligned}|y(x_{n+1})-y_{n+1}|&\leqslant|\bar{y}_{n+1}-y_{n+1}|+|y(x_{n+1})-\bar{y}_{n+1}|\\&\leqslant(1+hL)|y(x_n)-y_n|+|T_{n+1}|,\end{aligned}$$

则对整体截断误差$\mathrm{e}_n=y(x_n)-y_n$有

$$|\mathrm{e}_{n+1}|\leqslant(1+hL)|\mathrm{e}_n|+|T_{n+1}|=(1+hL)|\mathrm{e}_n|+Ch^{p+1}.$$

上式给出了第$n+1$步整体截断误差与第n步整体截断误差之间的关系,它对n都成立. 反复利用上式递推,可得

$$|\mathrm{e}_n|\leqslant(1+hL)^n|\mathrm{e}_0|+\frac{Ch^p}{L}[(1+hL)^n-1].$$

当$y(x_0)=y_0$时,$\mathrm{e}_0=y(x_0)-y_0=0$,并利用

$$0\leqslant 1+hL\leqslant \mathrm{e}^{hL},0\leqslant(1+hL)^n\leqslant \mathrm{e}^{nhL},$$

可得

$$|\mathrm{e}_n|\leqslant\frac{C}{L}h^p(\mathrm{e}^{nhL}-1),$$

且当 $x = x_n = x_0 + nh \in [a,b]$ 固定时，e^{nhL} 为常数，所以有 $|e_n| \leqslant C_1 h^p$，即对固定的 $x = x_n = x_0 + nh \in [a,b]$ 均有 $\lim\limits_{h\to 0} y_n = y(x_n)$，且同时有

$$|y(x_n) - y_n| = O(h^p).$$

定理9.2表明，当 $h \to 0$ 时，虽然在局部存在小的跳跃，但局部的小跳跃不会在整体上产生大的跳跃. 即小误差累积后仍然是小误差，且每一次产生的小误差 $O(h^{p+1})$ 越小，累积后的整体截断误差 $|e_n|$ 也越小.

同时，由定理9.2还可以看出，迭代公式(9.23)的整体截断误差总比局部截断误差低一阶，因此可以通过局部截断误差了解整体截断误差的大小.

9.2.2　单步法的稳定性

设在点 $x = x_n$ 处，初值问题(9.1)的精确解的值为 $y(x_n)$，由单步法迭代递推公式(9.23)迭代计算得到的数值解为 y_n，当迭代公式(9.23)收敛时，有

$$\lim_{h\to 0}[y(x_n) - y_n] = 0.$$

但是，在计算机上进行计算时，由于计算机字长等因素的影响会产生一定的舍入误差. 设 y_n 是迭代公式(9.23)的理论计算值，$\bar{y}_n$ 是实际计算值，则 $|y_n - \bar{y}_n|$ 就是舍入误差，这种误差一经叠加或传递，对计算精度可能产生较大的影响. 在实际计算时，我们希望这种影响能够被控制，甚至是逐步衰减的.

定义9.6　设存在常数 C 和充分小的 h_0，使得当 $0 < h < h_0$ 时，若对任意初始值 u_0 和 v_0，单步法迭代递推公式(9.23)相应的数值解为 u_m 和 v_m 满足

$$|u_m - v_m| \leqslant C|u_0 - v_0|,$$

则称单步法迭代递推公式(9.23)是**稳定**的.

关于单步法的稳定性有如下定理：

定理9.3　若单步法迭代递推公式(9.23)中的函数 $\varphi(x,y,h)$ 在区域

$$D = \{(x,y) \mid a \leqslant x \leqslant b,\ -\infty < y < +\infty\}$$

上连续，且对 y 满足 Lipschitz 条件

$$|\varphi(x,y_1,h) - \varphi(x,y_2,h)| \leqslant L|y_1 - y_2|,\ \forall x \in [a,b],\ \forall y_1,y_2 \in \mathbf{R},$$

则单步法迭代递推公式(9.23)是稳定的.

证明　设以 u_0 和 v_0 为初始值，由单步法迭代递推公式(9.23)求得的数值解分别为

$$u_{n+1} = u_n + h\varphi(x_n,u_n,h),\ v_{n+1} = v_n + h\varphi(x_n,v_n,h).$$

又设 $\varepsilon_n = u_n - v_n$，则

$$\begin{aligned}|\varepsilon_n| &= |\varepsilon_{n-1}| + h|\varphi(x_{n-1},u_{n-1},h) - \varphi(x_{n-1},v_{n-1},h)|\\ &\leqslant |\varepsilon_{n-1}| + hL|u_{n-1} - v_{n-1}| \leqslant |\varepsilon_{n-1}|(1+hL)\\ &\leqslant \cdots \leqslant |\varepsilon_0|(1+hL)^n \leqslant |\varepsilon_0|\left[(1+hL)^{\frac{1}{hL}}\right]^{nhL}\\ &\leqslant |\varepsilon_0|e^{nhL} \leqslant |\varepsilon_0|e^{(b-a)L} \leqslant C|u_0 - v_0|,\end{aligned}$$

由于 a,b,L 都是常数，所以 $e^{(b-a)L}$ 也是常数.

将初值问题(9.1)中的 $f(x,y)$ 在其解域内的某一点 (s,t) 处展开成二元一次 Taylor

多项式,得

$$y' = f(x,y) = f(s,t) + (x-s)f_x'(s,t) + (y-t)f_y'(s,t) + O(\rho)$$
$$= yf_y'(s,t) + C_1x + C_2 + + o(\rho),$$

其中

$$\rho = \sqrt{(x-s)^2 + (y-t)^2}, C_1 = f_x'(s,t), C_2 = f(s,t) - sf_x'(s,t) - tf_y'(s,t).$$

忽略高阶项 $O(\rho)$,令 $\lambda = f_y'(s,t)$, $u = -\frac{C_1}{\lambda}x - \frac{C_1}{\lambda^2} - \frac{C_2}{\lambda}$,即可得 $u' = \lambda u$.

对于一般形式的一阶微分方程都可以化成

$$y' = \lambda y \tag{9.26}$$

的形式,通常称(9.26)为**模型方程**.

对于模型方程(9.26),由微分方程理论可知,当 $\mathrm{Re}\,\lambda > 0$ 时,它的解是不稳定的;当 $\mathrm{Re}\lambda < 0$ 时,它的解是稳定的. 即使模型方程(9.26)的解是稳定的,但在使用不同的数值解法求解时,还存在它的数值解稳定性的问题.

利用单步法迭代公式(9.23)求解方程 $y' = \lambda y$ 时,由 y_n 到 y_{n+1},得

$$y_{n+1} = E(h\lambda)y_n, \tag{9.27}$$

其中$E(h\lambda)$与所使用方法有关. 若所用方法是p阶方法,即局部截断误差 $T_{n+1} = O(h^{p+1})$,设 $y_n = y(x_n)$,则 $T_{n+1} = y(x_{n+1}) - y_{n+1}$,而方程 $y' = \lambda y$ 的解点 $x = x_{n+1}$ 处的值 $y(x_{n+1}) = e^{\lambda h}y_n$,则

$$T_{n+1} = y(x_{n+1}) - y_{n+1} = [e^{\lambda h} - E(h\lambda)]y_n = O(h^{p+1}), \tag{9.28}$$

即 $E(h\lambda)$ 是 $e^{\lambda h}$ 的 p 阶近似式.

在(9.26)中,若 y_n 有误差 ε,则用单步法迭代递推公式(9.23)计算 y_{n+1} 时,将产生误差 $E(h\lambda)\varepsilon$,且每次迭代计算时都将多乘因子 $E(h\lambda)$,即

$$y_{n+1} = E(h\lambda)\varepsilon y_n. \tag{9.29}$$

显然,当$|E(h\lambda)| > 1$时,误差 ε 会被无限放大,从而在求解过程中使数值解恶性增大而严重失真,当$|E(h\lambda)| \leqslant 1$时,误差 ε 的影响就可以被控制,甚至是逐步衰减的.

定义 9.7 若(9.27)中$|E(h\lambda)| \leqslant 1$,则称迭代公式(9.23)是**绝对稳定**的,在复平面上,变量 $h\lambda$ 满足$|E(h\lambda)| \leqslant 1$的区域称为**绝对稳定区域**,它与实轴相交的区域称为**绝对稳定区间**.

例如,用 Euler 法求解模型方程(9.26),可得 $y_{n+1} = (1 + h\lambda)y_n$,则

$$|E(h\lambda)| = |1 + h\lambda| \leqslant 1,$$

所以 Euler 方法的绝对稳定区间为 $-2 \leqslant h\lambda \leqslant 0$.

类似地,用改进 Euler 方法求解模型方程(9.26),可得

$$y_{n+1} = \left[1 + h\lambda + \frac{(h\lambda)^2}{2}\right]y_n,$$

即

$$E(h\lambda) = 1 + h\lambda + \frac{(h\lambda)^2}{2}, \tag{9.30}$$

绝对稳定区域为由 $\left|1+h\lambda+\frac{(h\lambda)^2}{2}\right|\leqslant 1$ 所确定的区域,绝对稳定区间为 $-2\leqslant h\lambda\leqslant 0$.

同样,对于3级3阶 Heun 方法,可有

$$\varphi_1=\lambda y_n,\varphi_2=\lambda\left(y_n+\frac{1}{3}h\lambda y_n\right)=\left(\lambda+\frac{1}{3}h\lambda^2\right)y_n,$$

$$\varphi_3=\lambda\left[y_n+\frac{2}{3}h\left(\lambda+\frac{1}{3}h\lambda^2\right)y_n\right]=\left(\lambda+\frac{2}{3}h\lambda^2+\frac{2}{9}h\lambda^3\right)y_n,$$

所以

$$\begin{aligned}y_{n+1}&=y_n+\frac{h}{4}[\varphi_1+3\varphi_3]=y_n+\frac{h}{4}\left[\lambda y_n+3\left(\lambda+\frac{2}{3}h\lambda^2+\frac{2}{9}h\lambda^3\right)y_n\right]\\&=\left[1+h\lambda+\frac{1}{2!}(h\lambda)^2+\frac{1}{3!}(h\lambda)^3\right]y_n,\end{aligned}$$

则

$$E(h\lambda)=1+h\lambda+\frac{1}{2!}(h\lambda)^2+\frac{1}{3!}(h\lambda)^3,\tag{9.31}$$

绝对稳定区域为由 $\left|1+h\lambda+\frac{1}{2!}(h\lambda)^2+\frac{1}{3!}(h\lambda)^3\right|\leqslant 1$ 所确定的区域,绝对稳定区间为 $-2.51\leqslant h\lambda\leqslant 0$.

类似地,对4级4阶经典 Runge-Kutta 方法,有

$$E(h\lambda)=1+h\lambda+\frac{1}{2!}(h\lambda)^2+\frac{1}{3!}(h\lambda)^3+\frac{1}{4!}(h\lambda)^4,\tag{9.32}$$

绝对稳定区域为由

$$\left|1+h\lambda+\frac{1}{2!}(h\lambda)^2+\frac{1}{3!}(h\lambda)^3+\frac{1}{4!}(h\lambda)^4\right|\leqslant 1$$

所确定的区域,绝对稳定区间为 $-2.78\leqslant h\lambda\leqslant 0$.

对于隐式单步法,我们可以用同样方法讨论其稳定性. 例如,用梯形公式法求解模型方程(9.26),可得

$$y_{n+1}=y_n+\frac{h}{2}[f(x_n,y_n)+f(x_{n+1},y_{n+1})]=\frac{1+\frac{h\lambda}{2}}{1-\frac{h\lambda}{2}}y_n,$$

即

$$E(h\lambda)=\left(1+\frac{h\lambda}{2}\right)\Big/\left(1-\frac{h\lambda}{2}\right),\tag{9.33}$$

绝对稳定区域为由 $\left|\left(1+\frac{h\lambda}{2}\right)\Big/\left(1-\frac{h\lambda}{2}\right)\right|\leqslant 1$ 所确定的区域,绝对稳定区间为 $-\infty\leqslant h\lambda\leqslant 0$.

各种单步法的 $E(h\lambda)$ 表达式及其绝对稳定区间如表9-4所示.

表 9-4 单步法及其绝对稳定区间

方法	$E(h\lambda)$ 表达式	绝对稳定区间
Euler 法	$1+h\lambda$	$-2\leqslant h\lambda\leqslant 0$
改进 Euler 法 2 级 2 阶 Heun 方法	$1+h\lambda+\frac{(h\lambda)^2}{2}$	$-2\leqslant h\lambda\leqslant 0$
3 级 3 阶 Heun 方法	$1+h\lambda+\frac{1}{2!}(h\lambda)^2+\frac{1}{3!}(h\lambda)^3$	$-2.51\leqslant h\lambda\leqslant 0$
4 级 4 阶经典 R-K 方法	$1+h\lambda+\frac{1}{2!}(h\lambda)^2+\frac{1}{3!}(h\lambda)^3+\frac{1}{4!}(h\lambda)^4$	$-2.78\leqslant h\lambda\leqslant 0$
隐式 Euler 法	$\frac{1}{1-h\lambda}$	$-\infty\leqslant h\lambda\leqslant 0$
梯形公式法	$\left(1+\frac{h\lambda}{2}\right)/\left(1-\frac{h\lambda}{2}\right)$	$-\infty\leqslant h\lambda\leqslant 0$

在实际计算时,选择步长时还应考虑到方法的稳定性,步长的变化范围应在绝对稳定区间内. 若所求方程不是模型方程(9.26)时,可认为 $\lambda=f_y'(x,y)$($f_y'(x,y)$ 变化很缓慢时)来选择步长 h,以使 $h\lambda=hf_y'(x,y)$ 在绝对稳定区间内. 同时也应考虑到步长 h 越小,数值解法的局部截断误差也越小,当 h 过小时,计算迭代的次数也会增多,从而可能导致累积误差可能大量增加. 因此,在实际计算时,应选择合适的步长.

例 3 用 Euler 法求解初值问题

$$\begin{cases} y'=e^x-100y, 0\leqslant x\leqslant 1,\\ y(0)=1. \end{cases}$$

取步长 $h=1/N, N=20,70,120,170,220,270,\cdots,520$.

解 令 $f(x,y)=e^x-100y$,则 $f_y'(x,y)=-100$,所以问题是适定的,其精确解为

$$y(x)=\frac{1}{101}(e^x+100e^{-100x}).$$

由于 $\lambda=f_y'(x,y)=-100$, $h=\frac{1}{20}$ 时, $\lambda h=-5\notin(-2,0)$,而 $h=\frac{1}{70}$ 时, $\lambda h=-\frac{10}{7}\in(-2,0)$,…,用 Euler 法求得数值解的最大误差如表 9-5 所示.

表 9-5 例 3 计算结果

N	最大误差	N	最大误差
20	0.1089×10^{13}	270	0.7953×10^{-1}
70	0.6616×10^{0}	320	0.6599×10^{-1}
120	0.2653×10^{0}	370	0.5536×10^{-1}
170	0.1421×10^{0}	420	0.4836×10^{-1}
220	0.1043×10^{0}	470	0.4246×10^{-1}
		520	0.3818×10^{-1}

下面我们分析一下在 $h=\frac{1}{20}=0.05$ 时误差增大的原因，设 Euler 法求解的精确结果为

$$y_{n+1}=y_n+h(e^{x_n}-100y_n),$$

由于舍入误差的影响，所计算的结果为

$$\tilde{y}_{n+1}=\tilde{y}_n+h(e^{x_n}-100\tilde{y}_n),$$

令 $e_n=\tilde{y}_n-y_n$，则由 y_n 到 y_{n+1} 的误差 $e_{n+1}=(1-100h)e_n$，e_n 为用 Euler 法求得的初值问题

$$\begin{cases}y'=-100y,\\ y(0)=0\end{cases}$$

的精确解. 则 $h=0.05$ 时，$e_{n+1}=(1-100\times 0.05)e_n=-4e_n$，则每迭代计算一次，误差就要被放大 4 倍，20 步后，误差被放大约 $4^{20}\approx 10^{12}$ 倍. 由此可以看出，若步长的变化范围不在绝对稳定区间内时，误差的增长是非常快的.

§9.3　线性多步法

以上介绍了初值问题(9.1)求解的单步法，在计算 y_{n+1} 时只用到了 y_n 的值. 下面，在充分利用前面若干步所求得数值解的基础上，即使用前面 k 个节点处的数值解 $y_{n-k+1},\cdots,y_{n-1},y_n(k=1,2,\cdots)$ 或这些节点处导数的近似值，来构造初值问题(9.1)数值解法的线性多步法. 本节主要介绍利用 Taylor 展开式来构造线性多步法.

9.3.1　线性多步法的一般形式

线性多步法的一般形式为

$$y_{n+1}=\sum_{i=0}^{k}a_iy_{n-i}+h\sum_{i=-1}^{k}b_if_{n-i},\tag{9.34}$$

其中 y_{n-i} 为初值问题(9.1)在节点 $x=x_{n-i}$ 处的数值近似解，$f_{n-i}=f(x_{n-i},y_{n-i})$，$x_{n-i}=x_0+(n-i)h=x_n-ih$，$a_i,b_i$ 为待定系数，则称(9.34)为**线性 $k+1$ 步法**.

定义 9.8　设 $y(x_{n+1})$ 为初值问题(9.1)在点 $x=x_{n+1}$ 处的精确解，则线性多步法(9.34)在点 $x=x_{n+1}$ 处的局部截断误差定义为

$$\begin{aligned}T_{n+1}&=y(x_{n+1})-y_{n+1}=y(x_{n+1})-\sum_{i=0}^{k}a_iy(x_{n-i})-h\sum_{i=-1}^{k}b_if_{n-i}\\&=y(x_{n+1})-\sum_{i=0}^{k}a_iy(x_{n-i})-h\sum_{i=-1}^{k}b_iy'(x_{n-i}).\end{aligned}\tag{9.35}$$

设初值问题(9.1)的精确解 $y(x)$ 充分光滑，将(9.35)中的 $y(x_{n-i})$ 和 $y'(x_{n-i})$ 分别在点 $x=x_n$ 处作 Taylor 展开

$$y(x_{n-i}) = \sum_{l=0}^{p} \frac{(-ih)^l}{l!} y^{(l)}(x_n) + \frac{(-ih)^{p+1}}{(p+1)!} y^{(p+1)}(x_n) + O(h^{p+2}),$$

$$y'(x_{n-i}) = \sum_{l=1}^{p} \frac{(-ih)^l}{(l-1)!} y^{(l)}(x_n) + \frac{(-ih)^p}{p!} y^{(p+1)}(x_n) + O(h^{p+1}),$$

代入(9.35)式,并整理得

$$\begin{aligned} T_{n+1} &= \left(1 - \sum_{i=0}^{k} a_i\right) y(x_n) + \sum_{l=1}^{p} \frac{h^l}{l!}\left\{1 - \left[\sum_{s=1}^{k} (-s)^l a_s + l \sum_{s=-1}^{k} (-s)^{l-1} b_s\right]\right\} y^{(l)}(x_n) + \\ &\quad \frac{h^{p+1}}{(p+1)!}\left\{1 - \left[\sum_{s=1}^{k} (-s)^{p+1} a_s + (p+1) \sum_{s=-1}^{k} (-s)^p b_s\right]\right\} y^{(p+1)}(x_n) + \\ &\quad O(h^{p+2}) \\ &= C_0 y(x_n) + C_1 h y'(x_n) + C_2 h^2 y''(x_n) + \cdots + C_p h^p y^{(p)}(x_n) + \\ &\quad C_{p+1} h^{p+1} y^{(p+1)}(x_n) + O(h^{p+2}), \end{aligned} \tag{9.36}$$

其中

$$\begin{cases} C_0 = 1 - \sum\limits_{i=0}^{k} a_i, \\ C_1 = 1 - \left[\sum\limits_{s=1}^{k} (-s)^l a_s + l \sum\limits_{s=-1}^{k} b_s\right], \\ C_l = \dfrac{1}{l!}\left\{1 - \left[\sum\limits_{s=1}^{k} (-s)^l a_s + l \sum\limits_{s=-1}^{k} (-s)^{l-1} b_s\right]\right\}, l = 2,3,\cdots,p,p+1, \end{cases} \tag{9.37}$$

则当 $C_0 = C_1 = C_2 = \cdots = C_p = 0$ 且 $C_{p+1} \neq 0$ 时,可得线性多步法(9.34)的局部截断误差

$$T_{n+1} = y(x_{n+1}) - y_{n+1} = C_{p+1} h^{p+1} y^{(p+1)}(x_n) + O(h^{p+2}), \tag{9.38}$$

此时线性多步法(9.34)是 p 阶的,局部截断误差主项为 $C_{p+1} h^{p+1} y^{(p+1)}(x_n)$. 反之,若线性多步法(9.34)是 p 阶的,则应有 $C_0 = C_1 = C_2 = \cdots = C_p = 0$ 且 $C_{p+1} \neq 0$,即待定系数 a_i, b_i 满足

$$\begin{cases} \sum\limits_{i=0}^{k} a_i = 1, \\ \sum\limits_{s=1}^{k} (-s)^l a_s + l \sum\limits_{s=-1}^{k} b_s = 1, \\ \sum\limits_{s=1}^{k} (-s)^l a_s + l \sum\limits_{s=-1}^{k} (-s)^{l-1} b_s = 1, l = 2,3,\cdots,p, \end{cases} \tag{9.39}$$

这是一个包含 $2k+3$ 个待定系数($a_i, i = 0,1,\cdots,k; b_i, i = -1,0,1,\cdots,k$)和 $p+1$ 个方程的方程组. 可以证明,当 $p = 2k+2$ 时,此方程组有唯一解,线性 $k+1$ 步法(9.34)的阶数达到最高的 $2k+2$ 阶. 但在实际应用时,一般要取 $p < 2k+2$,以使方程组(9.39)中存在一些自由的待定系数,从而可以使所确定的线性 $k+1$ 步法具有较好的收敛性、稳定性,以及使误差尽可能小和其他好的计算性质(如零系数)等.

9.3.2　常用的线性多步法

一般情况下,线性多步法都是一组算法,待定系数 a_i, b_i 取不同的值时,就可以得到不同的线性多步法,下面我们给出几组常用的求解初值问题(9.1)的线性多步法.

(1) 当 $k=0$ 时,即 $k+1=1$,线性多步法(9.34)为

$$y_{n+1}=a_0y_n+h(b_{-1}f_{n+1}+b_0f_n), \tag{9.40}$$

为使方法达到最高阶,应取 $p=2k+2=2$,可得方程组

$$\begin{cases}a_0=1,\\ b_{-1}+b_0=1,\\ 2b_{-1}=1,\end{cases}$$

解之得 $a_0=1, b_0=\frac{1}{2}, b_{-1}=\frac{1}{2}$,就是梯形公式法

$$y_{n+1}=y_n+\frac{h}{2}(f_n+f_{n+1}).$$

(2) 当 $k+1=2$(即 $k=1$)时,线性多步法(9.34)为

$$y_{n+1}=a_0y_n+a_1y_{n-1}+h(b_{-1}f_{n+1}+b_0f_n+b_1f_{n-1}), \tag{9.41}$$

它是线性 2 步法,由(9.39)可得含有 5 个待定系数、4 个方程的方程组

$$\begin{cases}1-(a_0+a_1)=0,\\ 1+a_1-(b_{-1}+b_0+b_1)=0,\\ 1-a_1-2(b_{-1}-b_1)=0,\\ 1+a_1-3(b_{-1}+b_1)=0.\end{cases}$$

取 a_1 为自由待定系数,解得

$$a_0=1-a_1, b_{-1}=\frac{5-a_1}{12}, b_0=\frac{2(1+a_1)}{3}, b_1=\frac{5a_1-1}{12},$$

所以有

$$y_{n+1}=(1-a_1)y_n+a_1y_{n-1}+\frac{h}{12}[(5-a_1)f_{n+1}+8(1+a_1)f_n+(5a_1-1)f_{n-1}], \tag{9.42}$$

局部截断误差为

$$T_{n+1}=C_4h^4y^{(4)}(x_n)+C_5h^5y^{(5)}(x_n)+O(h^6), \tag{9.43}$$

由方程组(9.37)可知,$C_4=\frac{a_1-1}{24}, C_5=-\frac{a_1+1}{180}$,则当 $a_1\neq 1$ 时,$C_4\neq 0$,(9.42)为 3 阶方法;而当 $a_1=1, C_4=0, C_5=-\frac{1}{90}\neq 0$ 时,线性 2 步法(9.42)达到了最高的 4 阶,称为 **Simpson 公式**

$$y_{n+1}=y_{n-1}+\frac{h}{3}(f_{n+1}+4f_n+f_{n-1}), \tag{9.44}$$

局部截断误差为

$$T_{n+1}=-\frac{1}{90}h^5y^{(5)}(x_n)+O(h^6). \tag{9.45}$$

(3) 当 $k+1=4$(即 $k=3$) 时,线性多步法(9.34) 为

$$y_{n+1}=a_0y_n+a_1y_{n-1}+a_2y_{n-2}+a_3y_{n-3}+h(b_{-1}f_{n+1}+b_0f_n+b_1f_{n-1}+b_2f_{n-2}+b_3f_{n-3}), \tag{9.46}$$

是线性 4 步法,由(9.39) 可得含有 9 个待定系数、5 个方程的方程组

$$\begin{cases}1-(a_0+a_1+a_2+a_3)=0,\\1+(a_1+2a_2+3a_3)-(b_{-1}+b_0+b_1+b_2+b_3)=0,\\1-(a_1+4a_2+9a_3)+(-2b_{-1}+2b_1+4b_2+6b_3)=0,\\1+(a_1+8a_2+27a_3)-(3b_{-1}+3b_1+12b_2+27b_3)=0,\\1-(a_1+16a_2+81a_3)-(-4b_{-1}+4b_1+32b_2+108b_3)=0.\end{cases} \tag{9.47}$$

取 b_{-1},a_1,a_2,a_3 为自由待定系数,令 b_{-1},a_1,a_2,a_3 取不同的值,可得到不同的算法.

① 取 $b_{-1}=0,a_1=a_2=a_3=0$,代入方程组(9.47) 得

$$\begin{cases}1-a_0=0,\\1-(b_0+b_1+b_2+b_3)=0,\\1+(2b_1+4b_2+6b_3)=0,\\1-(3b_1+12b_2+27b_3)=0,\\1-(4b_1+32b_2+108b_3)=0,\end{cases}$$

解之得 $a_0=1,b_0=\frac{55}{24},b_1=-\frac{59}{24},b_2=\frac{37}{24},b_3=-\frac{9}{24}$,代入(9.46) 就得到常用的**4 步 4 阶 Adams 显式公式**

$$y_{n+1}=y_n+\frac{h}{24}(55f_n-59f_{n-1}+37f_{n-2}-9f_{n-3}), \tag{9.48}$$

局部截断误差为

$$T_{n+1}=\frac{251}{725}h^5y^{(5)}(x_n)+O(h^6). \tag{9.49}$$

② 取 $b_{-1}=0,a_0=a_1=a_2=0$,代入方程组(9.47) 得

$$\begin{cases}1-a_3=0,\\1+3a_3-(b_0+b_1+b_2+b_3)=0,\\1-9a_3+(2b_1+4b_2+6b_3)=0,\\1+27a_3-(3b_1+12b_2+27b_3)=0,\\1-81a_3-(4b_1+32b_2+108b_3)=0,\end{cases}$$

解之得 $a_3=1,b_0=\frac{8}{3},b_1=-\frac{4}{3},b_2=\frac{8}{3},b_3=0$,代入(9.46) 就得到著名的**4 步 4 阶米尔恩(Milne) 显式公式**

$$y_{n+1}=y_{n-3}+\frac{4h}{3}(2f_n-f_{n-1}+2f_{n-2}), \tag{9.50}$$

局部截断误差为

$$T_{n+1}=\frac{14}{45}h^5y^{(5)}(x_n)+O(h^6).\tag{9.51}$$

③ 取 $b_{-1}\neq 0,a_1=a_2=a_3=0,b_3=0$,代入方程组(9.47)得

$$\begin{cases}1-a_0=0,\\1-(b_{-1}+b_0+b_1+b_2)=0,\\1+(-2b_{-1}+2b_1+4b_2)=0,\\1-(3b_{-1}+3b_1+12b_2)=0,\\1-(-4b_{-1}+4b_1+32b_2)=0,\end{cases}$$

解之得 $a_0=1,b_{-1}=\frac{3}{8},b_0=\frac{19}{24},b_1=-\frac{5}{24},b_2=\frac{1}{24}$,代入(9.46)就得到**3 步 4 阶 Adams 隐式公式**

$$y_{n+1}=y_n+\frac{h}{24}(9f_{n+1}+19f_n-5f_{n-1}+f_{n-2}),\tag{9.52}$$

局部截断误差为

$$T_{n+1}=-\frac{19}{720}h^5y^{(5)}(x_n)+O(h^6).\tag{9.53}$$

④ 取 $b_{-1}\neq 0,a_1=a_3=0,b_2=b_3=0$,代入方程组(9.47)可得到

$$\begin{cases}1-a_0-a_2=0,\\1+2a_2-(b_{-1}+b_0+b_1)=0,\\1-4a_2+(-2b_{-1}+2b_1)=0,\\1+8a_2-(3b_{-1}+3b_1)=0,\\1-16a_2-(-4b_{-1}+4b_1)=0,\end{cases}$$

解之得,$a_0=\frac{9}{8},a_2=-\frac{1}{8},b_{-1}=\frac{3}{8},b_0=\frac{3}{4},b_1=-\frac{3}{8}$,代入(9.46)就得到著名的**3 步 4 阶 Hamming 隐式公式**

$$y_{n+1}=\frac{1}{8}(9y_n-y_{n-2})+\frac{3h}{8}(f_{n+1}+2f_n-f_{n-1}),\tag{9.54}$$

局部截断误差为

$$T_{n+1}=-\frac{1}{40}h^5y^{(5)}(x_n)+O(h^6).\tag{9.55}$$

⑤ 取 $b_{-1}\neq 0,a_0=a_1=a_3=0,b_3=0$,也可以得到 Simpson 公式(9.44).

例 4　分别用 4 阶显式和隐式 Adams 公式求解初值问题

$$\begin{cases}y'=-y+x+1,\\y(0)=1,\end{cases}$$

取步长 $h=0.1$.

解　由于 $f(x,y)=-y+x+1,x_0=0,h=0.1$,则 $x_n=0.1h$,所以相应的 4 阶 Adams 显式公式为

$$y_{n+1} = y_n + \frac{h}{24}(55f_n - 59f_{n-1} + 37f_{n-2} - 9f_{n-3})$$
$$= \frac{1}{24}(18.5y_n - 5.9y_{n-1} + 3.7y_{n-2} - 0.9y_{n-3} + 0.24n + 3.24).$$

4 阶 Adams 隐式公式为

$$y_{n+1} = y_n + \frac{h}{24}(9f_{n+1} + 19f_n - 5f_{n-1} + f_{n-2})$$
$$= \frac{1}{24}(-0.9y_{n+1} + 22.1y_n + 0.5y_{n-1} - 0.1y_{n-2} + 0.24n + 3).$$

容易求得

$$y_{n+1} = \frac{1}{24.9}(22.1y_n + 0.5y_{n-1} - 0.1y_{n-2} + 0.24n + 3).$$

显式公式中的启动初值 y_0,y_1,y_2,y_3 和隐式公式中的启动初值 y_0,y_1,y_2 分别由精确解 $y(x)=e^{-x}+x$ 计算求得，而对一般方程，可用 4 阶 Runge-Kuuta 法求初始启动值. 计算结果如表 9 - 6 所示.

表 9 - 6 例 4 计算结果

x_n	精确解 $y(x_n)$	4 步 4 阶 Adams 显式公式 y_n	4 步 4 阶 Adams 显式公式 $\lvert y(x_n)-y_n\rvert$	3 步 4 阶 Adams 隐式公式 y_n	3 步 4 阶 Adams 隐式公式 $\lvert y(x_n)-y_n\rvert$
0.3	1.040 818 22			1.040 818 01	2.1×10^{-7}
0.4	1.070 320 05	1.070 322 92	2.87×10^{-6}	1.070 319 66	3.9×10^{-7}
0.5	1.106 530 66	1.106 535 48	4.82×10^{-6}	1.106 531 4	5.2×10^{-7}
0.6	1.148 811 64	1.148 818 41	3.77×10^{-6}	1.148 811 01	6.3×10^{-7}
0.7	1.196 585 30	1.196 593 40	8.10×10^{-6}	1.196 584 59	7.1×10^{-7}
0.8	1.249 328 96	1.249 338 16	9.20×10^{-6}	1.249 358 19	7.7×10^{-7}
0.9	1.306 569 66	1.306 579 62	9.96×10^{-6}	1.306 568 84	8.2×10^{-7}
1.0	1.367 879 44	1.367 889 96	1.05×10^{-5}	1.367 878 59	8.5×10^{-7}

本例中，虽然都是 4 阶方法，但隐式公式所得结果的误差要小得多，这是由于隐式公式的局部截断误差主项系数比显式的小.

例 5 分别用 4 步 4 阶 Milne 显式公式和 3 步 4 阶 Hamming 隐式公式求解初值问题

$$\begin{cases} y' = -y + x + e^{-1}, \\ y(1) = 0, \end{cases}$$

取步 $h = 2$.

解 可求得所求初值问题的精确解 $y(x)=e^{-x}+x-1-e^{-1}$，用 4 阶经典 Runge-Kuuta 法为 4 步 4 阶 Milne 显式公式计算启动初值 y_0,y_1,y_2,y_3 和 3 步 4 阶 Hamming 隐式公式计算启动初值 y_0,y_1,y_2，计算结果如表 9 - 7 所示.

表 9 - 7 例 5 计算结果

x_n	4 步 4 阶 Milne 显式公式		3 步 4 阶 Hamming 隐式公式	
	y_n	$\vert y(x_n)-y_n\vert$	y_n	$\vert y(x_n)-y_n\vert$
7	5.645 745	1.3×10^{-2}	5.645 745	1.3×10^{-2}
9	7.382 325	2.5×10^{-1}	7.637 126	4.9×10^{-3}
11	10.905 316	1.3	9.635 636	3.5×10^{-3}
13	4.143 831	7.5	11.632 261	1.4×10^{-4}
15	58.310 717	4.5×10^{1}	13.632 240	1.1×10^{-3}
17	-249.662 672	2.7×10^{2}	15.631 690	4.3×10^{-4}
19	1 592.891 346	1.6×10^{3}	17.632 682	5.6×10^{-4}
21	9 334.977 331	9.3×10^{3}	19.631 736	3.8×10^{-4}

可以看出,4 步 4 阶 Milne 显式公式的计算结果出现了偏差,不稳定,而 3 步 4 阶 Hamming 隐式公式的计算结果仍是稳定的,说明隐式公式比同阶显式公式的稳定性要好.

9.3.3 预测 - 校正方法和外推技巧

与显式多步法相比,隐式多步法在精确度和稳定性上都要好得多,且步数相同的方法要比显式法高一阶,其不足之处就是在使用时每一步都要求关于 y_{n+1} 的非线性方程,从而增加了计算量. 我们可以利用预测 - 校正方法克服隐式多步法的不足,并保留其优越的性质. 具体做法是,先用显式方法作为预测式,计算出预测值 $y_{n+1}^{(0)}$ 后,再求 f_{n+1} 的值,然后用一个同阶的隐式方法迭代校正一次得到 $y_{n+1}^{(1)}$,按这种方式构造的方法称为预测 - 校正方法. 下面是常用的 4 阶的预测 - 校正方法.

以 4 步 4 阶 Adams 显式公式作为预测式,3 步 4 阶 Adams 隐式公式作为校正式,就可以得到 Adams 预测 - 校正方法,即

$$\begin{cases} \mathrm{P}: y_{n+1}^{(0)} = y_n + \dfrac{h}{24}(55f_n - 59f_{n-1} + 37f_{n-2} - 9f_{n-3}), \\ \mathrm{E}: f_{n+1}^{(0)} = f(x_{n+1}, y_{n+1}^{(0)}), \\ \mathrm{C}: y_{n+1}^{(1)} = y_n + \dfrac{h}{24}(9f_{n+1}^{(0)} + 19f_n - 5f_{n-1} + f_{n-2}), \\ \mathrm{E}: f_{n+1}^{(1)} = f(x_{n+1}, y_{n+1}^{(1)}), \end{cases} \tag{9.56}$$

其中 P 表示预测(Predictor)的过程,E 表示计算(Evaluation)f 值的过程,C 表示校正(Corrector)的过程,此过程也称为 **PECE 模式**.

由于作为预测式的 4 步 4 阶 Adams 显式公式和作为校正式的 3 步 4 阶 Adams 隐式公式的局部截断误差分别为

$$T_{n+1,4}^{(0)} = y(x_{n+1}) - y_{n+1}^{(0)} = \frac{251}{725}h^5 y^{(5)}(x_n) + O(h^6),$$

$$T_{n+1,3}^{(1)} = y(x_{n+1}) - y_{n+1}^{(1)} = -\frac{19}{725}h^5 y^{(5)}(x_n) + O(h^6),$$

可以看出,4阶 Adams 隐式公式的误差常数绝对值要比4阶 Adams 显式公式的误差常数绝对值小,利用外推原理,即 $19 \times T_{n+1,4}^{(0)} + 251 \times T_{n+1,3}^{(1)}$,消去局部截断误差主项,得

$$y(x_{n+1}) - \frac{19y_{n+1}^{(1)} + 251y_{n+1}^{(0)}}{270} = O(h^6),$$

经过外推之后的局部截断误差提高了一阶. 忽略高阶项,仍记为等号"=",上式可表示为

$$\begin{cases} y(x_{n+1}) - y_{n+1}^{(0)} = -\dfrac{251}{270}(y_{n+1}^{(0)} - y_{n+1}^{(1)}), \\ y(x_{n+1}) - y_{n+1}^{(1)} = \dfrac{19}{270}(y_{n+1}^{(0)} - y_{n+1}^{(1)}), \end{cases} \tag{9.57}$$

这种估计误差的方法称为**事后误差估计法**,在实际计算中经常用来做误差分析. 利用(9.57)可将 Adams 预测 - 校正公式(9.56)进一步修改成提高一阶的**修正的 Adams 预测 - 校正方法**,具体形式如下:

$$\begin{cases} \text{P}: y_{n+1}^{(0)} = y_n + \dfrac{h}{24}(55f_n - 59f_{n-1} + 37f_{n-2} - 9f_{n-3}), \\ \text{M}: \bar{y}_{n+1}^{(0)} = y_{n+1}^{(0)} + \dfrac{251}{270}(y_n - y_{n+1}^{(0)}), \\ \text{E}: f_{n+1}^{(0)} = f(x_{n+1}, \bar{y}_{n+1}^{(0)}), \\ \text{C}: y_{n+1}^{(1)} = y_n + \dfrac{h}{24}(9f_{n+1}^{(0)} + 19f_n - 5f_{n-1} + f_{n-2}), \\ \text{M}: \bar{y}_{n+1}^{(1)} = y_{n+1}^{(1)} - \dfrac{19}{270}(y_{n+1}^{(1)} - y_{n+1}^{(0)}), \\ \text{E}: f_{n+1}^{(1)} = f(x_{n+1}, \bar{y}_{n+1}^{(1)}), \end{cases} \tag{9.58}$$

其中 M(Modified) 表示修正的过程,此过程也称为 **PMECME 模式**. 在计算时,可以把事后误差估计式 $\frac{19}{270}|y_{n+1}^{(1)} - y_{n+1}^{(0)}|$ 作为误差控制量,使之小于所给精确度 ε 来确定适当的步长 h,由同阶的单步法(如4阶经典 Runge-Kutta 法)提供初始启动值 y_0, y_1, y_2, y_3,计算 y_4 时可取 $y_3^{(1)} = y_3^{(0)}$.

例6 用 Adams 预测 - 校正公式及修正的 Adams 预测 - 校正公式求解初值问题

$$\begin{cases} \dfrac{dy}{dx} = -y(1 + xy), \ 0 \leqslant x \leqslant 1, \\ y(0) = 1, \end{cases}$$

取步长 $h = 0.1$.

解 用4阶经典 Runge-Kuuta 方法计算前三步,将计算结果作为启动值,再分别利用 Adams 预测 - 校正公式及修正的 Adams 预测 - 校正公式计算,结果如表 9 - 8 所示.

表 9－8　例 6 计算结果

x_n	y_n (启动值)	y_n (Adams 预测－校正法)	y_n (修正的 Adams 预测－校正法)	$y(x_n)$ (准确值)
0.1	0.900 623 7			0.900 623 5
0.2	0.804 631 5			0.804 631 1
0.3	0.714 430 4			0.714 429 8
0.4		0.631 461 7	0.631 457 5	0.631 452 9
0.5		0.556 363 4	0.556 351 0	0.556 346 0
0.6		0.489 203 9	0.489 183 6	0.489 179 9
0.7		0.429 672 4	0.429 646 3	0.429 644 5
0.8		0.377 233 7	0.377 204 5	0.377 204 5
0.9		0.331 241 5	0.331 211 6	0.331 212 9
1.0		0.291 015 2	0.290 986 2	0.290 988 4

本例 Matlab 程序如下：

```
function myadams
clc;
a = 0;b = 1;y0 = 1;h = 0.1;
df = @ (x,y) - y * (1 + x * y);
x = a:h:b;
y(1) = y0;
for n = 1:(length(x) - 1)
  k1 = feval(df,x(n),y(n));
  k2 = feval(df,x(n) + h/2,y(n) + h/2 * k1);
  k3 = feval(df,x(n) + h/2,y(n) + h/2 * k2);
  k4 = feval(df,x(n + 1),y(n) + h * k3);
  y(n + 1) = y(n) + h * (k1 + 2 * k2 + 2 * k3 + k4)/6;
end
for n = 4:(length(x) - 1)
p = y(n) + h/24 * (55 * feval(df,x(n),y(n)) - 59 * feval(df,x(n - 1),y(n - 1)) ...
    + 37 * feval(df,x(n - 2),y(n - 2)) - 9 * feval(df,x(n - 3),y(n - 3)));
y(n + 1) = y(n) + h/24 * (feval(df,x(n - 2),y(n - 2)) - 5 * feval(df,x(n - 1),y(n -
1)) + 19 * feval(df,x(n),y(n)) + 9 * feval(df,x(n + 1),p));
end
y
```

9.3.4　线性多步法的收敛性与稳定性

用线性多步法(9.34)求解模型方程(9.26)，可得 $p+1$ 阶线性差分方程

$$(1-h\lambda b_{-1})y_{n+1}=\sum_{i=0}^{p}(a_i+h\lambda b_i)y_{n-i}, \tag{9.59}$$

设(9.59)的解为 $y_n=r^n$,则有

$$(1-h\lambda b_{-1})r^{n+1}=\sum_{i=0}^{p}(a_i+h\lambda b_i)r^{n-i},$$

其等价形式为

$$(1-h\lambda b_{-1})r^{p+1}=\sum_{i=0}^{p}(a_i+h\lambda b_i)r^{p-i},$$

称为线性多步法(9.34)的**特征方程**.

记 $\rho(r)=r^{p+1}-\sum\limits_{i=0}^{p}a_ir^{p-i}$ 和 $\sigma(r)=b_{-1}r^{p+1}+\sum\limits_{i=-1}^{p}b_ir^{p-i}$,分别称为线性多步法(9.34)的**第一特征多项式和第二特征多项式**,令

$$\pi(r,h\lambda)=(1-h\lambda b_{-1})r^{p+1}-\sum_{i=0}^{p}(a_i+h\lambda b_i)r^{p-i}=\rho(r)-h\lambda\sigma(r),$$

称为线性多步法(9.34)的**特征多项式**,$\pi(r,h\lambda)=0$ 即为线性多步法(9.34)的**特征方程**.

设特征方程 $\pi(r,h\lambda)=0$ 有 $p+1$ 个根,称为特征根,并记为 $r_0(h\lambda),r_1(h\lambda),\cdots,r_p(h\lambda)$.

类似于单步法收敛性的定义,我们可以给出线性多步法(9.34)的收敛性定义.

定义 9.9 设初值问题(9.1)中的 $f(x,y)$ 在区域

$$D=\{(x,y)\mid a\leqslant x\leqslant b,-\infty<y<+\infty\}$$

上连续且对 y 满足 Lipschitz 条件,$y(x_n)$ 和 y_n 分别是初值问题(9.1)的精确解和迭代格式(9.34)产生的数值解在点 $x=x_n$ 处的值. 若对固定的 $x=x_n=x_0+nh\in[a,b]$,均有 $\lim\limits_{h\to 0}y_n=y(x_n)$,且当 $h\to 0$ 时初始启动值 $y_0,\cdots,y_{k-1},y_k$ 均趋于 y_0,则称线性多步法(9.34)是收敛的.

对于线性多步法的收敛性有如下结论:

定理 9.4 线性多步法(9.34)收敛的充分必要条件是它同时满足 $\rho(1)=1$,$\rho'(1)=\sigma(1)$,且 $\rho(r)$ 的所有特征根的模均不大于 1,且模为 1 的特征根是单重的.

线性多步法的稳定性定义如下:

定义 9.10 设初值问题(9.1)中的 $f(x,y)$ 在区域 $D=\{(x,y)\mid a\leqslant x\leqslant b,y\in R\}$ 上连续,且对 y 满足 Lipschitz 条件. 若存在正常数 C 和 h_0,使得当 $0<h<h_0$ 时,线性多步法(9.34)的任意两个解 y_n 和 $\tilde{y}_n$ 都满足不等式

$$\max_{nh\leqslant(b-a)}|y_n-\tilde{y}_n|\leqslant CM_0,$$

其中 $M_0=\max\limits_{0\leqslant j\leqslant k}|y_j-\tilde{y}_j|$,则称线性多步法(9.34)是**稳定**的.

定理 9.5 线性多步法(9.34)稳定的充分必要条件是它的第一特征多项式 $\rho(r)$ 的所有特征根的模均不大于 1,且模为 1 的特征根是单重的.

令 $\bar{h}=h\lambda$,由于线性多步法(9.34)的稳定性取决于特征多项式 $\pi(r,\bar{h})$,因此又称 $\pi(r,\bar{h})$ 为**稳定多项式**.

定义 9.11　设线性多步法(9.34)收敛,$r_i(\bar{h})(i=0,1,2,\cdots,p)$ 是稳定多项式 $\pi(r,\bar{h})$ 的根,$r_0(\bar{h})$ 为满足

$$r_0(\bar{h})=1+\bar{h}+O(h^2),\bar{h}=h\lambda \tag{9.60}$$

的根.

(1) 若对任意 $\bar{h}\in[\alpha,\beta]\subset R$,有

$$|r_i(\bar{h})|\leqslant|r_0(\bar{h})|,i=0,1,2,\cdots,p,$$

且当 $|r_i(\bar{h})|=|r_0(\bar{h})|$ 时,$r_i(\bar{h})$ 是单根,则称线性多步法(9.34)在区间 $[\alpha,\beta]$ 上是**相对稳定**的,区间 $[\alpha,\beta]$ 称为线性多步法(9.34)的**相对稳定区间**.

(2) 若对任意 $\bar{h}\in[\sigma,\delta]\subset R$,有

$$|r_i(\bar{h})|<1,i=0,1,2,\cdots,p,$$

则称线性多步法(9.34)在区间 $[\sigma,\delta]$ 上是**绝对稳定**的,区间 $[\sigma,\delta]$ 称为线性多步法(9.34)的**绝对稳定区间**.

为了使线性多步法对尽可能大的一类微分方程是稳定的,我们希望它的相对稳定区间和绝对稳定区间越大越好. 由于稳定多项式 $\pi(r,\bar{h})$ 的根是其系数的连续函数,所以若 $\rho(r)$ 的根除 $r_0=1$ 以外都在单位圆内,则线性多步法的相对稳定区间和绝对稳定区间都不会是空集,而且若 $\rho(r)$ 的根 $r_i(i=0,1,2,\cdots,p)$ 的模越小,使 $|r_i(\bar{h})|<1$ 成立的范围也就越大,因此我们希望 $r_i(i=0,1,2,\cdots,p)$ 的最大模极小化. 由于 Adams 方法的第一特征多项式 $\rho(r)=r^{p+1}-r^p=r^p(r-1)$ 的根 $r_0=1,r_i=0(i=0,1,2,\cdots,p)$,所以从这一点来讲 Adams 方法是最优的.

例 7　试讨论 Simpson 方法的相对稳定区间和绝对稳定区间.

解　将 Simpson 公式应用于模型方程(9.26),可得稳定多项式

$$\pi(r,\bar{h})=(1-\frac{1}{3}\bar{h})r^2-\frac{4}{3}\bar{h}r-(1+\frac{1}{3}\bar{h})$$

有两个根,分别为

$$r_{0,1}(\bar{h})=\left(\frac{2}{3}\bar{h}\pm\sqrt{1+\frac{1}{3}\bar{h}^2}\right)\bigg/\left(1-\frac{1}{3}\bar{h}\right).$$

当 $\bar{h}\to 0$ 时,对应于加号的根趋向于 1,因此记

$$r_0(\bar{h})=\left(\frac{2}{3}\bar{h}+\sqrt{1+\frac{1}{3}\bar{h}^2}\right)\bigg/\left(1-\frac{1}{3}\bar{h}\right),$$

$$r_1(\bar{h})=\left(\frac{2}{3}\bar{h}-\sqrt{1+\frac{1}{3}\bar{h}^2}\right)\bigg/\left(1-\frac{1}{3}\bar{h}\right).$$

考察

$$\left|\frac{r_1(\bar{h})}{r_0(\bar{h})}\right|=\left|\left(\frac{2}{3}\bar{h}-\sqrt{1+\frac{1}{3}\bar{h}^2}\right)\bigg/\left(\frac{2}{3}\bar{h}+\sqrt{1+\frac{1}{3}\bar{h}^2}\right)\right|.$$

(1) 当 $\bar{h}\geqslant 0$ 时,$\left|\dfrac{r_1(\bar{h})}{r_0(\bar{h})}\right|\leqslant 1$,当 $\bar{h}<0$ 时,$\left|\dfrac{r_1(\bar{h})}{r_0(\bar{h})}\right|>1$,所以,由 $|r_1(\bar{h})|\leqslant|r_0(\bar{h})|$

可知 Simpson 方法的相对稳定区间为$(0, +\infty)$.

(2) 当 $\bar{h} > 0$ 时,

$$|r_0(\bar{h})| = \left|\left(\sqrt{1+\frac{1}{3}\bar{h}^2}+\frac{2}{3}\bar{h}\right)\Big/\left(1-\frac{1}{3}\bar{h}\right)\right| > \left|\left(1+\frac{2}{3}\bar{h}\right)\Big/\left(1-\frac{1}{3}\bar{h}\right)\right| > 1,$$

当 $\bar{h} < 0$ 时,

$$|r_1(\bar{h})| = \left|\left(\sqrt{1+\frac{1}{3}\bar{h}^2}-\frac{2}{3}\bar{h}\right)\Big/\left(1-\frac{1}{3}\bar{h}\right)\right| > \left(1-\frac{2}{3}\bar{h}\right)\Big/\left(1-\frac{1}{3}\bar{h}\right) > 1,$$

所以 Simpson 方法不存在绝对稳定区间.

设 λ 为实数,对应 f'_y. 若 $\lambda > 0$,在 h 充分小时,有 $|r_0| > 1$;若 $\lambda < 0$,在 h 充分小时,有 $|r_1| > 1$,所以 Simpson 方法不是绝对稳定的,不论 f'_y 的符号是正是负,误差都会连续增长. 因此,在实际计算时,一般不推荐使用 Simpson 方法.

例 8 试讨论 Adams 方法的绝对稳定区间.

解 显式 Adams 公式和隐式 Adams 公式分别为

$$y_{n+1} = y_n + h\sum_{j=0}^{p}\beta_{pj}f_{n-j} \text{ 和 } y_{n+1} = y_n + h\sum_{j=0}^{p}\beta^*_{pj}f_{n-j+1},$$

稳定多项式分别为

$$\pi(r,\bar{h}) = r^p(r-1) - \bar{h}h\sum_{j=0}^{p}\beta_{p,p-j}r^j \text{ 和 } \pi(r,\bar{h}) = r^p(r-1) - \bar{h}h\sum_{j=0}^{p}\beta^*_{p,p-j+1}r^j,$$

经计算可得其绝对稳定区间. 常用 Adams 方法的绝对稳定区间如表 9 - 9 所示.

表 9 - 9 常用 Adams 方法的绝对稳定区间

Adams 显式方法				Adams 隐式方法			
步数	阶数	误差系数	绝对稳定区间	步数	阶数	误差系数	绝对稳定区间
1	1	1/2	(-2,0)	1	2	-1/12	$(-\infty,0)$
2	2	5/12	(-1,0)	2	3	-1/24	(-6,0)
3	3	3/8	(-6/11,0)	3	4	-19/720	(-3,0)
4	4	251/720	(-3/10,0)	4	5	-3/160	(-90/49,0)

可以看出,Adams 隐式方法的绝对稳定区间比显式方法的绝对稳定区间更宽,并且局部截断误差系数的绝对值也小得多,这是隐式 Adams 方法的一个重要优势.

§9.4 常微分方程初值问题数值实验

实验目的:了解常微分方程初值问题的数值解概念,掌握解常微分方程初值问题的 Euler 法及改进的 Euler 方法和 Runge-Kutta 方法解常微分方程初值问题的算法构造和计算. 能用程序实现解常微分方程初值问题的 Euler 法、改进的 Euler 方法和经典的 Runge-Kutta 方法,学习用计算机求常微分方程初值问题数值解的一些科学计算方法和简单的编程技术.

实验内容：

(1) 用 Euler 法求初值问题

$$\begin{cases} y' = y - \dfrac{2x}{y}, 0 < x < 1, \\ y(0) = 1 \end{cases}$$

的数值解，取步长 $h = 0.1$，并在一个坐标系中画出数值解与准确解的图形.

(2) 用改进的 Euler 方法求初值问题

$$\begin{cases} y' = -2xy^2, 0 < x < 1, \\ y(0) = 1 \end{cases}$$

的数值解，取步长 $h = 0.1$ 和 0.01 计算，并与准确解比较.

练习题 9

1. 用 Euler 法求初值问题 $\begin{cases} y' = 1 + x^3 + y^3, x \in [0,1], \\ y(0) = 0 \end{cases}$ 的数值解，取 $h = 0.1$.

2. 用改进 Euler 方法求初值问题 $\begin{cases} y' = 10x(1 - y), x \in [0,1], \\ y(0) = 0 \end{cases}$ 的数值解，取 $h = 0.1$，保留 6 位有效数字，并与精确解 $y = 1 - e^{-5x}$ 做比较.

3. 已知初值问题 $\begin{cases} y' = -2x - 4y, x \in [0,0.5], \\ y(0) = 2 \end{cases}$ 的准确解为 $y = e^{-2x} - 2x + 1$，取 $h = 0.1$，分别用 Euler 法、隐式 Euler 法和梯形公式法求解，并与准确解做比较.

4. 分别用下列方法计算定积分 $I = \int_0^x e^{-t^2} dt$.

(1) 用 Euler 法计算在 $x = 0.5, 1.0, 1.5, 2.0$ 处的数值解；

(2) 用梯形公式法计算在 $x = 0.25, 0.50, 0.75, 1.00$ 处的数值解.

5. 用下列方法求初值问题 $\begin{cases} y' = \dfrac{2}{3}xy^{-2}, x \in [0,1.2], \\ y(0) = 1 \end{cases}$ 的数值解，并与准确解 $y = \sqrt[3]{x^2 + 1}$ 做比较.

(1) 用 Euler 法，取 $h = 0.1$；

(2) 用改进 Euler 法，取 $h = 0.2$；

(3) 用 4 阶经典 Runge-Kutta 法，取 $h = 0.4$.

6. 对初值问题 $\begin{cases} y' = -100(y - x^2) + 2x, \\ y(0) = 0, \end{cases}$ 试从稳定性方面考虑.

(1) 若用 Euler 法求解时步长 h 应在什么范围内选取？

(2) 若用 4 级 4 阶经典 Runge-Kutta 法求解时步长有无限制？

(3) 若用梯形公式法求解时步长有无限制?

7. 分别用4阶显式Admas方法和4阶隐式Admas方法求解初值问题 $\begin{cases} y' = x - y, x \in [0,1], \\ y(0) = 0 \end{cases}$ 的数值解,取 $h = 0.1$.

8. 用Admas预测-校正求初值问题 $\begin{cases} y' = 1 + x - y, x \in [0,1], \\ y(0) = 1, \end{cases}$ 的数值解,取 $h = 0.1$.

9. 设初值问题 $\begin{cases} y' = f(x,y), \\ y(0) = 0, \end{cases}$ 用Taylor展开法构造如下线性多步法

$$y_n = a_0 + a_1 y_{n-1} + bhf_{n-1},$$

试确定 a_0, a_1, b 使上述方法具有尽可能高的精度,并写出其局部截断误差.

10. 设初值问题

$$\begin{cases} y' = f(x,y), a \leqslant x \leqslant b, \\ y(a) = y_0, \end{cases}$$

取整数 n,记 $h = \dfrac{b-a}{n}$, $x_i = a + ih (0 \leqslant i \leqslant n)$,求下列线性多步法公式

$$y_{i+1} = y_i + \frac{h}{12}\left[5f(x_i, y_i) + 3f\left(x_i + \frac{2}{3}h, y_i + \frac{2}{3}hf(x_i, y_i)\right)\right]$$

的局部截断误差,并指出它是几阶的.

参考文献

1. 王晓峰,王军涛. 数值逼近. 郑州:河南大学出版社,2018.
2. 李庆扬,王能超,易大义. 数值分析(第5版). 北京:清华大学出版社,2008.
3. 尹景本,石东伟. 计算方法. 北京:北京大学出版社,2011.
4. 蒋尔雄,赵风光,苏仰锋. 数值逼近(第二版). 上海:复旦大学出版社,2008.
5. 马昌凤. 现代数值分析(MATLAB版). 北京:国防工业出版社,2013.
6. 王仁宏. 数值逼近(第二版). 北京:高等教育出版社,2012.
7. 郑慧娆,陈绍林,莫忠息,等. 数值计算方法. 武汉:武汉大学出版社,2004.
8. 关治,陆金甫. 数值方法. 北京:清华大学出版社,2006.
9. 李换琴,朱旭. MATLAB软件与基础数学实验(第2版). 西安:西安交通大学出版社,2015.
10. 谷根代,杨晓忠,等. 数值分析. 北京:科学出版社,2011.
11. 占海明. MATLAB数值计算实战. 北京:机械工业出版社,2017.
12. 马昌凤,林伟川. 现代数值计算方法(MATLAB版). 北京:科学出版社,2015.